입체녹화에 의한 환경공생

-녹화방법 · 기술에서 시공사례까지-

입체녹화에 의한 환경공생

Green Architecture and Environmental Symbiosis

1판 1쇄 발행 2006년 10월 25일
1판 2쇄 인쇄 2007년 7월 25일
1판 2쇄 발행 2007년 7월 30일

지은이 | 한설그린
발행인 | 김병계
발행처 | 도서출판 보문당
등록 | 1990년 6월 15일(제1-1066호)
주소 | 서울시 마포구 신수동 448-6 우) 121-110
전화 | 704-7025 / 704-0635
팩스 | 704-2324
홈페이지 | http://www.bomoondang.co.kr
전자우편 | bmdpub@empal.com

값 32,000원

ISBN 978-89-8413-127-9(93530)

*파본이나 잘못된 책은 교환하여 드립니다.

입체녹화에 의한 환경공생

–녹화방법 · 기술에서 시공사례까지–

편 | 下村 孝 · 梅干野 晁 · 輿水 肇
역 | (수)한설그린 부설조경생태디자인연구소

執筆者一覧(執筆順, *編集者)

*下村　孝	(Takashi Shimomura)	京都府立大学人間環境学部 教授
*梅干野 晁	(Akira Hoyano)	東京工業大学大学院総合理工学研究科 教授
*輿水　肇	(Hajime Koshimizu)	明治大学農学部 教授
Nigel dunnett		Department of Landscape, University of Sheffield, Senior Lecturer
柴田 忠裕	(Tadahiro Shibata)	千葉県農業総合研究センター 主席研究員
熊井千代治	(Chiyoji Kumai)	(株)アルファ計画研究所 代表取締役
車　熙運	(Cha Hywn)	(前)東京工業大学大学院情報理工学研究科
岡本 享久	(Takahisa Okamoto)	太平洋セメント(株) 建材カンパニー 事業推進部 部長
武藤　浩	(Hiroshi Muto)	(株)竹中工務店 アセットバリュープロデュース本部
植田 直樹	(Naoki Ueda)	(株)三菱地所設計 都市環境計画部ランドスケープ室
岡田 準人	(Norito Okada)	京都府立大学人間環境学部
大藪 崇司	(Takashi Oyabu)	兵庫県立淡路景観園芸学校 造園樹木研究室 講師
澁谷 圭助	(Keisuke Shibuya)	東京都農林総合研究センター 都市環境科 研究員
森本 幸裕	(Yukihiro Morimoto)	京都大学地球環境大学院地球環境学 教授
木田 幸男	(Yukio Kida)	東邦レオ(株) 常務取締役
珠數　孝	(Takashi Jyuzu)	東邦レオ(株) 緑化事業部
池田 孝之	(Takayuki Ikeda)	琉球大学工学部 教授
稲田 純一	(Junichi Inada)	株ウイン 代表取締役
涌井 史郎	(Shiro Wakui)	横浜桐蔭大学生命環境工学研究機構 教授

서문

이 책의 초안(初案)에는 벽면녹화 또는 입면녹화를 제목에 포함시키고자 기획하였다. 그러나 편집회의에서 환경공생과 녹(綠)의 도시형성을 새로운 관점에서 받아들일 것이 요구되는 미래를 위해 종합적인 시야에서 건축 · 도시공간의 녹하를 포함하는 게 바람직하다는 논점이 제안되었다. 논의 결과, 편집자 세 명은 건축환경공학, 도시녹화계획, 녹화공학, 녹화재료학 등의 입장에서 오랜 세월 옥상녹화와 벽면녹화, 입면녹화에 몰두해 온 경험을 배경으로 「입체녹화(立体綠化)」라는 새로운 용어와 개념을 제안하게 되었다.

인류가 만들어 낸 도시 및 도시근교 공간에는 녹화가 가능한 그리고 녹화가 필요한 구조물이 수없이 많이 만들어지고 있다. 그러나 이들 구조물은 환경공생을 지향하는 관점에서 평면(옥상), 혹은 입면이라는 독립된 공간으로 받아들일 수밖에 없다는 결론에 도달하게 되었다. 이러한 논의를 토대로 이 책의 골격을 이루는 「입체녹화」의 정의와 범위에 대해 제1장에 정리하였으며, 또한 벽면녹화와 입면녹화 용어의 상호 관련성에 대해서도 설명하고 있다. 더불어 옥상녹화와 벽면녹화에 대해 얼마 전 저서를 낸 영국 쉐필드대학의 Nigel Dunnett 박사로부터 유럽과 미국의 입면녹화 역사와 최근 동향을 둘러싼 해설을 집필 받았다. 더 나아가 도쿄도(東京都)의 조례개정에 의한 옥상녹화의 의무화와 국가, 지자체의 법령과 조례에 의한 입체녹화의 지원책 등도 정리하였다. 경관과 녹화에 관한 법 정비에 따라 신설된 입체공원은 입체녹화의 개념을 상징하고 있는 듯하다.

2005년 10월 28일 기상청이 발표한 「이상기후 리포트」의 개요가 신문과 텔레비전의 뉴스에서 다루어졌는데 그 중에서도 지구온난화에 의한 기온의 상승 문제가 커다란 관심을 불러일으켰다. 구체적으로 나타낸 과거 100년과 이후 100년의 기온상승 기록과 예측치는 따듯한 겨울 등의 경험으로부터 스스로의 생활환경, 특히 도시열섬현상을 피부로 느끼게 되어 향후 어떻게 대처해 나갈 것인지에 대해 묻게 되었다.

이 책의 2장, 3장에서는 열섬현상의 원흉이 되고 있는 도시구조물의 실태와 그에 대한 대책으로서의 녹화 의의 및 기능과 역할을 구체적으로 해설하고 있다. 또한 최근 활발하게 이루어지고 있는 옥상녹화에 대해서는 저비용 · 저관리의 박층(薄層)녹화, 세덤 녹화에 치우쳐 있다는 비판이 일고 있다. 도시구조물의 녹화인 입체녹화는 이와 같은 전철을 밟지 않고 열섬대책, 도시경관의 관점 및 정주공간의 연장으로 받아들여지는 환경공생의 관점, 더 나아가 사람의 안정감과 쾌적함에도 관심을 두고 나아갈 필요가 있다는 것을 이 책에서는 강조하고 있다.

입체녹화의 대상은 도시에서 만들어낸 다양한 구조물이다. 제4장에서는 이러한 실태를 대형건축물, 단독주택, 토목구조물로 구분하여 정리하고, 각각의 녹화대상에 대해 어떤 식재가 가능한지에 대해 해설하고 있다. 또한 각종 구조물을 구성하고 있는 벽면이나 격자형 구조물에 덩굴식물을 이용, 에스페리어 등 수목의 전면(前面)식재, 입면의 패널부착, 보조자재의 이용 등 녹화양식별 방법에 대해 자세히 설명하고 있다.

옥상녹화 식물 이용에 대해서는 세덤을 이용하는 박층녹화가 CAM(Crassulacean Acid Metabolism)식물의 특성에서 일종의 한계를 보이고 있으므로 생물로서의 식물 이용에 대해서는 다각적인 검토가 필요함을 시사하고 있다. 일본의 도시녹화나 도로녹화에서 입면녹화, 벽면녹화는 수십 년의 역사를 갖고 있으나 아직 전체적인 기술의 확립은 이루어지지 않은 상태이다. 이에 대한 주된 요인의 하나는 식물의 생리 · 생태적인 특성과 이용 특성의 연구 성과가 미흡하고, 또한 경험 자료의 정리가 제대로 이루어지지 않았기 때문이라고 생각된다. 이러한 것들을 전제로 하여 5장에서는 덩굴식물과 포복성 식물 및 에스페리어에 이용되고 있는 식물을 중심으로 가능한 범위에서 연구 성과와 이용 현장에서의 경험에 기초한 해설을 시도하고 있다. 다루어지는 식물은 대개 도시녹화 중 입체녹화에 이용되고 있는 식물을 중심으로 생산과 공급이 이루어지고 있는 것으로 하였다. 또한 덩굴식물의 생산과 유통의 실태와 새로운 규격, 제품도 소개하고 있다. 더불어 식물 이용의 관점에서 특정 외래생물피해방지법의 제정과 생물다양성의 보전, 꽃가루병 등의 문제도 다루고 있다.

옥상녹화에 이어 세간의 관심이 입면, 특히 벽면녹화로 이어지면서 설계 · 시공기술의 정비 및 확립이 중요한 과제가 되고 있다. 6장에서는 구체적인 녹화시공을 토대로 한 계획 · 설계, 시공 및 유지관리의 실제와 시공 후의 경험으로부터 계획 · 설계에 반영할 만한 요점에 대해 정리되어 있다. 또한 입면 구조물의 소재, 구조와 덩굴식물의 이용 특성, 디자인 요소로서의 식물의 선택과 취급에 대해서도 해설하고 있다.

7장에서는 입체녹화의 현황에 대해 저명한 사례와 실증적인 조사 · 연구 사례를 소개하고 있다. 그 중에는 일본에서 유일한 아열대, 오키나와현(沖縄県)에서 환경공생의 수법으로 다루어지고 있는 입체녹화의 현황, 또한 녹지량, 디자인과 연출로 세계에 알려진 싱가포르의 「가든 시티 구상」 등이 포함되어 있다. 그리고 아이치(愛知) 지구박람회 바이오렁(Bio-Lung)에서의 시행 등을 소개하고, 일본에 있어 입체녹화의 미래를 찾는 논고가 8장으로 이 책을 맺고 있다.

도쿄도(東京都), 효고현(兵庫県)에 이어 오사카부(大阪府), 교도부(京都府) 등의 각 지자체가 열섬현상 대책을 목적으로 옥상녹화의 의무화를 추진하고 있다. 그러나 옥상이나 입면을 포함한 구조물을 종합적으로 녹화하는 입체녹화가 보다 커다란 효과를 갖는다는 것은 논할 필요도 없다. 옥상에 비해 입면은 사람의 시야에 들어오기 쉽고, 경관과 안정감을 느끼게 하는 효과도 기대된다.

이 책은 향후 환경공생 도시형성을 위한 기술의 확립과 보급에 기여할 목적으로 이해하기 쉬운 기술서 · 전문서로서 집필되었다. 이 책이 입체녹화의 보급 · 발전에 조금이라도 활용된다면 편집자, 집필자로서는 큰 기쁨일 것이다.

바쁜 와중에도 의뢰에 기꺼이 응해주신 집필자 여러분들의 협력이 없었다면 이 책의 출판은 실현되지 않았을 것이다. 우선 두터운 감사의 인사를 올린다. 또한 집필에 있어서 사진이나 자료의 제공 등 여러모로 협력해 주신 분들께도 인사를 올린다. 더불어 소프트사이언스사 요시다 스스무(吉田進) 사장은 기획단계에서부터 정신적으로 이 책에 몰두하여 원고가 늦어지는 집필자 특히 편집담당 집필자를 강하고, 능숙하게 인도하는 등 이 책의 출판에 전력을 다해 주셨다. 이에 대해 경의와 사의를 표하고 싶다.

2005년 11월 3일 제1회 편집자회의로부터 일 년째 날에
편집자를 대표하여 **다카하시 시모무라(下村 孝)**

추천사

도시인구가 증가하면서 도시가 밀집되어 개발되고 특히 도심지는 고밀로 개발되어 녹지가 부족할 뿐 아니라 녹지를 조성할 만한 토지도 부족하고 땅값도 너무 비싸 녹지 조성에 애로를 느끼고 있다. 우리나라도 예외는 아니어서 도시의 땅값이 너무 비싼데다 점점 상승할 뿐 아니라 도심지는 녹지를 조성할 만한 비어 있는 토지가 없어 녹지를 조성하려 해도 현실적으로 불가능한 실정이다. 이러한 상황에서 녹지를 조성할 수 있는 유일한 해결방안은 건물의 옥상이나 벽면을 녹화하는 방안이다. 도시의 녹지면적이 절대적으로 부족한 우리나라 도시에서 녹지를 확대하기 위해 비용이 저렴하고 효과가 좋은 방안 중의 하나가 건물의 옥상이나 벽면을 녹화하는 방안이고 우리가 향후 중점적으로 노력해야 할 분야이다. 서울시의 비오톱 조사자료에 의하면 서울시의 건물옥상 중 옥상녹화가 가능한 평지붕을 가진 건물이 전체 건물의 88%로 밝혀진 바 있는데 이는 옥상녹화를 통해 녹화할 수 있는 잠재력이 매우 높다는 것을 의미한다. 근래에 들어 서울시를 비롯한 일부 도시에서 벽면녹화에 관심을 가지고 환경녹화사업의 중점사업으로 시행해 오고 있다. 옥상녹화나 벽면녹화가 도시민들에게 여러 가지 환경적, 경제적, 사회적 효과를 가져온다는 점이 이미 밝혀진 바 있다. 특히 단열효과가 높아 에너지절약에 효과가 있다든지, 녹지면적이 증가함에 따라 도시열섬현상을 완화시켜준다든지, 녹지가 생물들의 서식환경을 조성해 준다든지, 홍수시에 우수를 저류시켜준다든지 등의 다양한 효과가 있음이 알려져 있다.

우리나라에서도 옥상녹화나 벽면녹화의 중요성을 깨닫고 이를 활성화하기 위한 다양한 정책을 시행하고 있거나 시행예정으로 있다. 예를 들면 서울시에서는 수 년 전부터 옥상녹화 관련조례를 제정하고 옥상녹화 지원사업을 시행해 왔으며 녹지면적과 투수성면적을 확대하기 위한 생태면적율 제도를 일부 사업에서 도입하고 있다. 또한 환경부에서는 생태면적율 제도를 도입하기 위한 준비 작업을 마치고 2008년부터 본격적으로 시행할 예정으로 있다. 여러 지방자치단체에서는 옥상녹화 관련조례를 제정하여 옥상녹화 활성화를 위해 노력하고 있다.

최근에 일본에서 입체녹화에 관한 책이 발간된 바 있는 데 이를 국내에서 「입체녹화에 의한 환경공생」이라는 제목으로 번역해 발간된다는 점은 국내의 옥상녹화나 벽면녹화에 관심을 가진 분들에게는 매우 기쁜 일이라고 할 수 있다. 이 책에서 입체녹화라는 개념을 처음으로 사용하고 있는데 입체녹화의 개념은 우리나라에서 생소한 개념이나 우리가 흔히 사용하는 옥상녹화와 벽면녹화를 총칭하여 입체녹화로 사용하고 있다. 이 책에서 저자들은 옥상녹화와 벽면녹화 등의 건물 전체를 녹으로 피복하는 것과 조형물의 녹화, 도로옹벽의 녹화, 댐의 녹화 등의 입면녹하 등을 총칭하는 개념으로 입체녹화라는 새로운 개념을 제안하고 있다고 설명하였다. 우리나라보다 앞서서 입체녹화를 해온 일본에서 옥상녹화와 벽면녹화, 입면녹화를 통합적으로 접근하여 저술한 책이기 때문에 우리에게 앞선 지식과 기술을 제시한 매우 유익한 책이라고 믿는다. 한국인공지반녹화협회에서도 일본도시녹화기술개발기구와 교류협정을 맺어 교류를 해오고 있어 일본의 책자를 번역하는 계획을 가지고 있었는데 마침 한국인공지반녹화협회의 부회장이신 한승호 사장과 그의 회사인 한설그린에서 이 책을 번역하여 출간하는 것은 협회의 입장에서도 매우 뜻있는 일이며 축하하는 바이다. 이 책이 우리나라의 옥상녹화와 벽면녹화 그리고 입체녹화의 기술발전과 분야발전에 큰 기여를 할 수 있기를 기원하며, 이 분야의 관련 전문가들이나 학생들이 반드시 읽어볼 것을 권하는 바이다. 한승호 사장과 한설그린의 번역담당자들의 노고에 감사하고 축하를 드리는 바이다.

(사)한국인공지반녹화협회 회장
(사)한국생태환경건축학회 회장
서울대 환경대학원 교수 **양 병 이**

추천사

우리나라에서의 입체녹화 필요성은 대단히 절실한 실정이다. 그러나 입체녹화 관련 기술개발 수준이 낮고, 전문서적도 부족하다. 근래에 대도시는 물론 중소도시에서도 고밀도개발에 따른 자연식생의 파괴, 도시녹지의 단편화, 식물 생육환경의 저하, 도시 생태계의 파괴, 인공적 도시경관 형성 등의 부작용을 초래하고 있다. 도시의 공원 녹지의 조성, 대지 내 의무조경 등과 관련된 법률 및 조례를 제정하여 부작용을 저감시키려 하지만 쾌적한 생활환경을 추구하는 국민적 요구 수준에 미흡한 점이 많다. 근래에 조성되는 대부분의 주거단지는 건폐율이 높고, 주차공간을 지하에 건설하여 인공지반상의 녹지조성 비율이 높아지고, 고층 건물의 옥상 및 벽면에도 덩굴식물을 이용하는 경향이 증가되고 있다.

인공지반상의 녹지조성과 입체녹화는 콘크리트 등의 살벌한 인공구조물을 피복하여 도시 미관을 개선하고, 활발한 광합성에 의한 공중습도 개선 및 도시열섬 완화 등의 도시미기후의 개선, 야생동물의 먹이 및 서식지 제공 등의 효과를 얻을 수 있다. 독일에서 시작된 생태건축은 토양의 물순환 기능 및 식물생육 기능을 활용하여 환경친화형 단지 및 도시환경 조성에 큰 효과를 얻고 있다. 일본 아이치에서 개최된 EXPO 2005에서 바이오렁(Bio Lung)으로 명명한 입체녹화 기술은 재이용 가능한 대형 조립식 구조물과 미세수증기 발생장치를 활용한 도시미기후 개선 효과를 과시한 바 있다. 환경 선진국에서는 다양한 입체녹화 기술을 활용하여 환경공생 도시의 이상을 구현하는 사례가 증가하고 있다. 가장 이상적인 입체녹화는 인공구조물을 식물로 차폐하여 도시경관을 개선하는 수준에서 나아가 도시미기후 개선 및 환경공생기능을 제공하여야 한다. 이 목표의 달성 여부는 식물소재가 광합성을 활발히 수행하여 식물생체량과 종다양성이 증가하는 정도로 확인할 수 있다.

우리나라에서에 대지 내 조경 의무를 충족시키기 위한 옥상녹화는 수준 이하의 소재 사용 및 설계, 관리 부실 등으로 인하여 생육이 불량하거나 고사하는 사례가 많다.

벽면녹화도 식물 소재 선정상의 문제, 식물 생육 환경의 악화로 인하여 소기의 목적을 달성하지 못하는 경우가 많다. 조성 및 관리에 과도한 비용이 소요되는 반면에 지속가능성 및 환경공생의 측면에서 부실한 문제점도 많다. 근래에는 생태면적율을 채택하여 단지 내 녹화의 질을 평가하고 있지만, 이 지수는 우리의 낙후된 입체녹화기술을 전제로 시행되고 있다.

다행스럽게도 (주)한설그린은 우리나라의 협소한 도시공간에 적용할 수 있는 아름답고 생태적으로 건강한 도시녹지 조성 기술과 제품을 활발하게 개발하여 인공지반 및 벽면녹화 분야에서 큰 실적을 쌓고 있다. 금번에 출간되는 본 번역서는 우리나라의 도시환경 및 기후의 측면에서 유사성이 큰 일본에서 개발되어 큰 효과를 보고 있는 식재환경 조성 기법, 식물 소재 선정, 관리기법을 망라하여 우리나라에서의 본격적인 입체녹화 기술 개발 시대의 개척에 크게 기여할 수 있을 것이다. 향후에는 본 번역서와 같은 도시에서의 입체녹화 기술을 활용한 환경공생 목표의 달성에 필요한 다수의 전문서적이 발간되기를 기대하여 추천사에 가름하고자 합니다.

(사) 한국조경학회 회장
서울대학교 환경대학원 교수 **박 종 화**

역자 서문

환경부 차세대 핵심환경 기술개발 과제 중 도시생태계복원의 벽면녹화 기술 개발에 관한 세부과제를 진행하던 중 우연히 지인으로부터 입체녹화라는 제목의 책을 소개받아 접하게 되었다. 옥상녹화와 입면녹화, 가로녹화라는 말은 많이 들어왔으나 입체녹화라는 용어는 다소 생소하고 어색하게 들렸으나 막상 책을 펼쳐보니 주로 벽면녹화를 위주로 설명이 자세하고 그림과 사진해설이 많이 삽입되어 일반인도 흥미를 갖고 이해하기 쉬운 벽면녹화의 기본적인 지침서라는 느낌이 와 닿았다.

본서의 서문에서 정의한 바와 같이 입체녹화란 도시인공지반을 대표하는 옥상녹화와 벽면녹화는 물론 경사지붕, 고가도로의 기둥, 난간, 그 밖의 방음벽, 지하철 환기구와 같은 도시구조물을 녹화하는 포괄적인 개념으로 일본에서도 이러한 용어를 새롭게 만들어 사용한다고 설명하고 있다.

우리나라에서 벽면녹화가 시작된 지는 그리 오래되지 않았으나 독일을 포함한 유럽에서는 이미 오래 전부터 경관적인 조경기법으로 보급되어 왔고 최근 일본과 미국에서도 도시열섬화 완화와 에너지 보존기능 나아가 도시의 생태계를 복원하려는 목적으로 적극적인 녹화기법이 도입되어가고 있다. 특히 작년 일본 나고야에서 개최된 아이치 박람회장의 바이오렁(Bio-Lung) 녹화 구조체 주제관은 이러한 입체녹화의 개념이 극도로 악화 되어가는 도시의 생태적 환경을 개선하는 효과적인 녹화 기법인 동시에 공간 효율성을 높인 최선의 도시녹화 대안으로 부각시킨 획기적인 이정표로 기록될 것이다.

이 책의 주요저자인 메이지대학교 코시미즈 교수는 국내외 세미나에 자주 초청되어 오랜 연구를 통한 심도 있는 내용으로 강연과 자문을 해주시는 이 분야의 권위자로 알려져 있고, 더구나 우리 연구팀은 지난해 방문 시 모니터링 진행 중인 벽면녹화 사이트에 대해 자상한 해설을 해주신 점에 대해 고마운 마음을 떨칠 수 가없다. 이러한 연유로 저희 연구소에서는 여러 가지로 부족하나마 이 책을 국내의 인공지반 녹화 관계자와 이 분야에 관심을 갖고 배우려하는 학생들에게 새로운 입체녹화의 개념을 이해시키고 선진화된 기술을 보급하는데 조금이나마 도움이 되고자 이번 번역 작업을 시작하게 되었다.

본 번역은 기본적으로 원서를 그대로 독자에게 전달하려고 노력하였다. 일본어의 용어가 비록 한자어 일지라도 우리의 것과 다소 다르게 쓰이고 있는 경우 일단 원어에 충실을 기하였고, 외래어의 표현은 이해를 돕기 위해 영문을 병기하였다. 다만 일반적으로 통용되기 어렵다고 여겨지는 전문용어나 특수단어는 주석을 달아 보충설명을 하거나 보편적인 우리말로 바꾸어 주는 것을 원칙으로 하였다.

특히 식물분야의 번역은 우선적으로 이창복 교수의 대한식물도감을 기준으로 하여 우리말로 옮겼으며 우리의 명칭이 없거나 학명의 표기가 없이 분류하기 어려운 것은 원본을 그대로 사용하여 독자와 함께 탐구하는 방안으로 남겨두었다.

끝으로 이 역서의 출간을 위해 부족한 이번 역서를 세심하게 검토하여 주고 조언을 아끼지 않으시며 따뜻한 격려까지 해주신 양병이 교수님을 비롯한 여러 자문위원님들께 가슴 깊이 감사드리며, 또한 좋은 책으로 만들기 위해 자신의 일처럼 열성을 다해준 조경생태디자인연구소 연구원들에게도 진심으로 고마움을 전한다. 아울러 오늘의 이 작은 작업이 미래의 우리도시가 녹색 옷을 입고 아름답고 살기 좋은 도시로 건설되는 추진동력의 도화선이 되기를 모두 함께 기대해본다.

2006년 10월 9일 역자 대표

(주)한설그린 부설 조경생태디자인연구소 소장 **한 승 호**

차례

Part 5_ 입체녹화를 위한 식물 재료와 특성

Part 6_ 입체녹화의 계획과 시공 · 관리

Part 7_ 입체녹화의 사례와 실증적 연구 사례

Part 8_ 입체녹화의 미래와 과제

1 Part 입체녹화

Green Architecture and Environmental Symbiosis

1.1 입체녹화 – 개요

01 | 건물 주변 녹화의 역사

구약성서 창세기에는 「하나님이 흙으로 만든 인간을 가까이에서 보고 좋아하시며, 먹기에 좋은 것들을 가져다 줄 수 있는 온갖 나무가 자라게 하였다」라는 기록이 있다. 실제로 인류는 숲에서 벗어나 문명을 통해 도시를 세우고 먹을 것과 녹(綠)을 얻기 위해 주거지 가까이에 정원[1]을 만들었다. 정원조성은 인간이 최초로 수행한 녹화사업이었다.

고대 메소포타미아의 피라미드는 주위에 계단이 있는 테라스를 겹쳐놓은 탑 모양을 하고 있다. 또한 이들 테라스에 교목이나 관목을 심었다고 추정된다. 신바빌로니아 왕국(기원전 700년~)의 네부카드네자르 2세가 수도 바빌론 왕궁의 테라스에 세웠다고 전해지는 옥상정원(Hanging Garden)은 멀리 메디아(현 이란)에서 시집온 왕비 아미티스에게 녹지가 풍부한 고향의 경치를 보여주어 마음에 위안을 주고자 하였다는 유래가 전해지고 있다. 오늘날 인공지반 위의 식재이며, 옥상정원의 선구라고 할 수 있는 사례이다. 당시 바빌로니아에서는 도시개발로 녹지가 감소되는 심각한 문제에 처해 있었으므로 도시지역에서도 앞서 언급한 궁전에서와 같은 일들이 이루어졌다면 건물의 옥상을 쉼터와 생물서식처로 이용했다는 점에서 오늘날과 유사한 사례로서 흥미로운 일이다.

서기 79년 베스비오스 화산의 분화로 인해 지하에 보존되었던 고대 도시 폼페이의 유적에서 시민 주택에 뚜껑이 있는 아트리움과 통풍이 잘 되는 중정인 페리스트리움이 만들어졌던 모습을 확인할 수 있다. 그리고 복원된 페리스트리움에는 트렐리스와 파고라에 덩굴식물이 얽힌 모습이 재현되어 있다. 또한 고대 로마 귀족들의 별장인 빌라 테라스에 식재가 이루어졌고, 테라스를 지탱하는 역U자형의 석조아치는 연결되어 여름의 폭염을 견딜 수 있도록 동굴을 형성하고 있다. 이것은 바로 오늘날 에너지 절약을 목적으로 하는 옥상정원의 사례라고 할 수 있다.

이와 같이 이미 기원전부터 사람들은 정원을 만들면서 인공지반과 옥상 또는 트렐리스나 파고라 등의 구조물에 식물을 식재함으로써 현대와 통하는 녹화기술의 선구적인 역할을 하였다. 시간이 흘러 근대 정원의 진수라 할 수 있는 영국의 Hidcote manor와 Sissinghurst castle 정원에는 높은 벽돌담에 저목이나 덩굴식물이 식재되어 아름다운 경관을 연출하고 있다. 에스페리어와 덩굴식물에 의한 벽면의 피복은 돌이나 벽돌로 조성된 민가 벽면에서도 쉽게 볼 수 있는 전통적인 수법이었다. 같은 시기 일본에서도 나무나 흙과 종이로 만들어진 주거지 주변에서는 판벽에 흡착된 담쟁이덩굴이 아름답게 단풍드는 모습이나 대나무를 성글게 엮은 네모난 울타리에 남오미자가 휘감긴 경치, 더욱이 등나무 덩굴의 시렁 등이 전통적인 녹지의 연출로 받아들여져 왔다. 주거생활과 하나가 된 정원과 녹지가 사람의 휴식과 평안함의 공간으로서 꾸며져 온 시대였다.

02 | 근대 도시의 발달과 녹화의 필요성

불과 반세기를 거슬러 올라가 20세기 중반 이후 도시는 인구의 과밀화로 집합주택과 고층 빌딩, 고가도로라는 구조물을 만들어냈으며, 또한 노도와 내시의 표면을 포장재로 피복함으로써 녹이 부족한 환경으로 변화하였다. 여름의 냉방과 겨울의 보온뿐만 아니라 다양한 소음이 빌딩의 기밀성을 높여 계절을 알 수 없는 공간을 필수로 하는 생활양식을 일상화시키고 있다. 그리고 도시로 옮겨온 사람들은 폐쇄된 공간에서 일상생활을 보내는 것을 어쩔 수 없이 받아들여야 했다. 독일 취빙겐 대학의 철학교수였던 보르노[2)]는 이와 같은 도시에 사는 주민이 일상적인 스트레스에서 벗어나 심신을 재충전하기 위해서는 몸 가까이 녹지가 필요하다는 것을 설명하였다. 보르노는 직장에서 귀가한 주민이 접촉할 수 있는 친밀한 녹지로 우선 살림에 딸린 정원을 들고 있다. 그러나 도시에서 정원이 딸린 주택에 사는 주민의 비율은 낮으며, 집합주택에 정원이 갖추어질 가능성 역시 낮은 편이다. 보르노는 정원이 없는 주민들에게 공원과 가로수 등 제도적으로 마련된 주변 녹지와의 접촉이 중요하다고 말하고 있지만 시민 한 사람당 공원면적은 대부분 도시에서 표준치(10m^2)에도 미치지 못하는 실정이다. 이와 같이 현대 도시의 경우 사람들이 쉴 수 있는 안락한 공간으로서의 녹지의 양이 만성적으로 부족하므로 생활권 녹지조성이 요구되고 있다.

한편 도시에 조성된 다양한 건물은 현대에는 태양열 에너지의 축적장치로서 보다 커다란 환경부하를 초래하고 있다. 지구온난화와 더불어 열섬현상은 심각한 문제가 되고 있으며, 그 요인의 하나로 빌딩과 도로 등을 포함한 토목구조물의 축열 부하에 대해서는 논의의 여지가 없다. 따라서 이들 구조물의 표면에 「녹색의 겉옷」을 입히고, 일사를 차단하는 것은 부하 경감에 직접적인 효과가 있다. 이에 대한 수법으로 오랜 역사를 가진 옥상녹화와 벽면녹화라는 녹화기술이 새삼스럽게 주목받고 있다.

03 | 기존 녹화기술과 입체녹화의 개념

옥상녹화는 평지의 공원, 정원 또는 녹지를 빌딩의 높이만큼 위로 끌어올린 녹화형태이다. 지상의 공원과 녹지처럼 양질의 공간을 만들어낼 수 있다면 현재 지상에서의 목표에 미달하는 시민 한 사람당 공원면적의 충족에 기여할지도 모른다. 도시녹지법으로 개칭한 「도시녹지보전법」의 정비로 도시공원법에 신설된 입체공원제도는 확실히 이러한 방향성을 잘 나타내고 있다고 할 수 있다.

벽면녹화는 벽면을 녹으로 피복하는 기술이다. 구체적으로 말하자면 펜스 등의 격자형 구조물의 녹화도 이 범주에 포함되므로 입면녹화라는 명칭이 적절하다는 견해도 있다[3]. 따라서 이들 용어는 서로 같은 뜻이라고 할 수 있다. 건물은 옥상녹화와 벽면녹화로 건물 외부를 녹화할 수 있다. 그러나 옥상녹화와 벽면녹화는 지금까지 각각 독립된 녹화기술로서 이해되었고, 기술 개발과 연구는 별개로 취급되어졌다. 그런데 옥상에도 건물의 벽면과 펜스 등 벽면녹화의 대상은 존재한다. 또한 건물을 에워싼 벽면은 한 쪽 면만으로 되어있는 것은 아니다. 옥상과 여러 개의 벽면이 건물의 입체적인 구조를 만들어내고 있다. 따라서 도시의 건물을 녹화하여 「녹색의 겉옷」을 실현하기 위해서는 옥상녹화와 벽면녹화를 통합적으로 보는 녹화의 개념이 필요하다. 이것을 「입체녹화라는 개념」으로 정의하려는 것이 이 책의 기본 입장이다.

건물에는 평면 혹은 입면에도 속하지 않는 녹화 가능영역이 있다. 예를 들면 경사지붕과 아치 등의 구조물로 지붕과 벽면 등의 입면을 연결하는 부분에 디자인된 것들이 이에 해당된다. 여기에는 덩굴식물과 녹화패널에 의한 식재가 가능하다. 건물 전체를 빠짐없이 녹으로 피복하기 위해서는 녹화대상과 녹화를 위한 수법도 고려해 넣을 필요가 있다.

마찬가지로 도시에 조성된 건물 외에 조형물의 녹화도 입체녹화의 범주로 볼 수 있다. 고속도로, 고가철도의 교각과 방음벽, 지하도의 배기통, 주차장 외곽을 둘러싼 펜스와 담 등에서 태양열의 축열체로서의 기능을 제거할 필요가 있다. 더구나 도시 경관을 훼손시키는 존재에서 벗어나야 한다. 따라서 이러한 녹화에 의한 경관은 신도시 형성에 기여할 것이다.

도심에서 연장된 고속도로는 도시 근교에서 교외로 향하고 있다. 도로 비탈면의 옹벽 등 흙막이라는 물리적 기능을 일차적 목표로 하면서도 이러한 기능 역시 최근에는 녹화에 맡겨지고 있는 추세이다. 또한 자연공원 내부를 달리는 고속도로에서는 자연애호가의 시선을 배려하여 이미 시공된 콘크리트 옹벽의 녹화가 중요한 문제가 되고 있다. 여기에서도 도시에서 사용되어지고 있는 입체녹화기술이 응용되고 있다. 그러나 이미 도로녹화, 비탈면녹화는 녹화기술 중에서 커다란 범주를 형성하고 있다. 더구나 산속에 만들어진 저수댐, 발전용 댐 등도 거대한 입면과 사면을 형성하고 있어 입체녹화의 개념으로 받아들여지는 대상이라 할 수 있다.

04 | 도심 내 빌딩의 입체녹화

일본 도심에 대규모 녹지로 조성된 공간이 탄생하고 있다. 약간 오래된 곳으로는 도쿄(東京) 아까사카(赤坂)의 아크힐즈(Ark hills) 일대, 후쿠오카(福岡) 하카다(博多) 아크로스(Acros) 그리고 오사카(大阪) 남바파크스(Namba parks)는 확실히 옥상녹화라는 표현을 넘어서 오히려 입체녹화라 불리기에 어울리는 공간이다.

도시 열환경 개선이라는 관점에서 빌딩의 벽면과 옥상녹화에 이전부터 몰두해온 호야노(梅干野)는 최근 옥상을 생활공간으로서 받아들일 것을 제창하고 있다[4]. 따라서 「생활공간으로서 옥상을 받아들이고, 그곳을 녹화하는 것은 과연 어떤 것인가를, 그리고 일본의 기후풍토와 도시환경의 관점에서도 지금까지 갖고 있던 사고를 수정할 필요가 있지 않을까」라고 묻고 있다. 고층의 주택과 오피스 빌딩 등에서 옥상을 최상층에 한정할 필요가 없다. 중간층의 지붕과 테라스의 녹화도 옥상녹화의 범주에 속하며, 또한 각 층을 둘러싼 벽면의 녹화도 생활공간의 질을 향상시킨다. 집합주택의 외부공간에 녹지를 도입하여 자연과 공생하는 주택양식은 오스트리아의 건축가 HundertWasser와 이시이슈우(石井修)의 녹지로 뒤덮인 작품으로 구현되고 있다. HundertWasser의 집합주택은 녹지가 풍부하고, 넓은 테라스를 가진 주택을 종횡으로 편성한 구조를 가진다. 한편 현대 도시에서는 보다 많은 주택과 오피스 공간을 쌓아올린 고층 맨션과 오피스 빌딩이 존재하며, 향후에도 계속 건설될 것이다. 그러나 개개 주택과 오피스 공간은 정원을 갖추고 있지 않다. 따라서 이들 고층 빌딩의 겉옷이야말로 Wasser와 이시이(石井)의 건물처럼 녹으로 가득 찬 생활공간으로서 규정할 필요가 있다.

입체녹화를 실현하는 주요 기술인 옥상녹화와 벽면녹화 중 옥상녹화는 도쿄(東京)가 선구적으로 시행한 「의무화」를 계기로 관심을 모으며, 보급 속도를 더하고 있다. 또한 방법론과 기술에 관한 저서도 많이 나오고 있다. 따라서 이 책에서는 입면과 사면 등을 대상에 대해 녹색의 겉옷을 창출하는 입면녹화 또는 벽면녹화의 범주에서 정리할 수 있는 방법론과 기술을 중심으로 서술하고 있다.

이 책에서는 입면녹화의 대상과 수법에 대해 사례를 들어 설명하며, 장래 전망으로 연결되도록 노력하고 있다. 그 중에서 벽, 담과 펜스에 덩굴식물이 직접 부착 또는 휘감는 종래 입면녹화 외에 보조자재를 사용하여 보다 확실한 피복을 지향하는 수법과 입면에 식재용 패널을 설치하여 다양한 식물을 키우는 새로운 입면녹화기술 등 세 가지 커다란 흐름을 소개하고 있다. 건물의 일부 또는 기존의 입면에서 자연지반을 이용하여 덩굴식물을 식재하여 피복시키는 방법은 가장 확실하고 저렴한 기법으로 단독주택에서 많은 사례를 찾아볼 수 있다. 보조자재를 이용한 방법은 입면의 마무리로서 그 밑바탕에 보조자재와 덩굴식물을 사용하고 있으며, 신설 입면은 물론 기존의 입면에도 이용할 수 있는 방법이다. 신설의 경우 시공비용은 마무리 비용과 비례한다고 생각된다. 녹화패널을 이용한 방법은 패널 설치를 위한 프레임과 식재용 패널의 초기비용을 동반하므로 값이 싸다고는 하기 어렵다. 그러나 녹화 표면에 사용될 수 있는 식물종은 매우 다양하므로 마무리 표면에 새로운 가능성을 보여주고 있다. 또한 시공 종료 때 피복면적을 100%로 할 수 있다는 것 등도 장점이다. 한편 하중과 두께의 제한에서 식물의 뿌리 범위가 박층 배양토의 패널과 소형 컨테이너에 한정되기 때문에 식물의 생육조건, 관수시스템의 완비와 이들의 모니터링 등이 필수조건이다. 동시에 도시경관으로의 관심이 높아지고 있는 와중에 도시의 주요 경관요소가 되고 있는 입체녹화는 벽면과 옥상녹화 이외에 녹화형태와 디자인으로서의 배려 등이 요구되어진다. 이 책에서는 이러한 모든 점을 주요 내용으로 다루면서 향후 방법에 대해 전망하고 있다.

– 시모무라 타카시(下村 孝)

인용 · 참고문헌

1) 白幡洋三郎 (2000) : 庭園の美 · 造園の心, NHK出版, pp.221.
2) O.F.ボルノー(1986) : 都市と緑と人間と, 問いへの教育(森田孝 · 大一惠一譯), 川島書店, pp.315.
3) 下村孝 (2001) : 壁面緑化材料の利用特性と利用上の課題 : 日本緑化工學會誌27(2), 399-406.
4) 梅干野晁 (2003) : 快適な都市生活空間の創造, 屋上緑化とその環境調整効果, クリーンエネルギー, No.11, 1-8.

1.2 유럽 및 북미 입면녹화의 과거와 현재

유럽과 미국에서는 입면녹화(Living Wall)라는 용어로 매우 다양하게 녹화된 구조물을 표현하고 있다. 예를 들어 미국의 정원설계가나 조경가는 산울타리를 Living wall이라 부르는 일이 자주 있다. 이와 같은 용어의 사용법은 「전문적」으로 옳다고도 할 수 있지만 여기에서는 건축 구조물을 녹으로 피복하는 녹화사례만을 다루려고 한다. 유럽에서는 건물 벽면의 식물에 의한 피복, 경계, 구획 또는 차폐를 위해 구조물을 덮는 식물의 이용에 관해서도 대단히 오랜 역사를 가지고 있다(사진 1-1). 또한 독일과 네덜란드 등 서구 여러 나라처럼 북미에서도 토양의 침식을 막기 위해 비탈면이나 수직면에 식재하기 위해 「생물공학 (Bio-Engineering)」의 기술을 활용하고 있다. 여기에서는 다음과 같은 입면녹화의 방법에 대해 개괄적으로 살펴보고자 한다.

사진 1-1 4층 주택을 피복한 잉글리쉬 아이비(스위스, 취리히)

- 덩굴식물에 의한 파사드 그리닝(Facade greening))
- 다양한 종류의 그린 월(벽면에 덩굴식물 식재)
- 녹화용 보조자재와 수경재배시스템(패널식 입면녹화)
- 공기정화시스템(호흡하는 벽 : Breathing wall)
- 생물 공학적 기술에 의한 수직면 수질정화시스템
- 대규모 입면녹화(MFO 공원)
- 개인주택의 옥상 · 벽면녹화

유럽과 미국에 있어 건물이나 구조물 녹화의 경우에는 두 가지 방법을 구분하는 것이 중요하다.

하나는 식물 애호가에 의해 전통적인 지역 색을 가진 식물을 이용하는 것이고, 다른 하나는 다양한 환경을 개선할 목적으로 이루어지는 환경을 배려한 보다 현대적인 식물의 이용이다.

01 | 전통적으로 지역 색을 가진 입면녹화

전통적으로 지역 색을 지닌 입면녹화에 관해 말하자면 유럽에서는 경관의 특징이나 이미지 요소인 건물이나 벽의 「녹화」에 관해 대단히 오랜 역사를 갖고 있다. 이와 같은 구조물은 실용 중심의 것도 있고, 서유럽 일부 국가에서는 식재된 공석쌓기(空石積み, 돌메쌓기) 옹벽이 침입을 막는 역할을 하기도 한다. 대부분의 유럽 국가에서는 이와 같은 벽이 그 지방 특유의 경관을 만들어내고 있다. 공석쌓기 벽은 대부분 돌만으로 이루어졌지만 영국의 서부, 웨일즈, 아일랜드, 아이슬란드, 스칸디나비아의 일부 지방에서는 중심부의 흙을 돌이 둘러싸고 있는 단단한 형태의 구조물로 되어 있다. 이러한 흙 부분에는 바로 자생식물이 침입하여 그 지방 특유의 식물군락을 보여주게 된다.

또한 이들 지역은 보통 강우량이 많기 때문에 양치식물이 흔하다. 아일랜드에서는 벽의 상부를 벼과 식물이 잔디처럼 울창하게 덮고 있는 경우를 흔히 볼 수 있다.

최근 정원설계가나 조경가는 참신한 녹색의 작품을 만들어내기 위해 이러한 전통적 기술의 새로운 해석을 시도하게 되었다.

또한 식물로 뒤덮인 벽도 유럽의 가드닝에 있어서 전통적으로 중요한 요소의 하나이다. 벽에 덩굴식물을 뻗어나가게 하다거나 과수나 저목을 유인하는 것은 대부분의 유럽 국가의 컨트리 하우스나 전통 민가에서 소홀히 할 수 없는 일이기에 오랫동안 이어져오고 있다(사진 1-2). 다만 이것은 거의 대부분 국가의 전원지방에 한정된, 오래된 건물에 한해 꼭 들어맞는 현상이며, 또한 덩굴식물의 이용은 주로 관상 목적으로 한정되어 있다. 특히 영국에 국한해서 말하자면 남향 벽의 경우 다른 방위에서는 월동할 수 없는 식물을 키우기 위해 이용되어져 왔다. 여름, 더운 기후 지역에서 자주 사용되어진 것은 포도속(*Vitis spp.*) 식물을 건물 측면에 활용하여 무더위를 피하거나 광대한 파고라 양식의 구조물에 붙여 그늘을 만든다거나 하는 등의 시도이다. 덩굴식물은 민가 창고나 차고라는 실용적인 건물의 측면을 가리는 목적으로 예로부터 이용되었다.

이와 같은 전통적 건물의 녹화는 유럽의 전원지방 특유의 경관을 만들어내는 역할을 부분적으로 담당해왔다. 20세기 초에는 독일어권 여러 나라의 건축과 조경분야에서 덩굴식물의 이용이 부활하게 되었다. 이것은 「주거와 정원」을 하나로 잇는 근대주의적 구상의 첫걸음으로 예술과 건축분야의 아르누보운동에서 시작되었다. 같은 시기 영국에서도 때때로 미술공예운동(Art&Crafts)과 관련시켜 설명되는 「전원도시운동」과 미국에서의 초기 교외 거주지 개발 등과 같은 주거와 주택지를 녹으로 감싸는 것을 목표로 하는 유사한 운동이 일어났다(사진 1-3). 건물의 형상과 덩굴식물을 연결하는 역할을 하는 파고라나 그 밖의 구조물은 서유럽의 정원과 공원에서 자주 볼 수 있게 되었지만 덩굴식물이 주거와 그 밖의 건물 녹화에 광범위하게 이용된 것은 독일어권과 프랑스의 한정된 지역뿐이었다.

1930년대 이후 파사드 그리닝은 쇠퇴하고 있었기 때문에 오늘날 볼 수 있는 덩굴식물의 이용은 새로운 시도라고 하기보다는 부활임에 틀림없다.

영국에서는 1800년대 후반부터 1900년대에 걸쳐 벽을 시공할 때 그 구성요소로서 식물을 사용하는 것이 대단히 유행하였다. 그 시대에는 미술공예운동에 따라 전원풍으로 지역 색이 있는 건축기술과 코티지 가든(Cottage garden)이 관심을 끌었으며, 덩굴식물이나 유인된 과수, 저목 등으로 벽을 장식하는 것이 장려되었다. 영국 가드닝의 세계에서 150년 동안 활약했던 인물 중 한 사람인 윌리엄 로빈슨은 벽의 시공 때 벽 안에 식물을 식재할 것을 권장하였다. 일반적으로 이 벽은 옹벽으로 분류되어진 것으로 식물은 벽의 안쪽 토양에 뿌리를 내리게 된다. 로빈슨의 기법은 시공 때 벽을 구성하는 평석과 평석의 접합 장소나 빈틈에 배양토를 채워 식물을 심고 또한 그 상부와 주위에 차례로 돌을 놓는 것이다[1]. 영국의 가드닝에 커다란 영향을 미친 조경가 Gertrude Jekyll[2]도 또한 약 100년 전에 지금은 이미 고전이 된 저서 「Wall and Water Gardens」에서 대규모 벽면녹화를 장려하였다. 이후 이와 같은 벽면에서의 식물 이용은 쇠퇴하게 되었지만 최근에 다시 주목을 끌고 있다.

사진 1-2 영국 가든 하우스의 전통적 요소인 벽면 피복 덩굴식물

사진 1-3 등반식물을 잘 관리하여 건물 전체를 피복

02 | 환경개선을 위한 현대적 입면녹화

현대의 입면녹화는 경관 효과 및 환경 측면에서의 효과를 얻기 위해 앞서 언급한 바와 같은 오랜 역사의 흐름 속에서 발전해 온 것인데 전통적인 방법과 다른 것은 새로운 기술이나 과학적 사고방식에 기반을 두고 있다는 점이다. 또한 수준이 높은 창조적인 디자인을 동반하는 경우가 많다. 유럽은 입면녹화 기술의 발전을 주도해 왔는데 특히 독일은 가장 큰 역할을 하고 있다. 그리고 현대의 입면녹화는 건물의 위와 주위에 환경개선을 위한 식물을 이용하는 옥상녹화 등과 함께 발전해 왔다. 입면과 옥상에서의 식물 이용은 식물의 기능과 생장을 연구하는 원예학뿐만 아니라 시가지에서의 벽 위에 번성하는 식물군락을 조사하는 생태학적 연구로 가능할 수 있었다.

(1) 덩굴식물에 의한 입면녹화

유럽의 경우 입면녹화의 새로운 사고방식은 지방과 교외보다 오히려 도시환경과 깊은 관련이 있다. 환경을 훼손하지 않고 지속시키려고 하는 사고방식을 건축에 적용해 보자고 하는 기운이 높아가는 와중에 건물에 덩굴식물의 이용이 이어지게 된 것이다.

사진 1-4 벽면을 덮은 트렐리스에 휘감겨 붙은 지지재

독일은 실천적인 프로젝트뿐만 아니라 건물녹화에 의한 물리적 효용과 환경개선의 쌍방에 걸친 연구의 중심지이다(베를린 공과대학은 이 분야에서 연구기관의 중심이다). 이는 독일의 도시생태학과 도시 식물군락에 관한 오랜 기간에 걸친 지속적인 연구의 역사이며, 더구나 사회와 정치체제를 통해 환경문제가 강하게 의식되고 있다는 것을 들 수 있다. 또한 제2차 세계대전 후 신속하고, 효율적으로 건설된 수많은 추악하고, 단조로운 건물의 외관을 아름답게 조성할 필요가 있었던 것도 중요한 이유이다. 현대의 입면녹화에서 일반적으로 이용되어지는 덩굴식물은 흡착형이 아니라 벽면에서 떨어진 곳에 강선과 보조자재를 휘감는 형태이다(사진 1-4). 이에 따라 이미 논한 바와 같은 전통적 벽면녹화에서 필요로 한 시간과 비용을 낭비하는 유인이나 전정 혹은 식물이 필요없게 되었다.

독일의 대부분 도시에서 일반적으로 덩굴식물은 시가지 정비지역에서 두드러진 존재로 환경을 배려한 개발에서는 빠트릴 수 없는 것이다. 덩굴식물은 주로 주거지역에서 이용되어지는 경향이 있으며, 상업빌딩이나 공업빌딩의 멋없는 넓은 면적의 벽을 덮어 감추는 일도 가능함에도 불구하고, 이러한 목적을 위해서는 거의 이용되지 않고 있다. 공용 중정이 달린 고층 주택가가 있는 도시에서는 유럽 대륙풍의 건물에 덩굴식물이 자주 이용되고 있다. 한편 영국의 단독주택, 2세대 주택, 테라스하우스 등 개인주택의 경우 대규모 파사드 그리닝이 적합하지 않기 때문에 현대 주택개발에서와 같은 덩굴식물의 두드러진 이용은 찾아볼 수 없다.

입면녹화에서는 대형이고, 생육이 좋은 덩굴식물이 이용되는 것이 일반적이다. 최근 파사드 그리닝으로의 관심이 높아지면서 「기술적」연구가 진행 중이며, 이전의 전체상을 분명히 하는 조사가 1982년 베를린에서 이루어졌다. 덩굴식물의 40%는 남향 벽에서 이용되며, 다른 방향의 벽은 각각 거의 같은 비율로 녹화되고 있다[3]. 담쟁이덩굴(*Parthenocissus tricuspidata*)이 사용되고 있는 사례가 가장 많아 녹화지 중에서는 60%, 녹화면적에서는 80%를 차지하고 있다(사진 1-5). 이어서 잉글리쉬 아이비(*Hedera helix*), 미국담쟁이덩굴(*Parthenocissus quinquefolia*), 마디풀과류(*Fallopia baldschuanica*)순이었다. 가장 많이 보급된 상위 세 종류는 흡착 등반성 식물로 한번 정착하면 생장을 촉진시키기보다 억제하는데 노력한다. 마디풀과류는 보조자재를 필요로 하지만 생육이 대단히 좋다. 등나무(*Wisteria sinensis*)도 잘 이용된다(사진 1-6). 이들 두 가지 덩굴식물은 대단히 높은 곳까지 자라며, 강한 장력이 있는 강선과 아연 도금한 금속구조물에 휘감긴다. 이들의 지지용 시스템은 자체 외관이 매력적이어서 시선을 끈다. 이러한 덩굴식물의 이용에 관해서는 Dunnett와 Kingsbury[4]가 상세히 설명하고 있다.

사진 1-5 덴마크 현대미술관의 입면녹화. 해마다 한 번의 유지관리로 홈통과 차양에 식물의 침입을 방지하고 있다.

사진 1-6 일반적으로 등나무는 수평으로 유인하지만 이 사례의 경우 수직의 지지재를 사용하여 수m 높이까지 신장시키고 있다.

(2) 그린 월(Green Wall)

벽면에서의 식물 이용에 새로운 기술을 사용하고 있는 분야에 있어서도 유럽은 다른 나라를 선도하고 있다. 여기에서는 식물의 식생기반이 벽면에서 분리되어 식물뿌리가 벽면에 직접 정착하지 않는 입면녹화와 벽면과 식물이 일체화된 입면녹화의 두 종류를 소개한다.

1 녹화용 보조자재와 수경재배시스템(패널식 입면녹화)

벽면 내부에 식물이 뿌리내리고 있는 형태의 입면녹화도 있지만 녹화용 보조자재 시스템(Green cladding)은 벽 자체에서 떨어져 있기 때문에 식생기반도 벽면에서 분리되어 있다. 옥상녹화에서도 식생기반과 식물은 건물의 옥상 표면에서 물리적으로 분리될 필요가 있는데 이러한 의미에서 양자의 기술이 서로 통한다고 할 수 있다. 이러한 시스템에서 가장 유명한 것은 파리에 있는 파트릭 브랑에 의해 개발된 수경재배를 이용한 벽일 것이다. 파트릭 브랑은 국제적으로 저명한 열대식물학자로 연구와 여행을 통해 열대우림과 폭포 속 암석면 등의 다습 환경인 수직면에서 식물이 어떤 방법을 구사하여 무토양이라는 조건에서 살아남는가를 밝혀냈다. 그리고 그는 건물과 담에서 이 가능성을 재현해보고자 하였다. 그가 사용한 방법은 수경재배, 즉 식물이 필요로 하는 모든 영양과 수분을 공급할 수 있는 배양액(질소, 인산, 칼륨, 칼슘, 마그네슘, 황이 함유되어 있다)을 사용하여 식물을 무토양에서 키우려고 하는, 지금까지 원예분야에서 실천해온 방법을 토대로 하고 있다. 또한 이 시스템에서는 식물이 뿌리를 내리는 번식용 펠트 또는 모세관 매트를 방수성 폴리염화비닐시트 위에 고정하여 벽에 붙여놓는다. 전체 시스템은 대단히 얇아 13㎜ 정도이다[5]. 어린 식물은 펠트를 잘라내어 만든 주머니 속에 깊이 끼어두고 뿌리를 내려 펠트에 휘감긴다. 이 시스템에서는 점적관수시스템이 식물의 생장에 필요한 물질을 공급하므로 항상 습윤한 상태를 유지하게 된다. 또한 이 시스템은 기존 건물 벽에 표면을 덮도록 설치하거나 독립된 벽에 부착할 수도 있다.

파트릭 브랑이 시도한 파리에서의 유명한 사례로 벨시 공원(Parc de Bercy)에서의 대규모 인스터레이션과 칼체 재단 빌딩의 파사드를 들 수 있다. 브랑은 푸르게 우거진 열대의 분위기를 내기 위해 주로 잎이 큰 상록 식물을 사용하였다(돌쌓기 옹벽에 이용된 내건성 식물과는 대조적이다). 무화과나무속(*Ficus*)이나 버드나무속(*Salix*) 등이 자주 이용된다. 또한 벽의 정상 가까이에는 부들레야(*Buddleia globosa*)와 같이 양지를 좋아하는 종과 하부에는 내음성이 있는 담쟁이덩굴속, 범의귀속, 이끼류, 지의류 등이 이용된다. 뿌리를 내린 후 관리는 매년 한 번의 손질과 죽은 잎을 제거하는 것만으로도 충분하다. 이들 벽은 양분 보충을 필요로 하며, 물이 없어서는 안 된다는 점에서 분명히 집약적이지만, 정말 볼 만한 가치가 있다(저자주 : 유감이지만 이 벨시 공원의 사례 사진이 출판 시점에 입수할 수 없었다. 2004년 10월에 개관한 가나자와 21세기 미술관에서 파트릭 브랑의 작품 「녹색의 다리」를 볼 수 있었다(사진 1-7)).

미국에서는 대부분의 회사가 기존 또는 새로운 건물의 바깥쪽에 패널로 설치할 수 있는 입면녹화시스템을 개발하고 있다. 일반적으로 이들 시스템은 경량토양과 수분을 보전하는 얇은 금속제의 프레임으로 구성되며, 패널 위에서 양 · 수분이 공급된다. 집필 당시 이들 기술을 응용한 시공 사례는 아직 거의 없었다. 그러나 사전에 식물을 정식한 식재 매트(대부분이 세덤류로 구성되어 있다)를 벽에 수직으로 시공하는 사례는 수없이 시도되어지고 있었다. 필자의 경험으로는 이들 대부분이 실패로 끝났으며, 그 이유로는 벽면이 건조와 과도한 응달 조건에 처해있거나 혹은 빗물의 공급 부족 등을 들 수 있다. 성공을 위해서는 확실한 관수가 필요하다.

이와 같이 수직면을 이용할 때 또 다른 문제가 발생할 수 있는데 그것은 상부 매트의 하중에 의한 왜곡과 굴곡 등이다. 따라서 앞서 언급한 것처럼 금속제 프레임과 패널을 사용하는 것이 중요하다. 이들 식재는 압력을 받는 상태에 있는 지상의 경사면이나 수평면을 피복하는 사례로 성공하는 경우가 많다. 예를 들어 독일과 스웨덴에서는 노면전차 선로 사이의 녹화에 세덤 매트가 이용되고 있다.

사진 1-7 가나자와 21세기 미술관의 녹색의 다리. 관내에서 본 측면(좌)과 정면(우). (촬영 : 加藤 博)
오른쪽에 개화 중인 주해당, 중앙에 싸리의 개화, 왼쪽 아래에 털머위가 보인다.

2 호흡하는 벽(Breathing Walls)

새로운 개념인 공기정화시스템은 파트릭 브랑의 수경재배시스템과 몇 가지 점에서 유사하다. 캐나다가 타국에 앞서 개발한 공기정화시스템은 실내에 놓인 수직 장치로 처음에는 오피스나 공공 공간의 공기정화기능을 목적으로 설계된 것이다. 이들은 실내의 에코시스템을 지향하여 디자인되었으며, 우주여행용으로 깨끗한 공기를 제공하기

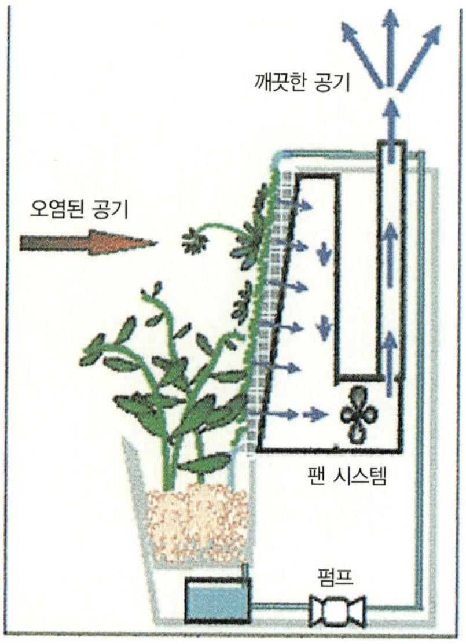

그림 1-1 벽면녹화에 의한 공기정화시스템의 개념도.

위한 연구에서 발단되었다. 식물은 다공질 벽의 표층에서 재배된다. 순환펌프에 의해 공기는 벽과 식물층을 통과하여 벽의 안쪽으로 들어간다. 그 후 공기는 펌프에 의해 방으로 되돌아온다. 이론적으로는 식물이 공기에서 오염물질을 흡수하고, 재순환된 공기는 보다 오염이 적은 형태로 된다(그림 1-1). 그 외에 실내가 가습되어지기 때문에 폐쇄된 실내 환경에서 인간과 각종 식물이 공존할 수 있는 등의 효용도 있다. 이들 실내 공기정화시스템이 대규모로 설치되면 훌륭한 시각적 효과를 낳을 것이다. 가장 유명한 사례로는 토론토의 캐나다 생명보험회사(Canada Life Assurance Company)이다. 온대기후임에도 불구하고 실내에 조성되어 있기 때문에 식물이 무성하고, 열대풍의 이국적 정서를 외관에서 느낄 수 있다.

3 수질정화시스템(Vertical swamps)

유럽에서 수직면에 식재를 보다 특수한 방법으로 응용한 것 중에 수질정화시스템(Vertical swamps)이 있다. 이것은 중수, 즉 목욕, 샤워, 세수 등 가정에서 배출된 물을 회수하여 정화하는 기술이다. 갈대가 심겨진 깊은 플랜터가 몇 층씩 겹쳐져 벽면을 덮고 있다. 중수는 이 시스템의 상단으로 올려져 파이프와 배수관으로 연결된 시스템의 연속층을 통해 지나간다. 이러한 리드베드(수질정화시스템)에서 배수된 정화수는 관수 등 다른 목적으로 이용되어진다(저자주 : 리드베드에서는 갈대의 이용이 많지만 다른 식물이 이용되기도 한다).

유명한 사례로서 1980년대 후반에 베를린의 크로이츠베르그에서 재생된 주택지구에 도입되었던 것인데[6], 필자가 방문하였을 때에는 이미 존재하지 않았다. 이러한 시스템을 장기간 존속시키기 위해서는 지속적인 관리가 필요하다. 이처럼 가정용 리드베드에 의한 물처리시스템은 영국에서 물의 재활용에 관한 사업을 시행하고 있는 Water Works UK Ltd에 의해 개발되어 건물의 벽면이 아닌 옥상에서 주로 이용되고 있다. 이 경우에도 중수는 건물에서 옥상으로 펌프에 의해 흡수된 후에 수생식물이 심겨진 플랜터를 통해 여과된다.

4 식재방음벽과 옹벽

유럽의 경우 소음방지조례의 강화에 따라 스위스, 네덜란드, 독일 등 국가들에서는 환경을 배려한 방음벽(environmental noise barriers)이 도로를 따라 자주 볼 수 있게 되었다. 이러한 벽의 주목적은 소음의 저감과 외부에서 도로를 보이지 않게 하는 것이지만 그 자체로 건축학적인 조형물이기 때문에 장소에 조화되도록 설계되어야 한다는 의견도 있다[7]. 방음벽에서 가장 중요시 되는 것은 식물의 이용이다. 성토를 하고, 식재하는 경우가 많지만 공간이 거의 없는 경우에 한해 식재방음벽이 사용되어진다. 식재방음벽의 종류는 대단히 많지만 주된 것은 두 가지이다. 하나는 토양을 보전하기 위해 틀로 금속의 격자나 망, 혹은 금속판을 사용하는 경우이다. 이것에는 사각 상자형과 경사진 상자형의 두 종류가 있다. 이와 같은 식재방음벽에는 버드나무류(*Salix*)가 자주 이용된다. 다른 하나는 겹겹이 쌓은 벽으로 콘크리트 또는 목재를 조합한 유니트를 차례차례로 겹쳐 쌓은 구조를 하고 있다. 식물은 유니트 안이나 유니트와 유니트 사이의 빈틈에 심겨진다. 상세한 설명은 아래와 같다.

① 규격 유니트의 겹쳐 쌓기에 의한 벽 시스템(녹화블록공)

전통적인 공석쌓기 옹벽에 관해서는 이미 서술하였다. 이들 옹벽은 돌을 짜맞추어 주의 깊게 배치하여 겹쳐 쌓은 것으로 중량에 따라 지면에 수직으로 고정된다. 현대 규격 유니트의 벽면시스템, 즉 겹쳐 쌓기에 의한 옹벽 중에서도 이 수직 식재벽과 가장 유사한 것이 있다. 이들 현대 시스템은 프리캐스트 콘크리트를 조합한 공석쌓기 구조물로 콘크리트 내부에는 자갈이나 다진 흙을 채울 수 있는 다양한 크기의 빈공간이 있다. 이 유니트의 대부분은 강화용 철근을 삽입하기 위해 미리 형성된 작은 구멍이 뚫어져 있는 것이 특징이다. 이러한 유니트를 사용한 벽은 고속도로를 따라 비탈면 유지와 방음용으로 이용이 점점 증대되고 있다. 더구나 이들 유니트를 사면에 겹쳐 쌓기 때문에 사면 위에서의 시공이 가능하게 된다. 사면이든 아니든 규격 유니트의 조합에 의해 다양한 모양을 지닌 독립형 구조물을 만들어낼 수 있다. 규격 유니트를 사용한 식재벽은 네덜란드와 독일의 고속도로변에서 극히 일상적으로 볼 수 있으며, 미국에서도 이용이 증대되고 있다.

규격 유니트는 배양토를 채우고, 내한성이 있는 저목이나 덩굴식물이 심겨지거나 벼과 식물이 파종되기도 한다. 유니트의 조합에 의해 조성된 벽은 표면 전체에 식재를 할 수 있기 때문에 벽 자체를 신속하게 식물로 덮을 수 있어 스프레이 등에 의한 낙석 등을 방지할 수 있다는 간접적 이점도 있다.

지면에서 70° 각도로 쌓아올려진 프리캐스트 콘크리트의 유니트로 조성된 급사면의 방음벽, 또는 기반재로 황마 매트와 금속망을 혼입한 수직 목조시스템에서 이용하기에 적합한 식물을 밝히는 연구가 독일에서 시행되었다[8]. 이를 위해 네 종류의 시판 배양토가 사용되었다. 이와 같은 열악한 환경은 식물 생장에 대단히 불리하다. 콘크리트의 표면온도는 여름철에 50℃까지 상승하며, 겨울에는 -20℃까지 내려간다. 또한 근권은 제한되어 있으므로 항상 건조한 상태이다. Eppel-Hotz[8]는 41종류의 저목과 숙근초(중앙 유럽의 스텝과 Dry meadow에 자생하는 식물로 암석원, 옥상녹화, 그라벨 보더(Gravels borders)에서 잘 이용되는 종이 선택되었다)를 앞의 두 가지 시스템에서 생육시키며, 5년 이상에 걸쳐 생육과 생존 상황을 조사하였다. 관수는 처음 2년 동안 한 번만 실시하였으며, 이후에는 실시하지 않았다. 조사지의 연간 강수량은 330㎜로 적었다. Eppel-Hotz는 앞서 언급했던 콘크리트 시스템이 수직 목조시스템보다 훨씬 우수함을 확인하였는데, 이것은 식물이 원지반에 뿌리를 내릴 수 있었기 때문이라고 한다. 사용한 배양토의 종류는 생장에 유의한 영향을 미치지 못하였다. 전체적으로 숙근초는 저목보다 생존율이 훨씬 높았으며, 이와 같은 상황에서는 다음과 같은 13종이 특히 높게 평가되었다.

Rosa agrestis, R.virginiana, Cotinus coggygria, Eleagnus commutata 'Zempin', Salvia officinalis, Satureja Montana, Melica ciliate, Euphorbia seguieriana, Chrysanthemum haradjanii, Geranium sanguineum 'Elspeth', Alyssum saxatile 'Citrinum'.

② 돌망태

돌망태는 오늘날 경사지를 안정시키는 극히 일반적인 방법이 되었으며, 벽돌과 블록이 필요한 곳의 대체물로서 일반적으로 사용되어지고 있다. 하천변 등 시선을 끌지 못하는 장소에서는 식물이 자연스럽게 번성하여 군락을 만들어 방임되고 있다. 이것은 대체로 돌망태를 설치하면 주변에 사는 생육이 왕성한 식물에 의해 뒤덮여져서 감추어져 버리는 것을 의미한다. 그 와중에 돌망태와 그것을 덮는 군락 등에 흙이 쌓이고, 결국에 지역성 식물군락으로부터 풍산포(風散布)와 수산포(水散布)의 종자가 모여 지역에 적응한 식재가 되므로 하천변에 식생이 복원될 것이다.

이와 같이 생물 공학적 기능을 가진 돌망태는 영국의 전위적 정원설계가 사이에서도 대단한 인기를 얻으며, 남의 시선을 끌고, 참신한 벽과 담의 창조에도 사용되고 있다. 착색한 돌과 바위, 목재나 톱으로 잘려진 줄기나 가지 등 충진재료는 다양하다. 돌망태의 디자인에 있어서는 어느 방향에서 볼 것인가를 정하고, 그곳에 기호에 맞는 재료를 충진한 후 그 위에 흙과 다양한 크기의 바위를 보충한다. 이렇게 디자인한 돌망태에 식물이 식재되는 경우도 있다. 또한 돌망태의 상단 10~15cm 배양토로 채워 식재하는 경우도 있다.

미국에서 개발된 기술「돌망태 매트리스」에 의해 식생이 형성된 경우도 있다. 이것은 안쪽에 지오텍 스타일(토목안정섬유재)을 붙인 얕은 돌망태에 돌, 바위나 배양토의 혼합물을 채우고, 그 위에 필터를 깔고 뚜껑을 설치한다. 그 후 돌망태에 벼과 식물과 다양한 목초 종자를 파종하거나 부직포 매트에 실생묘나 플러그묘를 심거나 한다.

③ 옹벽 : 모르타르벽

식재된 모르타르벽은 희귀하며, 특히 현대 건축에 있어서는 거의 볼 수가 없다. 예외적으로 네덜란드 유트레히트의 그리프트 공원(Grift park)에 있는 옹벽으로, 놀랍게도 길이가 300m이다. 이 벽은 2m 높이로, 벽돌로 시공되어 있지만 벽돌 사이에 모르타르가 충진되지 않은 빈 틈이 규칙적으로 있어 그곳에 플러그묘가 심겨졌다. 여기에는 자생 Dry meadow 구성종 Lady's Bedstraw, 솔나무류(*Galium verum*) 등 고산 식물 및 다육식물(*Sedum sempervium* 등)의 조합이나 전형적 월 플랜트 *Antirrhinum*(금어초속)과 베니카노코소우(*Centranthus ruber*) 등을 볼 수 있다.

모르타르로 채워져 있든 아니든 관계없이 여기에서 취급한 구조물은 이미 독립된 구조물 혹은 옹벽인데 기존 벽의 앞면에 식재된 벽을 만들어내는 기법으로서의 다양한 응용이 가능할 것이다. 이 경우 대개 벽의 높이가 낮으면 성공하기 쉽다. 옥상녹화처럼 보호용 방수시트 등을 이용하여 기존의 건물 벽을 습기나 식물의 뿌리에 의한 손상으로부터 확실히 보호하는 것이 중요하다. 다음으로 기존 벽 앞에 옹벽을 설치하여 빈 틈에 배양토를 충진한다. 배지층이 얇은 경우에는 관수설비가 필요하다. 이러한 종류의 입면녹화는 영국의 정원설계가에게는 어느 정도 주목받고 있지만 현재 공공건물에서는 그 예를 찾아볼 수 없다.

다음으로 대규모 입체녹화 사례와 소규모 개인주택의 옥상녹화 · 벽면녹화 사례를 소개한다.

● MFO 공원

취리히의 MFO 공원의 명칭은 이전에 이 장소에 있었던 오에리콘 공장용지의 이름 Maschinenfabrik Oerlikon에서 유래하였다. 일찍이 공업지역의 재개발에 따라 오피스, 주택, 레크리에이션 등의 용도를 가진 지역의 일부였다. 여기에 수직으로 늘어나는 구조물을 대규모로 녹화한 것으로 유럽에서 가장 우수한 사례 중 하나이다. 이 일련의 녹화공간을 특징짓는 중심적 존재는 시대를 앞선 파고라다. 이 파고라는 유럽의 전통적인 광장의 현대판으로서 회의와 오락뿐만 아니라 극장과 콘서트, 영화 등의 모임 등에도 사용가능한 새로운 타입의 오픈 스페이스로서 설계된 것이다.

MFO 공원은 4m 통로를 가진 2중으로 녹화된 벽면에 의해 세 방향이 둘러싸여 있으므로 유럽의 공원에서 르네상스 시기 또는 그 이전부터 사용되어 온 프랑스어로 Treillage, 영어로는 Carpenter's work라 불리는 격자형의 정원시설을 떠올리게 한다. 파고라는 본래 귀족들의 정원에서 사용되었지만 때때로 덩굴식물로 뒤덮여지는 경우도 있었다.

MFO 공원의 파고라에서는 3~5년 동안에 덩굴식물이 왕성하게 자라 파크 하우스의 녹화용 와이어를 등반하여 높은 위치에 설치된 경량토양이 든 용기에도 뿌리를 내리고 지붕을 확실히 덮는다. 계단이나 통로가 높은 위치에 있는 「SUN DECK」까지 이어져 있어 사람들은 여기에서 주위의 광대한 경치를 바라볼 수 있다.

길이 117m, 폭 35m, 높이 17m의 웅장한 MFO 공원은 덩굴식물을 지탱하기 위한 강력한 케이블을 갖춘 철제 건물이다. 벽면으로 둘러싸인 4m 폭의 포장도로는 잔디류와 생울타리의 열식이 조합된 식재에 따라 나뉘어져 두드러진 현대적 분위기를 낳고 있다. 이와 같은 방법으로 건축과 원예의 수법이 통합된 사례는 그다지 많은 편은 아니다.

취리히 시 당국은 설계 공모에 의해 Kathrin Martelli에 의한 기본 구상을 토대로 Burckhardt+Partner와 조경가 Raderschall 그리고 플랜트 컨설턴트 Fritz Wassmann에 의한 설계안을 택하였다. 2002년에 오픈한 이 공원의 인기는 높아 야외 페스티벌과 스포츠에도 이용되고 있다. 또한 야외영화관도 병설하고 있다(사진 1-8).

사진 1-8 MFO 공원

● **개인주택의 옥상 · 벽면녹화(영국 세필드)**

영국의 현대적인 환경을 배려한 정원설계는 소규모 식재와 입면녹화가 어우러져 있다. 자연 소재가 이용된 벽면은 곤충과 조류의 거처가 되기도 하며, 동시에 겉보기에도 재밌고 즐겁다. 여기에 소개한 시공사례는 기존 목조 · 단층집 정원에 새롭게 파사드를 설치할 목적으로 2003년에 시공한 것이다. 우선 목조 골조에 수분이 침투하는 것을 막기 위해 기존 벽을 부틸고무의 막으로 덮었다. 다음으로 기존 벽 앞에 폭 600㎜, 높이 2m의 패널을 세우고, 그 앞면에 두께 약 100~200㎜의 작은 평석을 겹쳐 쌓았다. 모르타르 등의 고정재료는 사용하지 않았다. 패널과 평석의 사이에는 약 100㎜의 틈이 만들어졌다. 이 틈은 평석을 겹쳐 쌓음에 따라 벽의 시공 진행과 동시에 배양토를 충진하였다. 배양토에는 양토와 퇴비에 원예용 거친 모래를 50% 혼합한 것을 사용하였다. 평석 사이에 남겨진 작은 빈 틈과 우묵한 곳에는 작은 고산식물을 차례로 옮겨 심었다. 남은 틈은 이미 위에 언급했던 배양토로 충진하였다(사진 1-9).

사진 1-9 개인주택의 옥상 · 벽면녹화 사례

녹화 지붕에서 벽으로 빗물이 내려오고, 남은 물은 지붕에서 녹화된 벽면을 통해서 배출된다. 벽면에서 양호한 생육을 나타낸 식물은 세덤류(*Sedum album*, *S. acre*), 좀쥐손이(*Geranium robertianum*), 쥐손이류(*Erodium chamaedryoides*), 해란초류(*Linaria repens*) 등이 있다. 이 벽면은 남서쪽를 향하고 있으며, 햇빛이 충분히 받는 것은 하루 중 몇 시간 되지 않는다(디자인: 나이젤 다넛트).

(Nigel Dunnett : 역(譯) 나가세 야야코)

인용 · 참고문헌

1) Robinson, W. (1907) : The English Flower Garden. Murray, London.

2) Jekyll, G. (1913) : Wall and Water Gardens. Country Life, London.

3) Kohler, M (1993) : Fassaden-und Dachbegrunung, pp.329, Ulmer, Stuttgart.

4) Dunnett, N.and Kingsbury, N. (2004) : Planting Green Roofs and Living Walls. Timber Press, pp.254, Portland, Oregon.

5) Hill, P. (2001) : Vertical thinking. The garden, April, 280-283.

6) Johnson, J. and Newton, J. (1993) : Building Green : A Guide to Using Plants on Roofs, Walls and Pavements. London Ecology Unit, London.

7) Kotzen, B. and English, C. (1999) : Environmental Noise Barriers-A guide to their acoustic and visual design. E. & F.N.Spon, London.

8) Eppel-Hotz, A. (2004) : Low Maintenance Planting of Steep Noise Barrier Wall Systems. Acta Horticulturae No 643, 281-287.

| **편집자주** | 영문 원고에서 녹화된 입면의 표현으로는 living wall, facade greening 그리고 green walls이 때와 장소에 따라 구분되어 사용되었다. 일본어 역시 구분하여 사용할 필요가 있으나 현재 적절한 일본어를 찾아낼 수 없었다. 따라서 편집자의 판단아래 대부분의 경우 주로 입면녹화를 쓰고, 구별할 필요가 있는 경우에는 각각 가타가나로 표기하였다.

1.3 환경공생을 위한 일본의 정책과 제도

이산화탄소, 메탄, 프레온 등 온실효과 가스의 증가로 오랜 기간에 걸쳐 안정된 상태였던 지구의 열수지 균형이 무너지기 시작하면서 방열량보다 축열량이 많아졌고, 지구온난화가 진행되고 있다. 지구온난화가 진행되면 해수면이 상승하고, 건조지역이 확대되는 등 직접적인 피해 이외에 생태계나 농업생산에 미치는 영향이 우려된다. 이러한 문제들의 해결을 위해 1997년 12월 교토에서 기후변화협약 제3차 당사국 총회(COP3)가 개최되어 130여 나라가 참가하였고, 지구온난화 대책을 논의하기 위한 국제적 협약을 정하는 교토의정서(京都議定書)가 채택되었다. 그리고 채택된 지 7년 후 2005년 2월16일에 국제법으로 발효되었다.

한편 도시환경의 악화는 더욱 심각해져 지구온난화에 더해 열섬현상의 발생으로 지구 전체 기온상승이 몇 배의 속도로 고온화되고 있다. 예를 들어 도쿄 도심의 평균 기온은 과거 100년 동안 2℃ 이상 상승하여[1] 이대로 두고 볼 수 없게 되었다. 따라서 대책으로서 쾌적한 환경을 만들어 내기 위한 녹화 시책과 각종 제도가 중앙정부와 지자체에 의해 책정되고 있다.

01 | 도시환경

도쿄도 23구 녹피율은 해마다 낮아져 최근에는 약 22% 정도에 머물고 있는 상태이다[2]. 녹피율의 저하에 지구온난화의 영향도 더해져 평균기온은 상승하고, 열대야(최저기온 25℃ 이상인 날) 일수도 1960년대의 15일 전후에서 2000년대에는 35일 전후로 급격히 증가하였다[1]. 도심부에서 30년 전에는 외부에서 월동이 곤란했던 인도고무나무가 현재에는 쉽게 월동할 수 있는 것에서도 알 수 있다. 또한 규모가 다른 도시에 있어 과거 100년간 평균기온의 상승폭은 중소도시에 비해 대도시 쪽이 크다[2]. 이들의 원인으로는 지구온난화현상에 더해 열섬현상이 겹쳐진 결과라고 판단된다. 고도성장시대 특히 1970년대 도쿄의 하늘은 회색이라 불려지듯 공해가 아주 흔하게 발생하였고, 광화학 스모그에 의한 피해도 많았다. 그러나 배기가스와 공장 등의 배기가스규제, 저유황유의 이용 등 다양한 대기오염 대책으로 80년대 후반부터 90년대에 걸쳐 발생 건수가 일시적으로 줄어들었지만 2000년 이후 다시 증가하는 경향을 보인다. 광화학 스모그는 배기가스 등에 함유된 질소산화물(NOx)과 공장 등에서 나오는 비메탄 탄화수소(NMHC)가 태양 빛을 받아 오존 등의 산화물질이 되어 이것이 인체에 악영향을 미친다고 한다. 도쿄도의 조사에 의하면 NOx와 NMHC도 감소 경향에 있지만 반대로 산화물질의 양은 해마다 상승하고 있다. 이 원인은 배기열, 콘크리트에 의한 축열, 줄지어 늘어선 고층 빌딩에 의한 바람의 차단 등에 의해 야기된 열섬현상에 따라 기온이 상승하며, 화학반응이 촉진된 것으로 추측된다[3].

오늘날 지구 환경을 지키기 위해 한 사람 한 사람이 환경 보전을 염두에 두고 에너지 소비 억제책은 물론 우리 주변에서 할 수 있는 녹화의 중요성과 효용을 주장하여 녹화의 추진을 적극적으로 하지 않으면 안 된다(사진 1-10).

사진 1-10 환경을 개선하여, 경관 향상, 에너지 절약 효과, 안락한 장소 제공 등의 효용이 있는 옥상녹화(지바현 濟生會習志野 병원)

02 | 도시녹화 정책

(1) 옥상녹화의 선구가 된 도쿄의 정책

도쿄는 전국에서 앞장서서 도시녹화를 추진하였고, 이를 계기로 도시녹화의 필요성이 전국적으로 파급되었다. 1985년 책정된 도쿄 녹화지도지침(부지면적 1,000㎡ 이상의 민간시설에 있어서 일반부지는 공지의 20%, 특정지구는 30% 녹화를 추진)을 1999년 개정하여 옥상 면적의 20% 이상을 녹화 대상 면적에 넣었다. 이듬 해 이러한 흐름을 이어받아 「도쿄에서의 자연보호와 회복에 관한 조례」의 시행규칙이 일부 개정되어 부지면적에서 건축면적을 뺀 부분의 20% 녹화에서 사람이 출입 가능한 옥상의 이용가능면적(실외기 등 설비설치 면적을 뺀다)의 20%(종합설계제도 등을 적용하여 계획하는 건물의 부지, 재개발지구계획, 고도이용지구, 특정지구 내 건물 등은 30%)를 새로이 녹화하도록 했다. 즉 옥상녹화를 의무화 하였다. 또한 종래 수목만이 식재부분으로 계산되었던 것이 옥상녹화의 경우 잔디와 초화류도 인정토록 하였으며, 옥상에서의 녹화가 곤란한 경우 벽면과 베란다의 녹화면적(벽면녹화의 면적 환산은 등반형으로 보조자재가 있는 경우 보조자재로 뒤덮인 면적, 보조자재가 없는 경우 높이 1m×식재 폭 또는 덩굴식물의 길이×식재 폭, 하수형으로 보조자재가 있는 경우 보조자재로 뒤덮인 면적에서 높이 10m 내외, 보조자재가 없는 경우 높이×식재 폭 또는 덩굴의 길이×식재 폭)으로 대체할 수 있게 되었다. 이렇게 녹화한 다음에 종합설계 등의 도시재개발제도에서는 용적률의 할증이 가능하게 되어 사회복지시설, 병원, 학교, 사업소 등의 민간시설의 녹화에 대해서는 (재)도쿄도공원협회 소관의 도쿄도 도시녹화기금의 조성제도 등 몇 가지 녹화를 추진하기 위한 제도가 마련되었다. 또한 독자적으로 녹화제도나 지원제도를 마련한다거나 청사 등의 옥상에 견본 정원을 설치하여 주민에게 정보를 제공하는 지자체(시부야(渋谷), 신주쿠(新宿), 스미다(墨田), 시나가와(品川), 다이토구(台東区) 등)도 증가하고 있다. 여기에서는 도쿄도 쥬오쿠의 대응에 대해 그 개요를 소개한다. 1989년 「꽃의 도시 쥬오쿠 선언」을 시행하여 쥬오쿠 녹화기본계획을 책정하였다. 그 내용은 녹화장소와 규모, 도시계획의 유무 등에 따라 다르지만 녹화기준을 마련하고, 녹화 때에는 그 일부를 지원한다. 또한 녹화 후 3년간은 유지관리작업의 일부도 지원대상으로 하고 있는 것이 특기할 만한 사항이다.

표 1-1에 건물 녹화에 관한 지원을 하고 있는 지자체의 일람을 정리하였다. 지원 내용 등은 지자체에 따라 다르므로 홈페이지 등에서 확인하기 바란다.

표 1-1 녹화관계에 대한 국가와 지자체 등의 각종 지원제도

단체명	제도명	조성 내용의 요약
녹화비용의 융자 국토교통성	지방공공단체시설 주택특별가산제도	주택금융공고제도에 지방공공단체와 연계한 지역에 어울리는 거주지 조성을 지원하기 위한 특별가산제도
일본정책투자	에코빌딩 정비사업	옥상녹화 시설을 가진 건물의 건설비에 대해 은행 저리융자로 보급을 도모한다.
도쿄도산업노	기술 · 사업혁신 등 지원자금융자제도	중소기업 및 사업협동조합이 실행한다. 옥상녹화 담당부서 등 사업비에 대해 융지
가츠시카쿠	옥상녹화 · 벽면녹화 자금 융자제도	5㎡ 이상의 녹화 공사에 관한 자금에 대해 구가 이자 및 신용보증료의 일부를 보조
스미다쿠	옥상녹화 상담사업	구민이 스미다쿠 옥상녹화 추진협의회 가맹사업자에 발주하는 공사대금의 할인
세금의 감면 국토교통성	녹화시설 정비계획 인정제도	녹지의 기본계획에 있어 녹화추진 중점지구내의 녹화계획 인정을 받아 정비된 녹화시설에 대해 고정자산세의 경감조치를 행한다.
녹화비용의 조성 국토교통성	거리조성 종합지원사업	거리조성의 일환으로서 행해지는 민간시설의 녹화에 보조하는 지자체에 대한 보조
	환경공생 주택시가지 모델 사업	환경 부하의 경감 등이 보여지는 모델성 높은 주택시가지의 정비에 대해 사업비의 일부를 보조
문부과학성	환경을 고려한 학교(에코스쿨) 시설정비추진에 관한 파이롯트모델사업	에코스쿨의 정비추진과 실증을 검토하기 위해 공립학교 시설정비사업의 신증개축사업 또는 대규모 개조사업에 겸해 실시. 옥상녹화나 건물녹화에 대해 사업비 일부를 지원
	옥외 교육환경 정비사업	공립학교의 옥외 교육환경의 정비를 도모하기 위해 교정이나 옥상, 비오톱 등의 정비에 대해 경비의 일부를 지원
센다이시	센다이시 건물 등 녹화 지원제도	시내 건물의 옥상 · 벽면녹화에 관한 사업비의 일부를 지원
가와구치시	가와구치시 녹색 마을조성 추진조례	옥상녹화 등을 행하는 경우 주택금융공고의 특별가산융자가 적용된다.
토다시	맨션 등의 옥상, 베란다, 벽면녹화 지원	3㎡ 이상의 옥상, 1㎡ 이상의 베란다, 2㎡이상의 벽면녹화에 대해 사업비의 일부를 지원
(재)도쿄도공원협회	도쿄도 도시녹화기금	사회복지시설, 병원 등 민간시설의 녹화사업에 대해 사업비의 일부를 지원
이다바시쿠	도쿄도 이다바시쿠 민간 건물 옥상녹화 지원요강	신규 시공의 옥상녹화에 관한 기반정비비 및 식재사업비에 대해 일부를 지원. 기반 두께로 지원액에 차이가 있다.
기타쿠	기타쿠 도시건물녹화 촉진사업지원금 교부요강	3㎡ 이상의 옥상녹화, 1㎡ 이상의 베란다 녹화, 벽면녹화에 대해 사업비의 일부 지원
코토쿠	코토쿠 녹색 마을 조성 녹화지원제도	옥상녹화, 벽면녹화, 도로변의 생울타리 담 육성에 대해 사업비의 일부를 지원

단체명	제도명	조성 내용의 요약
시부야쿠	시부야쿠 옥상 등 녹화에 관한 알선사업실시 요강	구가 알선하는 녹화사업자에 의한 녹화공사대금의 할인
	시부야쿠 건물 옥상 등 녹화 지원요강	300m² 이상의 부지면적인 건물에 있어 도의 녹화기준 면적을 넘는 옥상, 베란다, 벽면녹화에 대해 사업비의 일부를 지원
시나가와쿠	시나가와쿠 옥상녹화 등 지원요강	구내 민간 건물의 옥상, 베란다, 벽면녹화의 사업비의 일부를 지원
스기나미쿠	옥상 · 벽면녹화 지원제도	3m² 이상의 옥상, 벽면녹화에 대해 사업비의 일부를 지원.
스미다쿠	스미다쿠 옥상녹화 정비 보조금 교부요강	옥상녹화 공사비의 일부를 지원
	옥상녹화 건물 안전점검제도	민간 건물의 옥상녹화 적응성(방수층의 상태와 구조 등)을 구가 무료로 조사
쥬오쿠	꽃과 녹색 마을조성 추진요강	도로 인접부 녹화, 지상부 녹화, 건물의 옥상 · 벽면녹화에 대해 사업비의 일부를 지원
치요다쿠	옥상녹화지원금 교부제도	옥상 · 벽면녹화, 플랜터 정비 등 사업비의 일부를 지원
토시마쿠	토시마쿠 옥상녹화 지원금 교부요강	옥상녹화 사업비에 대해 일부를 지원
메구로쿠	메구로쿠 녹색 마을조성 지원	부지면적 1,000m² 이하인 건물의 옥상 · 벽면녹화사업비의 일부를 지원
세타가야쿠	옥상녹화 · 벽면녹화 제도	1m² 이상의 옥상 · 벽면녹화에 대해 사업비의 일부를 지원
아키시마시	아키시마시 옥상녹화 지원사업보조금 교부요강	3m² 이상의 옥상녹화 공사비에 대해 사업비의 일부를 지원
이치가와시	옥상녹화 추진사업	옥상 · 베란다 · 벽면녹화에 관한 사업비의 일부를 지원
후나바시	옥상녹화 지원제도	3m² 이상의 옥상녹화, 2m² 이상의 벽면녹화에 대해 사업비의 일부를 지원
요코하마시	요코하마시 옥상녹화 등 지원사업	옥상 등의 녹화에 관한 사업비의 일부를 지원. 원칙으로서 수목에 의한 녹화(일부초목도 가능)
가와사키시	옥상녹화 등 지원사업	3m² 이상의 옥상녹화, 식재 폭 5m 이상의 벽면녹화(公道)에 관한 사업비의 일부를 보조
아츠기시	옥상녹화 추진사업 보조제도	원래 아츠기역 주변 200ha, 아이코이시다(愛甲石田)역 주변 5ha 지역에 세운 맨션, 상업빌딩의 옥상, 발코니의 녹화에 대해 사업비의 일부 지원
즈시시	벽면녹화 지원제도	녹화추진 중점지구의 도로에서 보이는 건물의 벽면녹화에 대해 사업비 일부를 지원
요코스카시	사유지 녹화추진 지원제도	도로, 주차장에 면한 부분의 생울타리 담의 식재와 벽면녹화에 대해 사업비 일부 지원
미시마시	미시마시 옥상 등 녹화사업보조금 교부요강	옥상 · 벽면녹화에 관한 사업비의 일부를 지원
하마마쯔시	하마마쯔시 옥상 및 벽면 등에 지피식물 교부요강	건물의 옥상 · 벽면, 옹벽면 등을 녹화하는 사람에게 지피식물을 교부
오카자키시	오카자키시 옥상 등 녹화사업 장려보조금 교부제도	시가화 구역 내 옥상에 상록수 또는 지피식물을 3m² 이상, 벽면에 상록의 덩굴식물을 3m² 이상 식재하는 사업비에 대해 일부를 지원

단체명	제도명	조성 내용의 요약
나고야시	나고야 녹화기금 건물 등 녹화지원요강	시가화 구역 내 옥상 · 벽면녹화에 대해 사업비의 일부를 지원
기후시	옥상녹화 장려 보조제도	녹피율 30% 이상의 옥상녹화에 대해 사업비의 일부를 지원
	벽면녹화 장려 묘목배포사업	공공도로변의 벽면녹화에 덩굴성 식물의 묘목을 배포
가나자와시	가나자와시 옥상 등 녹화 지원제도	시가화 구역 내 옥상녹화에 대해 사업비 일부를 지원, 다만 30% 이상의 녹피율과 유지 관리가 조건
오사카부	옥상녹화 추진제도 : 민간시설 녹화 추진사업	시가화 구역 내 공공성 및 공개성이 높은 민간시설의 옥상 · 벽면녹화에 관한 사업비의 일부를 지원
오사카시	꽃과 녹색 마을조성 추진 기금사업	민간 건물의 옥상 · 벽면녹화, 공공도로변의 녹화에 관한 사업비의 일부를 지원
효고켄	도시녹화 촉진사업 보조	시가지 내 구내의 공공성이 높은 건축면적 500㎡ 이상의 건물 옥상녹화에 대해 사업비의 일부를 지원
	옥상녹화 자금 융자제도	옥상녹화에 관한 차입금에 대해 저리융자 및 이자 보급
고베시	고베시 녹화사업 기금	도로변에 단독주택 등에 있어 옥상 · 벽면녹화에 대해 사업비의 일부를 지원
히메지시	벽면녹화 조성	블록담 등의 녹화용 담쟁이덩굴 등을 배포. 공공도로변 등은 헤데라 등을 배포
오카야마시	옥상녹화 장려사업	5㎡ 이상의 옥상녹화에 대해, 사업비의 일부를 지원
	벽면녹화 장려사업	공공도로에 접한 블록담 등의 벽면녹화에 대해 사업비의 일부를 지원
	거리의 녹화 장려사업	공개녹지로서 도로변을 내어 일정 규모 이상 녹화할 때 사업비에 대해 일부를 지원
가가와켄	민간 시설의 옥상 · 벽면녹화 지원제도 (당신의 건물을 녹색으로 장식하지 않겠습니까)	녹화추진 중점지구, 도시계획법으로 정해진 상업시설의 옥상(50㎡ 이상), 벽면(10㎡ 이상) 녹화에 대해 사업비의 일부를 지원
구마모토시	옥상녹화 지원제도	시 중심 시가지 활성화 기본계획 구역의 시민을 대상으로 옥상 · 벽면녹화에 대해 사업비의 일부를 지원
구마모토켄 키쿠요우초	생울타리담 등 설치 장려 보조금제도	도로변에 생울타리담 설치, 벽면녹화에 대해 사업비의 일부를 지원
후쿠오카시	후쿠오카시 옥상녹화 지원제도	녹화중점 지구 내 부지면적 500㎡ 이상의 사유지에서 20% 이상 외부 녹화나 옥상녹화를 하는 경우 사업비의 일부를 지원
오이타시	활기 넘치는 오이타 가로공간 장려사업 보조금 교부요강	녹화 중점지구 내 옥상 · 벽면녹화에 대해 경비의 일부를 지원
미야자키시	생울타리담조성 등 추진사업	도로변에 생울타리담을 식재 혹은 블록담 등의 벽면녹화에 대해 사업비의 일부 지원
나가사키시	나가사키시 녹화기금 보조금 교부요강	옥상과 인공지반 녹화, 수목의 식재, 생울타리담의 설치, 벽면녹화에 대해 사업비의 일부를 조성
나하시	옥상녹화 지원제도	모노레일 주변, 역에서 보이는 건물의 옥상녹화에 대해 사업비의 일부를 지원

주) 2005년 4월 현재, 더욱 자세한 것은 각 지자체에 문의 혹은 홈페이지 등에서 확인바람.

(2) 국가 정책

국토교통성은 2003년에 「아름다운 국토조성 정책대강」과 「관광 국립행동계획」 등의 국책을 이어받아 경관을 중시한 국토조성을 위한 시책을 제창하여 2004년에 경관 · 녹삼법이 제정되었다. 이것은 「경관법」, 「도시녹지보전법의 일부를 개정한 법률」, 「경관법의 시행에 따른 관계 법률의 정비 등에 관한 법률」로 구성된다. 경관 · 녹삼법(景観 · 緑三法)을 비롯한 녹화 관련 법률의 개요를 소개한다. 더욱 자세한 내용은 국토교통성 홈페이지 등에서 확인하기 바란다.

1 경관법

경관 형성에 관한 기본 이념과 국민, 행정, 사업자의 책임과 의무를 명확히 하는데 중점을 두고 있다. 즉 아름다운 경관은 나라의 재산이라는 것, 아름다운 경관은 지역의 자연과 역사, 문화 등의 결정이라는 것, 아름다운 경관은 다양성을 가지며, 지역이 하나 되어 보전에 힘쓰는 것 등이 담겨져 있어 국가의 경관 향상에 관한 정책이 명확히 명시되어 있다. 일본에서 경관에 관한 첫 법률로 지자체는 경관지구를 지정할 수 있게 되어 건물의 형태 의장도 제한할 수 있게 되었다. 또한 경관계획구역 내에서는 경관 행정단체(지자체, 정부지정도시, 지사가 지정한 지자체)의 장이 건물의 의장과 색채, 형태 등의 건축행위에 대해 언급할 수 있게 되었다.

2 경관법 시행에 따른 관계 법률의 정비 등에 관한 법률

경관법 시행에 따라 도시계획법, 건축기준법, 옥외광고물법 등 관계 법률의 조정 정비를 시행한다.

3 도시녹지보전법의 일부를 개정한 법률

명칭을 도시녹지법으로 하며, 지자체의 「녹지기본계획」의 책정을 재촉하고, 녹지의 창출과 보전의 통합을 도모하는데 있다. 지금까지의 녹지 창출을 도모하기 위한 도시공원법, 녹지의 보전을 도모하기 위한 도시녹지보전법의 양자 기능을 함께 갖추기 위한 법률로 지금까지 점적인 녹화에서 면적인 녹화로 전환을 촉구하며, 기존 녹지와 신설 녹지를 연결하는 녹지네트워크화를 추진한다. 특기할 만한 것은 대규모 건물(지자체에 따른 규모는 변동)에 녹화 의무를 부과할 수 있게 되었으며, 게다가 녹화면적에는 지상부뿐만 아니라 옥상이나 벽면녹화도 계산되기 때문에 녹화 관련 수요의 확대에 기여할 것으로 기대된다. 또한 녹화지역제도도 마련되어 도시계획에 규정된 녹화율의 최저한도 이상의 녹화 의무가 부과된다. 또한 녹화율은 원칙적으로 수평투영면적에 따라 산정한다. 녹화율의 최저한도의 상한은 부지면적의 25% 또는 100%−(건폐율 +10%)를 계산하여 적은 쪽으로 한다.

4 도시공원법

도시공원법은 도시공원의 건전한 육성을 도모하며, 공공의 복지증진을 도모할 것을 목적으로 1956년에 제정되었다. 도시공원의 정의, 도시공원에 관한 공원시설의 정의, 설치에 관한 기준과 점유할 경우의 허가와 조건, 공원관리자에 의한 도시공원의 보존 의무, 도시공원 대장의 작성관리에 관한 사항이 규정되어 있다. 그 중에 도심부처럼 토지의 효율적인 이용이 요구되어지는 지역에 있어 토지의 유효 이용을 도모함과 동시에 도시공원을 효율적으로 정비하기 위해 입체도시공원제도가 새로이 마련되었다. 이것은 도시공원법이 미치는 범위를 정함에 따라 도시공원 지하의 유효 이용이나 인공지반, 건물의 상부에 도시공원을 설치할 수 있게 하는 제도이다. 즉 도시공원의 구역을 입체적으로 정함에 따라 토지의 유효 이용과 도시공원의 효율적인 정비를 도모하는 것으로 이에 따라 인공지반 상부에 도시공원을 설치하여 다른 시설과 도시공원을 통합적으로 정비할 수 있게 되었다(그림 1-2). 또한 이들을 정비하기 위한 지원 조치도 있다.

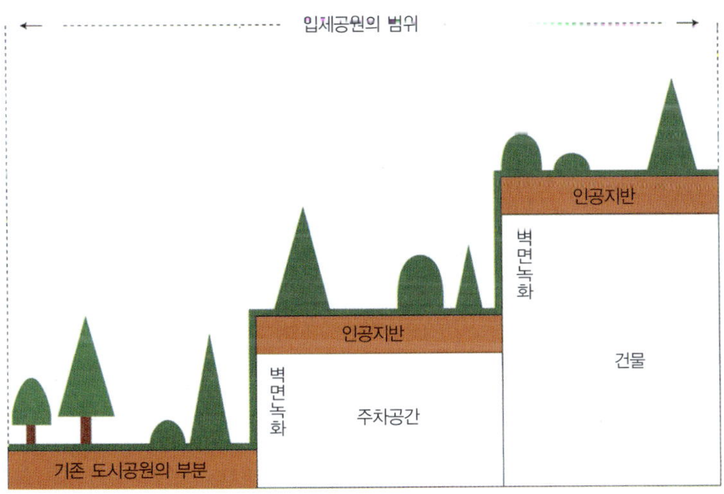

그림 1-2 입체공원제도의 이미지

더구나 유휴지를 빌려 도시공원(임대공원)으로 정비하는 것이 포함되어 있다. 게다가 종래에는 함부로 폐지할 수 없어 임대방식의 보급을 방해하였으나 임대계약 종료 후에는 폐지할 수 있게 되어 임대에 의한 도시공원의 조성이 확대될 것으로 생각된다.

5 공장입지법

공장입지가 주변 환경의 보전을 도모하면서 적정하게 이루어지기 위해 공장입지에 관한 조사의 실시나 공장입지에 관한 준칙의 공표 및 이들에 기초한 권고, 명령에 따라 국민 경제의 건전한 발전과 국민의 복지에 기여할 목적으로 1973년에 제정, 74년에 시행되었다. 부지면적 9,000㎡ 이상 또는 건축면적 3,000㎡ 이상의 제조업, 전기 · 가스 · 열공급업자가 대상이 된다. 부지면적에 대한 생산시설면적의 비율이 15~40% 이하(업종에 따라 5단계로 구분), 부지면적의 20% 이상의 녹지면적의 확보, 부지면적의 25% 이상의 환경시설면적을 포함한 녹지면적(분수, 계류, 광장, 기업박물관 등)의 확보를 요구하므로 공장 주변의 환경보전에 일정한 효과를 올려왔지만, 공장의 신 · 증설이나 개축에 장애가 되어 산업 공동화의 원인이 되기도 한다.

따라서 경제산업성(経済産業省)은 2004년에 생산시설의 면적제한을 완화하여 옥상녹화 · 벽면녹화 면적을 녹지로 계산할 수 있게 된 내용으로 일부 규칙의 완화책을 실시하였다(그림 1-3). 즉 옥상녹화 면적은 부지면적의 5% 이내(녹지면적의 25% 내외)까지 녹지면적으로 계산된다. 이에 따라 녹화율 규제가 폐지되어 개축이나 증설이 가능하게 되므로 생산성 향상으로 이어질 것이다. 더구나 녹지와 환경시설면적은 지자체에서 독자적으로 비율을 설정할 수 있으므로 지역마다 유연하게 규칙을 적용할 수 있게 되어 재량권도 확대되었다.

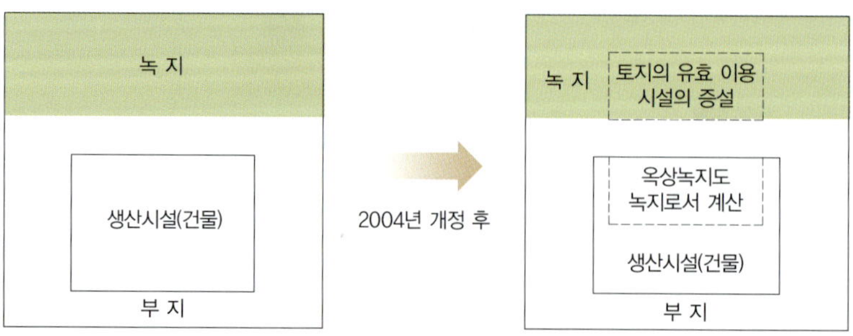

그림 1-3 공장입지법에 있어 녹화 관련 부분의 개정 상황

6 생산녹지법

농지는 빗물의 일시적인 저장과 공기의 정화기능, 경관 향상, 자연 관찰을 위한 장소의 제공 등 다양한 기능을 가진다. 이러한 농지가 세금과 근린 환경 등에 따라 해마다 줄어듬에 따라 생겨난 것이 생산녹지법으로, 3대 도시권의 특정시 시가화 구역 내 농지를 대상으로 녹지가 풍부한 도시조성을 추진하여 안전하고 양호한 도시환경을 형성하기 위해 제정되었다. 도시 내에 남은 녹지를 보전하여 도시의 녹지와 오픈 스페이스 확보를 적극적으로 도모함과 동시에 대도시 지역을 중심으로 택지 수급에 대처하기 위해 농지의 적극적인 활용에 의한 택지 공급의 촉진도 도모할 목적이다.

생산녹지로서의 인정은 도시계획법(제8조 제1항 제14호)에 기초한 지역지구에 있어 공해와 재해의 방지 등에 효용이 있고, 또한 공원 · 녹지 등의 공공 시설용지로서 적절한 500㎡ 이상의 규모를 가지며, 용 · 배수 등 농림업의 지속이 가능할 것 등의 조건을 갖출 필요가 있다. 지정 후 원칙적으로 30년간 소유자는 농지로서 관리의 의무가 있으며, 그 밖의 이용이 제한된다. 더불어 시가화 구역 내 농지는 택지 정도의 과세가 부과되지만 세제상의 조치로서 생산녹지는 농지와 같은 정도로 과세된다. 생산녹지지구에 지정된 농지는 녹지로서의 기능을 유지하기 위해 토지소유자(농가)는 주 종사자의 사망 등 어쩔 수 없는 상황을 제외하고 지정 후 30년간은 영농을 계속할 책무와 건물의 조성이나 택지조성 등에 대해 행위 제한이 부과된다.

– 시바타 타다히로(柴田 忠裕)

인용 · 참고문헌

1) 柴田 忠裕 (2000) : 新緑化素材「マット植物」, EOO INDUSTRY 9, (8), 43-51.
2) 柴田 忠裕 (2005) : 都市緑化の現状と課題, 農業技術60 (1), 23-27.
3) 佐藤尚毅 · 高橋正明 (2000) : 首都圏における夏期の降雨特性の経年変化, 天氣 47, (9), 643-648.

2 Part 입체녹화의 배경 및 방향

2.1 입체녹화의 배경

녹지의 입체적 전개가 기대되는 배경에는 도시공간의 입체화, 고층화가 있다. 고층 · 초고층 빌딩의 증가, 도로와 철도 등의 고가 · 입체 교차화 등이 진행됨에 따라 우리 도시민의 행동공간은 향후 더욱더 입체화 · 고층화될 것으로 예상된다. 그리고 이들 공간은 풍부한 녹지의 존재와 함께 비로소 쾌적하고, 안전하게 될 것이다.

- 사람의 생활공간은 녹지와 생물이 존재할 때 비로소 건전하게 된다.

사람들의 행동공간에 대한 입체화, 고층화 시비는 차치하더라도 이들 공간은 기본적으로 콘크리트나 금속, 유리 등 무기질 소재로 형성된다. 사람이 건강하게 생활하기 위해서는 녹지나 생물과 친밀하게 접할 수 있는 공간이어야 한다.

- 도시에는 멋과 정서, 그리고 매력이 필요하다.

입체화, 고층화된 도시에서 대지의 녹지와 연결되어 전개되는 입체녹지, 건물 등 구조물과 조화롭게 형성된 녹지가 도시의 새로운 풍격과 개성, 그리고 정감어린 경관을 만들어낸다.

- 쾌적한 환경, 에너지 소비가 적은 도시의 형성

입체화된 도시공간을 쾌적한 열환경, 에너지 소비가 적은 도시로 만들기 위해서는 녹지의 입체적 형성이 반드시 필요하다.

01 | 새로운 도시경관 형성

상공(上空)으로 전개되는 도시공간에는 다양한 높이의 조망점이 생겨난다. 따라서 도시는 어느 조망점에서 보더라도 아름답고, 매력적이어야 한다. 그것은 옥상과 인공

지반, 다양한 벽면에 녹지가 적절히 배치됨으로써 비로소 실현된다.

(1) 대지에서 상공으로 전개되는 녹(綠)의 도시형성 이미지

건물이나 토목구조물에 부속된 녹지만으로는 풍부한 도시경관, 정감어린 지역경관이 탄생되지 않는다. 풍부한 대지의 녹을 기점으로 녹이 적절히 상공으로 전개됨으로써 비로소 매력적인 도시경관이 실현된다. 그것은 층을 이루며 상공으로 전개되는 벽면 · 입체녹지, 인공지반이나 건물 저 · 중층의 다양한 녹지 또한 지상에서 이루어진 대지의 풍부한 녹에 의해 새로운 도시경관을 형성한다(그림 2-1).

그림 2-1

(2) 하늘에서 내려다 본 도시의 경관

높은 곳에서 도시를 조망하는 것은 도시의 고층화로 인해 사람들이 얻은 새로운 경관이다.

사진 2-1은 다양한 높이의 빌딩에 둘러싸인 크고, 작은 녹지나 가로 녹지가 전개되고 있는 조망 경관이다. 만일 이들 건물에 녹화가 진행되어 지상의 녹이 보다 늘어나게 되면 도심 조망 경관은 한층 매력적인 것이 될 것이다.

사진 2-2는 발아래를 내려다 봤을 때의 상황이다. 빌딩은 지금까지 주로 올려다보는 존재였지 내려다본다고는 생각하지 않았다. 이들 빌딩이 밀집된 결과가 이러한 상황이다.

사진 2-1

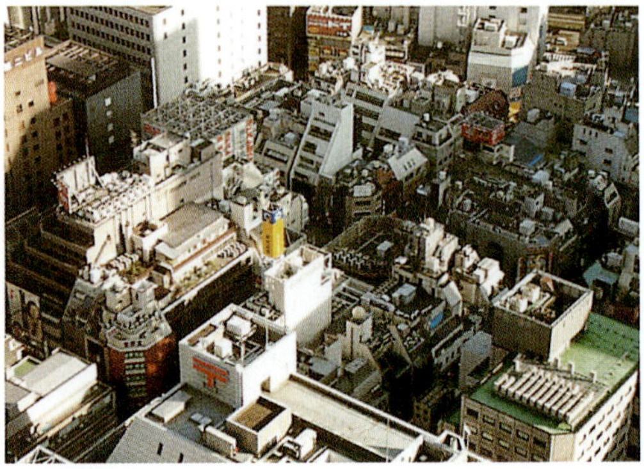

사진 2-2

이제부터의 빌딩은 올려다본 모습과 함께 내려다볼 때의 모습도 고려되어 계획될 것이다. 이 때 녹화는 유효한 수단이 된다.

02 | 새로운 레크리에이션 장소 형성

(1) 상공으로 전개되는 레크리에이션 장소는 지상의 공원을 보완한다

도시공간이 입체화될 때 레크리에이션 공간은 다양한 높이에 배치되어 지상의 공원과 더불어 도시민의 레크리에이션 장소를 형성한다.

입체화된 도시공간의 새로운 매력은 다양한 높이에서 도시의 다이내믹한 풍경을 감상하며, 휴식 · 레크리에이션이 이루어지는 것이다. 이들 공간을 보다 풍부하고, 쾌적하게 만들기 위해 녹이나 꽃은 반드시 필요하다. 다음의 사례는 입체화된 도시의 새로운 레크리에이션 공간을 보여주고 있다.

- 중층 옥상의 Pocket Park 형성

  유라쿠초(有樂町) 교통회관(도쿄) (사진 2-3)

  기존 빌딩의 3층 옥상이 매력적인 옥외 휴식광장으로 탈바꿈하였다.

- 공원공간의 상공 전개

  아크힐즈(ARK hills)(도쿄) (사진 2-4)

사진 2-3

사진 2-4

재개발 계획 때부터 제안되었던 콘서트 홀 위의 옥외 레크리에이션 공간.

다양한 규모와 특징을 가진 공간이 상공으로 전개되어 있다.

- 공원공간의 상공 전개

남바파크스(NAMBA parks)(오사카) (사진 2-5)

대규모 재개발에 따라 상공으로 전개되는 레크리에이션 공간이 형성되었다.

- 중공(中空)의 중정 형성

그림 2-2와 같이 사람들은 지상으로 내려오지 않고, 상공으로 올라가 자연을 즐길 수 있다. 초고층 · 고층 빌딩의 최상층이나 중층에서 조용하고, 평안한 공간을 확보하게 되면 지상과 다르지 않은 녹지의 레크리에이션 공간을 형성할 수 있을 것이다.

사진 2-5

그림 2-2

03 | 녹 네트워크의 입체적 형성

도시의 자연적 환경은 다양한 녹이 네트워크를 이뤄 생물과의 접촉이 일상화된다. 도시가 입체화되고, 행동공간이 상공으로 전개될 때 녹 네트워크도 당연히 입체적으로 전개된다.

(1) 녹 네트워크의 입체적 전개 이미지

도시의 녹 네트워크는 하천이나 도로, 공원이나 녹지 또한 경계선의 녹 등의 대지 녹이 골격을 형성한다. 그리고 건물과 토목구조물의 녹 등 입체적으로 전개되는 녹이 그들을 섬세하게 연결하고 보완한다. 이러한 전개를 이미지화한 것이 그림 2-3이다.

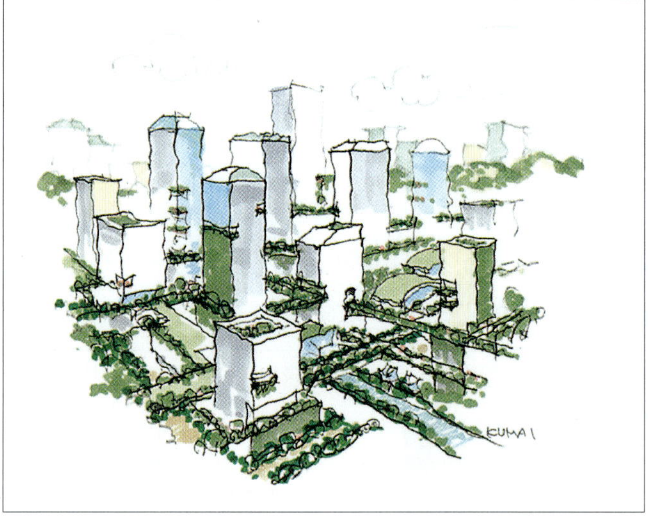

그림 2-3

(2) 하천의 녹 축(綠 軸) 보강

하천의 녹은 도로의 녹지와 함께 도시 녹 네트워크의 기본 축을 형성한다. 수면을 동반하는 하천은 도시의 생물환경 축으로서 또한 정감어린 경관형성의 의미에 있어 중요한 요소이다.

도시하천의 대부분은 수직이든지 이에 가까운 콘크리트 호안으로 형성되어 있으며,

그 길이는 길고, 면적도 넓다. 친수성이 높으며, 또한 자연성이 풍부한 호안 형태로의 전환이 이상적이지만 상당한 시간을 필요로 한다. 콘크리트 호안의 녹화는 당면한 경관성, 환경성의 강화 측면에서도 중요한 역할을 한다. 이것 역시 입체녹화라고 할 수 있다.

사진 2-6의 오사카 도지마가와(大阪 堂島川)와 사진 2-7의 도쿄 칸다가와(東京 神田川)의 사례는 거대한 면적을 차지하고 있는 도시하천의 수직 제방을 녹으로 덮은 것이다. 이들 사례는 모두 기존 수직 호안을 헤데라로 녹화한 것으로 경관향상에도 기여하고 있다.

(3) 도로의 녹 축 강화

도로의 녹은 하천의 녹과 함께 도시 녹 네트워크의 기본 축을 형성한다. 가로수나 녹지대, 중앙분리대 등 대지의 녹과 함께 도로 주변의 벽면녹화도 네트워크 강화에 중요한 역할을 담당한다. 또한 도로는 도시생활의 주공간이다. 도로 주변 구조물의 녹이 지상의 녹과 함께 정감어린 가로경관을 형성한다. 이것은 지역의 열환경 개선에도 공헌하게 된다. 사진 2-8은 요코하마시(横浜市)의 거대한 가로 옹벽을 헤데라로 피복한 경우이다. 이와 같이 가로나 택지 내에 녹이 풍부해지면 도로의 녹지축은 더욱 강화된다. 마찬가지로 사진 2-9는 도쿄의 사례이다. 지역의 경관향상, 열환경의 개선에도 기여하고 있다.

사진 2-6

사진 2-7

사진 2-8

사진 2-9

04 | 쾌적한 환경, 에너지 소비가 적은 도시환경 형성

(1) 열환경의 개선

건물 벽면이나 토목구조물 벽면의 확대는 도시나 지역의 열환경 악화의 원인 중 하나라고 알려져 있으므로 이들에 대한 녹화는 실내 열환경의 개선차원에서 에너지 절약효과 등도 포함한 이른바 물리적 환경 조건의 개선에 공헌하는 효과를 지닌다.

건물과 토목구조물을 녹으로 피복한다. 이것 역시 녹의 입체적 전개이다. 사진 2-10, 11은 모두 도쿄의 사례로 콘크리트의 건물 외벽을 담쟁이덩굴로 피복한 것, 거대한 환기탑 구조물을 덩굴식물로 피복한 것으로 이들 모두 지역의 경관향상에 기여하고 있다.

사진 2-10

사진 2-11

05 | 표정이 풍부한 가로 형성

건물 벽면은 가로를 중심으로 다양한 위치에서 보여지기 때문에 그 모양은 가로 경관을 비롯한 지역 이미지에 커다란 영향을 미친다.

건물 벽면, 특히 파사드(Facade)는 디자인도 중요하며, 또한 벽면의 상태가 실내 광환경 등 실내 환경에도 커다란 영향을 미치므로 녹화하는 것이 반드시 「옳다」라고 말할 수 없는 경우도 많다. 경관성, 환경성, 건물의 용도 등을 고려해 녹화의 목적에 맞는 적절한 벽면녹화가 바람직하다. 사진 2-12는 오사카(大阪)의 주택 사례이다. 베란다에서 옥상에 걸쳐 계층적, 입체적 녹지가 형성되고 있으므로 벽면녹화는 아니지만 녹지의 입체적 형성이 다양한 식물워과 함께 표정이 풍부한 가로를 형성하는데 기여하고 있다. 사진 2-13은 도쿄 세타가야(東京 世田谷)의 백화점에 인접한 가로 측면의 녹으로 중층의 옥상녹지와 고층의 옥상녹지가 조화를 이루며, 상공으로 전개됨으로써 풍부한 가로를 형성하고 있다.

입체녹화가 기대되는 배경을 「새로운 도시경관의 형성」, 「새로운 레크리에이션 장소의 형성」, 「녹지네트워크의 입체적 형성」, 「쾌적한 환경, 에너지 소비가 적은 도시환경의 형성」, 「표정이 풍부한 가로의 형성」이라는 관점에서 정리하였다.

사진 2-12

사진 2-13

지금까지 녹이 가진 다양한 기능과 효과를 토대로 주로 지상에서 도시환경이나 경관, 레크리에이션 공간의 형성이 이루어져 왔다. 도시공간의 입체화, 고층화가 가속되고, 또한 그런 공간들이 도시민들에게 안전하고 쾌적하며, 매력적인 공간이 되어야 한다고 볼 때 녹지가 입체화되고, 상공으로 전개되는 일은 당연하며 기대되는 일이다.

— 쿠마이 치요지(熊井千代治)

2.2 독립 구조물의 녹화와 경관

녹의 입체적 전개는 지상의 녹을 기본으로 도시공간을 형성하는 건물과 토목구조물의 옥상(수평면)이나 벽면(수직면) 등이 연속적 · 계층적으로 상공으로 전개하는 녹지라고 이해할 수 있다.

여기서 말하는 입체녹화는 입체적으로 전개되는 녹의 수직, 또는 이에 가까운 경사를 가진 것을 소위 벽면녹화라고 이해할 수 있으므로 여기에서는 이러한 것들을 중심으로 사례를 소개한다.

일본의 벽면녹화는 견고한 건물이 출현했을 때부터 덩굴식물을 이용한 녹화에서 비롯되었는데 도시공간의 입체화 진행과 더불어 건물에 국한하지 않고, 토목구조물의 벽면녹화에 대해서도 사례를 찾아볼 수 있다. 향후 도시의 입체화 진행과 더불어 건물, 토목구조물의 벽면녹화가 가속되어 새로운 경관과 환경을 형성해 나갈 것이다.

여기에서는 현재 시도되고 있는 벽면녹화 방법에 대해 정리하며, 동시에 향후 벽면녹화의 방향을 시사하는 「건물의 벽면녹화 사례」와 「토목구조물의 녹화 사례」를 소개한다.

01 | 벽면녹화 수법의 방향

오늘날에는 사례의 증가와 함께 덩굴식물의 이용뿐만 아니라 목본 저목종이나 지피류 또는 이끼류 등을 이용한 다양한 기술적 수법이 개발되어 이용되고 있다.

실시 사례나 개발 상황을 살펴보면 크게 두 방향으로 구분할 수 있다.

하나는 주로 건축의 디자인 요소로서 사용되는 경우로 녹화시스템 자체를 유니트화하여 만약 식물이 없더라도 디자인적으로는 하나의 완성품으로 인정하며, 건축 표층재로서 녹지도 거의 완성된 상태로 사용되어지는 경우이다. 이들 수법의 대부분은 관수장치를 갖추고 있으며, 초기 비용도, 운전 · 유지관리비용도 비싼 편이다. 하지만 이들 수법은 도심부 등의 새로운 업무 · 상업빌딩 등에서 사례가 증가할 것으로 생각된다.

또 다른 경향은 기본적으로 빗물을 활용한 것으로 초기 비용도, 운전 · 유지관리비용도 저가인 기술의 개발이다. 주로 덩굴식물(꽃도 포함)을 이용하여 건축의 경우 넓은 면적의 벽면피복이나 건물 전체를 피복하는 방법이며, 토목구조물에서는 거대한 벽면을 피복하는 기술이다. 완성(피복)하기까지 일정 기간을 필요로 하는데 향후 도시와 지역의 경관정비, 환경정비를 추진하는데 있어 중요한 녹화 대상인 대규모 토목구조물의 녹화에 있어 유효한 수법이라 할 수 있다.

또한 이들과는 다른 흐름으로 모임의 연출이나 가설구조물의 녹화 등 단기적 녹화를 위한 개발 방향을 들 수 있다.

02 | 건물 벽면녹화 사례

용도가 다른 건물 벽면이 녹지가 가진 특성을 활용한 다양한 수법으로 녹화되고 있다.

이들의 목적은 단순히 건축의 디자인 요소, 연출 요소로서 이용되어지고 있는 경우와 식물의 다양한 기능을 활용하여 건축 디자인뿐만 아니라 실내 환경의 조절 등 복합적인 목적으로 이용되어지고 있는 경우 등이 있다. 결과적으로 가로의 경관성이나 환경 형성에 기여하고 있는 경우도 많다.

(1) 디자인 요소로서의 녹화

벽면녹화를 주로 건축 디자인 요소로서 활용한 경우로 주로 도심부의 상업빌딩, 업무빌딩에 많으며, 최근에는 주차장 빌딩에서도 시공사례를 확인할 수 있게 되었다. 이들 사례를 1 ~ 7에 나타내었다. 이들은 다양한 가로 환경 형성에 기여하고 있다. 결과적으로 실내의 열환경 개선이나 지역의 환경 개선, 가로 경관 형성에 공헌하고 있는 경우도 많다.

1 이케부쿠로 세이부(池袋 西武) 백화점 정면(도쿄 이케부쿠로)

건축 파사드에 디자인 요소로서 벽면녹화를 도입한 사례이다. 작은 면적이지만 거대한 벽면이 녹지로 분할되어 변화를 주고 있다.

식재 토양이 담긴 주머니에 목본류을 식재하고, 자동관수장치와 함께 수직으로 쌓아올린 경우로 이런 기술로서는 선구적인 사례이다(사진 2-14, 15).

사진 2-14

사진 2-15

2 오가닉 빌딩 외벽(오사카)

식물을 파사드 디자인의 중요한 요소로 다룬 경우로 개성적인 모습은 오사카 거리에서 주위의 이목을 끌고 있다. 식물은 장식 외벽의 포트에 식재되며, 물은 위로부터 차례대로 배수된다. 식물은 세계 각지에서 모은 것이다(자세한 식물 데이터는 7장 7.2 참조).

사진 2-16

사진 2-17

3 야쿠르트 본사 빌딩 정면(도쿄 신바시)

중층 벽면 상부 옥상에 식재 기반을 설치하고, 헤데라를 수직으로 늘어뜨린 방법으로 벽면녹화가 이루어졌다.

중앙 고층의 유리면과 양편의 녹지가 파사드의 특징이 되고 있다. 유인 · 고정 보조재로서 헤고(역자주 헤고; 다공성 섬유덩어리로 수분을 장기간 보유할 수 있음)가 이용되었다(사진 2-18, 19).

사진 2-18

사진 2-19

4 긴자 메이데츠(金座 名鉄) 빌딩 정면 · 측면(도쿄 긴자)

건축 파사드에서 자주 볼 수 있는 사례이다. 각층 프레임에서 헤데라를 수직으로 늘어뜨린 경우로 녹지가 건물의 표정을 부드럽게 해 주고 있다(사진 2-20, 21).

사진 2-20

사진 2-21

5 사이타마 아레나(埼玉 Arena) 벽면(사이타마 신도심)

도심 복합문화시설의 거대한 하부 벽면에 녹지를 형성한 것. 수평 프레임 라인이 녹지를 단단히 지탱하고 있다. 사전에 공장에서 제작되고, 양생된 장치를 현장에서 조립

사진 2-22

사진 2-23

한 경우로 관수장치도 자동이다(사진 2-22, 23).

6 미쓰비시(三菱) 신탁은행 본사 빌딩 지상 벽면 · 최상층 벽면(도쿄 마루노우치)

초고층화가 현저한 도심 사무 빌딩 숲의 가로(작은 통로) 벽면 공간을 부드럽게 해 주고 있다. 대부분 공장에서 제작되고, 양생된 장치(패널)를 현장에서 조립하였다(사진 2-24, 25).

사진 2-24

사진 2-25

7 타마가와 다카시마야(玉川 高島屋) 주차장(도쿄 세타가야)

백화점 주차장 빌딩 파사드 벽면의 경관 처리에 벽면녹화를 이용한 사례이다. 기존에 무미건조한 모습의 주차장 빌딩이 도심에 수없이 많이 있는데 이들을 녹화함으로써 도심의 정취가 크게 향상될 것이다(사진 2-26, 27).

사진 2-26

사진 2-27

(2) 건축 디자인과 실내환경 형성을 위한 녹화

식물이 지닌 다양한 기능을 벽면녹화로서 건축 디자인이나 실내환경 조절에 복합적으로 활용한 경우이다. 이들 사례를 1 ~ 4에 소개한다. 이들 사례는 가로 경관이나 환경 형성 등에 기여하고 있다.

1 샬래(Charle) 빌딩(고베)

건축 계획 때부터 녹의 도입이 계획된 사례. 내후성 강판으로 건물을 덮고, 이를 토대로 덩굴식물을 등반시켜 녹의 건물로 만들었다. 강판과 녹의 조화가 아름다워 계절감도 높은 편이다. 강판에는 연속적으로 구멍(펀칭 가공)이 뚫려 있어 녹을 통한 실내 채광의 연출, 빛 조절 등을 하고 있다. 실내의 열환경 개선에도 상당한 효과가 있다고 여겨진다(사진 2-28, 29).

사진 2-28

사진 2-29

2 치쿠사(千種) 문화 소극장(나고야)

문화시설 벽면을 덩굴식물(상록+낙엽 화목)로 전부 덮은 사례. 화목을 비롯한 대부분의 덩굴식물이 계절의 변화를 나타내며 길목에 독특한 모습으로 위치한다. 실내의 열환경 개선에도 효과가 있다고 여겨진다(사진 2-30, 31). 더불어 자세한 식물 데이터 등은 7.2를 참조하기 바란다.

사진 2-30

사진 2-31

3 쓰레기 처리장(도쿄 이타바시)

통상 혐오한 시설로 여겨지는 쓰레기 처리장의 기존 건물을 녹지로 피복하여 지역 이미지 향상에 기여하고 있다. 유니트화한 녹화 패널을 사전에 양생시켜 현장에서 설치한 것. 자동관수장치를 갖추고 있다(사진 2-32, 33).

사진 2-32

사진 2-33

4 개인주택(도쿄 쵸후)

콘크리트 사무실 · 개인주택이 지상부에서 등반한 담쟁이덩굴에 의해 피복된 사례. 길모퉁이의 계절감과 여름의 실내 열환경에도 효과가 있다고 생각된다(사진 2-34, 35).

사진 2-34

사진 2-35

03 | 토목구조물의 벽면녹화 사례

고속도로 주변의 옹벽이나 방음벽 녹화는 주행 경관과 지역 경관을 보전할 목적으로 설치되며, 사례도 많은 편이다. 그러나 도시하천 주변이나 도로주변의 토목구조물에 관해서는 몇 가지 시도가 이루진 바 있으나 최근에는 그다지 사례가 많지 않은 편이다.

도시의 입체화가 진행되는 와중에 도시와 지역의 경관정비, 환경정비를 위해서는 이들 토목구조물의 녹화가 불가피하다. 도시의 토목구조물 벽면은 주로 옹벽이나 수직에 가까운 하천 호안, 도로와 철도, 보행자용 데크 등의 고가구조물 교각이나 벽면 등이 있다. 어느 것이나 거대한 벽면을 이루고 있다. 이들 벽면은 도시와 지역의 경관과 환경에 커다란 영향을 미치고 있으므로 이들을 녹으로 피복함으로써 정감어린 도시 경관, 지역 경관을 형성하는데 크게 기여할 것으로 생각된다.

또한 도시의 도로나 하천 주변의 녹은 크고 작은 공원이나 사찰 등의 녹과 더불어 도시 녹의 기본 축을 형성하는 역할을 한다. 옹벽이나 호안에 녹이 배치되므로서 가로수 등 지상부의 녹과 도로주변, 하천주변의 건물 녹과 더불어 통합된 녹의 기본 축을 형성하게 된다.

여기에서는 토목구조물을 「도로주변의 구조물(보행용 데크 포함)」, 「도시하천 주변의 구조물」, 「가설구조물」로 구분하고, 관련 사례를 소개한다.

(1) 도로주변의 구조물 녹화

1 일반 가로의 옹벽녹화(요코하마시)

도로에 접한 아파트 등의 거대한 옹벽을 덩굴식물로 피복한 사례이다. 이와 같은 옹벽은 도시에서 많이 볼 수 있다. 콘크리트면을 녹으로 가림으로서 가로수(사례의 가로수는 식재 후 얼마 지나지 않은 관계로 작다) 등의 녹지와 더불어 정감어린 가로 경관을 형성하고 있다(사진 2-36, 37).

사진 2-36

사진 2-37

2 고속도로의 옹벽녹화(오키나와 자동차도로)

지역에 맞는 화목 등을 이용하여 친밀감을 느낄 수 있는 경관을 조성한 사례이다(사진 2-38, 39).

사진 2-38

사진 2-39

3 고가도로 교각(이바라키켄 쯔지우라시)

연속 고가도로의 교각을 덩굴식물로 녹화한 사례이다. 도시 고속화 도로나 철도 고가 등 도시에는 연속 고가도로가 많다. 이제까지 몇몇 녹화가 시도되었으나 양호한 사례는 거의 없는 편이다(사진 2-40).

4 방음벽(토호쿠 자동차도로)

5m 높이의 방음벽을 헤데라로 녹화한 사례이다. 고속도로 방음벽의 녹화 사례는 많은 편이며, 헤데라 이외 덩굴식물에 의한 녹화도 시도되고 있다. 이 사례는 추월차선 쪽인데 주행차선 쪽의 녹화 사례도 많은 편이다(사진 2-41).

사진 2-40

사진 2-41

5 보행용 데크(가와사키시 신유리케구역 앞)

역 광장이 복층으로 되어 있으며, 상부를 보행용 데크로 처리한 것. 이와 같은 사례는 최근 계획된 터미널 주변에서 많이 볼 수 있다. 벽면을 헤데라 등으로 덮어 부드러운 느낌을 받게 한다. 또한 데크 위에는 고목도 배치되어 지상부 녹지와의 수지적인 연속성도 보인다(사진 2-42, 43).

사진 2-42

사진 2-43

(2) 하천주변의 구조물 녹화

1 호안(오사카시 도지마가와)

도심의 수직 호안을 헤데라로 덮은 선구적 사례이다. 지상의 녹과 더불어 하천 경관도 양호한 편이다(사진 2-44, 45).

사진 2-44

사진 2-45

2 호안(도쿄 간다가와)

연속되는 수직 호안을 헤데라로 피복한 사례. 지상부의 가로수와 함께 하천의 경관축과 환경축을 형성하고 있다. 도시 고속화 도로가 하천 위를 달리고 있지만 이들(벽면 · 교각 등)을 녹화하므로서 경관축, 환경축은 오히려 강화될 것으로 생각된다(사진 2-46, 47).

사진 2-46

사진 2-47

3 호안 · 고수부지(도쿄 스미다가와)

도시 하천 스미다가와 하류부의 수직 호안과 고수부지가 다양한 수법으로 녹화되어 있다. 배후 지상부(공원 등)와 함께 양호한 경관축, 환경축을 형성하고 있는 구간도 있지만 부분적(단기간)으로 많은 수법이 시도되고 있어 하천의 연속 경관으로서는 문제가 있다(사진 2-48, 49).

사진 2-48

사진 2-49

(3) 가설구조물의 녹화

1 공사현장의 울타리(도쿄 오모테산도)

하라주쿠 오모테산도 도준카이(原宿 表参道 同潤會)의 철거지 재개발 공사현장 울타리 녹화 사례이다. 도심부는 항상 다양한 공사가 이루어지고 있으며, 규모가 큰 경우도 많고 또한 공사기간도 길다. 공사기간 동안의 경관보전 차원에서 최근 공사현장 울타리를 녹화한 사례도 볼 수 있게 되었다.

기본적으로 공사기간 동안만 녹지가 유지되면 충분하므로 영구적인 녹화가 아닌 다양한 방법(이벤트 등에 이용되는 방법)이 시도되고 있다(사진 2-50, 51). 한편 식재된 식물 데이터에 관해서는 7장 7.2를 참소하기 바란다.

– 쿠마이 치요지(熊井千代治)

사진 2-50

사진 2-51

2.3 도시열섬화

01 | 지구환경 문제의 축소판인 도시

오늘날 도시는 이미 알고 있는 전형적인 일곱 가지 공해뿐만 아니라 그림 2-4에 나타낸 바와 같은 쓰레기 문제, 열환경 악화, 전파장애 등 보다 많은 환경문제를 내포하고 있다. 이른바 도시의 기능성, 효율성과는 정반대로 생활공간으로서의 도시환경은 악화되는 추세에 있다. 지구환경 문제를 지구 규모의 급격한 생태계 파괴라고 한다면 오늘날 대부분의 도시에서는 그것과는 비교가 되지 않을 정도로 심하게 생태계가 파괴

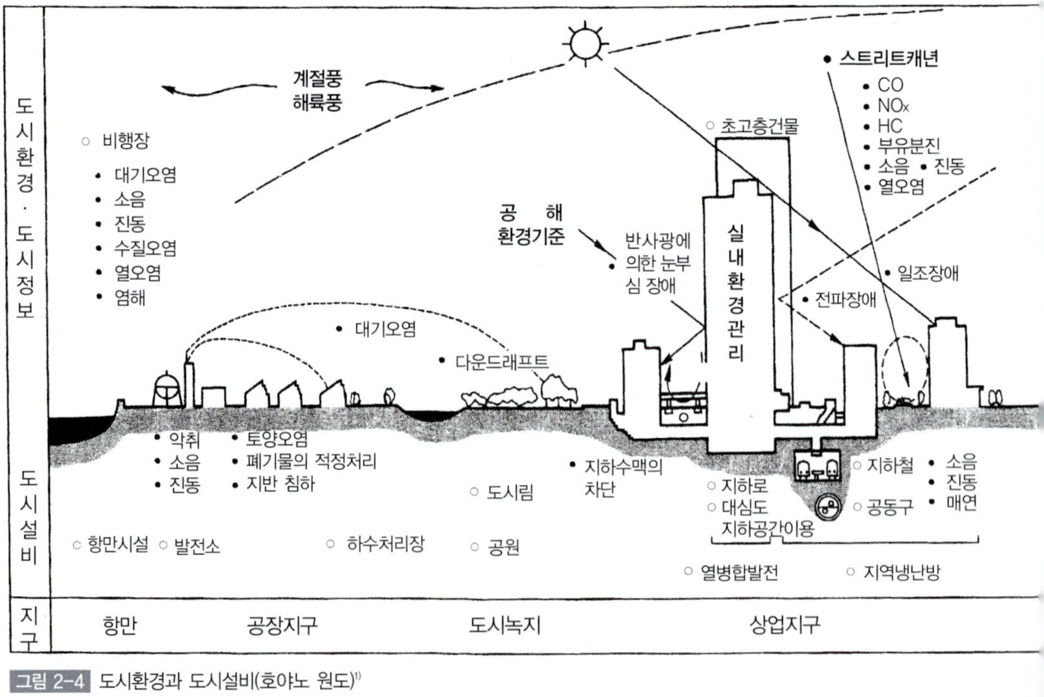

그림 2-4 도시환경과 도시설비(호야노 원도)[1]

되고 있으므로 도시환경 문제는 지구환경 문제의 축소판이라고 할 수 있다. 열섬현상 역시 과도한 인공화가 초래한 전형적인 도시환경 문제라고 할 수 있다.

먼저 열섬현상의 실태와 형성 요인에 대해 개괄적으로 설명한다. 다음으로 열섬현

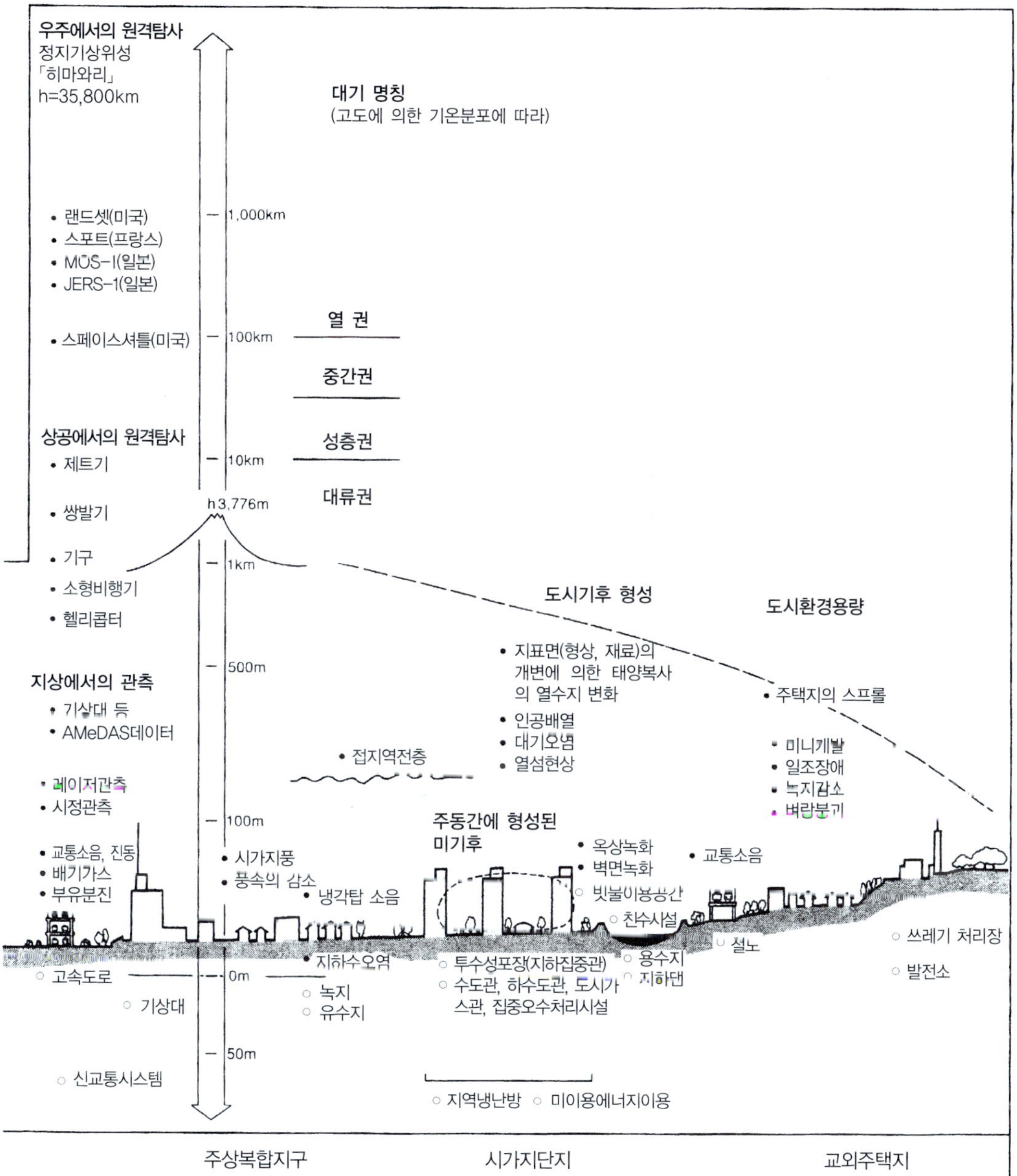

상이 도시 내 생활환경이나 도시 교외 주변 환경에 직접 또는 간접적으로 어떤 문제를 일으키고 있는지, 도시에 형성된 열섬현상과 생활공간의 열환경은 어떻게 관련되어 있는지, 열섬의 형성요인인 토지피복의 변화, 특히 녹지와의 관련성에 초점을 맞춰 생각해본다.

02 | 도시는 열의 섬(Heat Island)

도시환경 문제의 하나로 도시에 형성된 특이한 기후, 즉 도시 기후를 들 수 있다. 이에 대해서는 오래 전부터 경험적으로도 알려져 있지만 도시 기후가 비교적 이해하기 쉬운 도시경관의 문제와 크게 다른 점은 현상의 요인인 대상과 현상이 일대일 대응을 하지 않고, 현상이 광범위하게 미치는 것, 다양한 문제가 많이 발생되고 있는 것, 그리고 직접 눈으로 확인할 수 없기 때문에 올바른 인식이 어려운 것 등을 들 수 있다.

기후 요소 중에서도 가장 밀접한 기온에 대해 살펴보면 도시 기온이 교외보다 높다. 그림 2-5는 도쿄의 기온 관측 사례를 나타내고 있다[2]. 그림 2-5는 바람이 약한 겨울 이른 아침의 기온 분포인데 신주쿠나 이케부쿠로 근처가 가장 고온을 나타내고 있으며, 교외에 비해 5℃ 정도 높다. 이와 같이 도심에서 고온역이 형성되고, 등온선이 마치 열의 섬과 같으므로 열섬현상이라 불리고 있다. 유럽에서는 이미 19세기부터 알려졌는데, 그 후 전세계 대부분의 도시에서도 확인되고 있다. 그리고 많은 논의가 있는 지구온난화와 비교해 보면 예를 들어 도쿄에서는 약 10배 정도의 온도 상승이 관찰되고 있다.

이러한 현상의 정도나 특성은 뒤에서 논할 열섬현상의 형성 요인 중에서 어떤 요인이 지배적인가에 따라서도 또한 연안 도시인지, 분지인지 등 지역의 지리적 요인에 따라서도 차이가 있지만 적어도 일본과 같은 자연 잠재력, 즉 녹이 풍부한 지역에서는 도시의 인공화나 확대 정도와 명확한 상관을 보이고 있다. 이것은 관측 데이터에 의해서도 그리고 또한 수치 시뮬레이션에 의해서도 상당히 설명할 수 있는 단계에 이르렀으며 예측 · 평가도 가능하게 되었다.

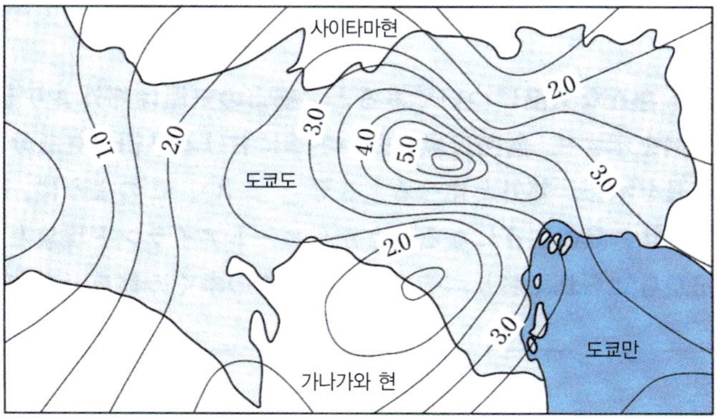

그림 2-5 도쿄의 열섬현상(1월 2일 ~ 15일 6:00; 등온선 ℃)[2)]

03 | 열섬현상의 형성 요인과 특징

열섬현상은 도시의 과도한 인공화에 따른 결과라고 앞에서 언급하였으나 주요 형성 요인은 (1) 토지피복의 변화, (2) 막대한 에너지 소비, (3) 대기오염 등을 들 수 있다.

그리고 지표면 부근의 대기를 덥히는 요인을 구체적으로 나타낸 것이 그림 2-6이다. 즉, 열섬현상을 일으키는 대기 현열(顯熱)은

① 지면과 건물 표면에서의 현열

② 실내 환기로 방출된 현열(여름 냉방 시에는 열섬현상을 억제하게 된다)

③ 냉방 시 실외기에서 대기로 직접 방출되는 현열

④ 건물 내부에서 사용되고 있는 냉온방, 조명, 급탕 등의 열원기기에서의 배출열

⑤ 자동차 등의 배출열

등을 들 수 있다.

여름철 실내에서 냉방기기를 사용할 때를 나타내고 있지만 다양한 요인이 관련되어 있음을 알 수 있다. ①의 전표면에서의 현열과 ②의 실내 환기로 방출되는 현열은 냉방을 하면 할수록 열섬을 억제하게 된다. 즉 냉방의 설정온도가 낮을수록 건물 외피의 표면 온도도 내려간다. 특히 유리창 등 현저하게 햇볕이 닿지 않는 면에서는 외부 기온보다 유리창의 표면 온도가 낮을 수 있으므로 대기로의 현열 양은 감소한다. 그림 2-6에는 냉방에 필요한 투입에너지를 동시에 고려해야 하는 것을 나타내고 있다. ③의 실외기에서 대기로 방출되는 현열도 실외기가 현열식인지, 잠열식인지에 따라 크게 다르

다. 또한 해수나 하천수 또는 하수처리수를 이용한 열교환시스템을 도입하므로서 현열 부하를 줄일 수 있다. 즉 개개 열섬 대책도 종합적으로 평가하지 않으면 커다란 오류를 범하게 된다.

대기 현열 부하 = ① 전표면에서의 현열
+ ② 냉방 시 실외기에서 대기로 직접 방출되는 현열
+ ③ 실내 환기로 방출되는 현열
+ ④ 열원기기에서의 배출열 + ⑤ 자동차 등의 배출열

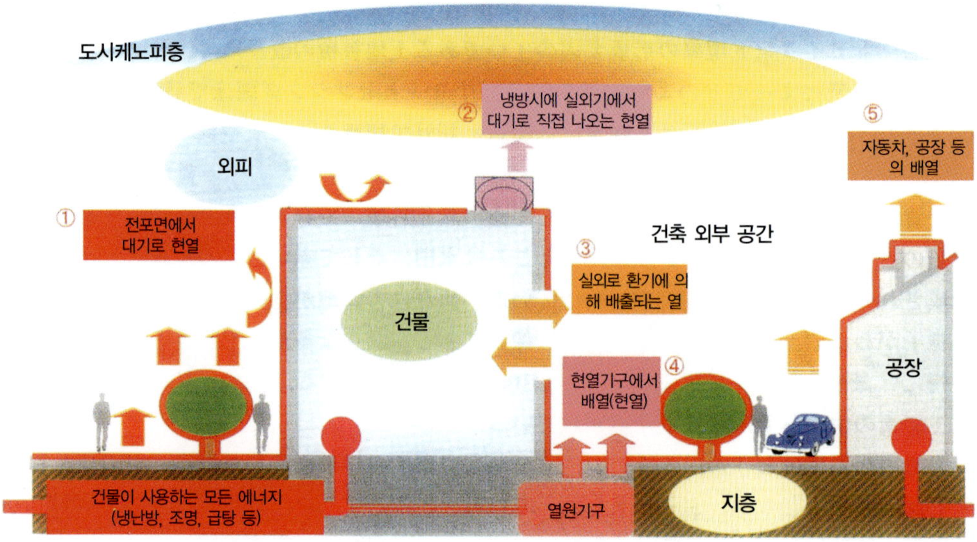

그림 2-6 열섬현상의 형성 요인 : 대기를 직접 덥히는 요인(대기 현열 부하)(호야노 원도)[3]

열섬현상의 억제 방법을 구체적으로 전개하지 않으면 안 되는 현황에 입각하여 열섬현상의 형성 요인과 특징에 대해 이해해 두는 것은 필수적인 일이다. 여기에서는 ① 에 주목하여 좀 더 자세히 설명한다.

(i) 건물이 밀집되어 지표면의 요철(凹凸), 즉 굴곡이 심해지면 같은 재료로 지표면이 구성되어 있더라도 오목부에서의 다중반사로 일사의 흡수율이 커진다. 다시 말해 낮 동안 건물이나 지표면에 흡수된 일사열이 많아진다. 또한 야간의 경우 건물로 둘러싸인 지면은 하늘이 막혔기 때문에 음(陰)의 태양이라고도 할 수 있는 하늘로 향하는 열복사가 방해를 받아 대기복사냉각이 억제된다.

(ii) 굴곡이 심한 가로에서는 빌딩풍처럼 국소적으로 강풍이 발생하는 곳도 있지만 상공에 비해 풍속이 줄어든다. 예를 들면 일본에 많은 연안도시의 경우 낮 동안 상공에서는 맑은 해풍이 불고 있더라도 가로 내부에 있으면 풍속이 급격히 줄어든다. 즉 여름철 통풍에 대해서는 귀중한 자연의 잠재력을 잃게 된 것이다. 특히 양측이 연속해서 높은 건물로 둘러싸인 도로 공간(street canyon으로 불린다)처럼 폐쇄적인 공간에서는 바람이 약한 날의 경우 열이나 오염물질의 확산 능력이 저하되어 생활환경이 극도로 악화되는 위험성도 있다.

(iii) 그리고 가장 커다란 요인이라 할 수 있는 것은 나지 등의 투수면이나 수목, 풀, 지피식물 등의 녹이 감소하는 경우이다. 빗물의 보수능력이 저하됨과 동시에 증발산에 의한 냉각작용이 떨어진다. 그 결과 표면 온도가 상승하고, 공기를 데우는 현열량이 늘어난다.

(iv) 아스팔트 포장면이나 콘크리트 구조물 등 열용량이 커다란 재료가 지면을 덮으므로 이들에 낮 동안 흡수된 일사열이 축열되어 야간이 되어도 고온을 유지하게 된다. 열대야의 발생을 조장하는 주요인인 것이다.

04 | 원격탐사로 수집한 도시 지표면 온도

다음으로 열섬현상의 형성 요인의 하나인 토지피복의 변화에 주목하여 도시 표면 온도가 토지피복상태에 따라 어느 정도 다른지 원격탐사 화상으로 살펴보자. 그림 2-7은 여름철 맑은 날 숲의 도시라 불리는 센다이(仙台) 시가지와 교외에서 관측된 항공기 원격탐사 화상이다. 맨 왼쪽 그림은 MSS(Multi-Spectral Scanner)라는 센서로 관측한 세 개 파장대의 화상을 청색(가시역), 녹색(근적외역) 그리고 적색(열적외역)으로 합성한 「컬러 합성 화상」이다. 녹색인 곳은 녹이 풍부한 숲, 청록색인 곳은 논 그리고 붉은 곳은 도로, 건물, 나지 등으로 구성되어 있는 시가지나 주택지를 나타내고 있다. 센다이 시가지가 숲이나 논 쪽으로 확대되고 있는 모습을 알 수 있다. 가운데 그림은 「컬러 합성 화상」에 나타난 바와 같이 다중분광화상을 이용해서 자동분류로 얻은 「녹피분포도」이다. 1화소는 10m×10m에 해당한다. 수목, 풀, 잔디, 논으로 구분되며,

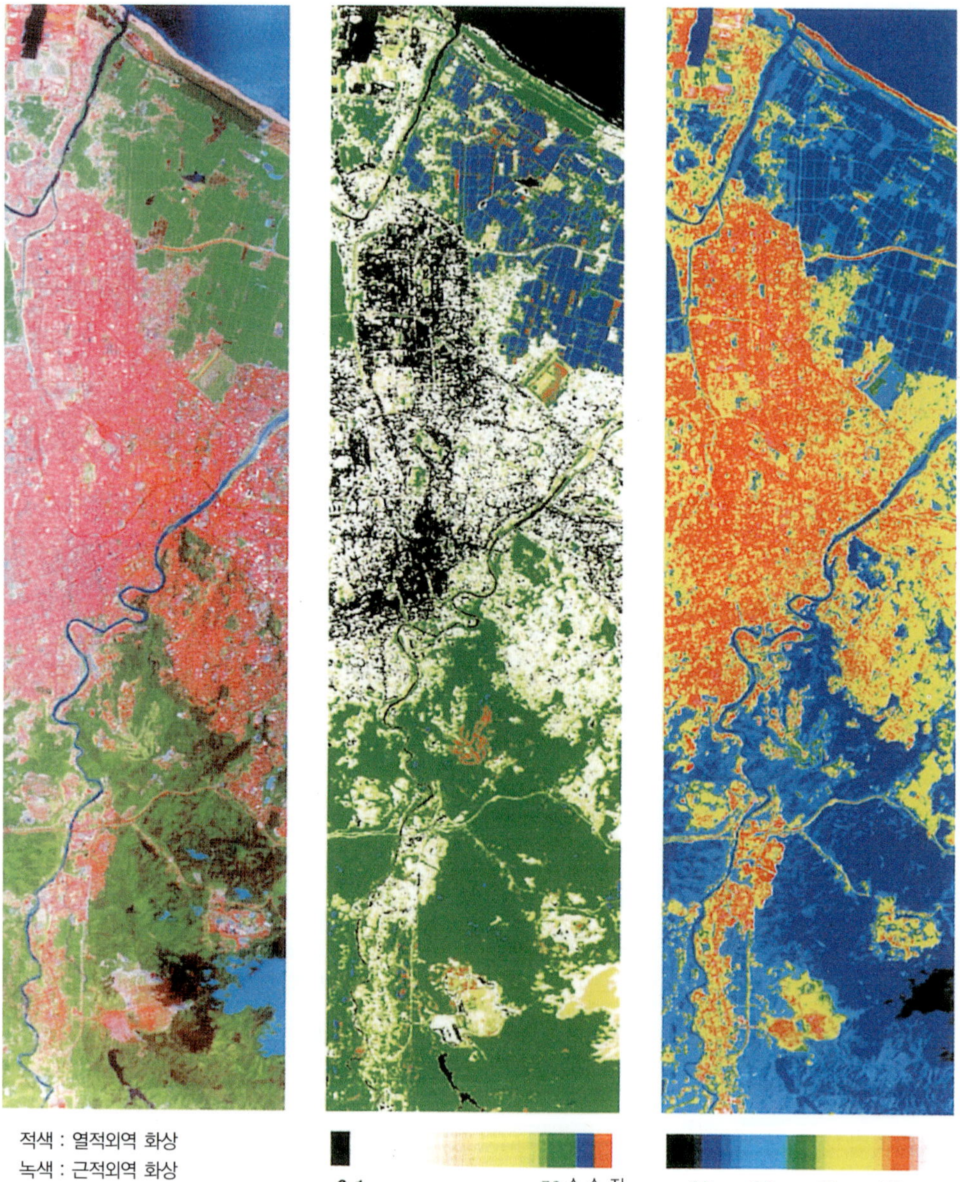

[컬러 합성 화상]　　[녹피분포화상]　　[열화상]

가운데 그림 : 원격탐사 데이터를 사용하여 작성한 녹피분포도. 오른쪽 그림과 비교해보면 녹지가 있는 곳은 표면 온도가 낮다. 녹지가 없는 시가지가 고온을 나타내고 있음을 잘 알 수 있다. 숲의 도시 센다이라고 불려지고 있지만 시가지 내부에는 녹색이 적다.

오른쪽 그림 : 항공기 멀티 스펙트럼 스캐너로 수집한 센다이 시가지와 교외의 열 화상. 바다와 논 그리고 산림의 표면 온도는 기온보다 낮다. 이에 비해 건물이나 포장면으로 뒤덮인 시가지나 개발이 진행되고 있는 교외 단지의 표면 온도는 기온보다 20℃나 높다. 고온인 곳은 지면을 덮고 있는 건물의 지붕이다. 확실히 도시 사막이다.

그림 2-7 센다이 시가지와 교외의 항공기 MSS 컬러 합성 화상 녹피분포화상 및 여름철 · 맑은 날 정오의 열화상[11] (1993년 8월 29일 관측, 기후 쾌청, 기온 25℃)

1개 화소 내부의 녹피율을 나타내고 있다.

그러면 지표면 온도는 어떠한가? 컬러코드로 지표면 온도를 나타낸 것이 오른쪽 그림이다. 녹피분포도와 대응시키면 많은 물이 모여 있는 곳, 즉 바다와 숲 그리고 논의 표면 온도는 기온과 거의 같은 30℃ 정도이다. 이에 비해 시가지나 개발이 진행되고 있는 교외의 주택지를 살펴보자. 녹이 적고, 인공물로 뒤덮인 센다이 시가지가 가장 고온으로 60℃ 가까이 이르고 있다. 그리고 교외의 주택지도 숲과 논보다 확실히 고온이다. 숲의 도시라 불리는 센다이에서도 시가지나 주택지에는 녹이 적다. 녹 그리고 지표면에서 물을 제거해버린 시가지에서는 표면 온도가 기온보다 20℃ 이상이나 상승하고 있음을 알 수 있다. 그 결과 지면에 접한 공기가 데워져 열섬현상을 일으킨다. 콘크리트 정글에 의한 도시 사막의 실태이다.

그리고 더욱 나쁜 경우는 낮 동안 열용량이 큰 철근콘크리트로 만든 건물이나 포장면에 듬뿍 흡수된 일사량이 저녁부터 이른 아침까지 대기에 조금씩 방열되어 여름의 열대야 발생을 조장하게 된다.

05 | 토지피복상태와 표면 온도의 관계

앞서 말한 열화상에서도 알 수 있듯이 여름철 도시가 더운 것은 기온이 높기 때문만은 아니다. 그 이상으로 기온의 형성 요인인 표면 온도가 높기 때문이다. 다양한 토지피복상태의 지역을 원격탐사 화상으로 추출하여 여름철 맑은 날 낮 동안 지역별 평균 표면 온도를 산출하여 토지피복상태와 화상을 해석해 보았다.

우선 녹피율과의 관계를 살펴보면 그림 2-8에 나타난 바와 같이 녹피율이 감소함에 따라 표면 온도가 높아지는 경향을 알 수 있다. 그리고 녹피율이 30% 이하가 되면 표면 온도가 급격히 높은 지역이 출현한다. 녹지가 거의 없는 상업지구나 목조구조물이 밀집한 지역의 표면 온도는 55℃에 이르는 경우도 있는데 나지와 거의 같은 온도이다. 확실히 도시 사막이다. 그리고 해질 무렵이 되어도 낮 동안 일사가 닿았던 포장면 등은 40℃ 가까이 온도를 유지하고 있다. 따라서 저녁 무렵의 시원한 바람에 의한 청량감 등은 느낄 수 없는 것이다.

다음으로 건물구조에 주목하여 지역별로 목조건물과 철근콘크리트건물의 건폐율을 각각 조사하여 겨울철 맑은 날 이른 아침 및 낮 동안 표면 온도와의 관계를 구해보았다. 그림 2-9는 지역의 평균 표면 온도가 이른 아침 및 낮 동안 모두 목조 건폐율, 철근콘크리트 건폐율과 역상관을 보이고 있다. 따라서 건물의 열용량 차이도 도시의 표면 온도의 일변화에 커다란 영향을 미치고 있는 것이 확인되었다.

목조건물이 밀집한 지역에서는 방재를 위해 철근콘크리트와 같은 불연성 건물의 건설이 촉진되고 있으나 포장화와 함께 여름 열대야 발생을 조장하고 있다. 종합적인 관점에서 도시 조성에 대한 연구가 요구되어지고 있다.

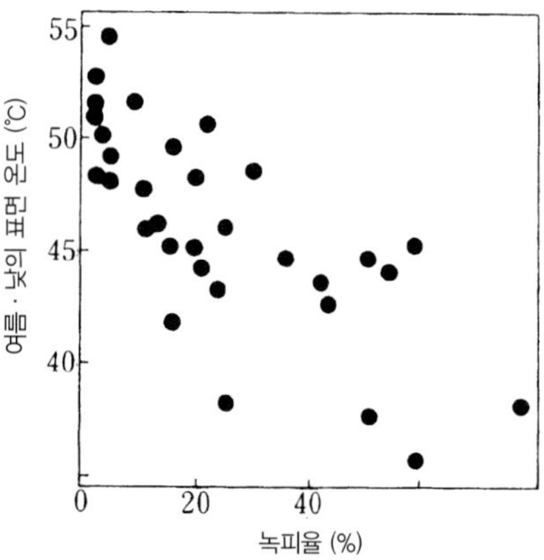

그림 2-8 주택지의 표면 온도와 녹피율과의 관계

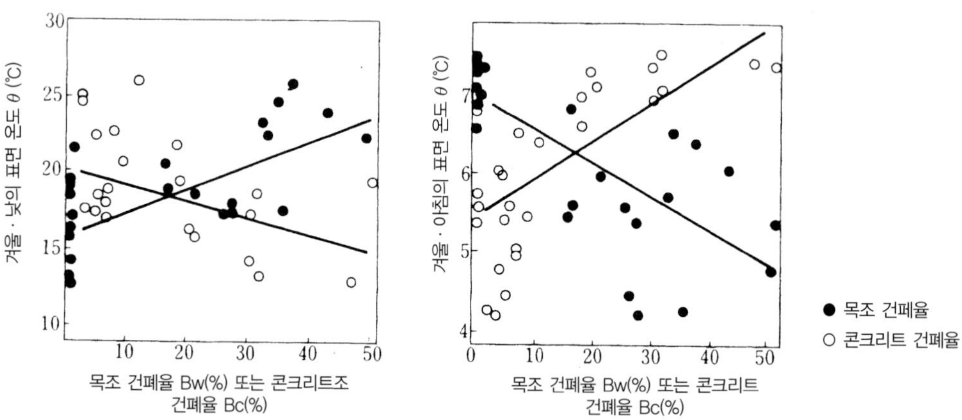

그림 2-9 주택지의 표면 온도와 건폐율과의 관계[1)]

이상에서 논한 것을 열화상을 활용해 이해해 보도록 하자. 이케부쿠로 선샤인60에서 여름철 맑은 날 인접 지역의 열화상을 수집하였다. 그림 2-10의 앞쪽 목조건물이 밀집한 지역, 중앙의 녹은 고코구지(護国社)의 숲, 오른쪽에는 고속도로가 위치해 있으며, 고속도로 양편에 철근콘크리드 건물이 늘어서 있다. 낮 동안은 목조건물의 지붕이 가장 고온이 된다. 고속도로의 포장면도 마찬가지로 고온을 나타내고 있다. 이에 비해 고코구지(護国社) 숲의 온도는 기온과 거의 같으며, 목조건물의 지붕에 비해 20℃나 낮다.

해질 무렵이 되면 목조건물의 지붕은 대기복사로 인해 표면 온도가 급격히 내려간다. 고코구지(護国社) 숲의 온도는 기온과 거의 같지만 목조건물의 지붕은 그 이하가 된다. 한편 낮 동안 기온보다 거의 높지 않았던 철근콘크리트 건물의 벽면은 저녁 무렵 표면 온도가 가장 높다.

이케부쿠로 션샤인60에서 수집
중앙의 녹지는 호국사의 숲. 앞쪽은 목조건물이 밀집한 지역. 오른쪽에 고속도로를 따라서 철근콘크리트의 건물이 늘어서 있다.

여름 낮의 열화상(1990년 7월 28일 12:00)
앞쪽의 목조건물 지붕이 가장 고온이 된다. 고속도로의 포장면도 고온을 나타낸다. 호국사 숲의 온도는 기온과 거의 같으며, 목조건물의 지붕에 비해 20℃나 낮다.

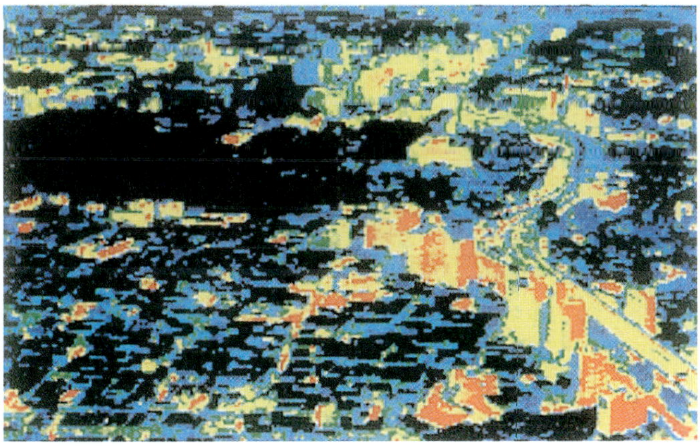

여름 밤의 열화상(1990년 7월 28일 21:00)
밤이 되면 목조건물의 지붕은 대기복사로 인해 급격히 표면 온도가 내려간다. 호국사 숲의 온도는 낮과 마찬가지로 기온과 거의 같다. 철근콘크리트 건물의 벽면은 낮 동안 흡수한 일사열이 축열되어 고온을 유지한다. 포장도로도 고온으로 열대야 발생을 조장한다.

그림 2-10 여름철 · 맑은 날 시가지의 열화상[11]

06 | 생활공간의 열환경과 열섬현상

그림 2-11은 고층 아파트에 둘러싸인 단지 오픈 스페이스의 열화상이다. 여름철 맑은 날 낮과 이른 아침에 수집된 것으로 건물 외부공간을 구성하고 있는 부위별 표면 온도를 매우 자세하게 확인할 수 있다. 각 방위별 아파트 벽면 온도의 차이나 햇빛의 영향, 열용량이 큰 아파트나 포장된 중앙보도 등과 수목이나 잔디 등과의 대비, 또한 모래밭, 수영장, 테니스 코트, 앞마당 등 지표 재료의 차이와 표면 온도 일변화와의 관계 등 흥미로운 점이 많다.

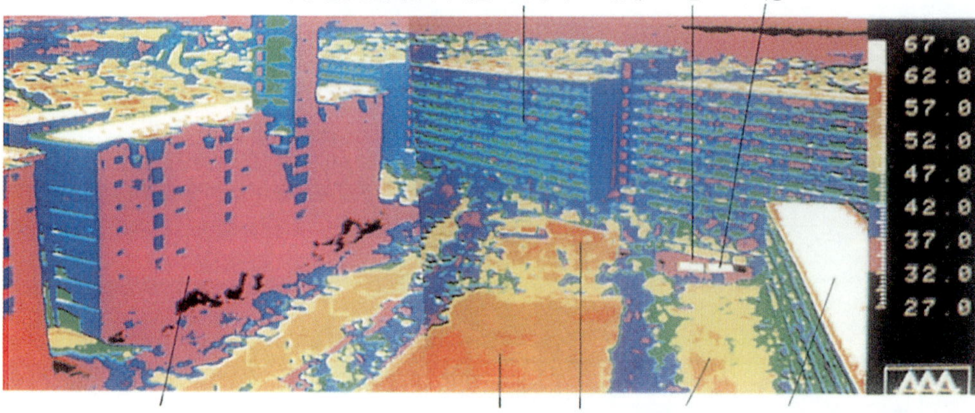

7월 31일 11:45 기온 32℃, 수평면 일사량 800kcal/m²h

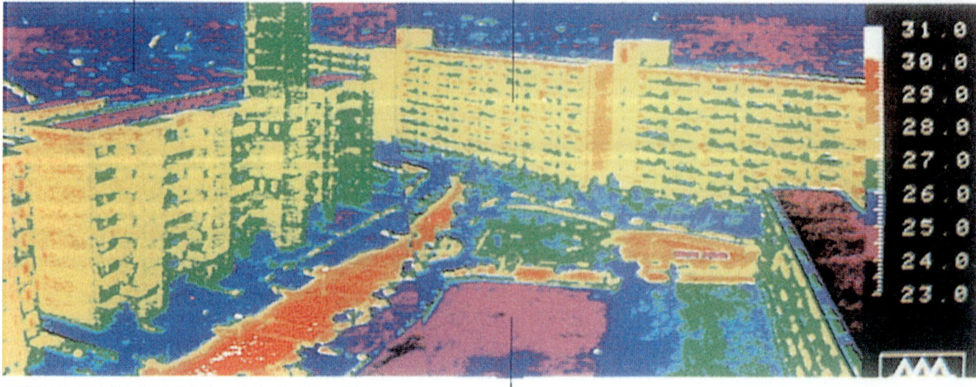

7월 20일 4:35 기온 24℃

그림 2-11 적외선 복사 카메라에 의한 단지의 열화상[1]

예를 들면 저녁 무렵 포장된 보도의 표면 온도는 외부 기온이 내려가 본래 시원할 것으로 예상되는 건물 외부에서도 낮 동안 일사량을 흡수 · 축열하여 고온을 유지하고 있다. 이러한 보도를 걷고 있으면 열복사로 인해 땀이 난다. 열섬현상을 일으키는 요인인 고온의 표면 온도가 생활공간의 열환경을 악화시키고 있다는 단적인 사례이다. 한편 왼편 아파트 북쪽, 즉 아파트 벽면, 특히 저층부분과 북쪽 정원은 낮 동안에도 기온보다 낮은 표면 온도를 유지하고 있는 유일한 장소로 여름철에 시원한 공간임을 알 수 있다.

다음으로 MSS 화상에서는 읽을 수 없었던 건물의 입면에 주목해보자. 중앙에 위치하고 있는 아파트는 남동향이다. 열화상을 관측한 시각에는 이미 일사가 거의 닿지 않았음에도 불구하고 오전 중에 흡수된 일사열로 난간이나 울타리 등 베란다 주위는 40℃ 정도까지 이르고 있다. 베란다 주위가 얼마나 일사에 대해 무방비 상태이며, 베란다 내의 열환경이 악화되어 있음을 알 수 있다. 아침이 되어도 베란다의 표면 온도는 30℃를 내려가지 않는다. 이것은 해질녘 모처럼 저녁의 시원함을 즐기려고 베란다에 나와도 주위에서의 열복사로 불쾌감은 피할 수 없다. 실내와 실외의 인터페이스로 매력적인 베란다 공간도 열적인 관점에서는 이 사례처럼 녹화를 하는 등 재고해야만 하는 점이 많다.

– 우메노 아키라(梅干野 晁)

인용 · 참고문헌

1) 梅干野 晁 (1998) : 住まいの環境学, 第3版, 放送大学教育振興会.
2) 岡 建雄 (1981) : 都市の熱的空気環境, 建築雑誌96 (1185), p35.
3) 梅干野 晁 (2005) : ヒートアイランド対策とその効果 · 評価−都市づくりに焦点をあてて−, 空気調和 · 衛生工学会誌79 (4) (5), p37-42.

2.4 환경공생 건축의 관점

01 | 도시녹화와 기후 풍토

그림 2-12는 기후 특성이 극단적으로 다른 사막지역과 일본처럼 녹이 풍부한 지역의 도시조성과 녹화와의 관계를 나타낸 것이다. 사막지역에서 녹화는 인간이 살기 위한 전제조건이다. 즉 쾌적한 도시조성을 목표로 도시를 녹화하는 것은 확실히 사막지역에서도 녹을 늘리는 일이므로 개발행위와 녹화는 그 지역의 광역 환경 측면에서 보더라도 모순되지 않는다.

이에 비해 일본처럼 녹이 풍부한 지역에서는 근교의 구릉 주택지 등에서 흔히 볼 수 있듯 도시개발은 많든 적든 간에 수목을 비롯한 녹의 훼손을 수반한다. 따라서 새로운 녹의 창조뿐만 아니라 얼마나 녹을 훼손하지 않고 보전하면서 도시개발을 추진할 것인지가 중요한 관건이다.

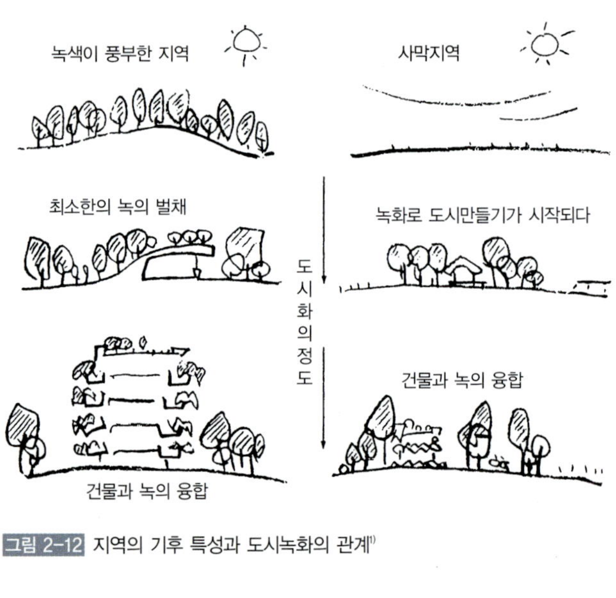

그림 2-12 지역의 기후 특성과 도시녹화의 관계[1)]

이와 같이 지역의 기후 특성에 따라 도시조성에 있어서 녹화에 대한 인식정도는 다르다. 그러나 어떤 경우라도 대부분의 도시가 급격히 인공화되어가고 있는 상황 속에서 녹이 존재함에 따른 각종 환경조절효과가 재인식되어 쾌적한 주거환경의 형성을 위한 도시녹화 그것도 단지 양적인 관점뿐만 아니라 그 지역의 기후·풍토나 생태계 등도 고려한 질적으로도 우수한 녹화방법이 요구되어지고 있다. 지구생태계를 최대한 교란시키지 않는 친환경적인 도시조성 수법으로서도 「녹으로 덮인 도시조성」은 자연공생형 도시 또는 생태도시의 기본이라 할 수 있다.

02 | 그린빌딩(Green Architecture)의 기본 개념

녹화의 기본 개념에 대해 다음과 같이 정리해 보았다.

(1) 녹으로 감싼 도시조성

지구생태계를 최대한 교란시키지 않는 친환경적 도시조성 수법으로 「녹으로 덮인 도시조성」은 자연공생형 도시 또는 생태도시의 기본이다.

(2) 지역의 기후 특성과 녹화

지역의 기후 특성에 따라 도시조성에 있어 녹화에 대한 인식정도는 다르지만 그 지역의 자연 잠재력을 최대한으로 살려 그 지역의 특색을 표현할 수 있는 도시조성으로서 녹화수법은 가장 유효한 수단 중 하나라고 할 수 있다.

(3) 녹의 존재 가치와 종합적 효과 인식

녹과의 관련성은 교환가치, 이용가치 그리고 존재가치로 구분된다. 녹의 존재가치를 인식하고, 녹의 종합적 효과를 활용하고자 한다.

(4) 자연과 공생할 수 있는 도시환경조성의 기본이 되는 녹

녹이 존재함으로써 그곳은 벌레나 새의 서식처가 된다. 보다 자연과 공생할 수 있는 환경을 조성하기 위해서는 단지 양적인 관점뿐만 아니라 생태계를 고려한 질적으로도 우수한 녹화방법이 필요하다. 또한 동시에 이들 녹화방법이 받아들여지기 위해서는 기능성이나 편리성을 최우선으로 한 종래 도시계획이나 인공화된 도시환경을 전제로 한 라이프스타일의 재평가도 요구되어진다.

03 | 녹으로 자연스럽게 둘러싸인 도시

앞서 언급한 열섬현상과 녹과의 관계에 주목해보자. 도시 내 대규모 면적의 녹은 건물이나 도로의 포장면에 비해 표면 온도의 일변화가 작으며, 거의 기온과 같다. 즉 열섬현상을 완화하기 위해 될 수 있는 한 많은 녹을 어떻게 적절히 도입할 것인지는 의심할 여지가 없다. 그러나 단지 양적인 문제만은 아니다. 열섬현상의 억제방법으로 옥상녹화와 벽면녹화, 커다란 수관에 의한 그늘 형성 등 녹을 유기적으로 도입하여 열용량이 큰 건물이나 포장도로에 직접 일사가 닿지 않게 하는 연구 등이 중요하다는 것을 이해할 수 있다. 바꿔 말하면 열용량이 큰 철근콘크리트 건물이나 포장도로에 직접 일사가 닿지 않도록 녹으로 부드럽게 감싸는 녹과의 융합이 중요하다. 즉, 다음 장 3.1 「미기후조절기능」 항의 그림 3-2에 나타낸 바와 같이 옥상녹화, 벽면이나 베란다 녹화, 가로수 등의 도시 · 건축녹화 등인 것이다.

그리고 건물의 배치나 구성 재료의 일사흡수율, 열용량 등도 열환경을 크게 규정하며, 열섬현상의 형성과 커다란 관계가 있다.

04 | 정감어린 거리

이른 아침 태양 빛에 반짝 거리는 아침이슬, 그것은 상쾌함과 거리의 신선함을 나타내는 하나의 척도가 아닌가? 그러나 거대한 냉열원이라 할 수 있는 하늘을 거의 볼 수 없는 빌딩숲 그리고 낮 동안 일사를 충분히 모은 큰 열용량의 포장도로나 콘크리트 지면, 표면 온도가 이른 아침에도 기온보다 거의 내려가지 않는 이들 면으로 구성된 시가지에서는 아침이슬과 인연이 먼 광경이다.

건물과 지면으로 구성된 건물 외부공간과 그곳에 형성된 미기후에 관한 모든 현상, 그것은 확실히 도시의 지표면, 즉 건물에 관해서는 건물의 배치나 형태 그리고 지붕이나 벽체 재료, 식재의 종류나 수관의 형태와 배치 등에 따라 결정된다. 앞서 언급한 바와 같이 낮 동안 일사가 닿았던 포장도로나 RC조는 많은 일사량을 흡수하여 그것을 밤부터 이른 아침까지 대기에 방열하므로 더욱더 열대야의 발생을 조장한다.

최근 재해방지 차원에서 목조건물이 밀집한 지역의 불연화 촉진사업이 추진되고 있으나 지금도 열섬현상이 일어나고 있는 도시가 한층 RC조로 매워진다면, 그리고 좁은 길에 그늘진 공간이 있었으나 그것이 개방되어 포장된 주차장이 되어버린다면 안전하게는 되었지만 더워서 살기 힘들게 되어버리는 등의 일이 현실로 일어나도 이상한 일은 아니다. 동남아시아나 비교적 저위도에 위치한 일본 도시의 경우 열섬현상에 의한 여름철 열환경의 악화는 옥외에서의 쾌적한 활동과 쾌적한 실내환경의 형성, 더 나아가 에너지 절약을 위해 해결해야만 하는 초미의 과제가 아닌가?

05 | 열수지 수치 시뮬레이션에 의한 열환경 설계지원도구

도시를 구성하는 단지나 일정 부지의 열환경 설계과정에 녹화수법이 검토되어 환경조절효과가 논의되지 않으면 안 된다.

여기에서는 열환경 설계지원을 목표로 개발된 「3D-CAD 대응형 · 옥외 열환경 시뮬레이션」을 소개하고, 이어서 이를 사용한 사례로 도시녹화의 결과에 대해 살펴본다[2].

이 책에서 언급한 설계지원도구는 설계의 각 단계에서 열환경을 평가할 수 있을 것, 또한 전열 시뮬레이션 등 고도의 전문 지식이 없는 설계자라도 일상적인 설계행위에서 사용하여 대책의 효과를 스스로 평가할 수 있을 것 등을 기본 조건으로 하고 있다. 따라서 3D-CAD 소프트에 입출력을 갖춘 시스템이 구축되었다

출력 결과인 모든 면의 표면 온도 분포는 설계자나 행정담당자는 물론 일반 시민이 열환경대책의 효과를 시각적으로 이해할 수 있도록 3D-CAD 위에 첨부하여 표현된다. 이를 토대로 자유로운 시점에서의 출력과 애니메이션 출력이 가능하다.

열환경의 평가지표는 다음의 두 가지가 있다. 이들 지표는 모든 면의 표면 온도 분포로부터 구해진다.

열섬포텐셜 (HIP ; Heat Island Potential)

환경공생의 기본 중 하나는 부지 내 환경을 배려할 뿐만 아니라 개발 행위로 인해 주변 환경에 될 수 있는 한 악영향을 미치지 않는 것이다. 따라서 대상지로부터 주변 환

경으로의 부하를 논하기 위한 하나의 지표로서 대기를 직접 데우는 요인인 전 표면에서의 현열 부하를 열섬포텐셜(HIP)로 평가한다(전표면에서의 현열류량 출력도 가능).

옥외 생활공간의 평균복사온도 (MRT ; Mean Radiant Temperature)

옥외 생활공간의 열적 쾌적성에는 열과 관련된 네 요소가 주로 영향을 미치는데 그 중 하나인 열복사에 대해 거주지의 높이(지상 1.5m)에서 평균복사온도 MRT를 산출한다.

06 | 단독주택지 녹화와 효과

약 1,000㎡의 부지에 다섯 채의 주택을 건설하고자 하는 개발을 대상으로 앞서 언급한 설계지원도구를 이용하여 주택의 배치계획이나 도로계획과 함께 식재계획에 관해 검토한 사례를 제시한다.

그림 2-13 중 상단의 그림은 중앙의 포장도로 주위에 다섯 채의 주택을 배치하고, 녹화하여 수목의 수관이나 수고, 수목의 배열을 변경한 세 가지 유형의 CAD 모델이다. CASE 1은 녹화가 전혀 되어 있지 않은 경우, CASE 2는 수목을 이용하여 녹피율이 30% 정도 되도록 녹화한 경우, 그리고 CASE 3은 건물의 지붕보다 높고 커다란 수관을 가진 수목이 식재된 경우이다.

그림 2-13 중 중간의 그림은 각각의 유형에 있어 표면 온도의 산출 결과를 주택지 전체가 보이는 높은 곳에서 보았을 때와 생활공간인 중앙 통로 위에 세웠을 때 각각의 시점에서 나타낸 것이다. 기상 조건은 도쿄의 맑은 날, 주택의 실내기온은 자연 실온이다. 건물 부위, 지면 등의 일사반사율, 열전도저항, 수목의 수관 형태나 수관의 일사투과율 등을 입력한다.

설계 초기단계에서 큰 나무를 어떻게 식재하면 좋을 것인지 화상을 보면서 검토할 수 있다. 건물에 대해서는 벽의 방위나 지붕의 경사, 재료 등에 의한 차이와 수목에 대해서는 배치 · 형태 등에 의한 영향이 표면 온도 분포에 명확히 나타나 있다. 예를 들면 수목의 수관이 주위에 어떤 그늘을 만들며, 그곳이 어떤 표면 온도 분포를 나타내는지

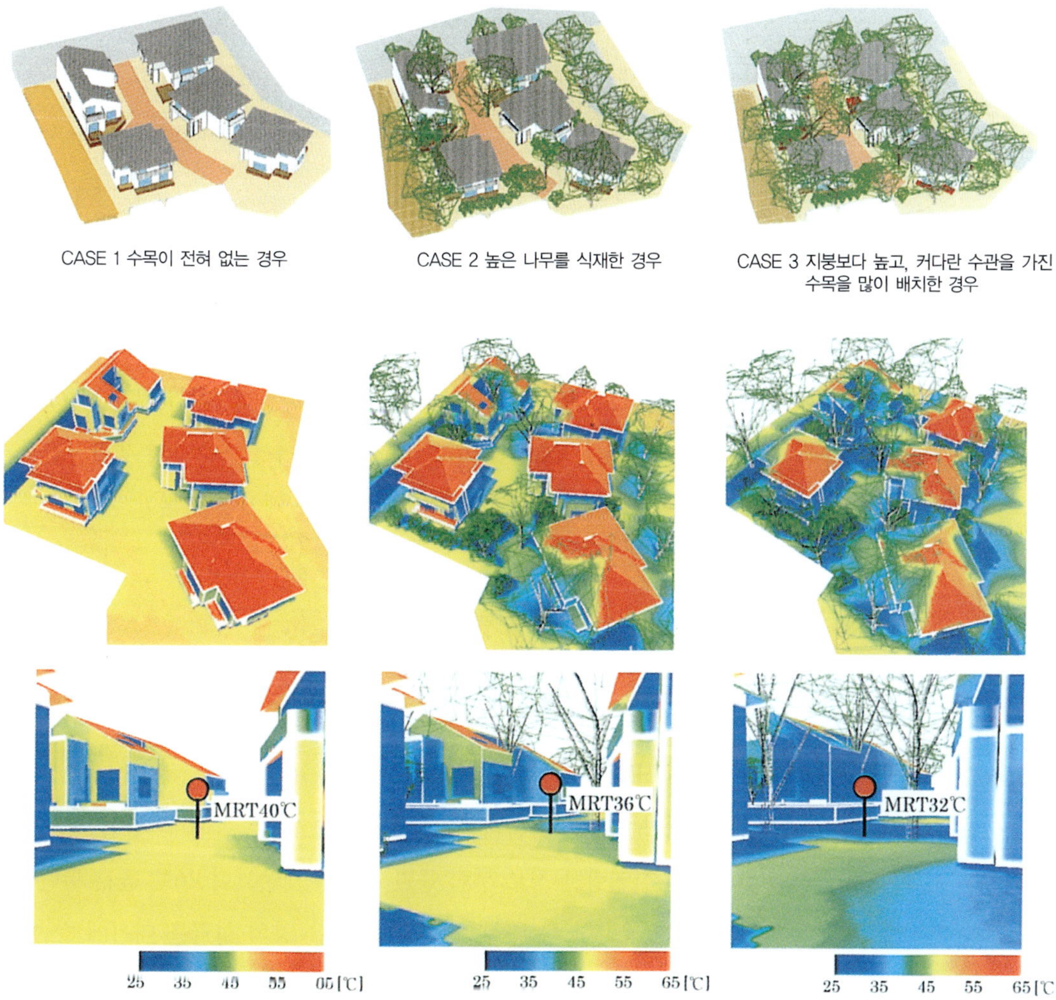

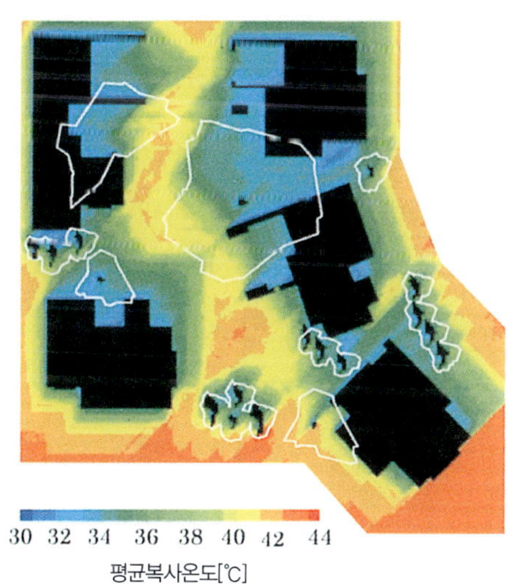

그림 2-13 식재 상황이 다른 주택지(수치 시뮬레이션의 입력 데이터가 된 주택지(상단)와 주택지 전 표면 온도 산출결과(도쿄) 여름철 맑은 날 12시, 기온 32.3℃)(중간), 지상으로부터 1.5m 높이에서 측정한 평균복사온도 MRT 분포(도쿄) 여름철 맑은 날, 12:00)(하단)[9]

등 열환경 설계의 효과를 시각적으로 이해하며, 설계자와 시공자 등의 사이에서 적극적인 대화를 도모하면서 양질의 주거환경을 만들어간다는 과정이 필요할 것이다.

(1) 옥외 공간의 열적 쾌적성 평가

앞서 언급한 바와 같이 옥외 공간의 열적 쾌적성 측면에서는 지상 거주지역 높이(지상 1.5m)의 평균복사온도(MRT)분포로 설계안의 열반사환경을 평가한다. 그림 2-13(하단)에 나타낸 바와 같이 12시 부지 내에서는 양지의 포장면과 커다란 수관 아래 그늘진 공간 등에서는 MRT로 8℃ 정도의 차이를 보이고 있다. 이와 같은 MRT의 차이는 열적 쾌적성에도 커다란 영향을 미친다. 옥외에 있어서 거주자의 생활공간을 배려하여 공간의 MRT를 상승시키지 않도록 고목의 종류나 배치를 고려할 수 있다.

(2) 대기에서의 현열 부하 : 열섬포텐셜의 평가

설계한 주택지가 주변의 대기에 미치는 현열 부하에 대해서는 열섬포텐셜(HIP)로 평가한다. 그림 2-14는 여름철 맑은 날 HIP의 일변화 산출 결과이다. 고목의 유무에 따라 최대 15℃ 정도 HIP에 차이가 발생한다.

이러한 차이가 의미하는 것은 다음과 같이 이해할 수 있다. 식재가 되지않은 주택지가 주변의 대기에 미친 현열량은 정오 무렵 표면 온도가 기온보다 26℃ 높은 평탄한 지표면과 같으며, 한 면이 평탄한 아스팔트 포장면과 같은 양의 현열을 대기에 방출하고 있음을 나타낸다. 여기에 주택의 건물보다 높고 커다란 수관의 수목을 심으면 정오의 HIP는 12℃가 되어 한 면이 평탄한 잔디밭면과 거의 동일하게 된다. 저녁 무렵부터 야간에 걸쳐서는 CASE 1 및 CASE 2보다 HIP가 더 내려갈 수 있으나 잔디밭보다도 더 내려갈 수는 없고, 2℃ 정도 높다. 낮 동안 양쪽 설계안 사이에는 아스팔트면과 잔디밭면과의 차이에 해당하는 현열량의 차이가 발생하고 있으므로 고목의 식재 효과가 매우 크다는 것을 알 수 있다.

지금까지의 설계 · 계획은 도로 · 건물의 배치나 공간 형태 등에 주안을 두고 있었다. 위에서 살펴본 결과에서도 열환경 설계에 있어서는 식재의 배치나 여기에서 다루지 않았지만 지면 등의 열용량 · 보수특성 등 재료의 열적 성능도 동시에 고려하는 것도 의미가 있다고 판단된다.

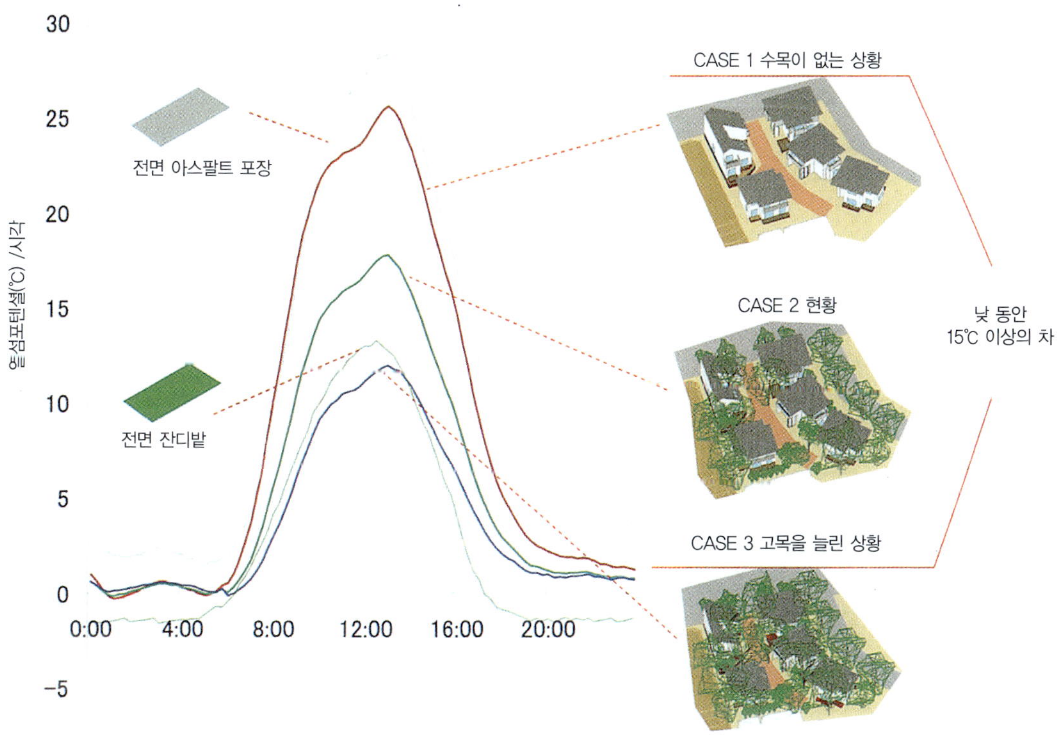

그림 2-14 대기의 현열 부하(주택지를 녹화한 경우)[3)]

07 | 스트리트 캐넌(Street canyon)의 녹화와 효과

남북으로 통하는 폭원 20m의 간선철도와 간선도로 양측에 늘어선 상업빌딩에 의해 형성된 스트리트 캐넌이라 불리는 도쿄에 위치한 가로(CASE 1), 거기에 가능한 한 커다란 수관을 가진 수목을 식재하거나 옥상녹화를 한 경우(CASE 2) 그리고 CASE 3은 그림 2-15에 나타낸 바와 같이 도로에 중앙분리대를 만들어 주고 15m 정도의 가로수를 배치하고, 양측의 건물은 뒤로 물려(setback) 스트리트 캐넌을 해소하고, 베란다나 옥상을 녹화한 경우이다. 지면과 건물을 녹지로 아름답게 덮을 수 있다. 기상조건은 마찬가지로 도쿄의 여름철 맑은 날로 상업빌딩은 냉방되며, 실온은 낮 동안 27℃로 설정하였다.

시뮬레이션에서는 전 표면 온도의 일변화를 얻을 수 있었으며, 여름철 맑은 날 12시와 20시의 표면 온도 분포를 그림 2-16에서 살펴보자. 12시의 경우 태양 고도가 높기 때문에 옥상이나 포장도로 등의 지표면 온도가 높고, 건물의 입면온도는 낮다. 도로의 표면 온도는 CASE 1에서 60℃까지 이르렀지만 CASE 3에서는 대부분 가로수의 그늘 때문에 40℃ 전후로 유지되고 있다. 유리창 표면 온도는 냉방의 영향으로 기온보다 낮은 값을 나타내고 있다. 20시의 표면 온도 분포를 살펴보면 낮 동안 일사를 받은 건물의 옥상이나 포장도로에서 일사열이 축열되어 있는 곳에서는 기온 30℃보다 매우 높은 35℃ 전후를 나타내고 있는 곳이 눈에 띈다. 이에 비해 녹으로 둘러싸인 곳에서는 대부분의 곳이 기온과 같았다.

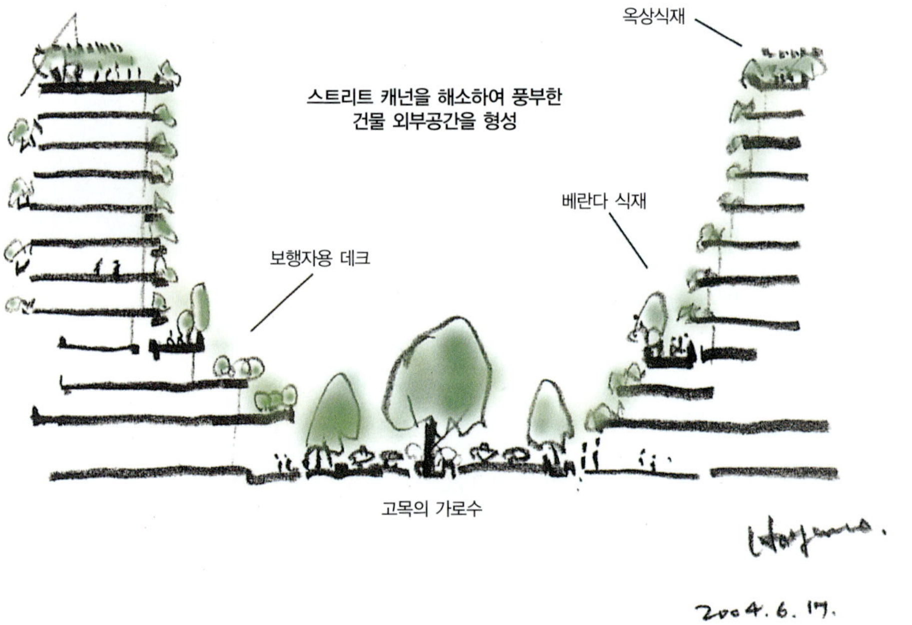

그림 2-15 건물의 형태, 녹화방법을 재검토한 이미지(호야노 원도)[3)]

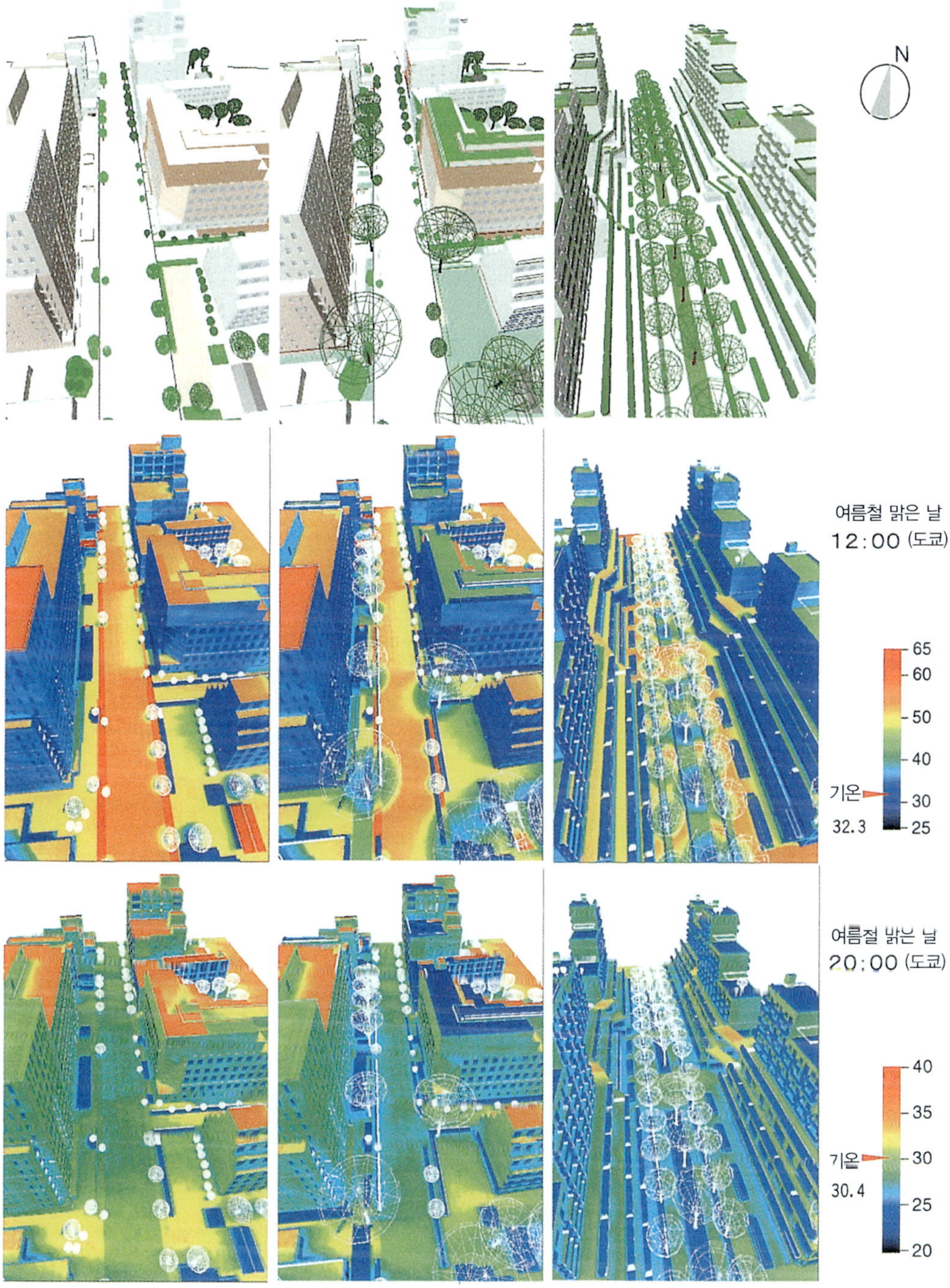

그림 2-16 남북도로와 그 주변의 가로[3)]
상단 : 가로의 CAD | 중간 : 여름철 · 맑은 날 12시 표면 온도 분포 | 하단 : 여름철 · 맑은 날 20시 표면 온도 분포

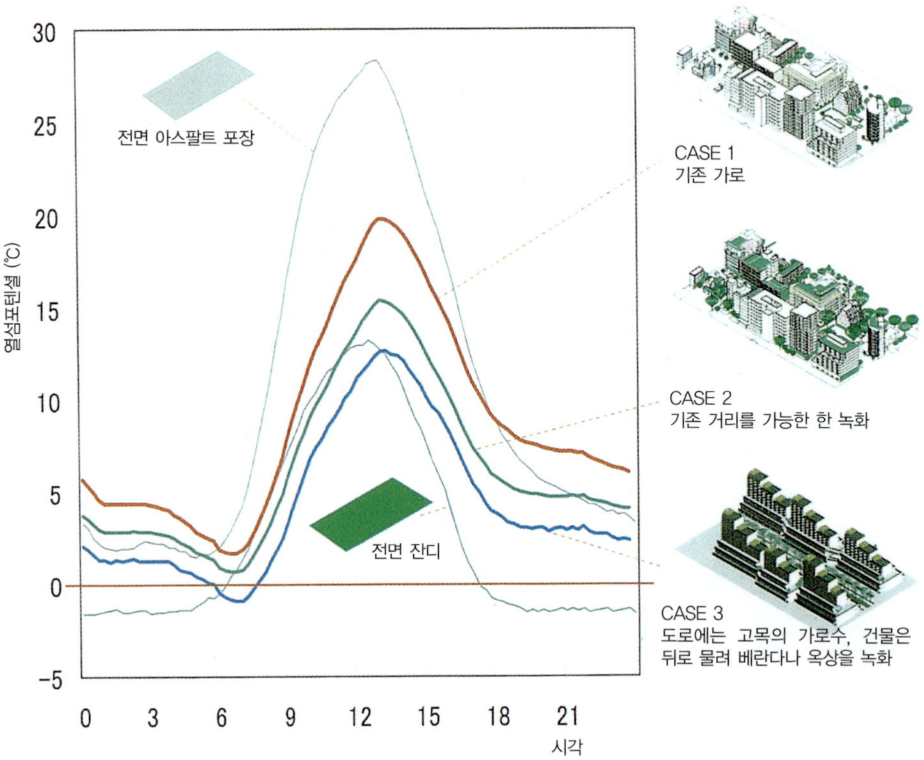

그림 2-17 남북도로와 그 주위의 가로, 여름철 맑은 날의 열섬포텐셜(HIP)의 일변화[3]

그림 2-17은 세 가지 유형의 HIP 일변화이다. 그림 2-13에 나타낸 주택지의 세 가지 유형의 경우와 마찬가지로 낮 동안 HIP는 높아지지만 CASE 1에서도 20℃ 정도로 주택지의 CASE 1에 비해 그다지 높지 않다. 이것은 건물로 인해 지면이 오전 중 그늘진 부분이 많았던 점, 건물의 입면은 오전 중 받은 일사열이 축열되어 있던 곳이나 강하지는 않지만 일사를 받고 있는 남쪽면을 제외하고는 냉방의 영향으로 표면 온도가 기온과 같거나 또는 그 이하가 된다는 점 등이 이유라고 할 수 있다. 즉 여름철 낮 동안 고층 건물이 밀집하여 줄지어 있으므로 해서 대기로의 현열 부하는 극단적으로 증가하지 않는다는 것을 보여주고 있다고 할 수 있다. CASE 3처럼 지면이나 건물을 녹으로 감싸므로 낮 동안의 HIP는 잔디밭과 같아질 때까지 억제된다.

저녁 무렵 세 가지 유형의 HIP 차이는 정오 7℃에 비해 5℃에 이르고 있다. CASE 1에서는 일몰 때부터 아스팔트 포장면보다 HIP는 높아져 이른 아침까지 이러한 경향이 이어진다. 이것이 오늘날 도시의 열대야 발생을 조장하고 있는 커다란 요인일 것이다. 낮 동안 잔디밭과 같은 CASE 3에서도 저녁에는 잔디밭보다 5℃나 높다. 즉 낮 동안 대기로의 현열 부하는 녹화함으로써 내릴 수 있으나 열대야 발생을 억제한다는 것은 매우 어렵다는 것을 보여주고 있다.

08 | 환경공생을 위한 도시조성

열섬현상의 형성 요인을 이해한 후 그 중 하나인 토지피복의 변화에 초점을 맞춰 광역에 걸친 열섬현상과 도시 생활공간의 열환경이 밀접한 관계가 있음을 나타냈었다.

열섬현상의 억제를 위해서는 광역적이며, 또한 장기적인 시각에서 접근하는 것도 당연히 중요하다. 도시 국가라 불린 로마시대 「건축서」를 쓴 비트르비우스는 도시조성의 기본은 태양의 길과 바람의 길이라고 하였다. 최근 효율 우선형 도시개발에 대한 반성으로 지역별 기후 특성과 토지가 가진 자연의 잠재력에 착안한 환경공생형 도시조성(환경공생도시, 에코폴리스, 에코시티 등으로 불리고 있다)이 주목받고 있으며, 「바람길」과 같은 지역의 기후 특성이나 자연 지리적 요인도 고려한 도시 조성방법이 논의되어야 한다.

우리들의 생활공간도 대폭 수정할 필요가 있다. 들판의 집 한 채에서도 그곳에 건물이 있으므로 해서 그 주변에 새로운 기후가 생겨난다. 그림 2-18에 나타낸 바와 같이 생활환경의 장소로서 실내공간과 건물 외부공간, 도시공간 그리고 지구는 서로 영향을 주고받고 있다. 즉 도시화의 주요 문제인 토지이용 · 토지피복의 변화 및 에너지 소비 · 오염물질의 배출 등이 생활환경과 밀접하게 관련되어 도시 내 미기후나 열섬현상 등 도시기후의 형성 더 나아가 광역 기후형성에 크게 관여하고 있다. 지금부터 도

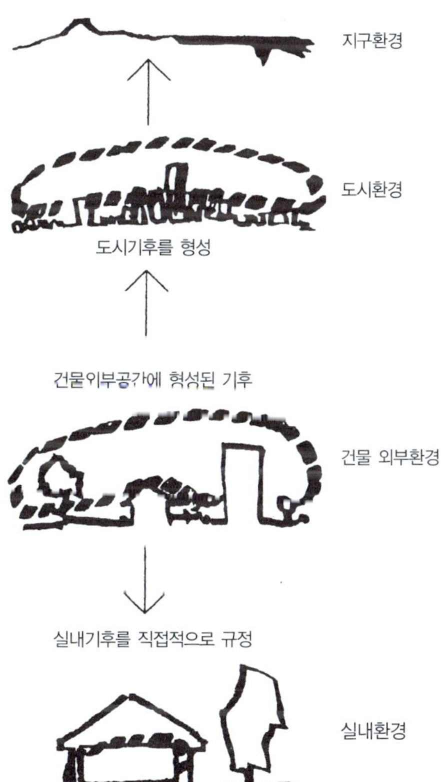

그림 2-18 생활공간과 지구와의 관계[1)]

시조성의 중요한 관점의 하나이다.

현재까지 경제성, 기능성 그리고 효율 우선형으로 진행되었던 도시조성의 결과 편리한 생활을 누릴 수 있게 되었으나 이와는 정반대로 도시환경은 악화되는 추세에 있다. 이런 와중에 환경공생형 도시조성으로의 발상 전환 그리고 이로 검증된 도시조성의 구체적 방법 개발이 요구되어지고 있다. 일본 다이쇼(大正, 1912~1926)말기까지는 도쿄의 변두리 지역에서도 에도시대의 영향을 받은 것들이 남아있었다고 한다. 오늘날 우리들에게 낯익은 가로는 기껏해야 80년 정도에 불과하다. 직육면체의 건물이 난립한 가로 자체부터 검토해 볼 필요가 있다.

그림 2-19에 나타낸 바와 같이 옥상녹화는 지붕녹화와 구분해서 생각해야만 한다. 단지 건물의 옥상을 녹화한다는 기술의 문제만으로 볼 게 아니라 그림 2-20에 나타낸 사례와 같이 사전에 건물 옥상공간을 지면과 함께 도시생활을 위한 건물 외부공간을 구성하는 요소로 취급한다는 것도 의의가 있는 일이다. 직육면체가 난립한 도시의 모습은 급변한다.

쾌적한 열환경 형성에는「건물과 녹의 융합」이 유효하다는 것을 나타냈지만 녹에는 이와 같은 열환경 조절효과 외에 이산화탄소의 흡수, 비산 먼지 방지 등 공기정화작용, 보수효과 및 생리 · 심리효과 등을 기대할 수 있다. 개개 효과에 대해서는 눈으로 확인할 수 있을 정도의 효과는 기대할 수 없으며, 이를 대신할 인공재료는 얼마라도 있으나 녹이 종합적 효과를 발휘한다면 이를 대체할만한 것은 없을 것이다. 그것은 녹은 우리들과 같은 생물이기 때문이다. 그리고 그러한 녹으로 볼 때 도시환경은 매우 열악한 환경이다. 고층 건물의 베란다 등은 식물에 따라서는 바위산과 같다고 할 수 있다. 오늘날 극도로 인공화된 환경에서 인간과 녹이 공존을 도모하고자 하는 것은 도시환경이 마땅히 그러해야 할 모습이나 라이프스타일 자체를 재검토해야 하는 것이기도 하다.

– 호야노 아키라(梅干野 晁)

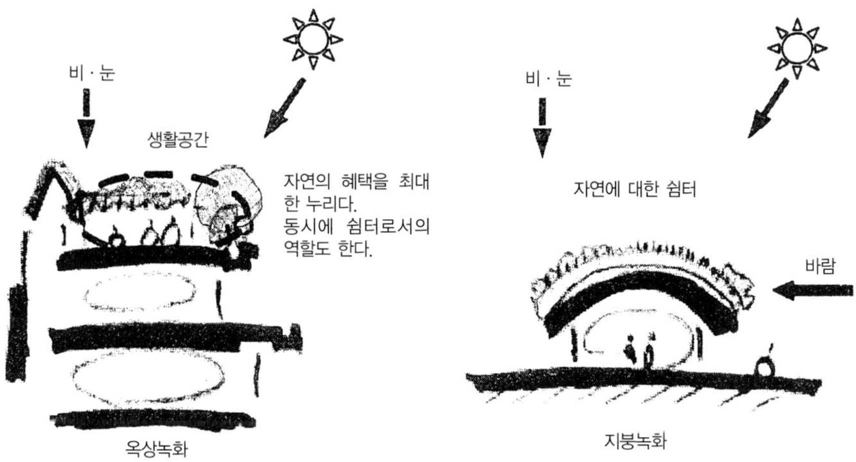

그림 2-19 옥상녹화와 지붕녹화(호야노 원도)[4)]

① 건물의 지붕이나 벽이 실내공간을 구성하고 있듯이 건물 외부 공간을 구성하는 요소로서 옥상을 취급한다.

② 지면만이 접근수단이 아니고 생활공간을 입체적으로!

그림 2-20 도시생활을 위한 건물 외부공간을 구성하는 요소로서의 옥상과 옥상녹화(호야노 원도)[4)]

인용 · 참고문헌

1) 梅干野 晁 (1998) : 住まいの環境学, 第3版, 放送大学教育振興会.

2) 梅干野 晁 · 淺輪貴史 · 中大窪千晶 (2004) : 3D-CADと屋外熱環境シミュレーションを一 体化した環境設計ツール, 日本建築学会技術報告集, 第20号, pp.195-198.

3) 梅干野 晁 (2005) : ヒートアイランド対策とその効果の予測 · 評価-都市づくりに焦点を あてて-, 空気調和 · 衛生工学会誌 79 (5), p.37-42.

4) 梅干野 晁 (2005) : 建築の緑化と都市環境, 太陽エネルギー, Vol.31, No.2, pp.3-8.

Part 3 입체녹화의 환경조절기능

Green Architecture and Environmental Symbiosis

3.1 미기후조절기능

01 | 옥상녹화로 무엇이 변하는가?

입체녹화의 하나인 옥상녹화를 생각해보자. 옥상을 녹화한다면 어떻게 될 것인가? 거리의 상공에서 촬영한 항공사진을 사용하여 슬래브 지붕의 건물을 추출하고, 이들의 옥상을 녹화했을 때의 시뮬레이션 화상을 만들어 보았다. 도시경관이 어떻게 변하는지는 사진 3-1을 보면 확연히 알 수 있다. 특히 복잡한 일본 도시의 경우 옥상녹화로 도시경관은 확연히 변할 것이다.

컬러 공중사진에 의한 현재 상황(이케부쿠로 상공에서)

건물의 옥상을 녹화한 시뮬레이션 화상

사진 3-1 건물의 옥상을 녹화한 경우의 도시경관 시뮬레이션

이처럼 건물의 옥상을 모두 녹화한 경우의 시뮬레이션 화상과 현재 상황을 비교해보면 도시경관의 변화에 기여하는 옥상녹화의 시각적 효과를 쉽게 이해할 수 있을 것이다. 그러나 이제까지는 쾌적한 도시경관을 생각하는데 있어 눈에 보이지 않는 까닭에 경시되어 온 빛 이외의 열, 공기, 소리 등의 물리적 환경요소도 우리들 일상생활에 커다란 영향을 미치고 있다는 사실을 똑바로 인식할 필요가 있다.

옥상을 녹화함으로써 변화하는 것은 도시경관만이 아니다. 표 3-1에 나다낸 바와 같이 일사로 인해 발생한 외부 열이 실내로 전달되는 것을 줄이거나 옥상에서의 옥외 생활공간도 늘어나게 된다. 더 나아가 도시기후완화, 우수저류나 인공화된 도시생태계를 보존하는 역할도 있다. 물론 이들 효과의 정도는 앞선 미기후조절효과의 예에서 소개한 열전달 저감효과와 단열효과처럼 옥상녹화만으로 해결되지 않는다.

표 3-1 옥상녹화의 환경조절효과

구분	효과
I 실내환경	1) 열전달 방지효과 2) 단열효과 3) 방음효과 4) 방진효과 5) 기타
II 옥외환경	1) 반사 방지효과 2) Cool spot 형성효과 3) 흡음효과 4) 어메니티 향상효과
III 도시환경	1) 도시홍수 억제효과 2) 열섬현상 완화효과 3) 건조 억제효과 4) 온난화가스(CO_2) 흡수효과 5) 대기오염물질 정화효과 6) 도시경관 조성효과

이러한 것들은 또한 도시 전체의 녹화 면적에 따라서도 크게 달라질 수 있으며, 우리가 기대한 만큼의 커다란 효과가 없을지도 모르지만 앞서 언급한 개개 효과를 종합한 효과를 인공적 수법으로는 얻기 어렵다는 것은 확실하다.

02 | 입체녹화 수법과 환경조절효과

앞서 옥상녹화를 예로 언급한 바와 같이 산소공급과 대기정화를 비롯한 기온·습도의 완화, 방풍, 방음, 일조·일사의 조절, 방화 등의 물리적 환경조절효과, 심리적 효과, 경관, 생태계의 확보 등 입체녹화에는 다양한 효과를 기대할 수 있다. 이들 개개 효과는 기대한 만큼의 커다란 효과가 아닐지 모른다. 또한 녹지규모에 따라 기대할 수 있는 환경조절효과도 역시 다르다.

「인간 정보의 90% 이상은 시각 정보다」라고 하듯이 녹화라는 것은 경관의 문제로서 취급되기 쉽다. 그러나 어메니티가 높은 도시조성이란 단지 시각뿐만 아니라 우리들 눈에 보이지 않는 열, 공기, 소리 등의 물리적 환경요소와 생리 · 심리를 포함한 종합적 평가에 의한 도시의 설계 · 계획 규범에 따라 이루어져야 한다.

도시 내 존재하는 대규모 녹지가 도시기후를 완화한다는 것은 2.3 「도시 열섬화」에서 살펴보았던 원격탐사의 화상에서도 명확히 알 수 있지만 입체녹화 즉 점적(點的) 또는 선적(線的)으로 존재하는 소규모 녹지도 일상 옥외생활 공간인 건물 외부공간이나 실내공간의 환경조절에 기여하고 있다.

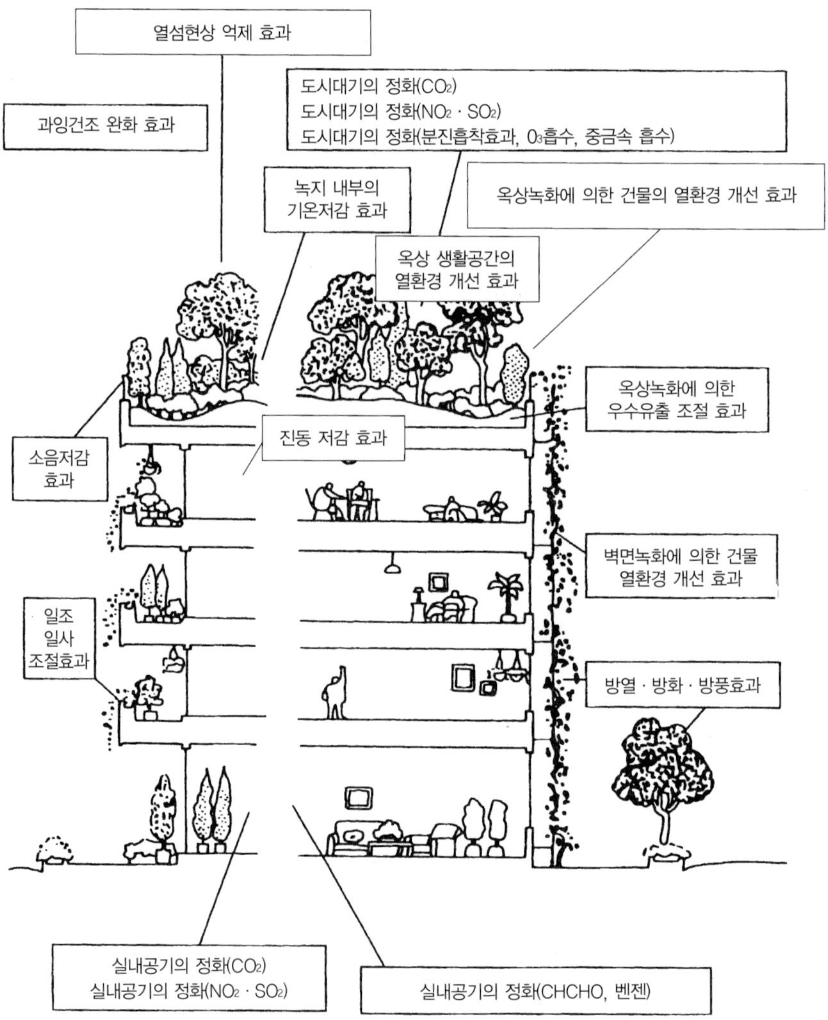

그림 3-1 입체녹화 수법과 녹지의 환경조절효과[1]

점적인 녹지에 의한 구체적 수법으로는 ① 옥상녹화, ② 벽면녹화, ③ 베란다녹화, ④ 등나무 덩굴이나 커다란 수관을 가진 수목에 의한 그늘의 형성 등을 들 수 있다.

이들 수법을 건물에 응용한 그린빌딩(Green Architecture)의 사례와 이들의 환경조절효과를 그림 3-1에 나타내었다.

03 | 나무 그늘은 왜 시원한가?

나무 그늘은 왜 시원한가? 물론 직사광선을 차단하는 효과는 크다. 그러나 그것만으로는 시원한 나무 그늘을 얻을 수 없다. 그렇다고 해서 거대한 산림 내부도 아닌데 나무 그늘의 기온이 양지보다 몇 도나 낮은 것은 아니다.

이에 대한 해답은 그림 3-2에 나타낸 상공을 가린 덮개와 포장면과 같은 인공물로 덮인 장소와 커다란 수관으로 덮인 가로수 아래의 여름철 열화상을 비교해보면 명확해진다. 그림에서는 상공을 가린 덮개 아래와 가로수 아래에 사람이 서 있을 때 사람을 둘러싼 주위 4π의 표면 온도 분포를 알 수 있다. 양지의 아스팔트 포장면에서는 표면온도가 50℃ 이상 되는데 비해 커다란 수관에 의해 형성된 음지의 표면 온도는 기온보다 낮다. 그리고 수관의 온도는 기온과 거의 같다. 그 결과 상공을 가린 덮개 아래 포장면의 경우 기온이 29℃일 때 평균복사온도는 36.6℃로 인체의 피부 온도보다도 높지만 가로수 나무 그늘의 경우 평균복사온도는 기온과 거의 같다. 우리가 덥거나 춥다고 느끼는 것은 기온만이 아니고 바람이나 주위의 복사열이 크게 영향을 미친다. 즉 낮 동안 기온이 30℃라도 살짝 바람이 불며, 주위의 표면 온도가 기온보다 낮으면 한 여름 무더위 속에서도 시원함을 느끼게 된다.

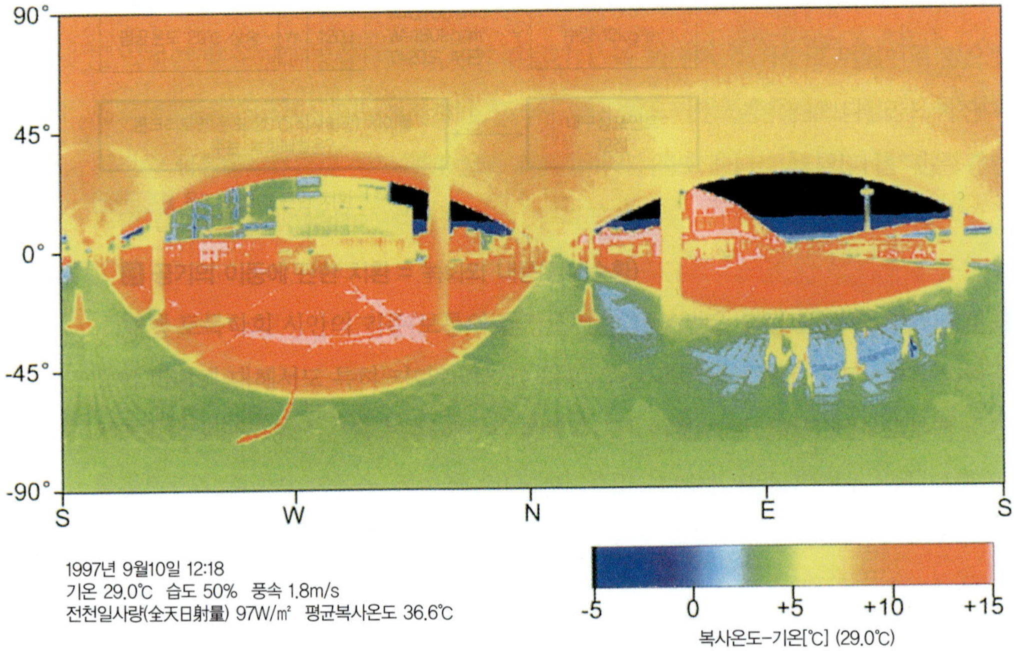

포장된 광장의 인공덮개 아래(도쿄도 하치오지시 : 미나미오자와)역 앞

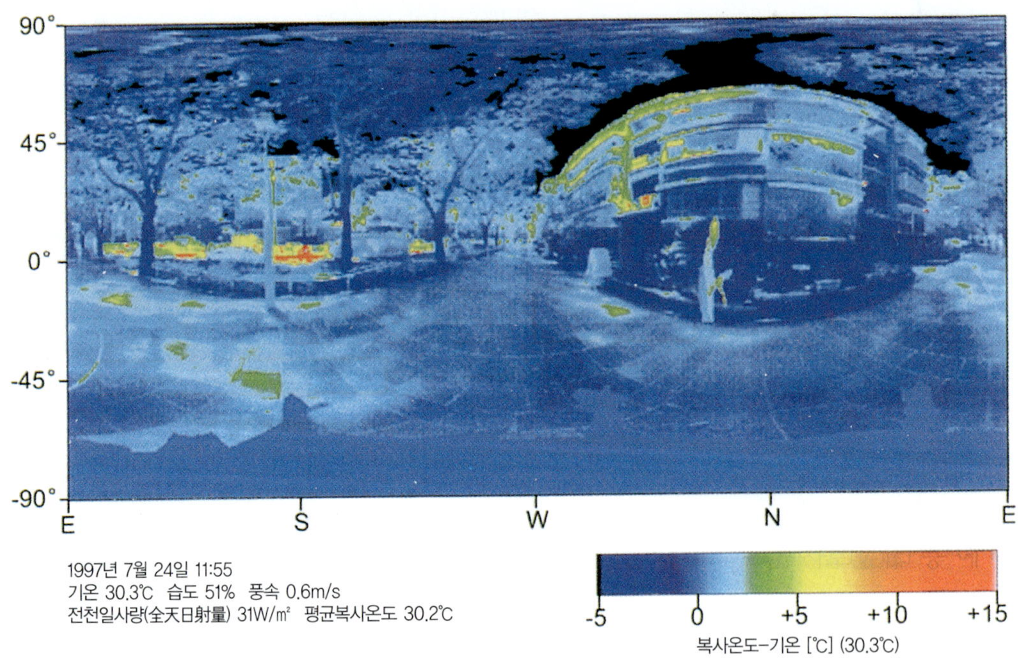

커다란 수관을 가진 가로수에 덮인 거리(도쿄도 시부야구 : 오모테산도(表参道)

그림 3-2 여름철 맑은 날 옥외의 열화상[2)]

그럼 일사를 막아 그늘을 만들면 좋을까 하면 꼭 그렇다고 할 수 없기 때문에 어렵다. 흔히 일사를 막기 위해 파라솔 등이 이용되고 있다. 그런데 파라솔 등으로 베란다로 들어오는 일사를 차폐할 수 있어도 흡수된 일사열로 파라솔 자체의 온도는 고온이 되어버린다. 이와 같은 상태의 베란다로 나오게 되면 파라솔의 복사열로 인해 불쾌감을 피할 수 없다. 즉 일사 차폐를 철저히 한다는 것은 소위 직사광선의 차폐뿐만 아니라 흡수된 일사열에 의한 이차적인 영향을 최대한 적게 하는 것이다.

04 | 옥상녹화에 의한 열전달 저감효과 · 단열효과

건물의 최상층에 살았던 경험이 있는 사람은 여름철 천장으로부터의 일사열에 의한 더위를 경험해보지 않은 사람이 없다고 해도 과언이 아닐 정도로 최상층이 덥다는 것은 상식이 되어 버렸다. 본래 최상층은 디자인적으로도 가능성이 가장 큰 공간이므로 이와 같은 점은 유감스러운 일이다. 여기에서는 실내의 열환경 조절효과로서 일사열에 대한 단열효과를 다루도록 한다.

그러나 여기에서 중요한 것은 옥상녹화에 의한 일사의 단열효과가 그림 3-3에 나타난 바와 같이 옥상녹화 방법 이외에 대상지역의 기상조건, 건물의 조건, 실내의 조건에 따라 그 효과가 크게 달라진다는 것이다. 이에 대한 이해를 위해 옥상녹화를 중심으로 한 건물의 최상층을 대상으로 비정상열전도 시뮬레이션의 결과를 살펴보도록 하자.

그림 3-4에 나타난 바와 같이 단열하지 않은 RC조의 건물 옥상과 단열한 옥상에 각각 토심 20㎝ 두께로 성토를 한 후 잔디를 심은 경우에 대하여 열전달 저감효과와 단열효과를 비교하였다. 앞서 언급한 바와 같이 이들 효과는 기타 조건에 따라서도 달라진다. 바꿔 말하자면 시뮬레이션하려면 각각의 조건을 결정하는 값을 입력해야만 한다. 설정한 입력조건은 다음과 같다. 예를 들어 옥상 모르타르의 일사흡수율은 80%, 잔디밭의 일사흡수율은 여름 75%, 겨울 80%, 잔디밭의 엽군층은 열용량이 없으므로 열전도저항은 여름 0.88(m²K/W), 겨울 0.33(m²K/W), 성토층의 열전도도는 토질이나 토양수분함량에 따라 다르지만 악조건의 경우로서 여름 0.25(W/mK), 겨울 0.20(W/mK) 등으로 설정하였다. 또한 지역의 기상조건도 커다란 요소가 되지만 여기에서는 도쿄

(東京)를 대상으로 공조부하계산용(空調負荷計算用)으로 정비된 공기조화 · 위생공학회 「평균 년기상데이터」를 이용하였다. 건물은 일반적인 사무실 빌딩으로 최상층의 방(70m²)을 상정하였다.

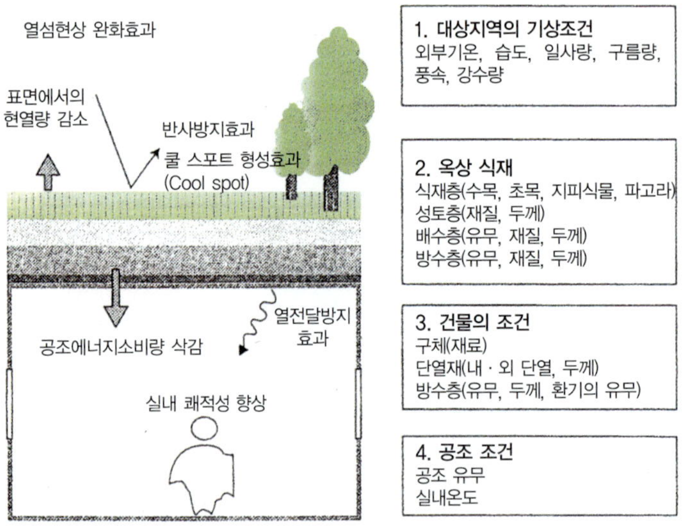

그림 3-3 옥상녹화에 의한 열순환 개선효과와 이에 미치는 요소의 개념도[3)]

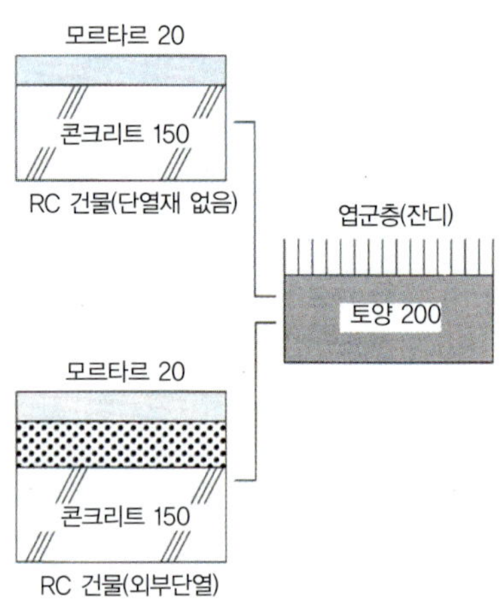

그림 3-4 지붕의 단열 유무와 옥상 식재의 조합[3)]

그림 3-5에는 낮 동안 외부기온이 32℃ 이상으로 상승해서 이른 아침에도 25℃ 이하로 내려가지 않는 여름 열대야 현상이 일어나는 날의 기상데이터를 이용하였다. 냉방하지 않은 사무실 실내온도의 일변화이다. 외부 열을 차단함으로써 낮 동안 실내 최고기온은 10℃ 이상 저감할 수 있다. 또한 단열 지붕에 식재함으로써 2℃ 정도 더욱 저감할 수 있으나 식재의 효과로서 취급할 경우에는 지붕의 단열 여부를 빼고는 말할 수 없다는 것을 알 수 있다.

냉난방을 한 경우 70m² 최상층 방의 공조부하(단열효과)를 비교한 것이 그림 3-6이다. 공조부하의 저감률에 대해서도 마찬가지라고 할 수 있다.

이상과 같은 비정상 전열의 시뮬레이션에 의해 입력되는 각 조건의 값이 타당하다면 열전달 저감효과와 단열효과를 건축설계 단계에서 다른 설계요소도 고려하면서 함께 검토할 수 있다. 목표로 하는 성능을 명확히 함과 동시에 과잉투자가 되지 않도록 충분한 검토가 이루어져야 한다. 또한 옥상녹화의 평가는 표 3-1에 나타낸 바와 같이 다른 환경조절효과도 포함해서 종합적으로 판단해야 한다는 것은 말할 필요도 없다. 옥상이 공공장소로 이용되어 옥상 바로 아래 방에서는 방진이나 방음이 필요한 동시에 열전달을 줄이고, 단열효과를 기대하고자 하는 경우 구체에 단열 등을 하지 않고 조금 두터울 정도로 성토한 후 옥상을 녹화함으로서 종합적인 효과가 발휘될 수 있다고 할 수 있다.

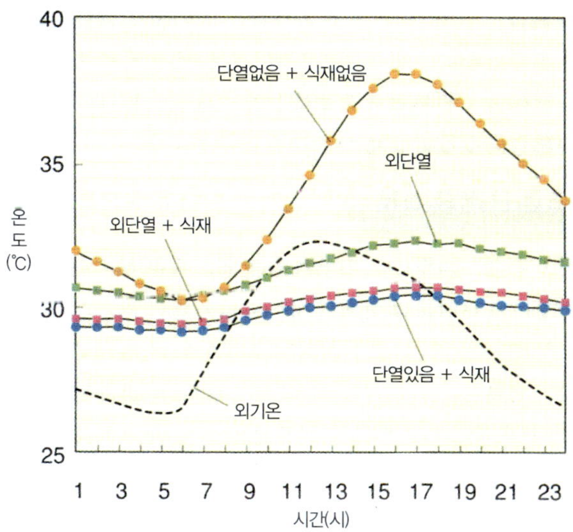

그림 3-5 옥상을 녹화한 경우와 단열 유무에 따른 여름철 실내온도 변화의 차이

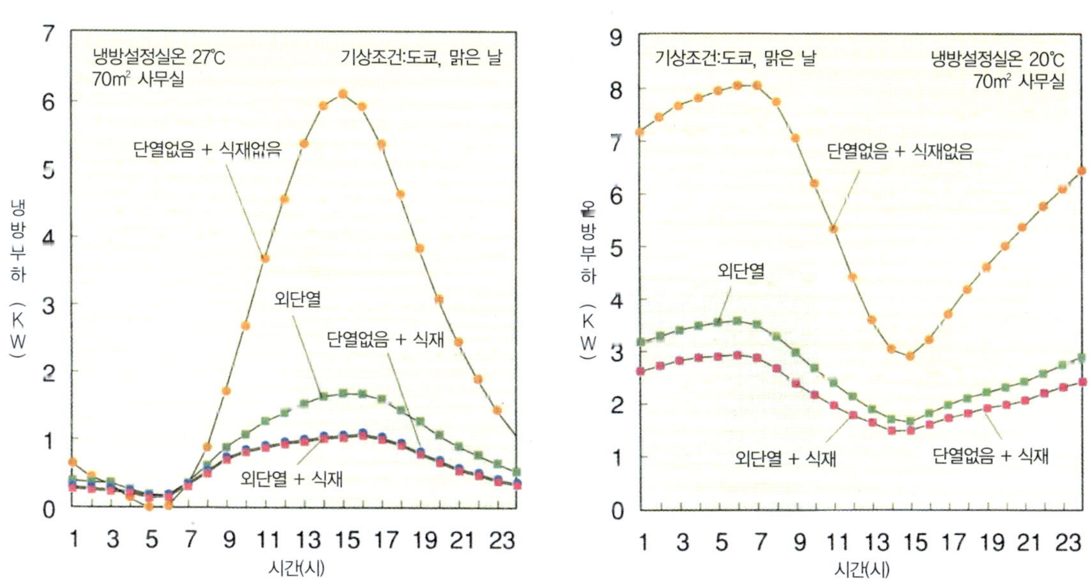

그림 3-6 단열의 유무에 따른 옥상녹화의 단열효과(공조부하)의 차이[3] (좌: 냉방 27℃, 우: 난방 20℃)

05 | 벽면녹화에 의한 석양 차폐효과

옥상에서의 열전달과 동시에 서쪽 벽으로부터의 열전달 역시 야간부터 아침까지 실내의 불쾌감을 주는 요인이 된다. 여름철 서쪽 벽에서 받는 일사량은 남쪽 벽에 비해 확실히 많기 때문에 석양을 막는 일은 더위를 피하는데 있어 중요하다. 여기에서는 사진 3-2에 나타낸 바와 같이 서쪽 벽 전체를 담쟁이덩굴로 피복한 주택에서 수행된 실측 결과로, 담쟁이덩굴을 제거한 경우와 비교하여 담쟁이덩굴의 석양 차폐효과에 대해 살펴본다.

그림 3-7은 콘크리트로 된 서쪽 벽을 담쟁이덩굴로 피복한 경우와 하지 않는 경우의 여름철 맑은 날 외벽의 단면 온도분포를 비교한 것이다. 담쟁이덩굴이 없는 서쪽 벽의 경우 정오부터 햇빛을 받기 시작하여 15시 경에는 외벽의 바깥 쪽 표면 온도는 45℃ 이상까지 상승하였다. 이렇게 해서 흡수된 일사열은 실내 쪽으로 전달되어 18시 전후 실내 쪽의 표면 온도가 37℃까지 이르게 된다.

이에 비해 담쟁이덩굴로 피복한 경우 일사를 정면으로 받은 담쟁이덩굴 잎의 표면 온도는 약간 상승하긴 하지만 서쪽 벽의 일사 영향은 거의 완전하게 제거된다는 것을 알 수 있다.

서쪽 벽에 접한 방의 중앙에서 측정한 흑구온도(GT ; Globe Thermometer)를 비교해 보더라도 담쟁이덩굴의 석양 차폐효과를 알 수 있다. 담쟁이덩굴이 없는 경우에는 저녁 무렵부터 밤에 걸친 열전달로 서쪽 벽의 표면 온도가 실내온도보다 높아지기 때문에 흑구온도와 실내온도와의 차이는 양(+)의 값을 나타낸다. 그러나 담쟁이덩굴이 있으면 냉방하고 있는 시간 이외에는 흑구온도가 실내온도보다 높아지는 일은 거의 없다.

사진 3-2 서쪽 벽 전체가 담쟁이덩굴로 피복된 주택(석양의 차폐효과는 물론 보행자들에게 청량감을 제공할 수 있다)

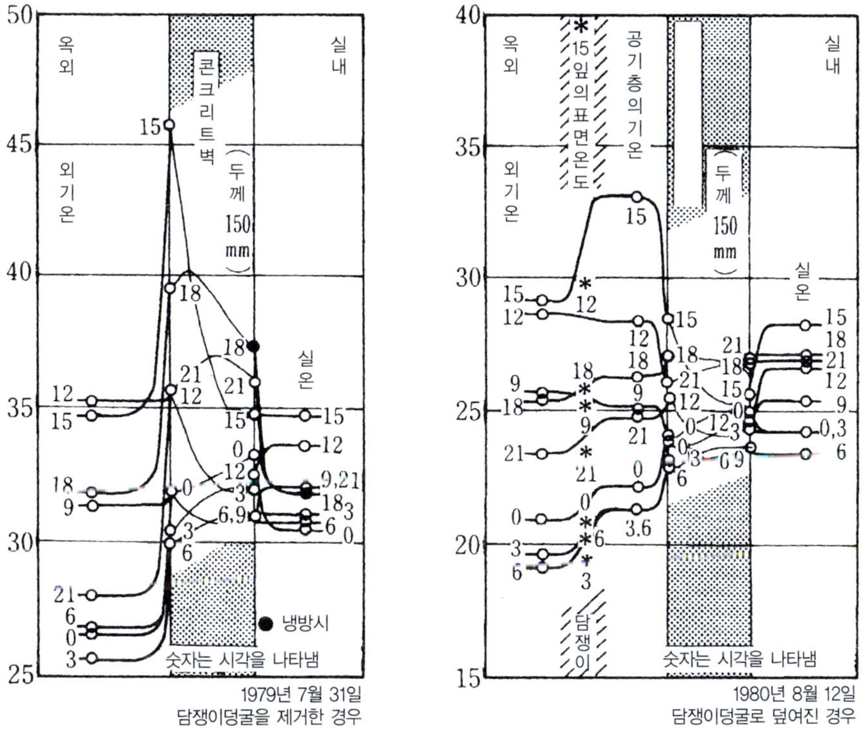

그림 3-7 콘크리트로 된 서쪽 벽을 담쟁이덩굴로 피복한 경우의 일사 차폐효과[4]

잘 자란 담쟁이덩굴에 의해 형성된 엽층은 일반적으로 벽면에서 담쟁이덩굴의 잎 선단까지 약 30cm 정도의 공기층을 형성한다. 이중, 삼중으로 겹쳐진 담쟁이덩굴 잎으로 일사를 막으며, 동시에 흡수된 일사열은 이 공기층이 완충대의 역할을 하여 서쪽 벽으로의 전달을 막고 있다. 실측한 바와 같이 관리가 잘 이루어져 생육상황이 좋은 담쟁이덩굴 막의 일사차폐율은 엽층의 일사투과율이 5.3%일 때에는 이차적 영향이 여기에 더해져 12% 전후가 되며, 대류열전도도는 4Kcal/m²·h℃밖에 되지 않는다. 또한 그림 3-8은 담쟁이덩굴로 피복된 서쪽 벽 외부표면의 성분별 열수지를 나타낸 것으로 이들 각 성분 값으로부터 일사차폐율과 대류열전도도를 구할 수 있다.

그림 3-9는 도시 내 여러 곳에서 담쟁이덩굴을 대상으로 조사한 막의 일사투과율과 생육상황과의 관계이다. 잎의 선단에서 벽면까지의 거리가 멀수록 또는 잎의 피복율이 높을수록 일사투과율이 적으므로 이들은 양호한 상관관계에 있다고 할 수 있다. 생육상황이 좋은 담쟁이덩굴 엽층의 일사투과율은 수 %이므로 앞서 언급한 실측 결과와 거의 같은 일사 차폐효과를 기대할 수 있다.

– 호야노 아키라(梅干野 晁)

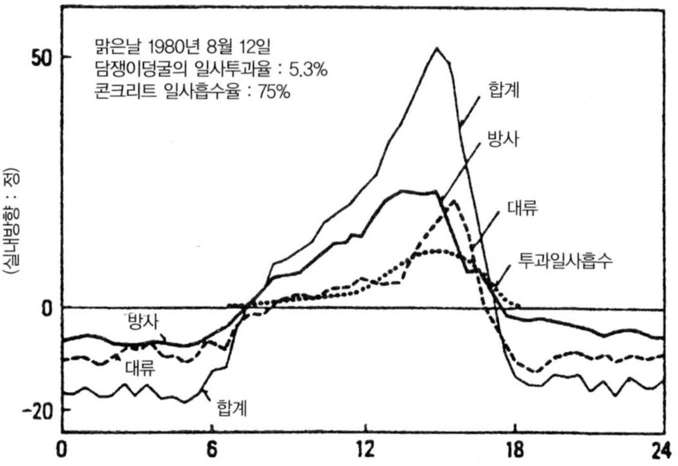

그림 3-8 담쟁이덩굴로 피복된 서쪽 벽 외부표면의 성분별 열수지[4)]

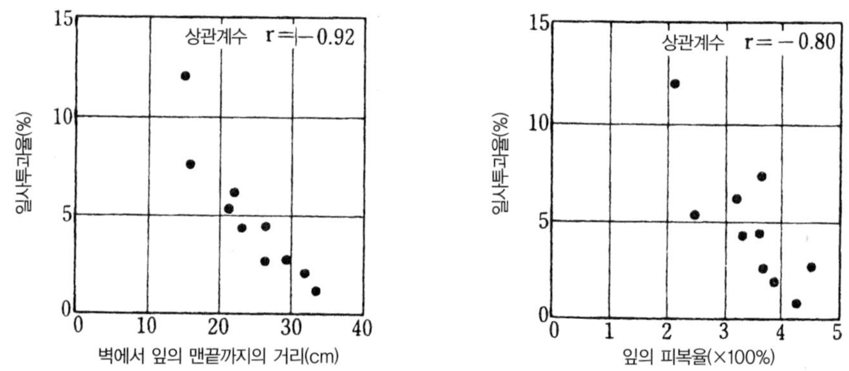

그림 3-9 담쟁이덩굴 엽층의 일사투과율과 생육상황과의 관계(지역 내 여름 담쟁이덩굴의 조사결과)[4)]

인용 · 참고문헌

1) 梅干野 晁 (1998) : 住まいの環境学, 第3版, 放送大学教育振興会.

2) 日本建築学会編 (2002) : 地球環境建築のすすめ, p.100, 彰国社.

3) 梅干野 晁 (1998) : 屋上緑化とヒートアイランド, 土木学会誌 87, p.64-67.

4) 梅干野 晁 (1998) : ツタの西日遮蔽効果に関する実験研究, 日本建築学会計画系論文報告 集, 第351号, p.11-19.

06 | 대기를 정화하는 효과

(1) 도시의 대기오염

대기오염물질은 대부분이 화석연료 등의 연소로 인해 발생하며, 현재 이산화질소(NO_2), 이산화황(SO_2), 일산화탄소(CO), 광화학 옥시던트(OX ; Oxidant) 및 부유입자물질(SPM ; Suspended Particulate Matter) 등 다섯 종류의 대기오염물질에 대해 환경기준이 설정되어 있다.

이 중에서도 NO_2가 주성분인 NO_x는 광화학 옥시던트, 부유입자물질, 산성비의 원인물질이며, 특히 NO_2는 고농도로 호흡기를 자극하여 악영향을 미칠 우려가 있다. NO_2에 의한 대기오염에 관해서는 대도시를 중심으로 하여 여전히 높은 농도를 보이고 있다. 따라서 대기오염의 주요 발생원인 자동차의 배출가스 규칙 강화 등 자동차 공해대책에 관한 제안을 하고 있다.

이와 같은 대기오염에 대한 대책의 하나로 1989년 환경청(현 : 환경성)에서는 수목의 대기오염물질 기능을 활용하는 「대기정화 식재지침」을 책정하여 공장지대의 그린벨트나 도시지역의 가로수, 공원 수목을 대기정화에 적극적으로 활용하고자 노력하고 있다.

(2) 식물에 의한 NOx 제거 메커니즘

식물은 잎에 존재하는 기공을 통하여 광합성이나 호흡을 할 때 CO_2 · 산소의 교환을 한다. 동시에 잎의 물을 방출하여 온도조절과 뿌리로부터의 양분 · 수분을 흡수한다.

또한 SO_2, NO_2 등 가스 상태의 대기오염물질도 기공을 통하여 식물 내부로 흡수되기 때문에 식물의 흡수에 의한 대기정화 기능은 기공의 개폐 정도나 광합성 능력 등 생리활성에 비례한다. 다시 말해 기공의 열린 정도가 크며, 광합성을 활발하게 하고 있는 식물일수록 SO_2이나 NO_2 등의 흡수 효과가 높다고 할 수 있다. 이와 같은 식물은 대기 중의 오염물질을 흡수하고, 분해하는 능력을 갖고 있어 예를 들면 포플러 등의 잎은 잎의 기공으로 대기오염물질, 이산화질소를 흡수하여 무해한 유기물로 전환시키는 것 등이 확인되었다.

75cm 정도의 포플러를 밀식한 밀폐용기에 NO_2를 주입한 후 얼마나 정화되었는지

를 살펴본 실험에서는 NO_2(0.055ppm)농도가 포플러 위를 통과한 것만으로도 0.025ppm으로 반감되었다. 이로부터 계산하면 나무 잎이 덮은 식재 면적의 약 6배 정도 오염공기를 정화할 수 있다는 것을 알 수 있었다. 오염이 심한 도시라면 약 10% 면적에 식재하는 것만으로 대기오염의 주범인 질소화합물을 반감시킬 수 있다.

대기오염물질이 대기환경에서 제거되는 두 종류의 주된 메커니즘으로서 습성침착(濕性沈着)과 건성침착(乾性沈着)이 있다. 이 중 건성침착은 가스상태 또는 입자상태의 대기오염물질이 비나 눈 등에 혼합된 형태가 아니고, 대기 중에서 직접 지표나 건물, 호소 · 하천 등에 전달되는 것을 말한다. 계산결과에 따르면 연간 전달되는 양은 습성침착(비나 눈 등에 의한)과 거의 같다. 소위 산성비 피해에서는 이러한 건성침착의 역할도 크다.

지표를 덮는 물질에 의해 쉽게 흡수되는 가스류 등에 대해 건성침착은 수용부위(Sink)로서 중요하다. NOx 중에서 건성침착에 의해 가장 영향을 받는 가스류는 NO_2와 HNO_3이다.

대기오염물질은 건성침착에 의해 식물 표면에 흡착된다. 식물 표면에 흡착된 오염물질은 비에 씻겨내려 토양에 존재하는 미생물이 지닌 오염물질의 분해작용, 질소고정 등에 의해 제거된다. 차(車, 2004)는 NOx가스가 식물 표면에 흡착되고, 비가 식물 표면을 세척함으로써 식물로의 흡착에 미치는 영향을 고찰하였다. 분석결과 비에 의한 세척 효과가 식물의 NOx 흡착 효과를 약 3배 높이는 역할을 한다는 것을 확인하였다. 이러한 비율은 비가 오는 날이 많은 여름철에 크게 증가하는 경향을 보였다. 또한 표 3-2에 건물의 옥상 · 벽면녹화에 사용되는 몇 종류의 식물에 대해 단위면적당 NOx 흡착량을 나타내었다.

미사와(三沢, 1986)[1)]는 가로 식재에 의한 분진의 제거량(단위면적당 흡착량)과 이와 관련된 각종 요인과의 관계에 대하여 분석을 시도하였다. 분석결과 다음과 같은 관련성을 알 수 있었다.

① 잎이 작으며, 또한 잎 형태가 복잡한 것일수록 분진흡착량은 크다(그림 3-10).

② 발생원으로부터의 거리가 멀어질수록 분진흡착량은 감소하며, 특히 수평거리에 있어서 그 차는 크다.

③ 식재지의 구조가 복잡한 것, 엽량이 큰 것이 높은 분진흡착량을 나타낸다.

④ 보도측 상황에 관해서는 건물이 있는 경우보다 식수대가 있는 경우가 분진의 흡착량이 많았다.

⑤ 또한 이들 조사를 토대로 가로 녹지대의 분진흡착량의 정량화를 시도하여 식수대 폭 20m, 길이 500m, 즉 면적 1ha로 연간 약 20kg의 흡착량을 나타낸다고 하였다.

이상과 같은 점에서 잎 형태가 복잡한 수종을 되도록 차도 가까이에 식재하고, 그 구조를 될수록 복잡하게 한다면 효과적이라고 할 수 있다.

표 3-2 각 공시식물의 NOx 흡착량

식물명	1일 NOx 흡착량[㎛ol/m²/day]		
	최소치	평균치	최대치
송악	22.2	34.6	52.3
담쟁이덩굴	22.2	34.5	45.2
멀꿀	24.4	34.7	50.7
사스레피나무류	22.1	41.7	75.3
알제리아 아이비	25.2	38.0	71.3
마삭줄류	22.5	34.3	44.3
금낭화류	20.4	39.3	66.3
향나무류	49.0	86.6	141.0
크로베	40.0	68.7	111.8

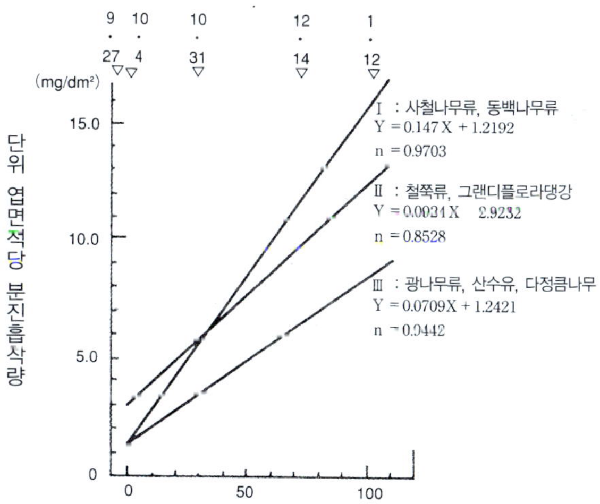

그림 3-10 공시 수목의 분진흡착량 회복

(3) 실측 사례와 결과

도시녹지가 가진 대기정화 기능에 관해서도 이전부터 알려져 있었으나 도시녹지에서 오염 가스나 부유 분진의 농도 분포를 측정함으로써 그러한 기능이 점점 정량적으로 확인되어지고 있다.

마루타(丸田, 1983)는 신주쿠(新宿) 어원(御苑) 및 진구(神宮) 내원(内苑)의 현지 측정에 따른 대기확산 실험을 하였다. 신주쿠 어원에서는 SO_2, CO 각각의 농도 분포, 기온 및 습도 분포 측정, 진구 내원에서는 SO_2 농도 분포를 측정하고, 시가지 공원녹지의 대기오염 정화기능을 조사하여 다음과 같은 결과를 얻었다.

① 밀식된 상록 식수대의 경우 공원녹지가 존재함으로써 SO_2 농도 희석작용은 현저하며, 약 200m 폭 정도면 충분하다고 하였다.

② 공원녹지 내 식수대에 의한 SO_2 농도 희석작용에 의해 시가지의 약 1/2 농도가 공원녹지 내에서 기록되었다(그림 3-11).

③ 시가지 및 공원녹지 두 지점에서도 SO_2 농도는 밤보다도 낮이 높았다.

④ 디지털 분진계에 의한 어원 내 분진량 측정 결과에 따르면 비록 식재밀도가 적더라도 시가지에서의 분진은 식수대의 배치에 의해 약 50m 정도에서 멈춘다(그림 3-12).

또한 각종 식물군락의 1차 생산력을 이용한 도시 전체의 녹지에 의한 대기정화 기능에 관해서도 정량적인 평가가 이루어지고 있다.

대기정화 매뉴얼(1995년판)[3)]에서는 식물의 생산력을 토대로 각종 식물군락에 의한 CO_2나 NO_2 등의 가스흡수량을 예측하고 있다. 요코하마시(横浜市)를 대상으로 녹지에 의한 SO_2, NO_2의 흡수량을 계산하여 보았다. 계산 방법으로는 우선 현재의 식생도를 이용하여 요코하마시 내의 녹지를 식생형태별로 구분하고, 그것의 1차 생산량을 기존 문헌 등을 토대로 적절히 가정한다. 다음으로 식생형태별로 면적을 구하고, 1차 생산량에 면적을 곱해 식생형태별 대기정화량을 계산하며, 이를 합하여 요코하마시 전체의 대기정화량을 구하는 방법을 사용하였다.

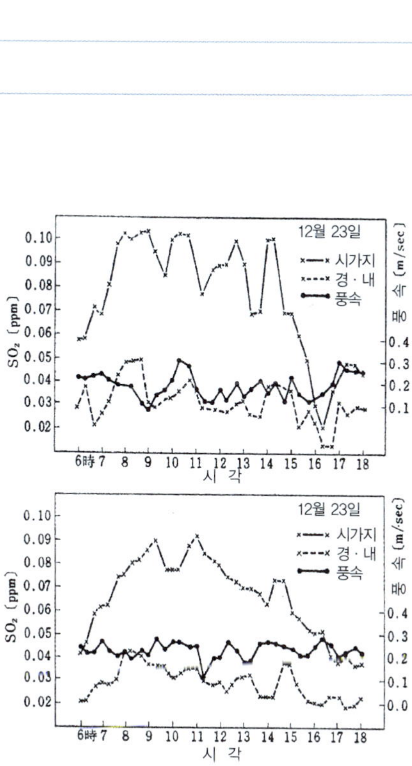

그림 3-11 메이지신궁 내원(시가지에서 약 20m 지점의 수림 안)과 시가지와의 SO_2 농도 비교[2)]

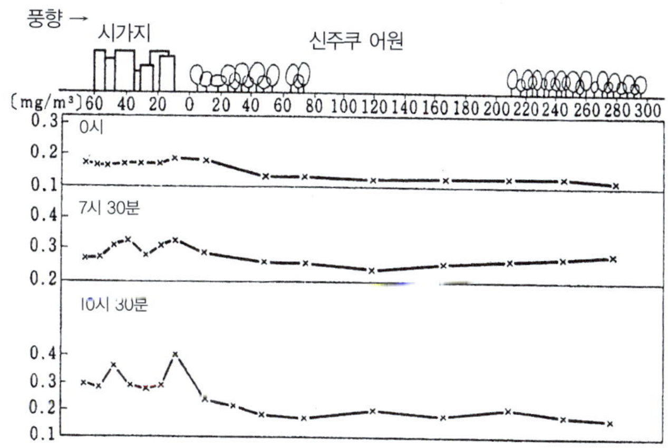

그림 3-12 신주쿠 어원 내외의 분진 분포 12월 5일, 풍향 NNW 풍속 0.7.m/sec[2)]

요코하마시에서는 1년간 CO_2로 약 25만t/y, SO_2로 약 130t/y, NO_2로 약 270t/y의 대기오염물질이 식생의 역할에 의해 정화되고 있다고 추정된다. 한편 통계자료에 의한 요코하마시의 SOx, NOx의 배출량은 각각 5,000t/y, 26,000t/y이었으나 이들이 배출된 후 모두 SO_2, NO_2로 된다고 가정하였을 때 연간 총배출량에서 차지하는 녹지 비율에 의한 SO_2, NO_2의 흡수율을 계산해보면 각각 배출량의 2.6%, 1.0%가 되었다.

– 자 희운(車 熙運)

인용·참고문헌

1) 三沢彰 (1981) : 緑地帯の大気浄化機能に関する研究 -特に自動車走行に伴う粉塵の葉面吸 着量について, 造園雑誌44 (4), p.191-202.

2) 丸田頼一 (1983) : 都市緑地計画論, 丸善.

3) 公害健康被害補償予防協会 (1995) : 大気浄化植栽マニュアル-きれいな大気をとりもどすために-.

3.2 건물보호효과

01 | 기본개념

녹화는 콘크리트 표면의 환경조건을 변화시키는 요인이 된다. 따라서 녹화에 의한 갖가지 물리적 효용의 정량적 평가는 콘크리트를 둘러싼 환경을 변화시키는 것으로서 내구성의 평가와 연계하여 생각할 수 있다. 이제까지 제안된 내구성 평가법의 대표적 사례로서 토목학회[1] 및 일본콘크리트공학협회[2]의 설계시안을 들 수 있다.

녹화의 효과를 콘크리트의 주변을 둘러싼 환경의 변화로서 얻을 수 있다면 콘크리트 구조물의 성능평가법에 추가할 수 있을 것이다. 이것은 그림 3-13의 〔형식 A〕에 나타낸 바와 같이 콘크리트와 녹지와의 사이에 선을 그어 녹지는 환경과 함께 「외력」 또는 「하중」으로 인식된다. 콘크리트 쪽은 「하중」을 막아내는 대상구조 또는 「내력」적 존재이다. 그리고 작용과 저항과의 대소 관계로부터 내구성능을 판정한다. 작용의 수준과 저항의 수준과의 차이 정도는 이른바 여유도(안전율)로, 그 가치는 작용과 저항의 평가기술과 정확도 및 사회로부터의 요구 수준에 따라 결정된다.

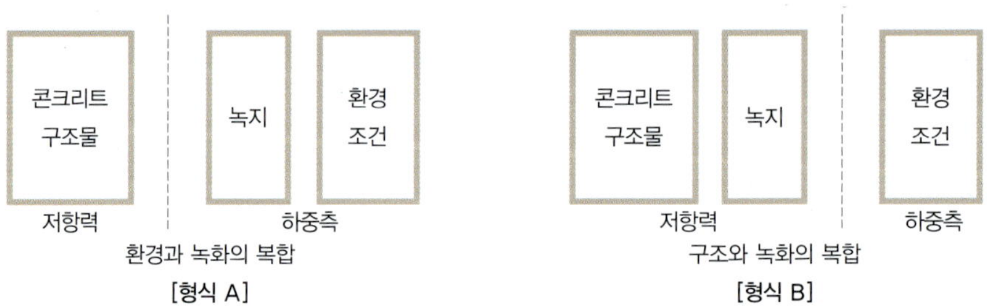

그림 3-13 녹화 효과의 모식도

한편 환경과 콘크리트 사이에 존재하는 녹지를 그림 3-13의 [형식 B]에 나타낸 바와 같이 콘크리트 구조물 쪽에 넣어 콘크리트와 녹지를 이용하여 환경에 저항하는 대상으로 할 수도 있다. 이른바 녹지는 콘크리트 피복(콘크리트 표면에서 콘크리트 내부에 존재하는 철근 표면까지의 최단거리)의 일부로 본다. 이 경우 환경조건에 따라 서로 다른 피복의 요구 값과 실제 피복을 비교하는 방식을 택하고 있는 콘크리트공학협회 제안의 내구 설계시안에 맞춰 녹화의 효용을 생각할 수 있다. 내구성능의 판정방법은 앞서 언급한 두 가지 방법을 생각할 수 있겠으나 최종적으로 확보하고자 하는 요구 성능을 명기한다면 어느 방법(방식)에 따라서도 같은 공학적 결과를 얻을 수 있을 것이다. 이러한 의미에서 앞서 언급한 두 가지 방법은 각각 내구성능에 대한 한계상항 설계의 개념을 납습하고 있다고 해도 좋을 것이다. 다음은 이들 방법[형식 A, B]의 특징을 정리한 것이다.

[형식 A] 녹화의 효용을 환경조건의 변화로서 받아들이므로 물리적 효용의 평가치를 직접적으로 사용하기 쉽다. 현실에 보다 충실한 편이다. 다만 녹화의 효용을 설계과정에서 감각적으로 인지하기 어렵고, 또한 현시점에서는 환경조건을 대표하는 매개변수를 충분히 받아들였다고 보기 어렵다.

[형식 B] 녹지를 콘크리트의 일부로서 받아들인다. 다시 말해 녹화의 효용을 환산한 피복두께로 받아들이기 때문에 감각적으로 이해하기 쉽고, 동시에 사용자에 대해서도 설득력 있다. 다만 녹지에서 콘크리트 등으로 가상의 전환을 해야 할 필요가 있다.

이들은 모두 장 · 단점을 가지고 있으므로 향후 연구의 진척에 따라 장점을 늘리고, 단점을 줄일 수 있다는 것, 또한 현재보다 적극적으로 내구성을 향상시키려고 하는 기술인 점 등을 감안한다면 시스템으로서 충분히 기능할 것으로 판단된다.

다음은 양자의 개념에 입각해서 콘크리트의 내구성에 미치는 녹화의 효용을 평가한 것이다. 많은 불확정 요소와 불충분한 경험 때문에 사용한 수치에 대해서는 신뢰성의 문제가 남아있으나 녹화와 내구설계의 개념을 설명하는 데 있어 수치를 이용하였다.

02 | 환경요인의 일부로 녹화를 평가하는 방법

- 그림 3-13의 〔형식 A〕, 토목학회 시안에 준해 -

내구설계시안과 녹화에 의한 효용과의 연계로서 그림 3-14에 나타낸 바와 같이 녹화를 콘크리트 표면의 환경요인(온도, 습도, 평균유속) 변화로 보며, 콘크리트 구조에 요구되는 내구성 지수를 어느 정도 저하(완화)시킬 수 있는지를 계산한다. 다시 말해 내구설계에서 설정하고 있는 환경지수(일반적 조건에서는 100)를 어느 정도 녹화에 의한 효용으로 변화시킬 수 있는지를 계산해본다. 이것은 여기에서 언급하고 있는 토목학회 시안 자체가 환경조건의 강약을 충분히 정량화하지 못하고 있는 현실에 있어서 필요하다. 향후 내구설계시안의 정밀함과 각종 환경에서의 적용성 향상이 이루어진다면 여기에서 언급한 환산을 기대할 필요없이 보다 직접적으로 녹화의 물리적 효용을 함수(函數) 값으로 다룰 수 있게 된다.

그림 3-14 환경요인으로서 녹화의 지위

(1) 건조 수축의 지수를 이용한 환산(그림 3-15 참조)

토목학회 시안에서는[1] 단위수량 ±10kg/m³의 변동에 대해 내구성 점수 10점이 변동한다(단, W>160kg/m³). 이 항목은 건조 수축에 관한 것으로 W/C=±10%로 치환된다. 여기에서 다룬 건조 수축은 건조 수축에 의한 균열의 위험도를 대표하는 것이다. 건조 수축에 의한 균열로 물질 투과에 대한 저항성이 낮아져 철근의 부식조건을 변동시키기 때문이다. 다른 항목(콘크리트의 슬럼프, 단면상세, 사용재료, 시공)은 이들과의 상대비교에 의해 치환되며, 내구성 점수의 가중치가 결정된다. 따라서 녹화에 의한 콘크리트 표면의 환경조건 차이가 구조물 표면 피복 콘크리트의 건조 수축에 어느 정도 영향을 미치는지를 계산하여 이를 토대로 녹화에 의한 효용을 내구설계(주로 철근의 부식)의 틀로 환산해서 받아들인다. 다만 녹화에 의한 피복 콘크리트 부근의 환경변화 기록과 콘크리트의 수축 변동에 관한 데이터는 절대적으로 부족하다. 따라서 현재 사용할 수 있는 기술을 수집하여 그 범위 내의 등급정도(order level)로 계산하도록 하였다.

주로 피복 콘크리트의 수축이 내구성(철근부식)에 관여하므로 피복 두께를 2cm로 가정하여 해석한다. 여기에서는 작은 공극(구멍)의 조직구조를 지수곡선으로 가정하고, BET이론+Kelvin식+Poisson식을 연립하여 콘크리트 내부의 수분이동과 표면장력 및 시멘트 경화체의 변형성과 크리프(Creep)를 고려한 해석을 준용하였다.

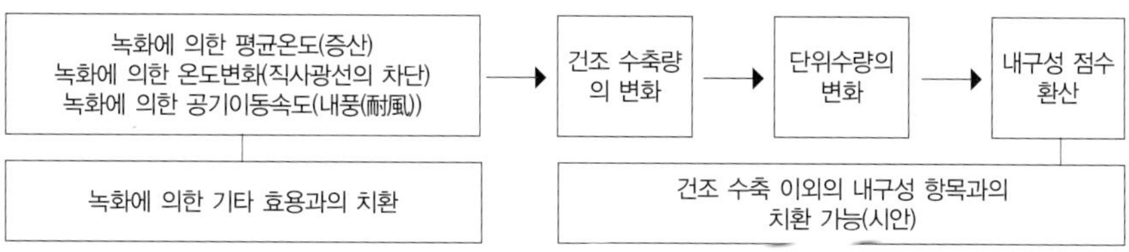

그림 3-15 건조 수축의 제안

1 습도 환경에 관한 치환 = 녹화와 습도 환경

구체적으로는 그림 3-16에 나타낸 바와 같이 외부환경 습도와 평형상태인 증기압을 가질 수 있는 모세관공극(Capillary pore) 계산법을 이용하여 콘크리트 작은 공극 조직구조의 수분함량을 구해, 이 수분함량과 역학적으로 평형 상태인 표면장력으로부터 시멘트 경화체의 수축응력을 계산한다.

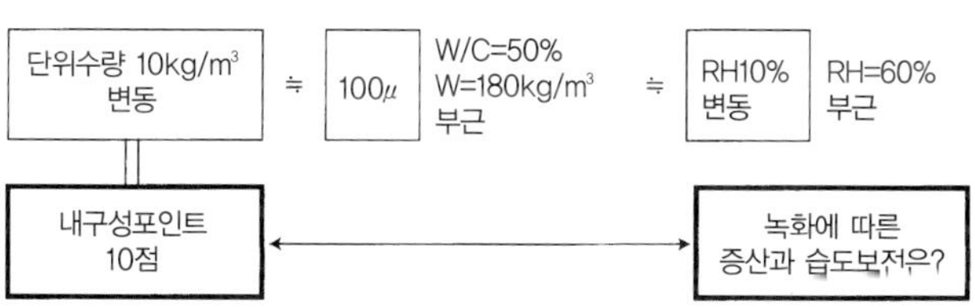

그림 3-16 습도 환경에 관한 치환

2 온도 환경에 관한 치환 = 녹화와 온도 환경(직사광선의 차단)

온도의 변동에 의해 액체와 수증기의 평형이 이동하며 새로운 평형상태에 이른다. 그림 3-17에 나타낸 바와 같이 이에 기준 평균온도와 연평균 습도에 평형하는 상태를 비교하여 내구성 점수를 치환한다. 이 환경을 달성하는 녹화 수준을 평가하여 내구성 점수를 환산한다.

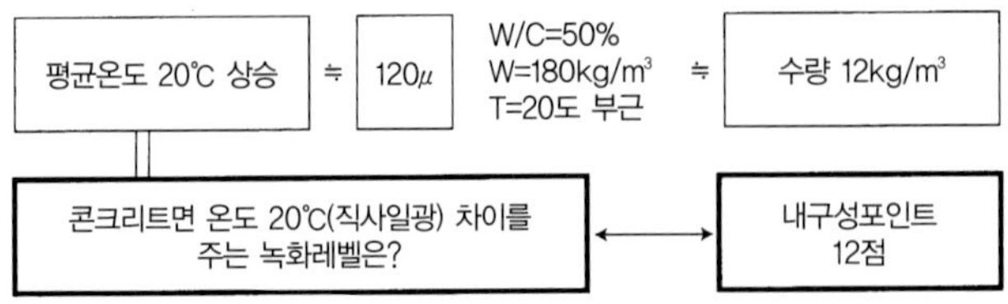

그림 3-17 온도 환경에 관한 치환

3 공기의 이동에 관한 치환 = 녹화와 내풍(공기순환)

현행 토목학회 시안의 기준(보통의 환경조건) 환경조건은 그림 3-18에 나타낸 바와 같이 바람에 대해서도 특히 커다란 공기이동이 없는 조건을 전제로 하고 있다. 따라서 콘크리트 표면부분에 천이층(遷移層)이 형성되므로 이것이 콘크리트 내부로부터 주변 환경으로의 수증기 이동을 정하게 된다. 이 층의 두께를 기준 환경조건에 대해 약 0.75mm로 한다.

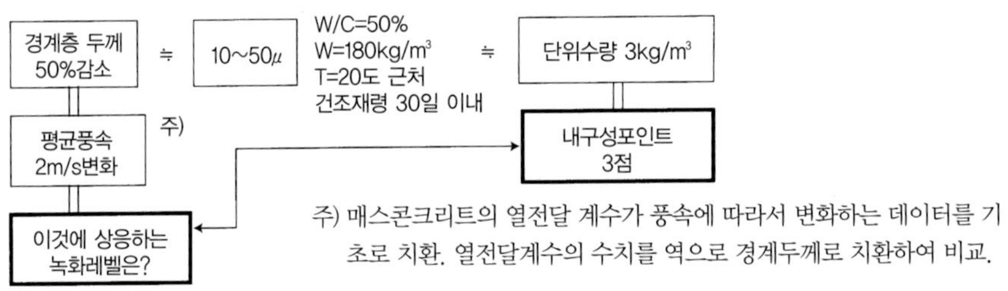

그림 3-18 공기의 이동에 관한 치환

이것이 공기의 이동에 의해 천이층 두께가 변화(감소)하여 건조가 진행한다. 녹화는 보온성과 함께 천이층 두께에 대해 유리한 방향으로 작용하여 건조 환경을 완화시킨다.

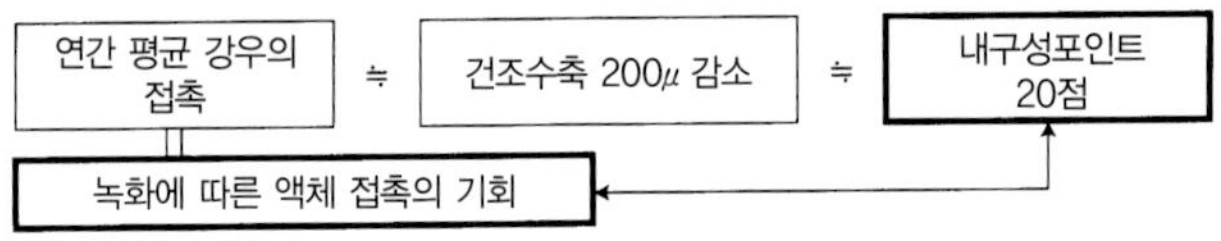

그림 3-19 액체 접촉에 따른 건습 반복

(2) 액체 접촉에 따른 건습 반복 –강우와 관수–(그림 3-19 참조)

녹화로 콘크리트 표면에 물의 살포가 이루어지는 경우가 있다. 사토(佐藤) 등[3]에 따르면 건습이 반복되는 경우 실내에서 물과의 접촉이 없는 경우와 실외에서 비를 맞는 경우에 있어서는 평균 기온과 평균 습도가 같더라도 건조 수축량은 다르다. 이것은 액체와 접촉하는 경우에는 물의 벌크(Bulk) 이동을 동반하기 때문에 콘크리트 내부의 수분 보존량이 높아지는 것, 작은 공극 속의 액체와 수증기의 등온선(Isotherm)에 커다란 경로 의존성이 발생하기 때문에 일어난다고 판단된다.

(3) 단순 선형화(線形化)의 가능성

등온선 그림, 수축-질량 변동, 온도-등온선(Isotherm의 일례를 그림 3-20에 나타내었다)은 습도 100%에서 20% 정도까지 강한 비선형성을 가지는 것으로 알려져 있다. 그러나 일본의 평균 기상조건에서 습도 · 온도, 바람 등이 변동한다고 가정하면(환경조건의 변동 폭이 심하지 않다) 기준 환경조건에서 거의 선형화가 가능하게 된다(대략 습도 60~70% 정도). 따라서 제1차 근사치로(비선형성을 푸리에(Fouricr) 전개하였을 때의 제3항 이후를 무시한 것) 영향인자와 효용은 가산할 수 있다고 보고 그림 3-21의 관계를 얻는다.

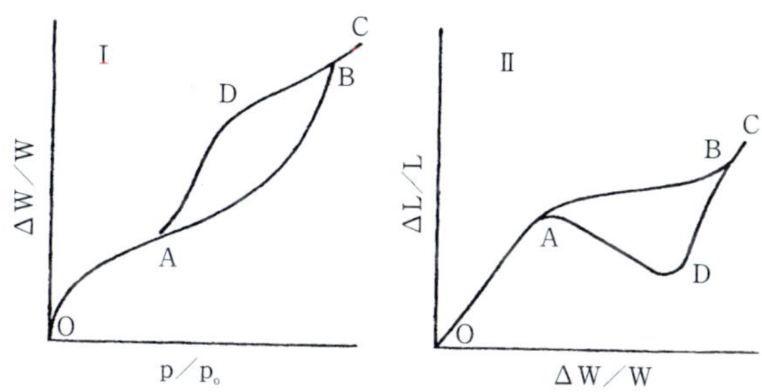

그림 3-20 등온선의 일례

(Basic length change-adsorption behaviour : I. Adsorption isotherm : II.Length change vs. weight change plot.)

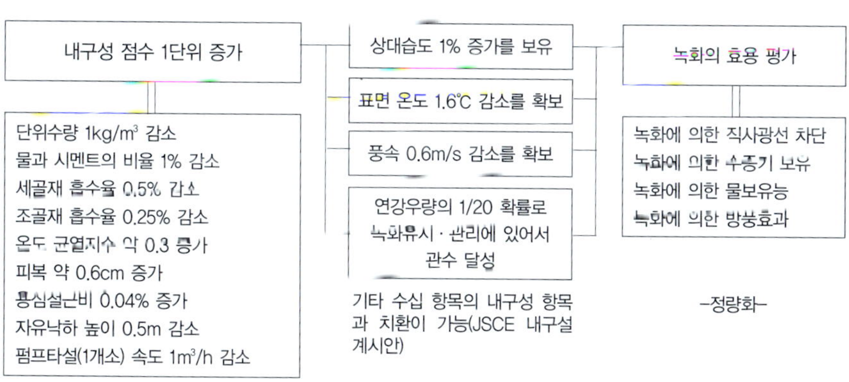

그림 3-21 녹화에 의한 콘크리트 건물의 내구성 개선

03 | 피복 두께로 녹화를 평가하는 방법

– 그림 3–13의 〔형식 B〕, 일본콘크리트공학협회에 준해 –

(1) 개념

일본콘크리트공학협회[5)]의 내구성 검토 방법은 다음 식에 따른다.

Cde < C

여기에서 Cde는 약화깊이(시간의 함수), C는 피복 두께이다.

녹화의 효용은 환경의 변화로서 물리적으로 나타나며, 약화깊이를 산정할 때 고려된다. 구체적으로는 Cde를 구하는 데 있어 환경계수가 될 것이다. 이 계수는 옥외 · 실내, 지역 등의 범주로부터 결정되지만 온도, 습도, 풍속 등의 수치에 따라 정량화되어 있지 않으며, 환산을 하더라도 변하지 않는다. 따라서 녹화에 의한 Cde의 변화(감소 : 양(+)의 효용)를 −△Cde로 한다면 △Cde는 위 식으로부터 녹화된 피복 두께와 같아진다.

Cde < C + △Cde

(2) 철근 콘크리트 교각에 적용 사례

일본콘크리트공학협회 · 철근 콘크리트 구조물의 내구성설계연구위원회편 · 「철근 콘크리트 구조물의 내구성 설계에 관한 개념」의 적용 사례에서 「Ⅱ-3 철근 콘크리트 교각에 적용 사례」[2)]를 참조하여 「피복 두께로 녹화를 평가하는 방법」의 평가 사례로서 다룬다.

1 설계 기본조건

- 대상지 : 니가타현(新潟県) 이토이가와시(絲漁川市) 부근으로 해안까지의 거리가 300m이다.
- 건물개요 : 철근 콘크리트 교각
- 내구설계기간 : 50년
- 피복 : 8cm

한편 녹화방법은 구조물 전체를 담쟁이덩굴로 피복한다.

2 기본 요구사양에 대한 검토

• 외력 등 설계 조건을 토대로 콘크리트 구조물의 단면 등을 결정할 수 있다(여기에서는 생략한다).

3 약화 내구성에 대한 검토

아래 식에서 〔 〕 안의 수치는 녹화되기 전의 수치를 나타낸다.

a. 중성화에 의한 약화

a-1 중성화 환경계수

일본 콘크리트공학협회 「철근 콘크리트 구조물의 내구성 설계에 관한 개념」[2]의 5.2절 환경계수의 해설에서 물과 시멘트의 비가 60%의 경우, 환경계수 En, 중성화속도계수 A는 다음 식(1)로 구한다.

$$En = A = -0.001022H^2 + 0.093H + 0.0159T - 0.5070 \quad \cdots (1)$$

여기에서 H : 습도, T : 온도

한편 담쟁이덩굴의 녹화로 인해 콘크리트 표면의 온도가 내려갈 것으로 생각된다. 여기에서는 녹화로 인해 연평균온도가 2℃ 내려간다고 가정하였다. 교각이 있는 니가타현(新潟県)의 연평균기온은 13.1℃이므로 녹화로 인해 연평균온도가 13.1−2=11.1℃가 된다고 가정하였다. 또한 습도에 대해서는 녹화로 인해 올라갈 것으로 판단되지만 여기에서는 변하지 않는다고 보았다(니가타현의 평균상대습도는 75%).

$$En = -0.001022 \times 75^2 + 0.093 \times 75 + 0.0159 \times 11.1 \ [13.1] - 0.5070$$
$$= 0.90 \ [0.93] \quad \cdots (2)$$

a-2 중성화 품질계수

$$Qn = Qw/c \times Qc \times Qa = 1.33 \times 1.0 \times 1.0 = 1.33 \quad \cdots (3)$$

$Qw/c = 1.33$ W/C = 55%

$Qc = 1.0$ (보통포틀랜드시멘트 사용) $Qa = 1.0$ (보통골재 사용)

a-3 설계 · 시공에 의한 품질계수

$$Qn,c = Q1 \times Q2 \times Q3 \times Q4 = 1.2 \times 0.9 \times 1.0 \times 1.2 = 1.30 \quad \cdots (4)$$

Q1=1.2 교각에서 휨 균열 폭은 0.2m 이하라고 생각된다.

Q2=0.9 지연제 살포, 고압세척

Q3=1.0 보통형틀 사용

Q4=1.2 양생기간을 5일 확보하며, 형틀은 콘크리트 타설 후 7일간 놓아 둠

a-4 약화 피복 두께

$$Cde = 0.4 \times \frac{En}{Qn \times Qn, c} \times \sqrt{t}$$

$$= 0.4 \times \frac{0.90\ [0.93]}{1.33 \times 1.30} \times \sqrt{50} = 1.47\ [1.52]\ cm \quad \cdots (5)$$

a-5 피복 두께

$$C = Co - Ce + Ca = 8.0 - 0.5 + 0 = 7.5cm \quad \cdots (6)$$

Co=8.0cm 설계 피복 두께

Ce=0.5cm 시공 오차에 의한 보정치

Ca=0cm 표면 마감재에 의한 보정치

a-6 판정

$$Cde = 1.47\ [1.52]\ cm < C = 7.5cm \quad 0.K \quad \cdots (7)$$

b. 염분 침투에 의한 약화

b-1 염해 환경계수

염해와 관련된 환경계수 Ecl은 식(8)로 구한다.

$$Ecl = Ed \times Ee \quad \cdots (8)$$

여기에서, Ed : 기본 환경계수=1.0

Ee : 환경조건(연평균기온, 건습반복, 젖어드는 시간, 해풍비율) 등을 고려한 보정계수

b-1-1 기본 환경계수 Ed

기본 환경계수는 날아들어 온 염분조사가 이루어지지 않은 경우 일본콘크리트공학협회「철근 콘크리트 구조물의 내구성 설계에 관한 개념」으로 산출하지만 교량의 경우 다음과 같이 가교 위치에서의 조사결과(표 3-3 참조)가 있기 때문에 동「(해설)」에 따라 환경계수를 산출한다. 또한 담쟁이덩굴에 의해 녹화된 경우의 염분량은

G.O.Robinette(三沢彰 譯)의 저서 「도설 생활공간과 녹지-녹지 환경설계 데이터 북, 소프트사이언스 출판」[4)]에 따라 담쟁이덩굴의 잎에 의한 염분흡수율이 4월부터 10월까지 67%, 11월부터 3월까지 20%로 산출되었다.

표 3-3 월별 구조물 표면에 날아들어 온 염분량

월	1	2	3	4	5	6	7	8	9	10	11	12
1일 염분량	1.60	1.44	136	39	21	9	6	6	9	18	80	128
mgNaCl/m²/day	(200)	(181)	(170)	(130)	(70)	(30)	(20)	(20)	(30)	(60)	(100)	(160)

이 데이터로부터 연간 염분량 Cl을 구해보면

$CL = 23$ 〔35〕 $gNaCl/m^2/year$

$= 14$ 〔21〕 $gCl^-/m^2/year$ … (9)

콘크리트 표면의 염분농도 CLo는 아래 식으로 구한다.

$CLo = 0.00079CL + 0.021\sqrt{CL}$

$CLo = 0.00079 \times 14$ 〔21〕 $+ 0.021\sqrt{14\ 〔21〕}$

$= 0.090$ 〔0.113〕 % … (10)

초기 염분농도가 〔CL^-〕$= 0.30kg/m^3$이므로 발생한계염분량은

$CLo^- = 0.039\%$ … (11)

따라서

$1 - \sqrt{CLo^-/CLo} = \sqrt{1 - 0.039/0.090\ 〔0.113〕}$

$= 0.342$ 〔0.413〕 % … (12)

동 해설 내 표 5.2.1로부터 기본 환경계수 Ed=1.0의 경우,

$(1 - \sqrt{CLo^-/CLo}) = 0.26$ … (13)

이므로 여기에서의 가설 위치에 있어 환경계수 Ed는

$Ed = 0.342$ 〔0.413〕 $/0.26 = 1.32$ 〔1.53〕 … (14)

b-1-2 환경조건을 고려한 보성계수 Ec

보정계수 Ec는 식(15)로 구한다.

$Ec = Et \times Eh \times Ewe \times Ewi$ … (15)

여기에서 Et : 연평균기온(이과연표에 따름)에 관한 보정계수

Eh : 연간 건습반복 횟수에 의한 보정계수

Ewe : 연간 젖어드는 시간에 관한 보정계수

Ewi : 해풍비율에 관한 보정계수

(해풍비율= 연간 해풍이 부는 시간×1년간 합계시간×100)

교각에 담쟁이덩굴을 뻗어나가게 함에 따라 각 계수는 아래와 같이 된다고 가정한다.

$$Et = 1.0\ [1.0],\ Eh = 1.0\ [1.0]$$
$$Ewe = 1.0\ [1.0],\ Ewi = 1.0\ [1.1] \quad \cdots (16)$$

따라서

$$Ec = Et \times Eh \times Ewe \times Ewi$$
$$= 1.0\ [1.0] \times 1.0\ [1.0] \times 1.0\ [1.0] \times 1.0\ [1.1] = 1.0\ [1.1] \quad \cdots (17)$$

이상과 같이 염해에 관한 환경계수 Ecl은 다음과 같이 된다.

$$Ecl = Ed \times Ee = 1.32\ [1.59] \times 1.0\ [1.1] = 1.32\ [1.75] \quad \cdots (18)$$

b-2 염해 품질계수

$$Qcl = Qw/c \times Qc = 1.33 \times 1.0 = 1.33 \quad \cdots (19)$$

Qw/c=1.33, W/C=55%

Qc=1.0 보통포틀랜드시멘트

b-3 설계 · 시공에 의한 품질계수(중성화의 경우와 동일)

$$Qn,c = Q1 \times Q2 \times Q3 \times Q4$$
$$= 1.2 \times 0.9 \times 1.0 \times 1.2 = 1.30 \quad \cdots (20)$$

b-4 약화 피복 두께

$$Cde = 1.3 \times \frac{Ecl}{Qcl \times Qn,c} \times \sqrt{t}$$
$$= 1.3 \times \frac{1.32\ [1.75]}{1.33 \times 1.30} \times \sqrt{50} = 7.0\ [9.3]\ cm \quad \cdots (21)$$

b-5 피복 두께(중성화의 경우와 동일)

$$C = Co - Ce + Ca = 8.0 - 0.5 - 0 = 7.5cm \quad \cdots (22)$$

b-6 판정

$$Cde = 7.0\ [9.3]\ cm < C = 7.5cm \quad O.K \quad \cdots (23)$$

단, 녹화하지 않는 경우 약화되는 피복 두께는 9.3cm로 피복 두께보다 두꺼워져 소요 내구성을 충족시키지 못한다.

c. 결론

이상의 결과를 표 3-4에 정리하였다. 표로부터 콘크리트 구조물을 녹화함으로써 중성화, 염해에 대한 내구성이 향상되는 것을 알 수 있다. 이번 계산에서는 녹화로 인해 평균기온이 내려가는 것이나 건습 반복 횟수가 줄어드는 것 등을 고려하여 약화 피복 두께를 산출하였다.

녹화로 인해 평균기온이 내려가 콘크리트 표면 온도의 일변화가 작아지지만 이번에는 계산에 넣지 않았다. 그러나 콘크리트의 내구성에는 콘크리트의 일변화가 크게 영향을 미친다고 판단되므로 향후 수정할 필요가 있다.

표 3-4 녹화에 의한 내구성 향상 효과

	녹화 전 (cm)	녹화 후 (cm)
중성화에 의한 약화 피복 두께	1.52	1.47
염해에 의한 약화 피복 두께	9.3	7.0

녹화의 물리적 효용에 의한 콘크리트 구조물의 내구성 평가방법의 일례를 살펴보았다. 녹화에 의한 주변 온도와 습도의 일정한 유지, 잎 · 줄기에 의한 염분 등 흡수 등의 물리작용이 콘크리트의 내구성을 향상시켜 실질적으로 피복 콘크리트가 증대한 것과 같은 효과를 낸다는 것을 알았다. 실례를 중심으로 일본콘크리트공학협회 · 콘크리트 구조물 녹화설계법 연구위원회보고[5]에서도 밝힌 바와 같이 구체화하여 설계과정에 반영할 수 있다는 것이 확인되어지고 있다. 향후에도 녹화된 콘크리트 구조물의 내구성능에 관한 논문이 증가하여 거듭된 자료의 축적을 기대한다.

– 오카모토 타카히사(岡本 亨久)

인용 · 참고문헌

1) 土木学会 (1989)：コンクリート構造物の耐久設計指針, コンクリートライブラリー第65号.

2) 日本コンクリート工学協会 (1991)：鉄筋コンクリート構造物の耐久性設計に関する考え方, JCI -C24.

3) 北條, 佐藤, 氏家, 鳥取 (1994)：鉄筋コンクリートの長期曲げひびわれ幅に及ぼす乾燥収縮の影響について, 土木学会第49回年次学術講演会講演概要集, VOL. 49. pp. 646-647.

4) G.O.Robinette (1990)：図説生活空間と緑-緑の環境設計データブック. 訳 三沢彰, p. 160. ソフトサイエンス社.

5) 日本コンクリート工学協会 (1994)：コンクリート構造物の緑化設計法研究委員会報告, コンクリート工学年次論文報告集, VOL. 16, No. 1, pp.15-24.

3.3 경관효과

01 | 일반인들이 받아들이기 쉬운 입체녹화의 본 모습

(1) 기존 연구와 남겨진 과제

경관 평가에 있어서 녹화의 심리적 효용에 관한 주요 조사 연구로는 주변 주민의 의식[1], 녹화된 콘크리트 구조물의 경관 평가[2], 가로수가 있는 경관의 이미지 평가[3] 등이 있다. 그러나 이들 연구의 대부분은 충족되어야 할 물리적 특성의 설명만을 목적으로 하고 있으므로 심리적 평가 구조의 파악을 위한 연구는 미흡한 편이다[4]. 더구나 이들 연구에 있어서도 심리적 효용과 물리적 특성과의 관련성이 불충분하기 때문에 실제 계획이나 운용에 활용하기 어렵다는 문제가 있다고 생각된다.

입체녹화의 심리적 효용을 대상으로 한 조사 연구는 오히려 적은 편이며, 벽면녹화를 설치한 건물과 주변과의 조화감이나 압박감의 완화 효과에 대해 언급한 것[5] 등이 조금 있지만 고려된 물리적 특성이 한정되어 있으므로 앞서 언급한 것과 같은 과제가 남아있다고 판단된다.

따라서 벽면녹화를 대상으로 시각적 · 심리적인 측면에서 평가 구조를 총체적으로 파악하여 일반인들이 받아들이기 쉬운 벽면녹화의 모습을 찾는 연구 사례를 소개한다[6].

(2) 방법

1 청취조사방법의 개요와 장점

이 연구에서는 평가 그리드(Grid)법이라는 방법으로 벽면녹화의 평가 구조를 추출하고 있다. 이 방법은 임상심리학 분야에서 환자를 치료할 목적으로 개발된 방법을 인간의 평가구조를 파악하기 위해 개량한 것으로[7] 다음과 같은 장점이 있다. 따라서 각종 건축공간의 쾌적성[8], 자연 경관의 이미지[9] 등의 연구뿐만 아니라 상품과 서비스에 대한 이용자 요구와 제품사양과의 관련성[10] 등 실용적인 측면에서도 널리 이용되고 있다.

① 조사 대상자의 평가 기준을 추출하기 쉽다

평가 그리드법의 최대 장점은 「당신이 좋아한다고 생각하는 벽면녹화는 어떤 것입니까?」라고 평가 기준을 직접 묻는 것이 아니라 복수의 사례를 비교시켜 판단 이유를 찾는 방법으로 언어화를 돕는 데 있다.

더구나 래더링(Ladder ring)이라는 방법으로 일정 판단 이유를 계기로 많은 정보를 구조적으로 추출할 수 있다. 래더링이라는 것은 평가 항목을 충족시키기 위해 필요한 물리적 특성을 추출하는 래더다운(Ladder down)과 평가 항목이 충족됨에 따라 얻을 수 있는 심리적 가치를 추출하는 래더업(Ladder up)이라는 두 개의 과정으로 구성된다(그림 3-22)[11].

① 래더다운
- 질문의 예 : "자연스런 느낌이다"라는 것은 (구체적으로) 무엇이 어떠한 상태로 되어 있기 때문입니까?
- 응답의 예 : 식물이 늘어져 있기 때문이다.

② 래더업
- 질문의 예 : "자연스런 느낌이다"는 왜 좋은 것입니까?
- 회답의 예 : 마음이 부드러워지므로.

그림 3-22 래더링에 의한 질문과 응답의 예

② 결과의 재현성이 높다

평가 그리드법은 조사의 순서가 정해져 있기 때문에 조사자의 개인 능력에 대한 의존도가 적을 뿐만 아니라 조사자 주관의 개입이 최소한으로 제한된다

③ 결과를 활용하기 쉽다

종래 방법으로는 추출한 언어를 구조화할 수 없기 때문에 결과 활용이 어렵다는 문제가 남아있었다. 예를 들어 '식물이 늘어져 있는' 상태를 선호한다는 것을 알고 있더라도 그 배후에 있는 심리적인 가치를 알지 못한 채 채택한다는 것은 위험한 일이다. 반대로 '자연스런 느낌' 이 중요하다는 것을 알고 있더라도 물적 특성과의 관련성에 대해 파악할 수 없다면 대책으로 연결할 수 없다. 평가 그리드법에서는 평가 항목간의 관련성을 구조화함으로써 이러한 문제를 해결할 수 있다.

2 자극과 조사 대상자

많은 사례로부터 건물의 용도나 디자인, 외벽의 색이나 소재, 식물의 종류나 상태 등을 최대한 고려하여 24개의 자극을 택하고, 사진을 자극으로 이용하였다(사진 3-3). 건축이나 녹화와 관련된 일에 종사하지 않는 16명을 조사 대상자로 하였다[12].

사진 3-3 연구에 사용된 자극의 예

(3) 결과 및 고찰

1 평가 구조의 해석

조사 결과를 조사 대상자별로 네트워크 그림 형식으로 정리하였다(그림 3-23). 다시 말해 추출된 언어를 이미지나 심리적인 가치를 표현하는 것과 물적 특성을 나타내는 것으로 구분하고, 래더링에 의한 관련성을 선으로 연결하여 표현하였다.

각 조사 대상자의 네트워크 그림을 비교해 보면 공통된 평가항목도 적지 않다. 따라서 표현과 의미를 재인식하면서[13] 모든 개인 네트워크 그림을 하나로 종합하였다(그림 3-24). 또한 이미지나 심리적인 가치, 물적 특성에 해당하는 평가항목을 각각 9개, 14개의 지표로 정리하였다(그림 3-25).

이미지나 심리적인 가치에 관한 지표는 벽면녹화 사례를 평가할 때 기준(이하, 「평가기준」)이라 할 수 있다. 아름다움이나 입체감 등 「식물로부터 직접 받은 이미지」뿐만 아니라 자연스러움이나 계획성 등 「인간 관여의 정도」, 또한 「건물이나 주변과의 관계」와도 관련되어 있음을 알 수 있다.

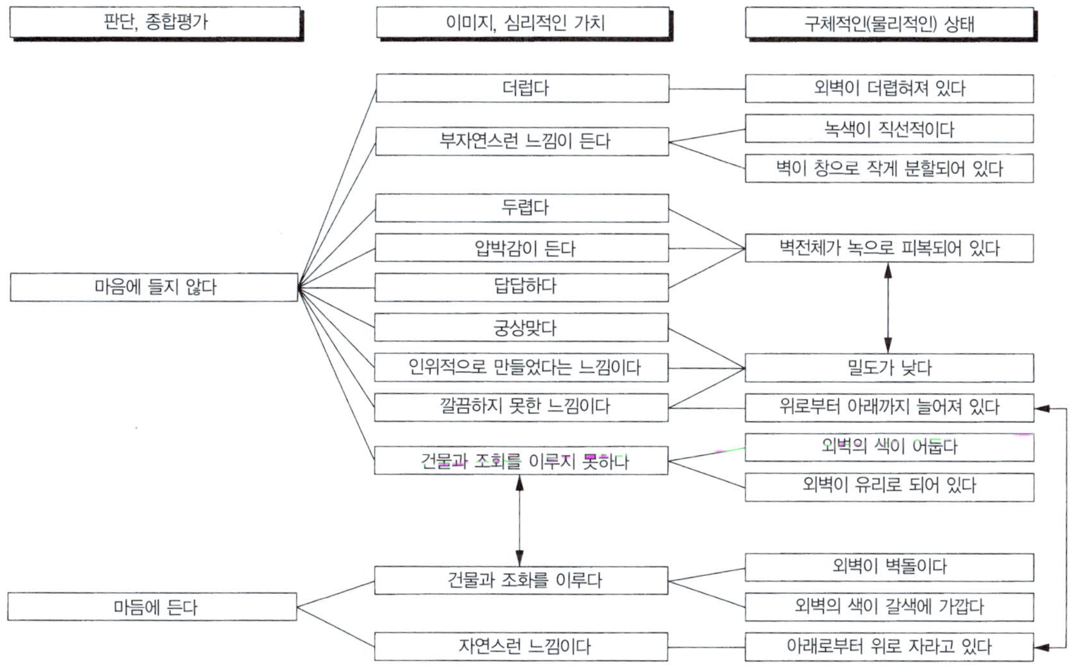

그림 3-23 어느 조사 대상자의 평가 구조(그림의 화살표는 의미가 반대인 것을 나타낸다)

한편, 물적 특성에 관한 지표는 벽면녹화를 계획할 때 고려해야 할 요소(이하, 「계획요소」)를 나타낸다. 외벽의 색이나 소재, 주변의 상태 등 「건물이나 주변 환경」에 관한 것, 식물이 벽을 덮는 범위나 부피 등 「식물의 생육」에 관한 것, 디자인이나 관리 상태 등 「계획 · 관리」에 관한 것 등으로 크게 구별된다.

2 평가 모델의 작성

(1)에서 정리한 지표를 토대로 전체 네트워크 그림을 모델화하였다(그림 3-25). 주목할 만한 것은 계획적인 요소가 같더라도 평가가 다른 경우가 생겨나는 것이다(그림 중 + -).

이러한 현상은 두 가지 요인에 기인한다고 생각된다. 첫 번째는 개인의 가치관이나 선호도에 차이가 있기 때문이다. 예를 들어 하얀 외벽이 녹화된 사례를 「마음에 든다」고 느끼는 사람이 있는가 하면 「마음에 들지 않는다」고 느끼는 사람도 있기 때문이다.

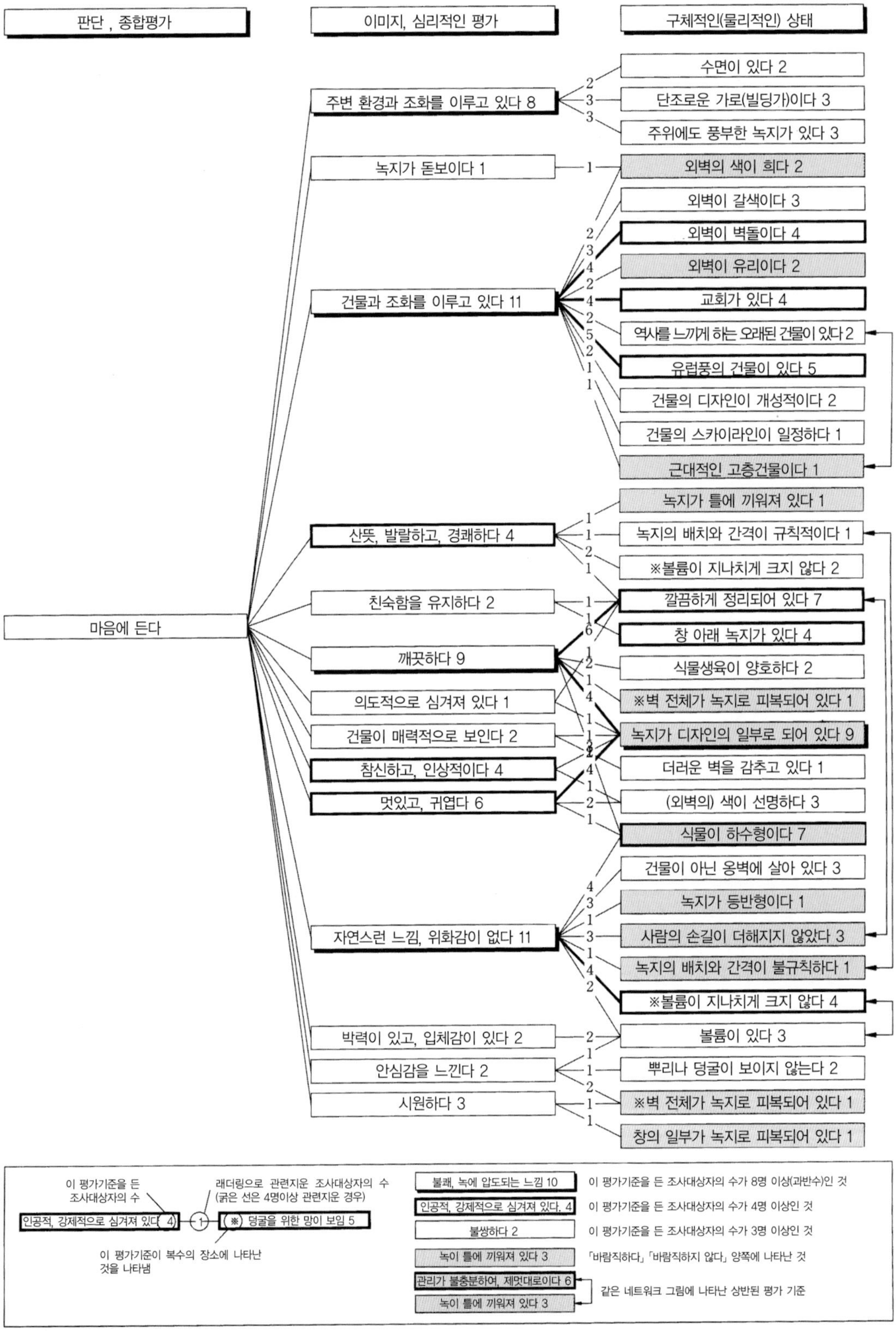

그림 3-24 벽면녹화의 평가 구조

범례[11]

+ : 계획적 요소가 그대로일 때 평가 기준의 +측에 평가를 받음
− : −측에 평가를 받음
+, − : 같은 상태라도 평가가 다름

계획적인 요소				평가기준: 식물에서 직접 받은 이미지 (+ 아름다움·산뜻함 / − 보기흉함·답답함)	식물에서 직접 받은 이미지 (+ 입체감·박력 / − 궁상·기완성·생육중도)	식물에서 직접 받은 이미지 (+ 안심감·친밀감 / − 불쾌감)	식물에서 직접 받은 이미지 (+ 느낌이 좋음·청량감 / − 느낌이 나쁨·어두움)	인간의 관여 정도 (+ 자연스러움 / − 인공적·위화감)	인간의 관여 정도 (+ 계획성 / − 우연성)	인간의 관여 정도 (+ 참신·멋있음)	건물이나 주변과의 관계 (+ 건물과의 조화 / − 건물과의 부조화)	건물이나 주변과의 관계 (+ 주변과의 조화 / − 주변과의 부조화)
		외벽색	갈색								+	
			고채도(선명)							+	−	
			저명도								−	
			고명도(흰색)								+	
계획적인 요소	건물이나 주변환경	외벽소재	벽돌								+	
			유리								+−	
		디자인 등	유럽풍, 교회								+	
			개성적 디자인								+	
			역사적 건축물								+	
			근대적 건물, 고층 건물								+−	
		주변녹지	많다									+
			적다									−
		주변상태	수면이 있다									+
			빌딩가									+
	식물생육	범위	벽 전체	+−		+−	+−					
			벽 일부	+−								
			창도 피복되어 있음	−		−	+−					
		볼륨	적당	+		+		+				
			많다	−	+	+−						
			적다	−	−	−						
		생육상태	양호하다	+								
			불량하다	−								
	계획·관리	종류	복수									
		디자인성	디자인의 일부	+				−	+	+		
		형태/간격	규칙적	+				−				
			불규칙	−				+				
			틀에 맞춤	+				−				
		생육유형	하수형	+	+	−		+		+		
			등반형			−		[illegible]	−			
		관리	관리 양호	+		+		−	+			
			방치									
			잡초	−								
			더러운 외벽	−								
		장소	창 아래			+						
			옹벽, 독립옹벽					+				
			건물 외벽					−				

그림 3-25 벽면녹화에 관한 계획적인 요소와 평가 기준과의 관련성

두 번째는 개인의 가치관이나 선호도의 차이는 아니고 대부분의 조사 대상자가 공통적으로 상반된 평가의 기준을 반영하는 경우이다. 예를 들어 녹지가 외벽 디자인의 일부로 취급된 경우 대부분의 조사 대상자가 아름답다고 평가한 반면 인공적이라고 평가하고 있다.

3 평가 기준과 계획적인 요소와의 관련성

개인의 가치관이나 선호도의 차이는 아니고 대부분의 조사 대상자에게 공통된 평가기준을 중심으로 아래 ①~⑨의 평가기준별로 계획적인 요소와의 관련성에 대해 고찰한다.

① 아름다움 · 산뜻함 / 보기 흉함 · 답답함

「식물 생육」과 「계획 · 관리」에 속한 대부분의 요소와 관련이 있다. 「식물 생육」의 경우 볼륨이 적당하며, 식물 생육이 양호한 것이 아름다움의 조건이므로 볼륨이 아주 커도 또는 아주 작아도(간격이 있어 뿌리와 담쟁이덩굴이 보이는 등) 보기 흉하다. 「계획 · 관리」에서는 건물 디자인으로 취급된다거나 깔끔하게 손질되어 있는(전지나 제초 등) 등 어떤 의도가 느껴지도록 하는 게 필요하다고 여겨진다(사진 3-4). 또한 식물이 벽을 덮는 면적의 비율에 관해서는 개인의 차가 크다는 것을 알 수 있었다.

사진 3-4 아름답다고 평가된 사례(왼쪽)와 보기 흉하다고 평가된 사례(오른쪽)

② 입체감 · 박력 / 궁상 · 미완성 · 생육도중

볼륨과 생육유형으로 거의 결정된다고 생각된다. 즉 볼륨이 큰 하수형의 경우 「입체감이 있다」 혹은 「박력감이 있다」고 느껴진다(사진 3-5). 또한 마음에 들지 않는 이유로서(볼륨이 작기 때문에 궁상맞게 느껴진다) 이 평가 기준을 언급한 조사 대상자가 많았던 것은 당연히 충족되어야 한다고 생각하고 있었을 가능성이 높았기 때문이다.

사진 3-5 입체감이 있다고 평가된 사례(왼쪽)와 궁상맞다고 평가된 사례(오른쪽)

③ 안심감 · 친밀감 / 불쾌감

①의 「아름다움 / 보기 흉함」과 비슷한 경향이다. 즉 적당한 볼륨으로 깔끔하게 손질되어 있는 경우가 안심감을 느끼게 하기 쉬우며, 식물이 벽을 덮는 범위에 관해서는 개인차가 있다(사진 3-4). 다만 ①과는 볼륨이 클 때의 평가가 달라 하수형이든, 등반형이든 평가가 떨어진다(불쾌하게 느껴진다)고 하는 차이가 있다.

사진 3-6 안심감을 느낀다고 평가된 사례(왼쪽)와 불쾌함을 느낀다고 평가된 사례(오른쪽)

④ 기분의 좋음(청량함) / 나쁨(어두움)

식물이 벽을 덮는 범위에 따라 거의 결정된다. 즉 벽 전체가 식물로 뒤덮여져 있으면 「느낌이 좋은 것 같다」고 느껴지지만 창까지 덮여 있으면 「느낌이 나쁘다」고 느껴진다. 사진을 이용한 조사였음에도 불구하고 쾌적함이라는 느낌이 연상되었다는 것은 흥미로운 일이다.

⑤ 자연스러움 / 인공적 · 위화감

평가가 조사 대상자에게 공통되어 있다는 것이 특징으로 「계획 · 관리」에 포함된 요소와의 관련이 강하다. 형태나 간격이 불규칙하거나 식물 본래의 생육유형인(하수형, 등반형) 경우 자연스러움이 느껴지며, 반대로 건물 디자인에 부속되어 있는 등 일정 의도가 느껴지는 경우에는 인공적이라고 평가되는 경향이 있다(사진 3-7).

또한 대부분의 조사 대상자가 자연스러움을 좋아하는 이유로 언급하고 있으므로 중요한 가치 기준의 하나라고 생각된다.

사진 3-7 자연스런 느낌이라 평가된 사례(왼쪽)와 인공적이라 평가된 사례(오른쪽)

⑥ 계획성 / 우연성

⑤와 거의 반대되는 개념임에도 불구하고 양자가 각각의 평가 기준으로 언급된 것은 흥미로운 일이다. 이것은 자연스러움과 계획성의 조화가 좋아함의 중요한 요소임을 나타내고 있다고 생각된다. 예를 들어 식물이 등반형의 경우 앞서 언급한 바와 같이 자연스러운 감이 있지만 그것이 도를 넘으면 계획성이 없다고 평가된다. 반대로 깔끔하게 손질되어 있으면 계획적이라 평가되지만 그것이 극단적인 경우는 인공적이라 느껴진다.

⑦ 참신함 · 멋있음

디자인의 일부로서 취급되는 경우 등에 참신하다고 평가되고 있다(사진 3-8). 좋아하지 않는 이유는 언급하지 않았으므로 부가가치적인 평가 기준이라 여겨진다.

사진 3-8 참신하다고 평가된 사례(왼쪽)와 흔하다고 평가된 사례(오른쪽)

⑧ 건물과의 조화 / 부조화

당연한 일이지만 외벽의 색 · 소재 · 디자인과의 관련성이 강하다. 벽돌로 만들어진 역사적 건물이나 유럽식 건물의 외벽이 녹화된 경우에는 조화롭다고 평가되기 쉽지만 외벽의 색이 선명하다던가 하얀 경우에는 조화롭지 못하다고 느끼는 경향이 있다. 또한 외벽이 유리로 덮여져 있는 근대적인 건물에서는 평가가 나뉜다는 것을 알 수 있었다.

⑨ 주변과의 조화 / 부조화

주변에도 녹지가 많고, 연못이나 냇가 등의 수변이 있는 경우에 조화롭다고 느껴지는 경향이 있다. 이 평가기준을 언급한 조사 대상자가 적었기 때문에 중요시하는 사람과 그렇지 않은 사람이 있을 가능성이 높다.

(4) 정리

여기에서는 일반인들이 받아들이기 쉬운 벽면녹화 본연의 모습을 찾고자 평가 그리드법을 이용한 청취조사를 실시하여 벽면녹화의 평가 구조를 분명히 함과 동시에 심리적인 효과와 물적 특성과의 관련성에 대해 고찰하였다.

얻어진 자료를 토대로 벽면녹화의 계획에서 고려할만한 것을 요약해 보면 자연스러움과 계획성의 조화를 이룰 것, 처음부터 적절한 상태로 유지할 것 등의 두 가지가 될 것이다. 즉 자연 상태로 그냥 방치하는 것 또한 지나치게 관리하는 것도 좋지 않다는 것 외에 식물은 결국 생장하므로 초기 볼륨이 작다거나 무성하게 자란 후에도 적절한 관리 등을 하지 않고 방치한다거나 하게 되면 받아들이기 어렵다는 것을 나타낸다.

벽면녹화는 전정하는데 있어서도 발판 등이 필요하므로 일반녹화에 비해 관리에 수고가 더 많이 들기 때문에 계획 때 이러한 방법 등을 충분히 검토해야 할 것이다.

– 무토 히로시(武藤 浩)

인용・참고문헌

1) 上浦木ら (1994): ニュータウン内残存樹林に対する居住者意識に関する研究, 第29回日本都市計画学会学術研究論文集, 373-378.

2) 岡本ら (1994) : 緑化したコンクリート構造物の景観評価に関する研究, セメント工業239, 2-9.

3) 亀野ら (1998) : 「樹高幅員比」に基づく景観イメージの評価, ランドスケープ研究61 (5), 617-620.

4) 岩尾 (1994) : 居住環境における施設内緑地の選好に関する研究, 造園雑誌57 (5), 361-366.

5) 澤田ら (2000) : 建築における壁面緑化の視覚的効果に関する研究, 日本建築学会大会学術講演梗概集, 857-858.

6) 財団法人エンジニアリング振興協会からの受託研究「環境保全と景観創出を目的とした壁面緑化システムの開発 (1998-2000)」の一環として実施したもので本論はそのときの報告書に手を加えたものである.

7) 讃井ら (1986) : 認知心理学に基づく住環境評価に関する研究 その1 評価グリッド法による住環境評価構造の抽出, 日本建築学会計画系論文報告集367, 15-22.

8) 丸山ら (1990) : オフィスワーカーから見たオフィスの快適性 その1 ワーカーの意識構造 モデル, 日本建築学会大会学術講演梗概集, 93-94.

9) 古谷ら (1994) : 自然景観地における眺望景観の認識特性に関する研究, 造園雑誌57 (5), 283-288.

10) 宇治川ら (1994) : 集客施設の再来行動 施設利用者の心理に対する分析, 竹中技術研究報告50, 1-10.

11) 구체적인 순서에 대해서는 7)을 참조할 것.

12) 조사 대상자가 10명을 넘어선 시점에서 새로운 평가 항목이 대부분 추출되지 않았기 때문에 조사 대상자 수는 충분하다고 생각되었다.

13) 특히 표현이 다를 뿐 의미는 거의 같은 것(「손질되고 있다」와 「깔끔하게 관리되고 있다」 등), 반대로 표현이 같아도 의미가 다른 것(예를 들어 「녹지의 양이 많다」에는 벽의 대부분을 덮고 있다(범위)라는 의미에서 사용된 경우와 벽면이 보이지 않을 만큼 무성하게 번성하였다(두께)라는 의미로 사용된 경우가 있다)에 주의하였다.

14) 예를 들어 볼륨이 크다와 「보기 흉하다」로 평가되는 반면, 「입체감이 느껴진다」라는 경향이 있는 것, 「안심감」이나 「친밀감」에 대해서는 개인에 따라 평가의 차이가 있다는 것을 나타내고 있다.

02 | 공간 형성 및 경관 효과

입체녹화는 미기후조절과 피복이라는 효과 이외에도 ① 입체를 구성함으로써 공간의 폐쇄, 개방, 분절, 연속 등 공간을 형성하는 것(공간 형성 효과), ② 녹지의 커다란 특징인 계절감이나 색채, 그 밖의 것을 이용해서 공간에 미치는 이미지를 조정하는 일(경관 효과)의 두 가지 효과를 가지고 있다. 아래에 이들에 대하여 설명하기로 한다.

(1) 공간 형성 효과

「태양이 눈부시게 쏟아지는 평범한 토지에 벽돌을 쌓아 벽을 만들었다고 가정하자. 그러면 벽의 양지쪽에는 아무래도 연인들이 다정하게 얘기를 주고받기에 적당한 공간이 조성되겠지만 그 뒤편에는 태양이 닿지 않은 차가운 공간이 발생할 것이다. 이 벽돌 벽을 제거하게 되면 본래의 평범한 토지로 돌아갈 것이다. 또한 아무것도 없는 지면의 상공에 덮개와 같은 것을 만들게 되면 더운 지역의 경우 그 아래에는 가혹한 태양으로부터 인간을 보호할 수 있는 휴식의 공간이 조성될 것이다. 이 덮개를 걷어치우게 되면 이곳 역시 본래의 평범한 토지로 돌아갈 것이다. 이와 같이 벽과 천장을 조성함으로써 (중략) 그리고 조성 방법의 여하에 따라서 공간의 질은 크게 변한다」고 아시하라요시노부(芦原義信)는 저서 「외부공간의 설계(外部空間の設計)」에 기술하였다. 이 문장의 「벽과 천장」을 「입체녹화」로 바꿔보면 어떻게 될 것인가? 입체녹화를 다룰 경우에는 계획된 구조물이 조성됨으로써 그 주변 공간이 변한다는 것을 충분히 인식하는 게 중요하다.

여기에서는 이러한 것들을 이해하기 위한 기본 지식으로서 인간의 시각 특성과 인지 특성에 관한 개요를 소개하면서 입체녹화와의 관계에 대해 정리하기로 한다.

1 인간의 시각 특성

먼저 시야에 대해 살펴보자. 그림 3-26은 인간의 시야에 관한 데이터이다. 일정 시점을 정한 경우 머리의 움직임을 포함해서 시야 내에 대상물이 없다면 그 시점에서 대상물을 인지할 수 없다. 가장 기본적인 사실은 주된 시점이 다시 말해 이용자가 어디에 존재하는지를 파악한 후에 입체녹화를 배치 · 구성하지 않으면 안 된다.

또한 시야는 대상물을 주의 깊게 바라본 경우와 우연히 바라본 경우에 있어서도 그 범위가 달라진다. 주의 깊게 바라본 경우는 우연히 바라본 경우에 비해 시야가 좁아진다. 입체녹화가 시선의 대상 그 자체인지, 입체녹화가 아닌 별도로 주시하는 대상물이 존재하며, 단지 입체녹화는 배경이 되는지도 잘 검토할 필요가 있다.

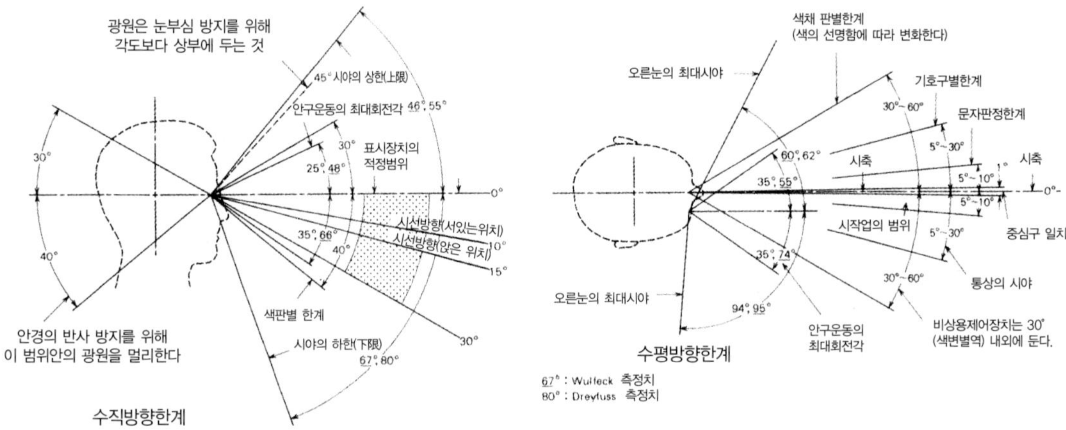

그림 3-26 인간의 시야

다음으로 시점과 대상물과의 거리 관계에 대해 살펴보자. 시점과 대상물과의 거리가 다르게 되면 사물을 바라보는 방식에 차이가 생긴다. 특히 대상물이 다양한 요소의 복합체인 경우에는 이것을 쉽게 이해할 수 있다. 예를 들어 시점과 대상물의 거리가 가까운 경우에는 대상물을 구성하는 개개 요소의 특징을 이해하고자 사물을 바라보지만, 거리가 멀어짐에 따라 대상물 각각의 특징은 옅어지고 개개가 집합된 전체로서의 특징이 부각되어 들어온다.

이러한 특성을 입체녹화에 적용시켜보면 시점과의 거리가 가까운 경우에는 녹화수목의 잎이나 줄기의 질감 혹은 기반이나 보조자재의 내용이 느껴지는데 반해 거리가 멀어질수록 잎이나 줄기의 질감은 사라지고 녹지로서의 이미지만 남게 된다. 시점과의 위치관계에 따라 주어지는 이미지가 달라지는 것에 주의해야 한다(사진 3-9).

사진 3-9 입체녹화와 시점과의 거리에 따라 사물을 바라보는 방식의 차이

세 번째로 시각에 관한 깊이의 인식에 대해 살펴보자. 시선에 평행한 면과 그 면의 질감 밀도 변화가 깊이를 느끼게 한다. 질감의 밀도는 일반적으로 조경에서 말하자면 수목의 간격이나 포장패턴이라고 생각하면 이해하기 쉬울 것이다. 이들의 밀도 차이가 깊이를 느끼게 한다. 바꿔 말하면 밀도의 변화를 조절함으로써 깊이감이 좌우되므로 입체녹화에 적용시키면 녹화 수목의 질감이나 보조자재 등의 밀도 변화로 깊이감이 변한다는 것이다.

이상과 같이 세 가지 시각 특성에 대해 소개하였는데 이러한 특성을 잘 이해하여 입체녹화를 구성해야만 한다. 또한 이들의 특성은 독립적으로 존재하는 것이 아니고, 예를 들어 질감을 조절하더라도 질감을 인식할 수 있는 위치의 시점에서 비로소 조절한 의도가 유효하게 되므로 모두가 관련성을 가지고 있다고 이해해야만 한다.

2 인간의 인지 특성

인간이 공간을 인지하는 경우에는 어느 일정한 성향이 있다. 다음에 그 대표적인 것을 두 가지 소개한다.

하나는 대상물의 높이와 거리와 압박감의 관계이다. Mertens는 대상물의 높이(H)와 대상물과 시점과의 거리(D)의 비 D/H로 대상물을 바라보는 방식의 변화를 단계화하였다. D/H=1을 경계로 하여 그것보다 작으면 대상물의 압박감이 커지고, 그것보다도 크면 압박감은 사라져 대상물은 전체로서 인식되기 쉽다. 녹지라 하더라도 압박감과 관계없는 것은 아니다. 입체녹화가 시점과 어떠한 위치관계에 있는지에 따라 구조물의 볼륨을 검토해야만 한다(그림 3-27).

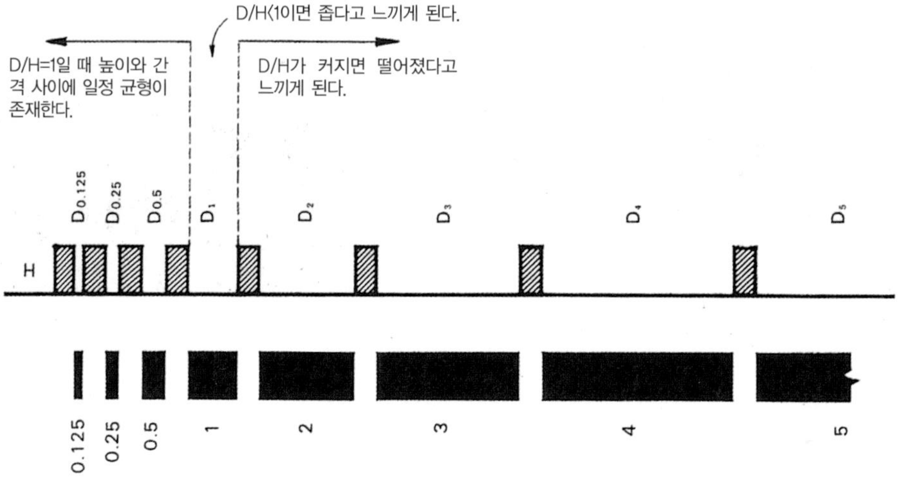

그림 3-27 D/H

두 번째로 일정 요인을 공유하는 형태는 통합해서 인식되는 특성이 있다. 이 요인은 Gestalt 요인이라 하며, 아래에 그 대표적인 것들을 나타내었다(그림 3-28).

① 근접(近接) : 가까이 있는 것들은 하나로 통합된다.

② 유동(類同) : 같은 모양의 것들은 하나로 통합된다.

③ 폐합(閉合) : 닫혀져 있는 것들은 하나로 통합된다.

④ 좋은 연속 : 매끈하게 연속되는 것들은 하나로 통합된다.

⑤ 좋은 형태 : 대칭인 것, 단순한 것, 규칙적인 것들은 하나로 통합된다.

⑥ 대칭(Symmetry) : 대칭인 것들은 하나로 통합된다.

⑦ 등간격 : 등간격인 것들은 하나로 통합된다.

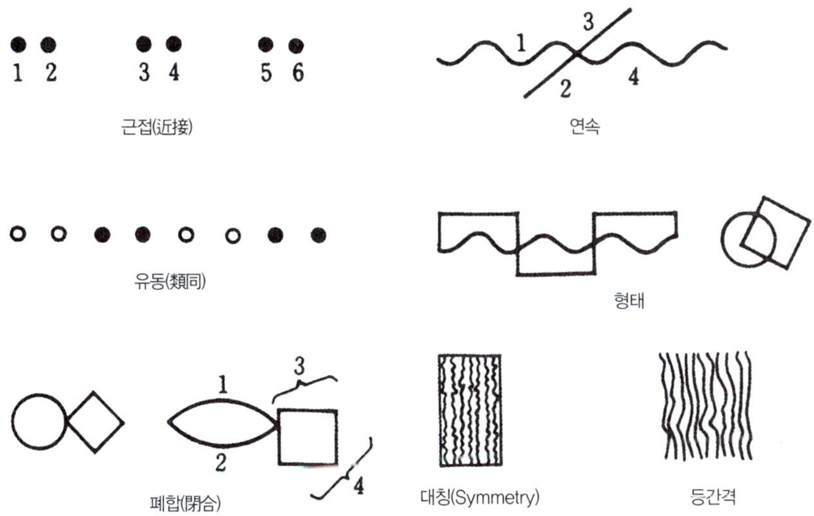

그림 3-28 Gestalt 요인의 모식도

도시공간에는 다양한 형태의 경관요소가 존재하나 콘크리트나 유리 등의 무기질 소재에 비해 수목 등의 녹지의 유기적 소재는 그 자체만으로 강한 Gestalt 요인을 갖고 있다고 할 수 있다. 따라서 주변의 녹지 환경에 관한 파악을 충분히 한 뒤에 입체녹화를 배치 구성하여 녹지 네트워크 형성을 도모한다면 그것은 통합으로 인지되어 녹시율이라는 정량적 가치 이상으로 녹지의 유대감을 느끼게 하는 효과가 있다고 할 수 있다.

또한 이러한 인지 특성을 이해한 뒤에 식재기반 유니트나 지지구조물의 구성, 건물을 비롯한 주변 구조물간의 형태적 특징이나 배치 등에 맞춰 연속시키거나 규칙성을 갖게 하는 등의 노력에 따라 공간에서 입체녹화의 인지도가 변한다는 것에 주의해야만 한다.

이러한 인지 특성의 결과로서 특히 유명한 것이 「그림과 바탕」의 관계이다. 도형에 주목하여 부각되어 보이는 부분을 「그림」, 그리고 그 배경이 되는 부분을 「바탕」이라 한다. 「그림」과 「바탕」의 양자간에는 경계선이 있으며, 경계선은 그림에 속한다. 「그림」은 「바탕」의 앞에 위치하여 형태로서 부각되어 보이며, 「바탕」은 그 배후에 펼쳐져 보인다. 그림 3-29는 「그림과 바탕」에 관한 유명한 도형인데 같은 형태라도 「그림」으로 부각되는 것이 잔이 되기도 하고, 서로 마주보고 만나는 사람 얼굴 같기도 한 것처럼 반전되는 경우도 있다.

입체녹화의 구축에 있어서도 녹화 부분을 「그림」으로 계획할 것인지, 「바탕」으로 계획할 것인지에 따라 녹화의 양이나 배치, 기반 유니트나 지지구조물에서 보이는 볼륨을 조정해야만 한다. 주변 요소와의 색체, 부드러움의 차이 등에도 주의할 필요가 있다. 또한 낮과 밤의 변화에 따라 그것이 반전되는 경우도 있을 수 있다.

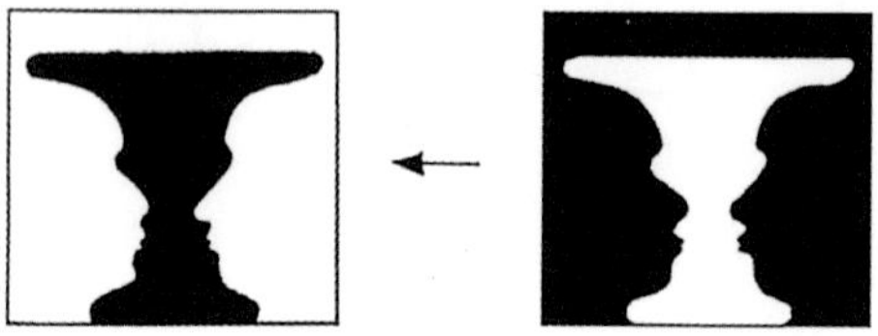

그림 3-29 바탕과 그림

(1) 경관 효과

녹지는 호흡하고, 광합성을 하여 생장하는 생물이다. 생물인 까닭에 동일한 것은 없고, 계절에 따라 그 모습을 변화시켜 잎의 색을 바꾸고, 꽃이나 열매를 맺는다. 이러한 녹지의 특징을 이용하여 도시공간에 새로운 요소를 부여하고, 경관에 변화와 다양성을 갖게 할 수 있다. 특히 입체녹화의 경우에는 일반적으로 녹지로서는 존재하기 어려운 장소나 형태를 갖고 녹화가 가능하기에 경관 효과의 발휘 방법은 다양하다. 그러한 경관 효과의 발휘를 생각할 때 고려할 만한 관점은 아래와 같다.

① 항상 생장하며, 변화를 계속하고 있는 형태

② 동일한 형태가 없는 다양성

③ 계절에 따라 변화하는 색체

④ 햇빛을 받은 잎의 빛남과 흔들리는 그림자

⑤ 바람에 흔들리는 유연함

⑥ 열매나 꽃에 모여드는 새와 벌레와의 유대

주변 구조물과의 관계에 있어서 이러한 녹지의 다양한 특징을 효과적으로 이용할 필요가 있다. 오랜 세월에 걸쳐 벽면을 피복한 녹지는 그 세월을 한 순간으로 이해시켜 주며, 녹지가 만드는 그림자는 거리에 부드러움을 부여해준다(사진 3-10). 지하라는 인공적인 공간에 투입된 녹지는 변화하는 까닭에 주변 구조물과 대비되며, 그 대비를 포함해서 전체가 독자적인 매력을 발휘하고 있다(사진 3-11).

사진 3-10 나가사키의 주차장 빌딩

사진 3-11 도쿄 니혼바시의 상업시설 지하

(3) Computer Graphics에 의한 시뮬레이션

공간 형성 및 경관에 관한 효과를 사전에 검토할 경우에는 CG를 이용하는 게 도움이 된다. 다음은 필자가 관여한 벽면녹화 계획의 CG 시뮬레이션의 실례이다.

그림 3-30 벽면녹화에 기둥을 삽입한 CG 시뮬레이션

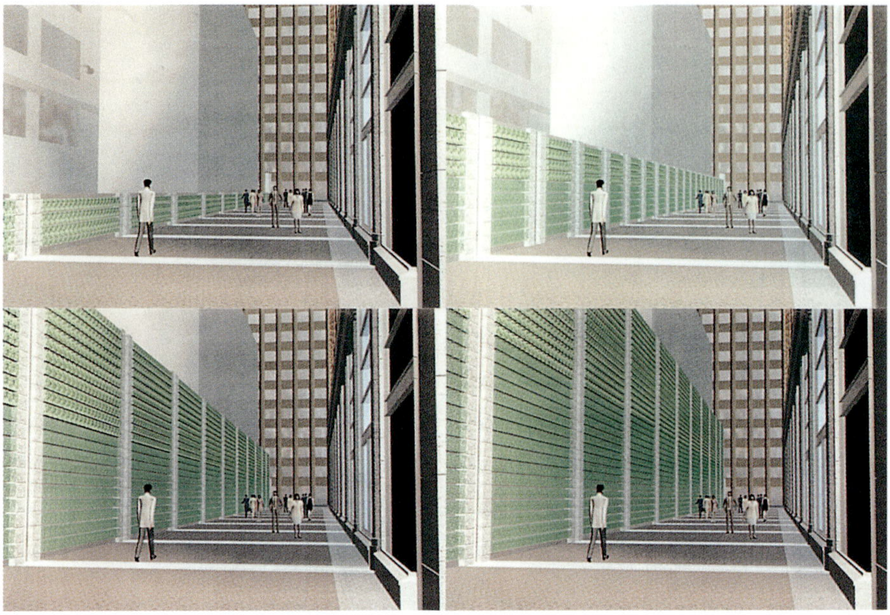

그림 3-31 벽면녹화의 높이 CG 시뮬레이션

그림 3-30은 벽면에 기둥을 삽입한 경우 공간에 미치는 영향을 파악하기 위한 CG 시뮬레이션이다. 입체녹화가 면으로 존재하는 경우에는 단순한 녹지의 벽이 되어 버리므로 인공적인 인상을 주게 된다. 따라서 기둥을 삽입함으로써 단순한 벽면에 리듬을 부여하고, 녹화부분이 일정 규칙을 가진 요소의 집합체가 되게 함으로써 벽면을 공간의 「그림」으로 성립하도록 하였다. 또한 삽입하는 양에 따라 깊이감이 변화하는 것도 알 수 있다. 한편 기둥, 포장면, 건축 기둥 등 디자인 요소에 리듬을 부여함으로써 벽면녹화가 주위 경관요소와 관련을 가지며, 보행로의 이미지로 통합된 것을 알 수 있다.

그림 3-31은 벽면녹화 높이의 차이가 공간에 미치는 영향을 파악하기 위한 CG 시뮬레이션이다. 이 사례에서는 벽면녹화 앞면의 통로 폭에 따라 시점과 대상이 되는 입체녹화가 5m 이내로 한정되기 때문에 입체녹화의 높이에 대해서도 압박감을 주지 않도록 배려할 필요가 있다는 것을 알 수 있다. 또한 입체녹화를 300mm×300mm의 유니트로 구성함으로써 적당한 질감이 생기므로 시점과 녹화와의 거리를 고려한 녹화 수종의 질감 구성과 배려 역시 중요하다는 것을 알았다.

– 우에다 나오키(植田 直樹)

인용・참고문헌

1) 芦原義信 (1975) : 外部空間の設計, pp12-15, p53, 彰国社.

2) 日本建築学会編 (1980) : 建築設計資料集成 3, 単位空間 Ⅰ, pp42, 丸善.

3) 樋口忠彦 (1975) : 景観の構造, pp16-27, 技報堂出版.

4) 日本建築学会編 (1996) : 建築・都市計画のための空間学事典, pp30-33, 井上書院.

5) 植田直樹, 木村孝, 眞家道博, 宮城俊作 (2005) : 人工植栽基盤による壁面緑化ユニットの 開発と実用化について, 造園技術報告集 2005, pp108-109, (社) 日本造園学会.

6) (株)三菱地所設計・大成建設(주)・東邦レオ(株) : 壁面緑化共同研究会報告集 (未発売資料).

3.4 인간에 미치는 효과

건물의 녹화에 의한 효용은 2장 2.3이나 3장 3.1에서 물리적인 태양열의 차단, 잠열 소비에 의한 열환경의 조절과 공간 형성의 시각적인 관점에서 수치 데이터에 의한 설득력을 갖고 설명하였다. 한편 입체녹화는 인간의 심신에 미치는 효용도 기대된다. 그러나 그러한 효용을 직접적으로 나타낸 데이터는 한정되어 있다.

녹지가 사람의 심신에 영향을 미친다는 것은 옛날부터 경험적으로 알려져 왔다. 그렇지만 녹지가 사람을 위로하고, 치유한 사례와 그 이유에 대한 설명은 지금까지 충분하게 이루어져 왔다고 말하기 어려우며, 충분한 이해가 이루어지지 않은 채 합의가 성립되고 있다고 여겨진다. 사람 주변에는 정원, 공원, 녹지, 가로수 등 다양한 형태로 녹지가 조성되고 있다(사진 3-12). 그리고 입체녹화도 사람들의 친밀한 녹지로서의 역할을 다할 것으로 기대되고 있다. 이와 같은 녹지가 사람에게 미치는 영향을 과학적으로 밝히는 것은 향후 조경이나 녹화 등에서 녹지 조성 방법을 생각하는데 있어 매우 중요한 일이다.

사진 3-12 편안한 녹지 공간(쿄토 무린안 정원)

최근 옥상녹화에 대한 관심이 높아지고 있는 가운데 주로 건축환경공학 분야로부터 옥상녹화의 단열성능이나 녹화에 필요한 비용측면에 대한 이견도 들을 수 있다[1]. 옥상녹화를 비롯한 입체녹화에 있어서도 이와 같은 의문이 제기되는 것은 어쩌면 필연적인 일이라 할 수 있다.

따라서 입체녹화의 필요성을 설득력이 있게 설명하기 위해 치유, 안정의 효과를 객관적인 근거를 토대로 알기 쉽게 설명할 필요가 있다.

녹지가 사람들에게 미치는 영향을 포함해서 식물과 인간의 관계를 명확히 밝히는 연구의 역사는 비교적 새로운 것으로 1970년대 미국을 중심으로 이루어졌다[2]. 그들 연구에서는 원예, 조경, 의학, 심리학 등 다양한 분야의 연구자가 방법론을 모색하면서 식물과 인간의 관계에 관한 견해를 분명히 해 오고 있다. 이하에서는 그들의 연구 사례를 소개함과 동시에 최근 지식을 축적해가고 있는 옥상녹화나 입면녹화 등 입체녹화가 사람에 미치는 영향에 대해 정리한다.

01 | 실내 녹지가 주는 어메니티(Amenity) 효과

녹지가 적은 도시에서는 건물 내부의 녹지가 중요한 역할을 하고 있다. 오사카(大阪) 시내 쇼핑센터에서 인테리어그린(IG ; Interior Green)의 이용 목적과 달성도를 조사한 연구[3]에 의하면 관엽식물은 상품, 점포의 이미지업 등 판매촉진을 주목적으로 도입되어 일련의 성과를 거두고 있으나 안정감을 주는 어메니티(Amenity)효과는 그것을 상회하는 효과를 거두고 있다. 또한 IG의 관리와 관련된 사람들은 점포에 놓여진 IG의 관리를 기분 전환에 좋다는 등 긍정적으로 평가하고 있으며, 귀찮다는 등 부정적 평가는 거의 없는 편이었다. 한편 IG를 설치하지 않은 점포에서 설문조사한 결과 타 점포에 설치된 IG에 관심을 가지고 있으며, 향후 설치하고 싶다고 생각하는 사람들도 있었다. 그 경우 설치하고 싶은 이유로는 어메니티 효과가 판매촉진보다 훨씬 높았다. 이 결과로부터 도시 실내공간에 존재하는 녹지는 그곳에서 생활하고 있는 사람들의 심리적 안정감을 주는 데 있어 반드시 필요한 요소로서 받아들여지고 있다고 생각된다.

02 | 창에서 보이는 녹지에 의한 외과수술 후 고통의 완화

실내에서 창을 통해 보이는 녹지가 사람들의 심신에 미치는 효과를 명쾌히 밝혀낸 연구 결과이다. Ulrich[4]는 펜실바니아주의 병원(200석)에서 쓸개제거 수술을 한 환자의 진료기록카드를 성별, 연령, 흡연의 유무, 체중, 병실의 개수 등으로 한 쪽에 편중되지 않도록 구분하여 창에서 벽돌담밖에 보이지 않는 환자(벽돌의 환자)와 낙엽수의 녹지가 보이는 환자(녹지의 환자) 각각 23쌍 총 46명 분을 비교하였다.

그 결과 마취로 의식이 명확하지 않아 수술 후 첫째 날까지는 진통제의 요구량에 명확한 차이가 없었지만 마취에서 깨어나서 창밖을 바라볼 수 있게 되었다고 추정되는 수술 후 2~5일째 녹지의 환자는 벽돌의 환자에 비해 강한 진통제 요구도가 낮아졌음을 알 수 있었다(표 3-5). 또한 간호일지의 조사에서도 고통을 호소하는 마이너스(–) 평가는 녹지의 환자가 1.13으로 벽돌의 환자 3.98보다 분명히 낮았다. 또한 퇴원까지 걸린 날짜는 녹지의 환자가 7.98일로 벽돌의 환자 8.90일보다 약 하루 정도 짧았다.

표 3-5 벽돌담이 보이는 환자와 수목이 보이는 환자의 진통제 투여 회수[4)]

진통제의 강도	진통제의 투여 회수					
	수술 후 0~1일		수술 후 2~5일		수술 후 6~7일	
	벽이 보이는 환자	수목이 보이는 환자	벽이 보이는 환자	수목이 보이는 환자	벽이 보이 환자	수목이 보이는 환자
강	2.56	2.40	2.48	0.96	0.22	0.17
중	4.00	5.00	3.65	1.74	0.35	0.17
약	0.23	0.30	2.57	5.39	0.96	1.09

이상의 결과는 외과수술을 받았던 환자의 경우 창밖의 벽돌담이 보이는 것보다 수목의 녹지가 보이는 쪽이 육체적으로나 정신적으로 고통이 적으며, 회복도 빠른 것을 보여주고 있다. 이 논문은 미국의학·외과학정보협회의 과학논문상을 수상하였다. 그리고 Ulrich의 역할도 있어 이후 미국에서는 창밖의 경관을 고려한 병원건축이 추진되었다. 최근에는 일본에서도 창에서 바라볼 수 있는 경관을 고려한 병원의 설계가 이루어지고 있다(사진 3-13).

사진 3-13 녹지가 보이는 병실

사진 3-14 녹지로 둘러싸인 병원(영국)

이 연구 결과를 소개한 일본의 과학잡지(「아니마」 No.140, 1984)는 O.헨리의 소설 「마지막 잎새」를 인용하여 빌딩의 벽에 남아있던 담쟁이덩굴 잎이 주인공 존시의 생명을 구했다고 설명하고 있다. 이 담쟁이덩굴 잎은 주인공을 격려하고자 노화가가 생명을 걸고 그렸던 것으로 진짜처럼 보인 담쟁이덩굴의 잎 때문에 존시가 식물의 생명력을 느끼고 폐렴에 의한 죽음의 위기에서 벗어날 수 있었다고 이해하면 무의미한 벽면을 덮은 녹지의 효용은 크다고 하지 않을 수 없다. 사진 3-14는 영국 코츠웰즈(Cotzwalds) 지방의 녹지로 둘러싸인 병원의 사례이다.

03 | 도로에서 볼 수 있는 녹지와 통근 때 스트레스 경감

Ulrich[5)] 등은 미국의 경우 일반적인 자동차 통근을 가정한 가상현실(VR ; Virtual Reality)에 의한 실험을 실시하였다. 실험실 의자에 앉아 숫자를 큰 소리로 소리내어 읽는 등의 스트레스를 경험한 후 실험 대상자는 「자연」, 「골프장」, 「자연이 약간 존재하는 인공경관」, 「자연이 전혀 없는 인공경관」의 네 종류 경치를 비디오로 보았다. 이후 최대 · 최소 혈압, 피부저항, 맥박수 등의 지표로부터 스트레스 상태와 스트레스로부터의 회복을 측정한 결과 스트레스는 「자연」, 「골프장」, 「자연이 약간 존재하는 인공경관」, 「자연이 전혀 없는 인공경관」순으로 높게 나타났다. 즉 가로공간 등을 통행하는 사람들에게 있어 걸을 때 식물을 중심으로 한 자연경관은 자연이 결여된 도시경관에 비해 스트레스를 감소시키는 효과가 있다고 생각되어진다.

이 연구에서는 통근 경험 후 업무에 종사하는 실험도 병행하였는데 실험 대상자가 가장 정확히 업무를 수행한 경우는 「자연」보다 「디자인된 자연」을 경험한 후 근무한 경우로 나타났다. 이 결과로부터 녹지가 존재하는 모습, 즉 인간과 밀접한 녹지의 경우에는 디자인이나 관리상태의 양호 · 불량이 인간 심신에 미치는 영향을 좌우한다는 것도 알 수 있었다.

04 | 옥상녹화의 효용

칸토(関東)와 칸사이(関西)의 주요 옥상녹화 사례 중 서양식 정원풍, 일본식 정원풍, 혼식녹화(녹지), 잔디 단독 녹지, 세덤 단독 녹화 등의 비디오 영상을 실험 대상자에게 제시한 후 SD법에 의한 평가득점을 비교한 결과 「기분이 좋다」, 「느낌이 좋다」, 「안정되다」 등의 항목에서 모두 녹화된 옥상이 녹화되지 않은 옥상보다 높은 평가를 받았으며, 특히 잔디 광장이 다양한 식재가 이루어진 기타 서양풍 정원이나 녹지보다 높은 평가를 받았다[6]. 이 경우 다양한 녹화형태의 평가가 잔디 광장을 밑도는 이유는 녹화 사례의 면적, 옥상의 건물이나 조망에 차이가 있었기 때문이라 생각되므로 보다 다양한 녹화사례 중에서 면적이 유사한 옥상을 택해 파노라마 화상에 의한 평가 실험을 실시하였다[7]. 그 결과 시야에 들어온 녹지, 건물, 하늘 등의 면적이 평가에 미치는 영향을 살펴보면 녹지량(녹시율)은 긍정적인 평가와 비례하며, 반대로 옥상 건물의 면적은 반비례한다는 것을 알 수 있었다. 또한 녹시율에는 녹지량보다 녹지의 종류가 기여함을 알 수 있었으므로 옥상녹화에서는 다양한 녹지를 확보한 후 그 양을 유지함으로써 옥상 이용자의 「기분이 좋다」, 「느낌이 좋다」, 「안정되다」, 「마음에 들다」, 「즐겁다」 등의 심리적 평가를 높일 수 있다고 판단된다. 사진 3-15는 편안한 옥상으로 평가된 교토 · KTC 조성 기술관 옥상녹화의 사례이다.

사진 3-15 교토 · KTC 조성 기술관 옥상녹화

05 | 입면녹화가 심신에 미치는 효용

교토시내 주거전용지역 및 주거지 단독주택의 입면을 녹화하고 있는 사람 약 100명을 대상으로 실시한 설문조사[8] 결과 「의도적으로 하였다」는 회답이 80% 정도 되었으며, 복수회답 결과 입면을 녹화한 이유로 식물이 좋다(75%), 안정감 · 치유(66%), 생활의 정취(58%) 등을 들고 있었다(그림 3-32). 다음으로 건물의 경관(66%)이나 이미지업(61%) 등을 들고 있었으나 여름철의 태양열을 막는다고 한 목적은 30%에 지나지 않았다. 또한 전정이나 관수, 낙엽제거 등 일상적인 관리도 하고 있는 것으로 나타났다. 이 데이터에 대해서는 4장 4.1 및 4.2항 「단독주택과 외부구조」에서도 다루겠지만 가까이에서 입면녹화를 이용하고 있는 사람들에게 벽면녹화가 심신에 미치는 효용에 대한 기대는 매우 높다고 할 수 있다. 이외에도 대부분의 사람들이 입면녹화로부터 안정감이나 식물을 키우는 즐거움을 기대하고 있다는 조사결과가 보고되고 있다[9][10].

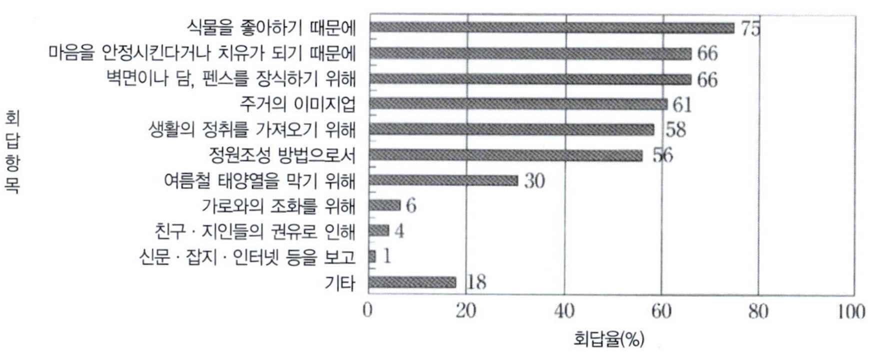

그림 3-32 입면녹화를 시작한 이유(N=79, 복수회답)

– 시모무라 타카시(下村 孝)

인용・참고문헌

1) 田中俊育 (2001)：寄稿・ヒートアイランドを救えるか─屋上緑化(1)─(7), 建設通信新聞, 9月12─18日.

2) Shoemaker. C.A (2002)：Research methodologies for studying human responses to plants, 人間・植物関係学会雑誌2(1), 22─28.

3) 下村孝・筒井旬子・中尾辛彦 (1988)：商業空間におけるインテリア材料としての観葉植物の利用と役割, 造園雑誌51(5), 114─119.

4) Ulrich. R.S. (1984)：View through a window may influence recovery from surgery, Science, 224, 420─421(April27).

5) Parsons, R., Tassinary, L,G., Ulrich. R.S., Hebi. M.R. and Grossman─Alexander, M.(1998)：The view from the road：Implications for stress recovery and immunization. Journal of Environmental Psychology, 18, 113─140.

6) 長岡希・岡田準人・下村孝 (2003)：ビデオ画像を用いた屋上緑化の景観評価構造の解析, 日本緑化工学会誌29(1), 113─118.

7) 佐々木ゆき・岡田準人・下村孝 (2004)：緑化された屋上における景観要素の違いが利用者の景観評価に及ぼす影響, 日本緑化工学会誌30(1), 157─162.

8) 岡田準人・山崎美幸・下村孝 (2005)：京都市内の戸建て住宅で実施されている立面緑化の管理実態と住民の意識, ランドスケープ研究68(5), 883─888.

9) エンジニアリング振興協会 (2000)：平成12年度環境保全と景観創出を目的とした立面緑化システムに関する調査研究報告書：エンジニアリング振興協会, 165pp

10) 武藤浩・輿水肇・原田鎮郎・佐久間護 (2002)：建築物の壁面緑化に関する研究 その3. 壁面緑化に対する一般人の意識, 日本建築学会大会学術講演梗概集 (F─1) 分册, 333─334.

4 Part

입체녹화 양식과 식재 방법

Green Architecture and Environmental Symbiosis

4.1 녹화 대상과 녹화 양식

01 | 대형 건축물의 종류와 구조~녹화 공간으로서의 가능성~

건축의 형태는 건축의 목적, 용도, 규모, 부지, 환경, 예산, 공법, 재료 등의 실용적 요구와 설계자가 건축에 표현하고자 하는 예술적 욕구에 의해 결정된다. 단독주택 등에서는 주문자의 요구가 선행되는 경우도 있다. 실용적 목적을 지닌 예술성을 디자인이라고 한다.

건축 예술의 형식은 모양, 크기, 질감, 색, 빛 등으로 구성된다. 건축의 예술성을 고려하는데 있어 반드시 필요한 것이 장식이다. 장식은 실용적인 측면에서 보자면 직접적으로 필요하다고 볼 수 없지만 건축을 감상하는 사람에게 풍부한 정감과 다채로운 감동을 준다. 고전적으로 건축 장식이란 건축 구조물의 벽면에 부가된 추상이나 구상 형식으로, 유럽이나 미국 건축의 벽면녹화는 장식적인 의미를 지니고 있었다.

건축의 형태에는 외부에서 본 외부공간의 형태와 건축 내부로 들어와서 본 경우의 내부공간의 형태가 있다. 외부공간의 형태 중에서 가장 많은 것이 직육면체와 직육면체의 조합이다. 이 중 수직면을 대상으로 한 것이 벽면녹화이다. 경사지붕을 얹은 복잡한 다면체, 원주형이나 원뿔형 같은 회전체, 쌍곡 포물선면 외에 자유 곡면으로 된 복잡한 형태도 있다. 이렇게 되면 옥상, 벽이라고 하는 구분이 모호해져 건물 표면의 모든 부분이 녹화의 대상이 되므로 입체녹화의 가능성이 확대된다. 내부공간의 형태에서 가장 흔한 것은 수평 장방형의 마루, 천장과 수직 장방형의 벽으로 둘러진 직육면체와 직육면체의 조합이다. 천장이나 벽이 경사진 경우 다양한 다면체가 형성되어 마루가 원형의 원주형, 천장이 돔으로 된 구면과 원주형의 조합 등 다양하다. 내부공간도 입체녹화 대상공간으로서의 가능성은 확대되고 있다(사진 4-1).

같은 형태일지라도 크기에 따라 사람이 받는 이미지는 매우 다르다. 거대한 초고층 건물의 벽면은 위압감을 주며, 작고 둥그스름한 단독주택 등은 친근함이나 평온함을 느끼게 한다. 입체녹화는 건물의 크기를 느끼지 않도록 시점을 돌리게 하는 작용과 건물의 결점을 감출 수 있도록 색다른 작은 잎의 식물을 사용해서 우아함을 조장하는 작용을 한다.

형태와 크기가 같더라도 표면의 질감에 따라 느낌이 다르다. 거친 표면은 따뜻함이나 부드러움을 느끼게 하며, 매끈한 표면은 차가움과 단단함을 느끼게 한다. 느낌은 면을 보는 거리, 표면에 닿는 빛의 양과 입사각도 등에 따라 변한다. 녹화용 식물 잎의 크기와 형태, 엽색, 잎의 각도, 잎의 광택 정도, 개화 양상, 계절 변화 등에 따라 녹(綠)의 질감은 두드러지게 변화한다. 이러한 것들을 입체녹화에 이용한다.

장식에는 기하학적 모양, 인물과 동식물을 표현한 부조 등이 있으나 녹화는 실제 식물을 사용한 장식으로, 건물의 목적, 용도, 크기뿐만 아니라 주변 환경이나 경관에 따라 녹지에 의한 장식 효과의 정도가 변한다.

사진 4-1 녹화 건물 「green green」. 제22회 전국 도시녹화 후쿠오카(福岡) 페어. 아일랜드 꽃 축제로 세워진 테마관.

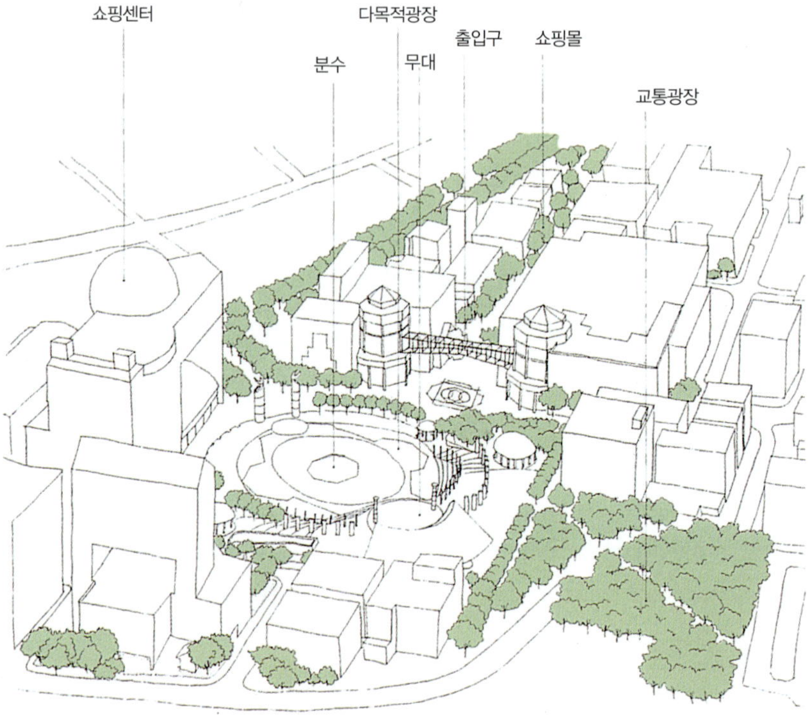

그림 4-1 도시 광장의 입체녹화[1)]
상업시설이 밀집된 형태의 도시 광장은 광장의 형태, 건물, 녹지가 만든 경관이 특징이다. 더불어 매력을 더하는 것이 입체녹화이고, 도입될 수 있는 공간도 많다.

활발한 건축 행위에 따른 건물을 어떻게 만들 것인가라는 공법의 변화로 인해 건물 표면(외피, 외부마감)의 장식도 변해 왔다. 예를 들어 유럽이나 미국의 공업 제품화된 대형 패널에 의한 현장 조립의 능률적인 공법이 도입되어 건축 현장과 공장을 일체화시킨 연속적이고도 안정적인 생산이 보급됨으로써 기계의 기중 능력, 조립 속도에 큰 영향을 미치고 있다. 이로 인해 조립하는 부품의 크기, 무게, 부품의 내용, 기술자의 수준이 중요하게 되었다.

건물에 대한 입체녹화도 같은 상황으로, 입체를 조립하는 부품, 녹화 부분을 조립하는 식물 재료의 종류와 크기, 식물의 특성이나 환경 적응성, 생장 속도, 중량과 부착력, 보조자재, 현장에서의 조립 기술자(녹화 기술자와 건축 기술자의 업무협조) 등이 중요하게 되었다.

안전 계획의 철저함도 중요시되고 있다. 일상의 안전성, 비상시의 안전성 등이다.

건물 벽면에서는 마찰, 충돌, 낙하 등이 있다. 녹화물에 의한 건물 벽면의 마찰에 대한 마찰 응력이 고려되어 있는지, 물체에 의한 충돌이 있었을 때 녹화 자재나 식물이 완충 작용을 발휘하는지 아닌지, 강풍이나 지진에 의한 벽면재료의 낙하, 식물의 단독 낙하가 발생할 확률은 어느 정도인지 등이 검증되어야 한다. 법적으로 하자의 범위와 책임 주체는 누구인지의 문제를 명확히 해둘 필요가 있을 것이다(그림 4-1~3).

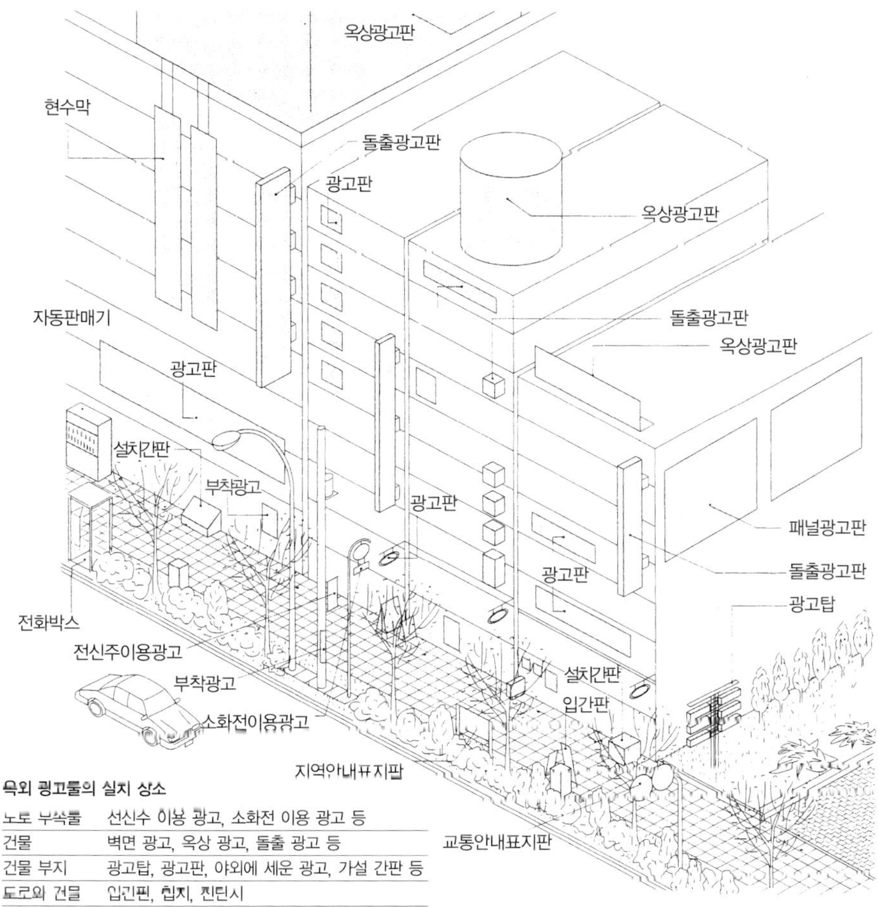

옥외 광고물의 설치 장소

도로 부속물	전신주 이용 광고, 소화전 이용 광고 등
건물	벽면 광고, 옥상 광고, 돌출 광고 등
건물 부지	광고탑, 광고판, 야외에 세운 광고, 가설 간판 등
도로와 건물	입간판, 벽지, 전단지

그림 4-2 광고물의 정리와 입체녹화[1)]

도시 건물의 표면 등은 광고물로 메워져버려 광고의 효과를 저하시키며, 가로경관을 악화시키고 있다. 기존 가로에서는 이것들을 정리해서 개선된 녹화 디자인을 한다.

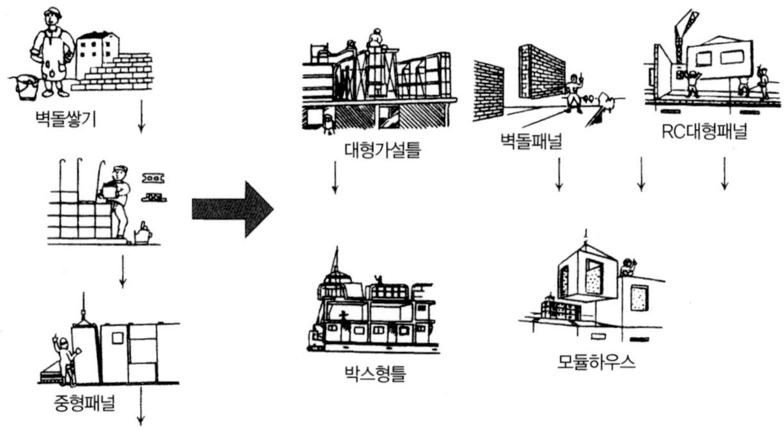

그림 4-3 벽면 공법의 변화[2)]
벽돌에서 대형 패널에 이르는 부품의 대형화는 입체녹화 방법에 식물을 식재하는 방법으로부터 식재 유니트를 설치하는 방법으로 변화되었다.

(1) 집합주택

주택 형식에는 집합 정도에 따라 단독주택(독립주택), 2세대 주택, 연속, 공동주택이 있으며, 높이에 따라 저층(단층이나 2층), 중층(3~5층), 고층(6~14층), 초고층(15층 이상)이 있다. 접근 방식으로는 계단형, 편복도형, 스킵 플로어(skip floor)형, 중복도형, 집중형 등이 있으며, 부지나 지형에 대한 대응 방식에 따라 다양한 주택 형식이 있다. 판상으로 동서 병행 배치, 남측 베란다, 북측 계단실 복도가 공공건물, 사적건물을 불문하고 일본에서 가장 많은 배치이다(그림 4-4). 이러한 경우 중층 주택에서는 이웃한 동 사이의 공간은 접근과 식재공간이기 때문에 별다른 이용 아이디어가 없는 관계로 바람직한 옥외 생활공간이 아니라고 여겨져 왔다. 차라리 이곳을 입체녹화 전용공간으로 한다면 벽면에 대한 태양 복사나 강우를 완화하고, 오염이나 약화를 식물로 막을 수 있으므로 디자인에 따라서는 매력적인 공간이 된다.

주택단지의 규모가 커지게 되면 지역 구조의 시각적 표현, 집합주택의 개성 공간 창출, 다양한 규모의 옥외 공간 필요성 등으로부터 높이나 형태가 다른 주택이 혼용되어 다채로운 옥외 공간이 출현한다(사진 4-2).

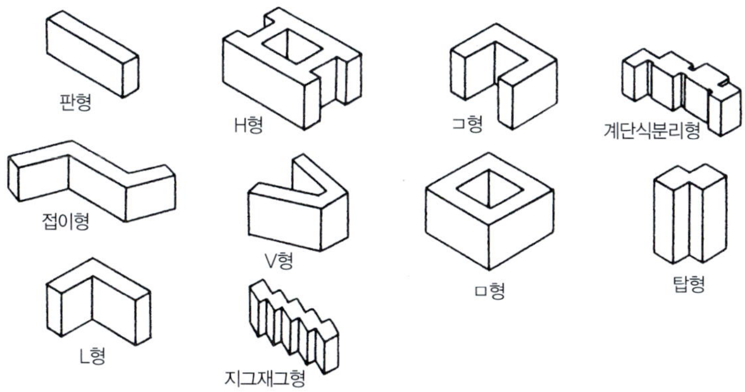

그림 4-4 집합주택의 형태[1)]
다양한 형태일수록 입체녹화를 도입할 수 있으므로 주거 환경이나 경관을 풍부하게 한다.

이것에 자연 지형의 변화를 그대로 살려 경사지에 대응할 수 있는 주택을 설치한다면 입체녹화가 가능한 다채로운 공간이 출현된다. 이러한 공용 공간은 자전거 보관소, 공동 건조장, 놀이터, 옥상 광장, 주차장, 쓰레기 처리장 등이 되지만, 입체 주차장이나 자전거 보관소, 쓰레기 처리장 등은 디자인 여하에 따라 입체녹화가 된 바람직한 공간으로 변모한다. 과거의 단지 내 집회 장소는 커뮤니티 시설로서, 각 주택단지에 부속된 자유 공간으로서 분산하여 외부구조의 녹화를 비롯해 입체녹화에 의해 멋진 시설공간으로 조성되고 있는 사례가 늘고 있다.

사진 4-2 요코하마(横浜)의 초고층 주택(MM Towers)의 저층부 녹화. 거주자의 개인정원으로 이용되고 있다(제공 : 우에다 나오키씨).

(2) 교육시설

교육시설은 학교 교육, 사회 교육을 위한 것으로 분류되어 왔지만 시민 사회, 고령

사회 시대에 있어서 평생 교육 · 학습이라고 하는 사고방식이 침투하여 민관을 불문하고 교육의 기능을 가지며, 또한 활동하는 시설이 급속히 증가하고 있다. 그 결과 교육시설은 보육원 · 유치원, 초 · 중 · 고등학교, 각종 학교, 대학, 구민회관, 공공 도서관, 청년의 집, 박물관, 미술관, 청년관, 사회체육시설 등을 포함해 다양하다. 또한 교육 · 학습 내용도 단과 전문에서 복합, 통학 · 통신, e-러닝과 스쿨링까지 다채롭게 변화하고 있다.

교육 · 학습 내용은 과목별, 전문별 요소 지식과 기술을 습득한다고 하는 이제까지의 사고 방식에 더하여 관련 분야나 타 분야에 대하여 시간을 들여서라도 동시에 습득하려고 하는 복수전공의 사고방식이나 문과 · 이과 융합(통합)의 사고방식이 출현하였다. 이는 21세기형 교육 · 학습 형태로서 이미 실천 사례가 늘고 있다. 이러한 교육형태의 테마로서 가장 잘 어울리는 것이 환경이다. 환경문제만큼 종합적이고, 복잡하여 이것을 해결하기 위해서는 시스템적 이해와 인식의 발상이 요구되는 과제는 없다. 더욱이 환경문제를 이해하고, 대책을 세우기 위한 장소로서 가장 잘 어울리는 것은 주변에 있는 자연환경밖에 없다. 교육시설의 녹화는 환경형성, 경관 등에 더하여 교육 본래의 역할을 효과적으로 담당할 수 있는 장치로서 기대된다.

21세기의 보육원 · 유치원의 정원은 잔디밭이어야 한다. 유럽과 미국은 이미 잔디밭으로 되어 있다. 아시아는 인공잔디 아니면 흙 포장이다. 중동이나 아프리카는 땅바닥의 흙 그대로이다. 교육에 관한 경제수준을 그대로 나타내고 있다. 이러한 세계의 실태를 생각해보면 일본의 교육환경 수준이 높다고 평가하는 것은 환상이며, 교육장소의 수준은 낮다고 밖에 볼 수 없다. 이를 알고 있는 것은 인터넷을 통해 세계의 각 학교 상황을 늘 보고 있는 학생들과 정보를 교환하고 있는 아이들뿐이다.

더위를 가져오는 태양 복사열을 차단하는 장치로는 교정 남쪽에 녹화 보조자재를 설치하여 덩굴식물에 의한 녹화를 옥상까지 확대한다. 교정의 부지 경계는 블록 담을 제거하고, 녹화벽(바이오렁)을 설치한다. 또한 방범을 위한 감시 장치와 센서를 안에 넣고, 입구를 아치 모양의 입체녹화로 하여, 학생들이 이를 지나 교정으로 들어갈 수 있게 한다. 현장에서는 이러한 것들을 요구하고 있다.

교정의 배치는 직선형, 병렬형, ㄴ, ㄱ, ㅁ형 등 교정을 둘러싸는 경우가 많다. 따라서 교정의 녹화와 교정 반대편의 녹화를 어떻게 연속적으로 연결시킬 것인지가 과제인

데, 입체녹화가 이에 대한 해결책이다. 체육관, 교실의 일부, 식당 · 집회공간, 운동장 등은 지역사회에서도 이용하므로 학교 내부와 관계없이 화장실을 사용할 수 있도록 화장실의 위치에 대해서도 고려한다. 여기에서 공간의 구분과 공간 접근을 위한 입체녹화의 역할이 기대된다. 중학교의 옥외 공간은 빈약한 곳이 많다. 소정원, 중정, 전정 등을 만들어 이들을 입체녹화의 아치로 연결하는 등 변화가 풍부한 분위기 좋은 공간을 만들고자 한다.

이외에 체육시설로는 아동관, 아동문화센터, 어린이나라, 소년 자연의 집, 청소년 스포츠센터, 청소년 야외활동센터, 청소년의 숲, 유스호스텔, 근로 청소년 홀, 전국 근로 청소년 회관, 근로 청소년 체육센터, 근로 청소년 프랜드쉽 센터, 청년의 집, 청년관 등이 있지만 일부를 제외하고 도시에서는 그다지 알려져 있지 않다. 지방자치단체에서는 이러한 시설의 정비에 노력을 기울이고 있는 관계로 이들에 대한 정비로 인해 대형 건물이 조성되는 사례도 있다. 이 때 교육 레크리에이션 시설로서의 옥외 공간 확충에 힘써, 그것도 고품질의 녹지공간이 조성되기를 바라며, 주차 공간, 출입구, 각종 시설의 구분과 접근 공간 등에 입체녹화에 의한 공간 연출효과가 기대된다.

(3) 구민회관과 집회소

이러한 것들은 대형 건물이 되는 사례가 적지만, 학습 기회의 제공이라는 역할이 강하게 작용하므로 이들의 환경을 정비하기 위한 녹지공간을 확충하는 일이 늘고 있다. 이것은 주민의 휴식과 지역의 중심적 광장이 되는 까닭에 다채로운 녹화가 필요하며, 입체녹화라고 하는 새로운 녹지공간에 대한 기대는 더해지고 있다. 또한 이들 시설들에서의 주민활동으로 정원꾸미기, 원예치료 등 꽃과 녹에 관한 일이 늘고 있으므로 이러한 활동을 위한 다채로운 푸른 공간을 확충하는데 있어서도 입체녹화를 도입하는 사례는 증가할 것이다.

(4) 의료 · 보건시설

공적 병원에 있어 각 부분의 면적 배분 경향은 병동 40%, 외래부 10~15%, 중앙 진료 시설 20%, 관리부 7~11%, 서비스부 15~20%로 되어 있다(그림 4-5). 부지에 여유가 있는 지방의 의료시설에서는 이 면적에 거의 배가 되는 주차공간이 더해져 있다. 부지의 주변 환경이 양호하기 때문에 부지 내에 녹지공간을 적극적으로 마련하는 사례는 적은 편이지만 고령자의 장기 치료형 병원이나 재활치료요법 기능을 중시하는 시설에 있어서는 시설간의 오픈 스페이스뿐만 아니라 작업 요법으로서의 정원꾸미기 공간이나 휴식 · 레크리에이션 공간으로서의 조경적인 공간을 마련하는 사례도 늘고 있다. 여기에서도 입체녹화는 매력을 더하고 있다. 도시형 시설에서는 부지의 여유가 없으며, 주변에도 녹지가 적은 입지인 경우가 많으므로 대규모 옥상정원을 도입한 사례는 이전부터 있었다. 옥상에 대한 하중 제한이 있는 경우에는 집중적인 녹화를 할 수 없으므로 녹지량이 부족한 평면적인 디자인이 되어 버린다. 여기에 하중을 고려한 입체녹화의 도입으로 다채로운 녹지공간을 만들 수 있다. 이것은 내방자만이 아니라 입원 환자나 병원에서 일하는 사람들의 치유 공간이 된다.

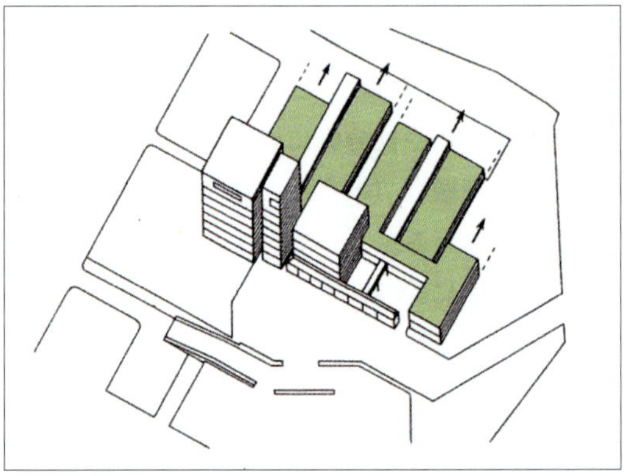

그림 4-5 병원의 입체녹화[2)]
비슷한 모양의 단위 평면 집합체가 되므로 다익형(多翼型) 플랜으로 하면 기능성을 잃어버리는 일 없이 표정이 풍부한 외부공간이 조성되어 입체녹화가 살아난다.

보건시설 중에서도 표준적인 시 · 구 보건센터는 지역주민의 장해 건강기록의 보존이나 건강기록을 토대로 보건상담, 보건상담에 대한 대응이 주된 업무이다. 건강증진 지도 업무는 영양지도, 생활지도, 기능훈련, 운동지도 등을 실내 · 외에서 실시하는 등 성인, 노인의 사회복귀치료요법(rehabilitation)도 포함된다. 따라서 지역주민의 보건복지센터로서의 종합적인 시설로 발전하고 있으므로 외부 공간의 조경과 입체녹화의 도입은 증가할 것으로 예상된다.

이외 사회복지시설인 보육소, 노인시설, 지체부자유 아동시설 등에서도 건물 내 환경뿐만 아니라 옥외 공간과의 조화를 통해 이러한 시설을 이용하는 사람들의 삶의 질 향상을 도모하는 것이 당연한 설계 과제로 되어 있으므로 입체녹화라고 하는 새로운 녹지시설은 공간을 다채롭게 하기 때문에 적재적소에 이용할 수 있다.

(5) 극장, 회관

내부 공간인 관객석, 무대, 악기실 등의 조성에서부터 로비, 홀, 입구, 입구광장, 접근로, 외부구조 등의 공용 공간 조성에 중점이 두어져 있었다. 그 결과 실내장식, 옥외

장식으로서의 녹지도 다채로운 연출효과를 기대하는 디자인이 보인다. 더욱이 공공 건물이나 역사 혹은 대형 상업시설에 연결된 복합시설로서의 설치도 있다. 외부구조물도 공원이나 광장과 연속된 공간으로서 설계된다.

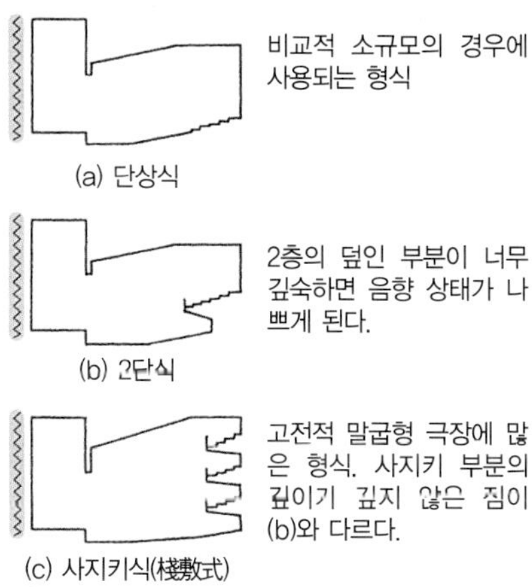

그림 4-6 음악 홀[2)]
규모가 커지면 커질수록 무대 공간의 뒤편 부분에 개구부가 없는 거대한 벽이 나타나므로 대규모 녹화가 가능하게 된다.

사진 4-3 사이타마(埼玉) 아레나(arena)의 벽면 녹화(제공 : 우에다 나오키(植田直樹)씨)

여기에서는 녹지공간이나 녹지시설도 복합화되어 옥상녹화, 벽면녹화, 실내녹화에 더하여 새로운 형태의 입체녹화가 이와 같은 공간을 한층 다채롭게 한다. 입체녹화에 사용하는 식물도 목본, 초본, 초화류 등 모든 분야의 것들이 사용되며, 기술적인 한계에 도전하는 녹화가 되므로 도시에서는 가장 매력적인 녹지공간이 된다(그림 4-6, 사진 4-3).

(6) 도서관

시역의 공공 도서관, 교육 시설의 도서관 등은 독립된 건물로부터 복합 혹은 병설된 것까지 있다. 장서나 자료의 증가, 자료 형태의 변화, 이용 내용의 변화 등 도서관 기능의 변화로 기존 공간의 구성 변화나 증 · 개축에 대응할 수 있는 공간의 자유도가 강하게 요구되는 것이 특징이다. 공간의 자유도를 확보하기 위해서는 모듈러 플랜으로 하거나 장방형의 기본 구획을 조합하는 등 호환성이 좋은 공간 구성이 요구된다. 하나로 합쳐진 면적의 평평한 바닥으로 구성된 공간이 되므로 단조로운 건물구조가 되는 경우가 많다.

따라서 옥내 · 외를 막론하고 입체녹화의 도입으로 보다 다채로운 녹지공간과 분위기를 조성함으로써 매력적인 도서관이 될 수 있는 가능성이 확대되고 있다(그림 4-7). 도시녹화 식물원의 녹지 관련 도서 코너 등 소규모 도서관 기능을 지닌 시설에서는 밝은 녹지의 도서실로서 고안된 경우가 많은 것도 도서관의 밝은 전망을 나타내고 있다.

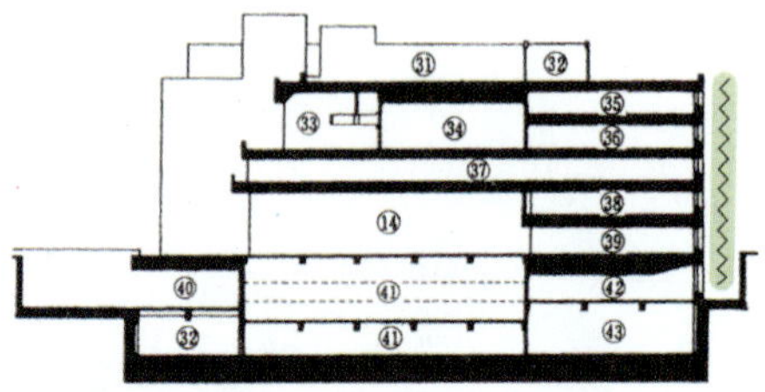

그림 4-7 도서관[2]
공공 도서관의 경우 사무적인 공간과 전문 서적의 서고는 개구부가 작은 벽 중심의 구조로 되기 쉽다. 여기에 녹화를 도입할 수 있다.

(7) 구매 시설

백화점은 옥상정원이나 실내녹화 분야에서 선구적인 시도를 해온 역사적 성과가 있다. 시대흐름과 상행위를 연동시키는 경영방침이 원동력이 되었던 것이다. 백화점 건물에서 파사드는 일반 건축보다 더 중요한 의미를 갖는다. 파사드는 기업의 경영이념의 표현이며, 불특정 다수의 고객 모두에게 호감을 갖게 할 필요가 있기 때문이다.

파사드의 모양이나 색이 건축적으로 봐서 훌륭할지라도 백화점 건물의 이미지가 시대나 거리에 어울릴 것, 또한 이것이 적시에 변화되어 눈에 두드러지지 않을 것 등이 중요하다. 길고 가느다란 휘장의 바겐세일 광고를 단순히 옥상에서부터 늘어뜨리는 백화점이 있다면 시대의 감성에 둔감한 것으로 물품에 구매력이 떨어진다. 따라서 이러한 경우가 벽면녹화를 적절히 사용할 수 있는 좋은 기회이다.

사진 4-4 도쿄(東京) 교통회관 옥상 부분의 녹화(제공 : 우에다 나오키씨)

접근로는 손님이 상점 내에 들어온 순간에 신선한 감각을 경험하도록 하여 구매의욕을 북돋게 할 연출이 필요하다. 복합 상점과 같이 다양한 입구가 여러 곳 있는 경우에는

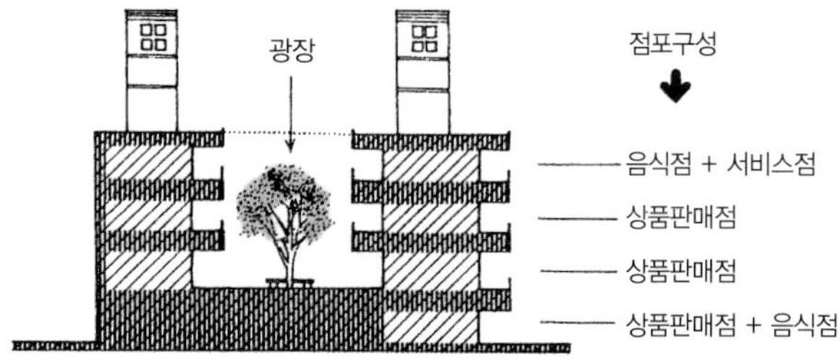

그림 4-8 레크리에이션과 쇼핑이 융합된 생활공간은 상업공간을 다채롭게 한다. 그곳에 발생하는 광장을 중심으로 한 복합공간은 입체녹화에 적합하다.

실내 · 외 접점으로서의 접근로 공간 처리를 동일하게 하지 않고, 계절의 기상 조건도 고려하여 다채롭게 설치한다. 백화점의 입구는 건축기준법 시행령이나 지방조례, 소방 관계 법규에 의해 상세히 규정되어 있으므로 여기에 녹지를 도입하는 것은 상당한 지혜, 아이디어와 기술을 구사하지 않으면 안 될 것이다. 무리하지 않고, 옥외의 입체녹화를 패셔너블하게 강조하여 성공한 사례가 있다.

(8) 관공서 시설

직원의 근로환경 개선, 관련 내방자를 위한 업무 환경의 질 향상, 용무나 수속 등으로 방문하는 일반인을 위한 쾌적성의 제공 등 이제까지 관공서 시설에서 도외시되었던 요소가 개선된 결과 관공서 시설의 개축에 있어서는 합동청사화, 기능 공간의 고도화 등에 의해 공유 공간을 새로 만들어 여유로운 공간을 조성하는 설계 사례가 늘고 있다. 이러한 경향은 세무서, 공공 직업소개소, 재판소, 검찰청, 지방 공공 단체의 청사, 경찰서, 소방서 등에 있어서도 마찬가지이다.

환경보전, 에너지 절약 등을 위해 관공서 시설에 옥상녹화가 점점 확대되고 있으며, 다음 대상은 벽면녹화와 입체녹화일 것이다. 건물의 형태와 개구부, 접근로 등의 구성 관계로부터 전정(前庭)은 조성되더라도 건물과 접점이 되는 부분에 대한 녹화를 어떻게 할 것인지가 향후 과제이다.

(9) 정보 통신시설

이러한 시설에는 우체국, 전화국, 방송국, 신문사 등이 있다. 이들 건물은 장방형 공간의 쌓아 올리는 방식이 많으며, 또한 작업공간이나 주차공간이 필요한 경우도 있으므로 외부구조 부분의 녹화가 빈약하다면 옥상녹화, 벽면녹화를 비롯한 입체녹화의 도입을 적극적으로 검토해야 할 시설이다. 이에 대해서는 시설의 설계자에게 기대한다.

⑽ 숙박시설

대형 호텔, 고급 호텔에 대한 수요가 늘고 있다. 이러한 결과로 도시호텔의 경우에는 고층화가 진행되어 객실의 거주성 향상, 저층부나 지상 · 지하 등에 상업시설이 도입되어 국제화 · 정보화 시대에 있어 비즈니스 공간의 확충도 요구되고 있다. 호텔은 콤팩트한 도시라고 해도 된다(그림 4-9). 도시공간의 질적 수준이 낮은 일본에서는 호텔에 질 좋은 도시 기능이 요구되는 경향이 많아 레크리에이션 시설, 스포츠 시설에 더하여 정원이 위치한 층이 식당 공간으로 사용되는 등의 특징이 있다.

도시호텔의 경우 건물 형태는 장방형 공간의 쌓아 올리는 방식으로 하는 경우가 많으며, 저층의 옥상을 녹화하여 조망이나 산책을 겸한 정원풍의 것으로 하거나, 식당 공간에는 안뜰과 같은 작은 정원을 꾸미는 경우가 많다. 또한 상업 복합시설의 상층 부분을 호텔로 하는 경우에는 아트리움 공간을 마련하여 녹지를 도입하는 사례도 있다. 입체녹화가 도입될 가능성이 높은 것은 접근로 공간과 리조트 호텔의 정원을 서구풍의 허브농원으로 조성하는 경우일 것이다.

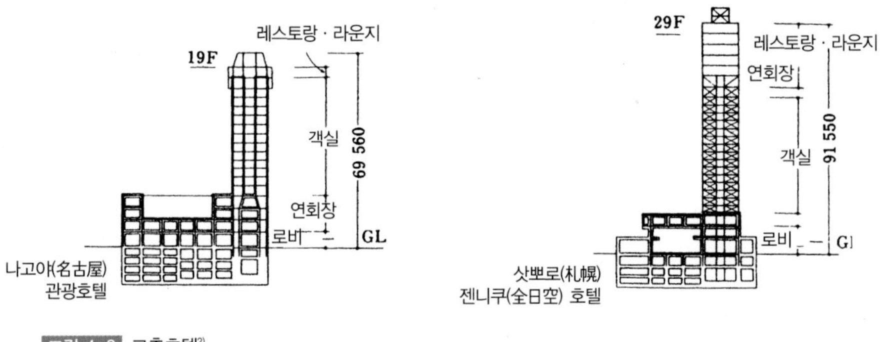

그림 4-9 고층호텔[2)]
저층 부분은 회의장, 연회장, 상점 등 도시 기능을 지닌 시설이 도입된다. 저층의 옥상 부분이나 외부 구조에 입체녹화가 행해진다.

⑾ 교통시설

철도역, 지하철역, 복합 터미널, 자동차 터미널, 여객선 터미널, 공항 등이 있다(그림 4-10). 이 중 철도역과 여객선 터미널이나 복합 터미널의 경우 장방형 공간을 쌓아올릴 수 없기 때문에 복잡한 형태가 중층적으로 세워지는 일이 많아 입체녹화를 도입할 수 있는 공간이 많이 발생한다. 공항은 공간 스케일이 크기 때문에 터미널 빌딩 주변의 외부 서비스공간 등이 넓게 조성된다. 그 결과 터미널 빌딩 내에는 아트리움 공간이, 외부 서비스공간에는 조경공간이 발생하여 결과적으로 녹지가 존재하는 공간이 많다. 또한 주차장에서 터미널 빌딩으로 진입하는 과정에 보차분리 등 큰 공간이 출현하므로 휴먼 스케일로의 대응이 중요하게 되므로 입체녹화를 도입할 수 있는 장소가 많다.

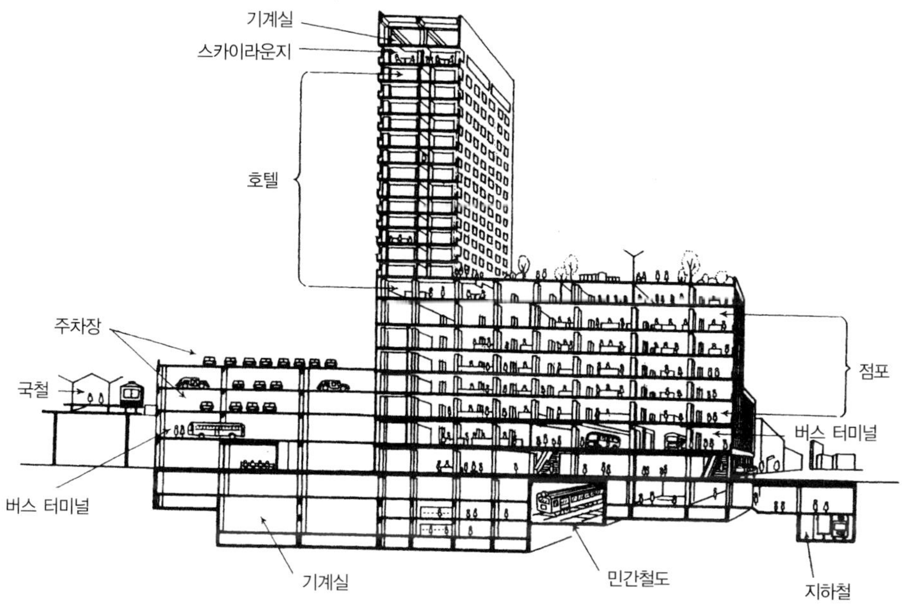

그림 4-10 복합 터미널[2)]
수평, 수직의 동선이 복잡하게 발생하는 복상(複相) 공간이라고 할 수 있다. 입체녹화의 방법이 다양하게 고려된다.

이러한 사례로 유명한 것은 열대식물의 꽃이 어우러져 피는 싱가포르의 창이 국제공항일 것이다. 이러한 각종 교통시설은 부지 면적에 여유가 없는 일본의 경우 다층 주차빌딩이나 철골조의 입체 주차장이 만들어진다. 이러한 시설의 주변에 입체녹화를 실시하는 것은 구조적으로 용이하므로 경관에 대한 배려 측면에서 녹지량을 늘리고자 한다.

⑿ 상업 고층빌딩

높은 땅값이나 경제성 측면에서 고층 오피스 빌딩이 늘고 있다. set-back(건축선 후퇴)으로 조성된 부분, 공개 공지로 된 부분, 저층의 옥상 부분 등이 녹화대상공간으로 빌딩의 특징을 나타내기 위한 녹화디자인도 고안되고 있다. 또한 이러한 부분은 대개

인공 지반이기도 하다(그림 4-11, 사진 4-5).

공조나 냉난방을 위한 기계실은 지하, 상층 혹은 옥상에 마련되는 일이 많다. 옥상의 경우 도시경관 혹은 인접 빌딩으로부터의 외부 경관을 손상한다는 이유 때문에 덮개를 씌우거나 둘러싸기도 한다. 여기에도 입체녹화가 채택된다.

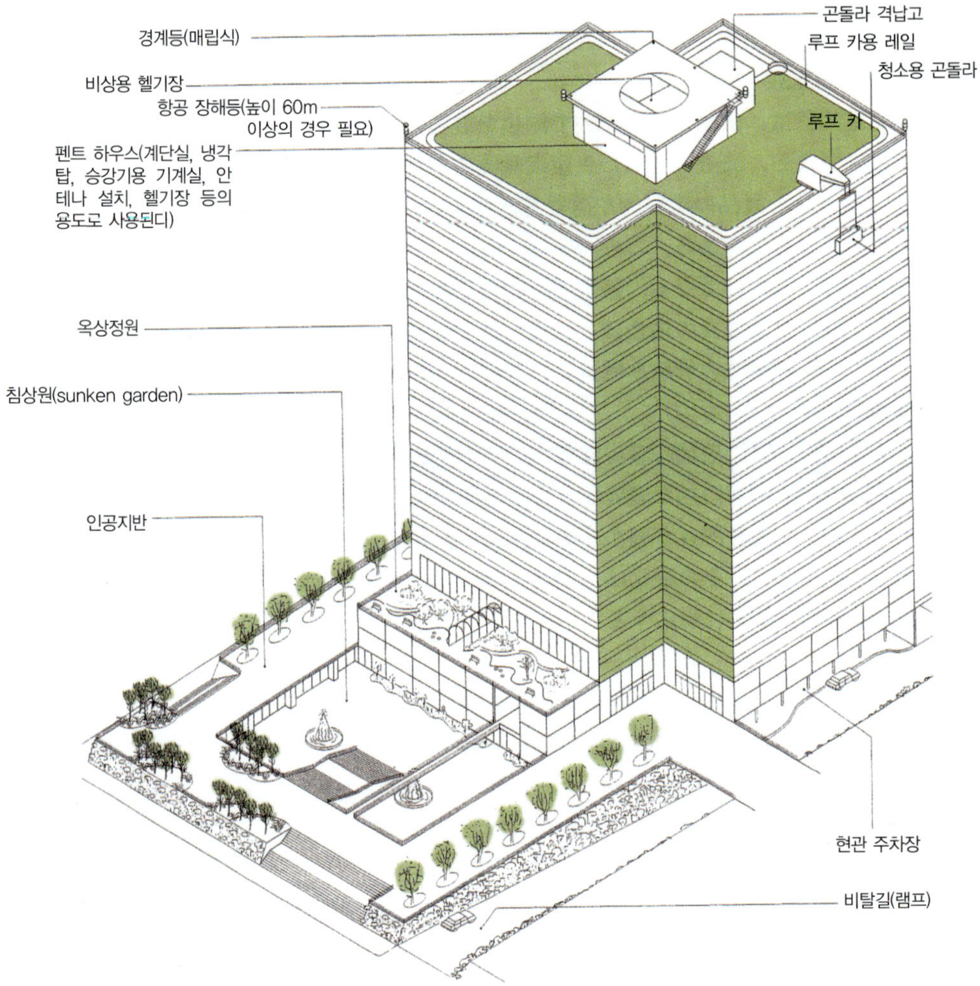

그림 4-11 고층 오피스 빌딩의 외부 구조와 입체녹화[1]
현재 수평면의 녹화는 상당히 제안되어 있다. 수직면과 경사면으로의 연속적인 녹화 형태를 제안할 수 있다면 제대로 된 입체녹화가 될 것이다.

그림 4-5 고층 오피스 빌딩 벽면녹화(제공 : 우에다 나오키씨)

고층빌딩의 주변은 가로 공간으로서 중요하다. 여기에 고층빌딩의 시각적, 심리적인 압박감이 집중되는 것은 바람직하지 않으므로 고층 부분에서부터 시선을 유도할 수 있는 방안이 필요하다. 키가 큰나무의 수관에 의한 덮개 형성, 다양한 녹지로 디자인된 벽면이나 입체녹화 등이 유효하다.

⒀ 생산시설과 유통시설

공장 등의 산업시설은 법률이나 조례 등으로 녹화가 의무화되고 있는 예가 많다. 시설이나 산업 활동 자체의 환경 부하가 크거나, 시설의 설계가 생산기능 중심으로 이루어져 경관적인 배려가 그다지 없었기 때문일 것이다. 생산된 제품의 구매자나 소비자가 개인일 경우에는 제품의 이미지나 선전을 겸하여 시설의 일부를 공개하는 일이 있다. 이 경우는 부지나 시설공간을 경관적으로 배려한 것으로 녹화를 단지 녹지량을 확보한다는 측면이 아니라, 경관 조성적인 효과를 높이는 디자인으로 조성한다면 시설공간의 질은 향상된다. 유통시설의 경우는 시설 자체가 빌딩식 혹은 일체식의 시렁(rack) 구조로 만들어진 경우가 많으므로 입체녹화의 골격구조와 같기 때문에 녹화하기 쉽다.

⒁ 공급 처리시설

발전소, 변전소, 오수 처리시설, 지역 냉난방 시설, 상하수도 시설, 가스 공급시설, 폐기물 소각시설 등은 각각의 시설이 갖는 전문적인 기능과 안전성이나 환경대책의 기능을 갖추어야 하므로 각종 설치기준이나 정비기준에 준해 설계내용이 상세히 규정되어 있으므로 해당 사업자에 의해 건설되는 게 일반적이다. 따라서 이들 시설에 대한 녹화는 환경영향평가의 결과나 행정지도 등에 의한 환경보전대책으로서 제시된 내용을 성실히 따르는 것이 기본이다. 이러한 경우에는 주로 녹의 양적 확보가 중심이 된다.

도시 등의 주거지역에서 떨어진 곳에 위치하는 경우라도 이들 시설은 생활상 혹은 환경 보전상의 중요한 시설이므로 녹의 질적인 대응을 가볍게 다루어서는 안 된다. 자연적 자원의 질적 보전, 생물환경의 보전, 생물다양성의 확보와 창출을 위한 녹의 양적 · 질적 확충은 여기에서도 중요하다. 각각의 시설 내용에 따라 또한 시설의 독특한 형태와 구조에 따라 녹화의 형태도 다양하므로 녹의 디자인이 의미를 갖는 경우가 발생한다.

가스 공급시설, 쓰레기 소각장, 하수처리장 등이 대표적인 사례지만 이들 시설이 거주지 주변에 위치하는 경우 안전, 환경, 경관 등의 측면에서 세심한 대응이 요구된다. 기피 혹은 혐오시설로 취급되지 않기 위해서라는 소극적인 대처가 아니라 지역융합형, 지역공헌형 시설이 될 수 있도록 녹화의 양적 · 질적 측면에서 충실해야 한다. 이러한 경우의 녹화계획에 있어서는 계획의 개념을 명확히 하는 게 효과적이다. 환경공생형으로 할 것인지, 녹화경관형으로 할 것인지, 어메니티 디자인이든, 에코로지컬 디자인이든 혹은 인텐시브 디자인이든, 익스텐시브 디자인이든 방향성의 선택과, 입지와 시설의 운용방침에 적합한 조합에 의해 디자인의 기본을 정한다. 이것이 흔들리게 되면 녹화의 효과는 증대되지 않는다.

공급 처리시설에는 입체녹화의 잠재적 가능성이 높으며, 매력적이고 참신한 디자인을 제안할 수 있는 부분이 매우 많다.

⒂ 장례시설과 종교시설

지자체의 합병 등에 의해 오래된 시설의 재건축이 이루어지고 있다. 주된 시설 외에 엄숙하고, 평온한 분위기를 조성하기 위한 조경은 중요한 역할을 한다. 이외의 옥외 시설로는 장례시설 내방자를 위한 주차공간과 접근로가 있다. 지금까지는 면적 확보와 단순한 동선으로 조성하는 데 중점을 두었으나 주변의 환경이나 경관에 어울리도록 디자인하면서도 엄숙함 외에도 외부로부터 차폐하는 것도 필요하다. 이를 위해 조경적인 설계에 더하여 입체녹화에 의한 이렇듯 섬세한 공간 조성이 향후 필요하게 될 것이다.

묘지나 위령소는 엄숙한 시설공간으로 하는 부분과 밝은 묘지공원으로서의 매력적인 녹지공간으로 하는 부분으로 구분된다. 이러한 경계기능과 양쪽에 대한 접근기능을 높이기 위한 입체녹화의 디자인이 제안되길 기대한다.

– 코시미즈 하지메(輿水 肇)

인용 · 참고문헌

1) 建築図解事典編集委員会 (2001) : 図解事典 建築のしくみ, 彰国社.

2) (社) 日本建築学会 (1980) : 建築学便覧 I 計画, 丸善.

02 | 단독주택과 외부 구조

(1) 단독주택의 기본적 구성과 녹화의 가능성

단독주택은 건물과 외부 구조로 구성되며, 건물의 바깥 면은 출입구나 창의 개구부와 벽면 등의 입면, 더불어 지붕 또는 옥상이나 베란다 등의 수평면과 경사면으로 구성된다. 베란다나 옥상 등의 공간 외곽에는 펜스 등 격자모양의 구조물이 설치되는 경우도 있다. 입체녹화의 주요 대상은 녹지로 피복됨으로써 단열이나 경관조성 효과가 기대되는 벽면과 격자모양의 구조물과 지붕이나 옥상이 된다. 또한 주거 건축물과는 별도로 마련된 창고나 차고 등의 구조물도 같은 구조이므로 입체녹화의 대상이 된다. 따라서 단독주택의 녹화 대상은 주택과 옥외의 접점 부분과 그 외부에 있는 옥외구조물이 된다. 주택에 이어진 옥외공간인 정원은 예로부터 주거와 외부의 자연을 연결하는 녹지의 생활공간으로서 자리매김하고 있고, 그곳에 설치된 파고라나 트렐리스에 의한 녹화도 부지 전체의 통일감을 만들어 내기 위한 요소라고 생각된다. 부지의 외부에는 흙막이용 옹벽이나 담, 울타리 · 펜스, 문짝 등이 있어 이곳 역시 녹화의 대상이 된다(표 4-1).

표 4-1 단독주택의 녹화 대상

구분	녹화 대상
주택(차고, 창고 등)	벽면 창 테라스 · 베란다 지붕 · 옥상
외부 구조(정원, 경계벽 등)	담 펜스 · 울타리 파고라 트렐리스 석축

(2) 단독주택의 입체녹화와 목적

입체녹화가 주목받고 있는 가장 큰 이유로 지구온난화와 도시열섬현상이라는 것은 이 책에서도 상세히 설명되어 있다. 단독주택에서도 이와 같은 목적으로 옥상녹화나 지붕녹화가 도입되기 시작하고 있다. 태양광의 열에너지를 흡수 · 보유하기 쉬운 콘크리트 · 모르타르 벽면이나 담을 녹지로 피복하는 것은 동일한 효과를 나타내는 것이라고 생각된다. 따라서 덩굴식물이나 목본식물로의 피복이 효과적이다. 한편, 벽면이나 담 등의 입면녹화를 시도하고 있는 단독주택의 주민을 대상으로 실시한 설문조사[2]에서는 대부분의 녹화목적이 「식물과 재배를 선호함」, 「편안함, 치유, 정서적 효과에 대한 기대」, 「주거나 벽면, 담의 장식」이고, 태양광 차단을 목적으로 하고 있다는 응답은 소수에 불과했다(제3장 3.4, 그림 3-32 참조). 에어컨을 가동함으로써 더위를 피할 수 있는 현대 생활패턴에서 주민 단계의 지구온난화에 대한 위기감은 아직 이 정도 수준에 있다는 것을 알 수 있을 것이다. 그러나 거주지 주변에 조성한 녹지에 대한 애착과 마음의 위안이나 거주지의 경관이 맡은 역할에 대한 기대가 높다는 것을 나타내는 결과로 받아들이는 쪽이 자연스런 일인지도 모르겠다. 사실 단독주택의 입면녹화는 빌딩가에서 보게 되는 녹화에 비해 양식과 사용되는 식물이 다양하고 합리적이다.

(3) 건물 벽면의 녹화

주택의 외벽은 전통적인 일본식 건물의 토벽을 회반죽으로 마감한 것이나 판자 이외에 콘크리트 · 모르타르 벽에 사이딩이나 타일을 붙여 마감한 것 등이 있다(표 4-2). 필자들의 데이터(시모무라 · 노구치, 미발표)에 의하면 어떠한 형태든 입체녹화를 한 주택의 담 녹화가 60% 이상 차지한 것에 비해 건물의 벽을 녹화한 사례는 20%를 넘지 않았다. 이 데이터에는 담쟁이덩굴이 일본식 주택의 모르타르 벽을 전면에 피복한 사례도 포함되어 있다. 이와 같은 경우는 주인의 적극적인 의지에 의한 것이라기보다는 담쟁이덩굴의 자연 발생적 침입의 결과로서 녹화가 이루어졌다고도[2] 생각되므로 주거 외벽을 의도적으로 녹화하는 사례는 한층 적은 편이라고 생각된다. 주택의 외벽은 도장이나 타일 마감 등에 의한 치장이 되어 있기 때문에 덩굴식물의 직접 등반 등에 의한 녹화는 그다지 적극적으로 도입하지 않고 있는 것으로 생각된다. 그러나 제1장 1.2 「유럽 및 북미 입면녹화의 과거와 현재」에서도 설명하였듯이 유럽과 미국에서는 벽면이나 창틀 등과 조화를 이루며 미관을 향상시키기 위한 덩굴식물의 등반이나 에스페리어의 이용이 적극적으로 시도되고 있다. 일본에서도 외벽이나 창틀과의 조화를 의도한 것으로 생각되는 벽면녹화의 사례(사진 4-7)를 볼 수 있다. 사진 4-8의 사례는 벽돌 벽면에 기근(氣根)이 직접 흡착되는 것을 피하기 위해 와이어를 설치하여 헤데라를 유인하고 있다. 흡착형을 트렐리스로 유인하였기 때문에 약간 피복이 두꺼워지는 등 헤데라 본래의 특성을 살리는 데 약간의 문제가 있지만 창틀을 따라 정리하는 등의 배려가 이루어지기 때문에 아름다운 외관을 창출하는 일이 가능하게 되어 있다. 또한 사례는 적은 편이지만, 목본식물을 열식하는 시도도 있다(사진 4-9).

표 4-2 단독주택의 녹화 부위별 소재와 표면 마감

입면의 종류	구조물의 종류	소재 또는 표면 마감
벽면	건축물	콘크리트, 모르타르, 각종 타일, 판, 토벽, 석재, 플라스틱, 강판, 페인트 마감 등
옹벽격자모양의 구조물	펜스 트렐리스 파고파 아치	철재 · 알루미늄 · 강제 파이프 및 망, 플라스틱, 목재, 대나무, 페인트 마감 등
지붕	지붕(옥상) 경사지붕	모르타르, 아스팔트, 도장 마감 기와, colonial 등

사진 4-6 담쟁이덩굴로 덮인 일본식 주택

사진 4-7 서양식 주택 벽면의 담쟁이덩굴

(4) 창 등의 개구부

창이나 출입구 등은 일상적으로 개폐 가능성이 있으며, 빛이나 바람의 입구로서 기능을 갖는 경우도 있기 때문에 벽면에 비해 녹화의 자유도는 낮다. 또한 계절에 따라 개폐의 빈도가 다르며, 여름철 태양열이나 외부로부터의 시선을 차단하기 위해 계절적으로 식물에 의한 피복이 행해지고 있는 것이다(사진 4-10~13).

사진 4-8 벽돌 벽면에 와이어 프레임을 설치해서 헤데라를 유인

사진 4-9 일본식 건축의 열식 벽면

사진 4-10 인동덩굴에 의한 창틀 피복

사진 4-11 창가를 덮은 플랜터형 풍선덩굴

사진 4-12 플랜터형으로 창가를 장식한 으아리

사진 4-13 시계꽃에 의한 창틀 피복

(5) 외부 구조 부분

1 담

단독주택의 외곽을 담으로 두르는 시도는 많다. 모르타르나 콘크리트 블록을 기초로 하여 리신(ricin)이나 석재, 타일 등을 부착한 마감도 볼 수 있다. 특히 마감이 되어 있지 않은 담은 외관이 훌륭하다고 말할 수 없으므로 식물로 피복함으로써 장식적 효과를 높일 수 있다. 휘커스 퓨밀라, 송악류, 담쟁이덩굴, 인동덩굴 등 부착형의 담쟁이덩굴 식물을 사용한 사례(사진 4-14)나 헤데라, 알제리아 아이비를 중심으로 한 하수형에 의한 피복(사진 4-15)이 많다.

최근 가드닝 붐의 영향으로 주택 주변에 많이 사용되고 있는 걸이 식생 바구니(hanging basket)나 걸이 식생 용기(hanging container)의 이용에 의한 벽면 피복은 태양열 차단이라는 효용은 그다지 기대할 수 없으나 장식적 효과는 뛰어나다(사진 4-16).

사진 4-14 외곽 블록 담을 빈틈없이 덮는 휘커스 퓨밀라

사진 4-15 하수형 알제리아 아이비

사진 4-16 모르타르 담을 플랜터형으로 장식

사진 4-17 외곽 금속 펜스를 피복한 멀꿀

2 펜스

펜스는 담과 마찬가지로 부지의 외곽을 두르는 구조물로서 많이 이용되고 있다. 일반적인 단독주택에서는 유럽과 미국에서 볼 수 있는 주철제보다 더욱 간소화된 금속 프레임에 수지 피복을 한 금속 네트를 짜 맞춘 것이 일반적이다. 이 경우에도 블록 담과 마찬가지로 외관에 매력이 떨어지기 때문에 식물을 이용한 경관을 조성할 필요가 있다. 덩굴식물은 감기형의 으아리, 인동덩굴, 멀꿀, 으름덩굴, 자스민류, 시계꽃 등이 이용된다(사진 4-17). 또한 덩굴장미를 펜스 피복에 이용하는 사례도 가끔 볼 수 있다. 유인이나 병충해 방제 등의 관리가 필요하지만, 5월의 개화는 진귀한 경관 효과를 가져온다(사진 4-18, 19).

사진 4-18 주택 경계의 트렐리스와 다양한 식물

사진 4-19 2층 베란다의 펜스 피복에도 이용되는 덩굴장미

3 흙막이용 옹벽

주택 외곽에 흙을 쌓아 생울타리 등의 식재기반을 조성하는 경우에는 흙을 쌓은 곳에 석축이나 담을 만든다. 또한 경사지에 조성된 주택지에서는 주택 외곽에 앞서 언급한 바와 같은 흙막이 구조물이 반드시 필요하다. 이러한 입면을 피복함으로써 경관조성 효과를 높일 수 있다. 덩굴식물이나 포복성 식물을 늘어뜨려 흙막이 구조물을 피복하는 방법이나 석축의 틈새에 관목이나 숙근초를 심어 표면을 피복시키는 방법 등을 흔히 볼 수 있다(사진 4-20). 유럽에서는 월(wall) 또는 월가든(wall garden)이라고 부르는 원예기술로서 확립되어 있다[3].

4 부지의 경계

부지 면적에 여유가 없는 경우 단독주택에서는 현관 앞의 공간이 접근로나 주차공간으로 이용되므로 그 경계에 담이나 펜스가 설치된다. 일상적으로 가족들에 의한 이용빈도가 높으며, 이웃들과의 접점이 될 수 있다. 또한 펜스의 경우에는 경관과 함께 시선 차단도 된다. 더불어 여름철 벽면에 흡수된 열이 반사되는 것을 막기 위해서라도 이와 같은 입면을 식물로 피복하는 일은 유효하다(사진 4-21).

사진 4-20 생울타리로부터 밑으로 드리워진 패랭이꽃류

사진 4-21 속새 열식이 벽면을 피복

5 아치, 파고라

담이나 현관 앞에 설치된 파고라나 아치에 덩굴식물이 유인됨으로써 녹음과 장식성이 추가된다. 여름철 녹음 등 환경조절기능을 우선시하는 경우에는 늦은가을부터 이른봄에 잎을 떨어뜨리는 낙엽성 식물의 이용이 바람직하다. 일본식 주택에서는 등나무 넝쿨시렁의 이용이 일반적이지만, 능소화(사진 4-22), 덩굴장미, 멀꿀(사진 4-23), 으름덩굴 등 다양한 덩굴식물의 이용을 볼 수 있다.

차고의 지붕을 덩굴식물로 피복함으로써 녹지의 아치가 형성되어 온도 상승을 막는 효과도 기대할 수 있다(사진 4-24).

6 다양한 식재 양식의 조합

위에서 살펴본 다양한 녹화수법을 조합하여 단독주택의 입체녹화가 실현되고 있는 사례를 보는 경우도 적지 않다. 사진 4-25에 나타낸 주택은 교회에 부속된 가옥이지만, 정원의 수목이나 파고라의 등나무, 펜스의 플랜터, 덩굴식물이나 저목 등이 적절히 조

화를 이루어 아름다운 주거 공간을 만들어 내고 있다. – 시모무라 타카시(下村 孝)

사진 4-22 부지 내 파고라에 얽혀 가지를 내려뜨린 능소화

사진 4-23 멀꿀에 의한 일본식 파고라

사진 4-24 차고를 덮고, 개화하는 시계꽃 아치

사진 4-25 복합적인 수법으로 조합시킨 외부 경관

인용 · 참고문헌

1) O.F.ボルノ―(1986) : 都市と緑と人間と, 問いへの教育(森田孝 · 大冢惠一譯), 川島書店, pp.315.

2) 岡田準人 · 山崎美幸 · 下村孝 (2005) : 京都市内の戸建て住宅で実施されている立面緑化の管理実体と住民の意識, ランドスケープ研究68 (5) : 883-888

3) Dunnett, N. and Kingsbury, N. (2004) : Planting green roofs and living walls, pp.254. Timber Press, Portland.

03 | 토목 구조물의 종류와 구조

토목 구조물에는 다양한 종류와 크기가 있지만, 기본설계 및 적산에서 최근 가장 중요시되고 있는 것은 구조물의 표준화와 시공 공정의 단순화이다. 개별적이고, 획일적인 환경으로 건설된 이들 토목 구조물에 경관이나 환경을 배려한 부가가치를 높이는 입체녹화를 하는 것은 앞으로 환경 저부하형, 물질 순환형, 환경 공생형 도시조성에 있어 반드시 필요하다. 도시에서 생활하고 있는 사람들은 환경의 쾌적성과 안전성을 찾아 혹은 매력적인 도시공간을 창조하기 위해 다양한 구조물을 대상으로 입체녹화를 실천 중에 있다. 표 4-3은 입체녹화의 대상이 되는 토목 구조물의 종류와 구조 및 녹화효과에 대하여 정리한 것이다. 각종 토목 구조물의 녹화대상과 녹화적용에 대해 녹화공법과 녹화에 의한 기능과 효과를 설명한다.

표 4-3 입체녹화의 대상이 되는 토목 구조물의 종류와 구조 및 녹화효과

토목 구조물의 구분	구조물 세구분	구조	녹화에 의한 기능 향상 효과
도로 구조물	(1) 옹벽	블록축(석축) 옹벽, 중력식 옹벽(대형 블록축 옹벽), 역T형 옹벽 · L형 옹벽 · 역L형 옹벽	경관향상, 시선유도, 미기후완화, 소음저감, 대기오염물질흡착, 생태 네트워크 기능, 과잉 건조억제, 콘크리트 약화억제
	(2) 방음벽	Y형, 변형 Y형, 외측 경사형, 역L형, 측 경사형	소음저감, 경관향상, 미기후완화, 대기오염물질흡착, 생태 네트워크 기능, 과잉 건조억제, 구조물 약화억제
교량	(3) 교량 하부 구조	교대(중력식 교대, 반중력식 교대, 역T식 옹벽), 교각(T식 교각, 벽식 교각, 구주식 교각, 라멘식 교각)	소음저감, 경관향상, 미기후완화, 대기오염물질흡착, 생태 네트워크 기능, 구조물 약화억제
	(4) 교량 상부 구조	교형(상자형교, I형교, H형교, T형교, 연속강형교, 상판(RC상판, 강상판), 난간(강제, 주철제, 알루미늄제)	소음저감, 경관향상, 미기후완화, 대기오염물질흡착, 생태 네트워크 기능, 구조물 약화억제
하천 구조물	(5) 하천 호안	자연석 호안, 환경보전형 블록 호안	경관향상, 미기후완화, 생태 네트워크 기능, 과잉 건조 억제
	(6) 빌딩 · 가옥 벽면	모르타르, 목판, 금속판, 자연석, 타일, 유리	경관향상, 미기후완화, 소음저감, 대기오염물질흡착, 생태 네트워크 기능, 과잉 건조억제, 콘크리트 약화억제, 랜드마크 기능

(1) 옹벽

옹벽이란 벽을 이용해서 토양의 붕괴를 막는 토목 구조물이다. 옹벽의 종류는 블록(석축) 옹벽, 중력식 옹벽(대형 블록 옹벽을 포함), 역T형 옹벽 · L형 옹벽 · 역L형 옹벽

등이 있다[1]. 옹벽을 구성하는 소재는 종류에 따라 다르지만, 크게 나누면 블록 옹벽, 중력식 옹벽에서는 소비강도 18-8-25N 콘크리트가, 역T형 옹벽 · L형 옹벽 · 역L형 옹벽에서는 소비강도 24-8-25N 콘크리트가 주로 사용되며, 철근은 SD345-D13~D25가 사용된다[2]. 옹벽의 설치에 있어서는 이제까지 레미콘을 틀에 넣는 현장 타설공법이 주류였지만, 최근에는 공장에서 충분히 양생시킨 2차 제품(프리캐스트 제품)을 현장에서 조립하는 공법이 늘고 있다. 이와 같은 프리캐스트 공법의 이점은 공장 생산에 의한 품질향상 이외에 현장에서의 양생 기간이 필요 없는, 즉 공기를 단축할 수 있다는 점이다.

옛날부터 블록(석축) 옹벽은 자연석인 간지석이나 야면석을 사용해 시공하는 공법이다. 최근에는 자연석 대신 콘크리트 블록이 많이 이용되고 있다. 블록(석축) 옹벽은 구배가 1 : 1보다 급한 경사, 수직높이가 5m 이하의 절토지반이나 원지반 등 배후사면의 토압이 비교적 작은 장소에 적용된다. 블록 옹벽의 한 형태인 녹화블록공법은 부속된 식혈에 양질의 토양을 충진함으로써 입체녹화가 가능하다(사진 4-26, 그림 4-12). 녹화블록의 형태에 따라서는 배후 사면까지 뿌리가 침입함으로써 옹벽 구조물과 배후 사면 모두에 안정을 기할 수 있다. 저자들은[3] 제한된 토양 용량에 대한 식물의 생육 특성에 대해 일본 전국 10개 시험지에서 북향에 설치한 옹벽과 남향에 설치한 옹벽에 그랜디플로라댕강(*Abelia x grandiflora*), 오오무라사키(*Rhododendron oomurasaki*), 알제리아 아이비(*Hedera canariensis*), 잉글리쉬 아이비 'Pittsburgh'(*Hedera helix 'Pittsburgh'*)를 식재하고, 자연 조건에서 3년간 생육을 비교하며 평균 재적량과 기상 요인과의 관계를 조사하였다(그림 4-13). 분석결과 그랜디플로라댕강은 온도 조건이 좋은 지역에서 남향 옹벽의 생장이 우세하였다. 그 밖의 수종은 북향의 옹벽에서 생장이 우세하였다. 이러한 결과는 일사에 직접 노출되지 않아 토양환경이 안정화된 것이 가장 큰 요인이라고 생각된다. 이와 같이 옹벽의 설치 방향이 북향과 남향의 차이만으로도 식물의 생장에 큰 영향을 미치기 때문에 생육 환경에 대한 충분한 사전 조사와 식재 계획이 필요하다.

중력식 옹벽(대형 블록축 옹벽)은 자체 무게만으로 토압에 견디도록 구조가 설계되어 있으므로 기초 지반이 양호한 수직높이 5m 정도의 경사면에 설치된다(그림 4-14, 15). 반중력식 옹벽은 중력식 옹벽과 마찬가지로 자체 무게만으로 토압을 지탱하지만, 지형이나 토질 조건에 따라 벽 두께를 중력식 옹벽보다 얇게 할 필요가 있는 경우에 적용된다. 역T형 옹벽 · L형 옹벽 · 역L형 옹벽은 기초 지반이 비교적 불량한 지반에도 적용할 수 있으므로 수직높이 3~8m의 경사면에 많이 설치되는 옹벽이다(그림 4-16). 옹벽 구체부와 바닥판의 토양이 함께 배후 사면의 토압에 저항하도록 계산되어 있다.

사진 4-26 녹화 블록축 옹벽에 의한 시공 사례(교토시 히가시야마구 일반 지방도로 시노미야 요츠츠카 선)

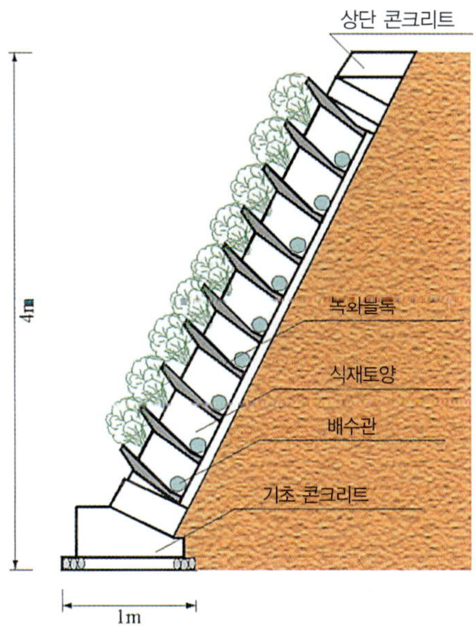

그림 4-12 녹화블록 구조

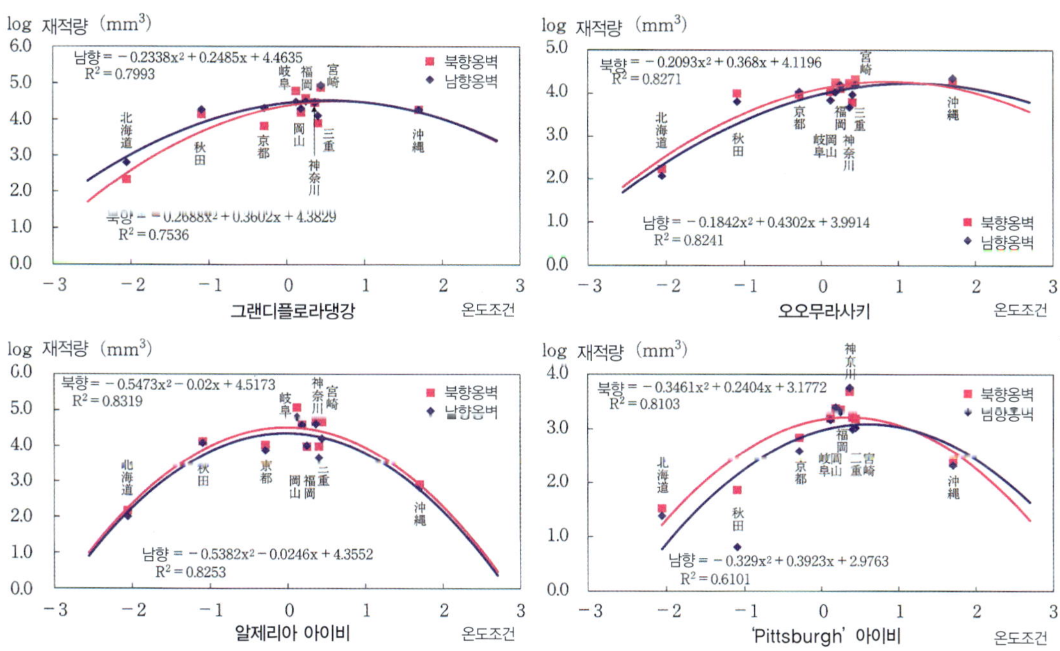

온도 조건 : 식물 생육에 유의한 상관이 인정된 기상 요인을 인자 평가화한 수치

그림 4-13 옹벽 녹화에서의 여러 가지 식물 생육 비교

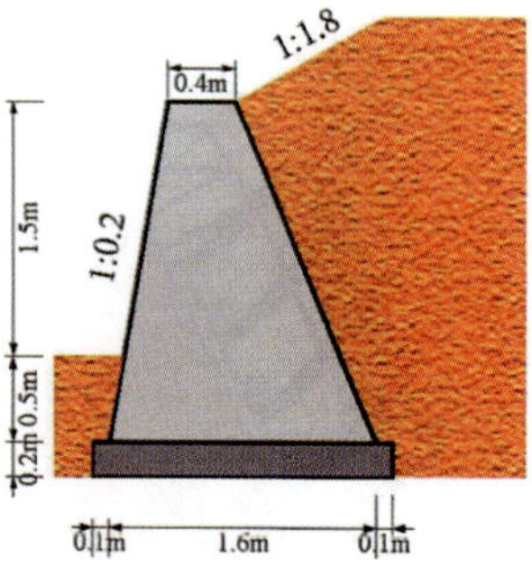

그림 4-14 중력식 옹벽의 구조

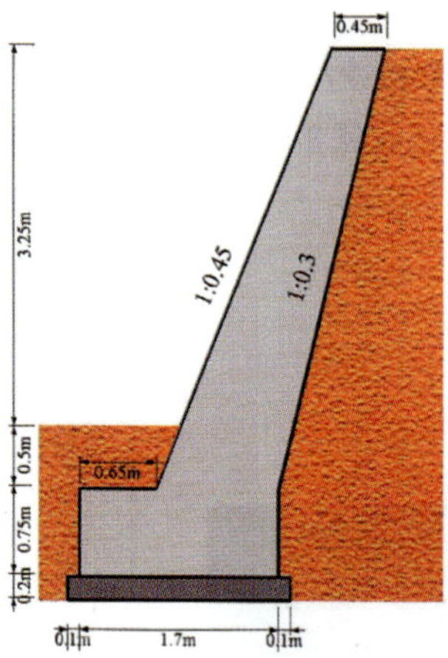

그림 4-15 대형 블록축 옹벽의 구조

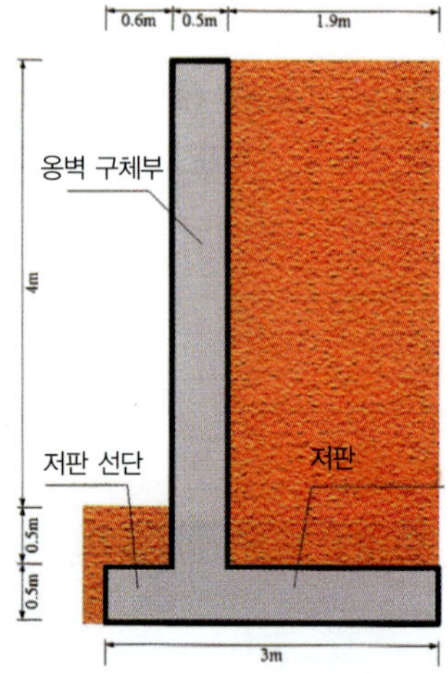

그림 4-16 역T식 옹벽의 구조

이들 옹벽을 단순한 흙막이용으로 받아들이는 것이 아니라 녹화 대상물로 인식함으로써 벽면에 리듬감을 주어 토목 구조물의 압박감을 경감하고, 이러한 이미지를 향상시킬 수 있다,

(2) 방음벽

도로망이나 철도망의 발달에 의해 도심 생활공간에서의 소음이 문제가 되고 있다. 도로변의 소음대책으로서 이제까지 금속제 방음벽이나 수지제 방음벽을 설치함으로써 음파를 다중 회절시키고, 유리섬유 등의 흡음재로 저감시켰다. 그러나 이러한 소재의 방음벽은 일사를 반사하며, 축열체이고, 수지가 퇴화한다는 등의 이유 때문에 최근에는 방음벽 표면 자체를 녹화하는 사례를 볼 수 있다.

표 4-4 방음벽의 녹화 수법

방음벽의 녹화 수법	식재 식물 종류	구조
직접 녹화 수법	저목류, 지피류, 덩굴식물(하수형)	방음벽의 벽면에 식재 토양을 조성하여 직접 이식하는 방식. 내부에 관수용 파이프나 점적 튜브를 설치하여 관수할 필요가 있음.
간접 녹화 수법	중고목류, 덩굴식물(등반형)	방음벽의 기초를 피해 지면에 직접 식재할 수 있는 토양 환경을 정비해서 식물의 생장이나 등반에 의해 방음벽을 덮는다. 덩굴식물의 흡반(吸盤) 등이 휘감을 수 있는 표면 구조가 필요함.

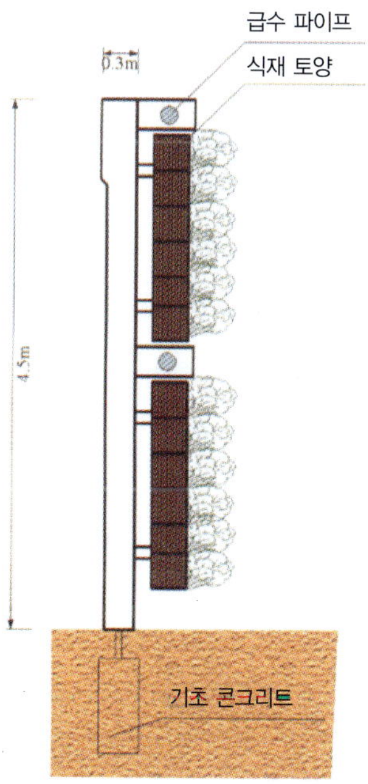

그림 4-17 방음벽의 구조(직접 녹화 수법)

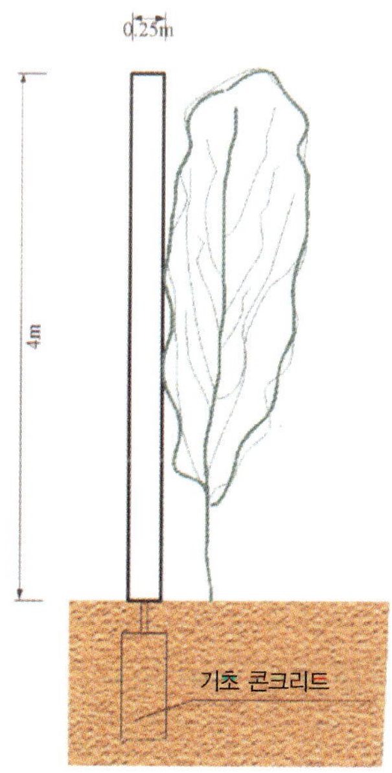

그림 4-18 방음벽의 구조(간접 녹화 수법)

방음벽의 녹화 수법은 크게 나누어 구조물에 식재토양을 조성하여 저목류, 지피류, 덩굴식물을 식재하는 직접 녹화 수법과 방음벽 앞에 중고목류(에스페리어 조성)나 덩굴식물을 식재할 수 있는 식수대를 설치하여 생육시키는 간접 녹화 수법이다(표 4-3, 그림 4-17, 18).

직접 녹화 수법은 녹으로 피복하고 싶은 부분에 녹화시스템을 설치하면 비교적 단기간에 입체녹화를 시공할 수 있지만 간접 녹화 수법는 방음벽에 따라 식물이 등반 혹은 하수형태로 피복되기 때문에 전면을 녹화하는 데는 시간이 소요된다. 또한 대부분의 경우 방음벽에 보조자재의 설치가 필요하지만, 비용측면에서는 직접 녹화 수법에 비해 저렴하게 녹화할 수 있다 방음벽이 설치되는 장소의 상황을 잘 검토하여 최적의 방음벽 구조와 녹화 수법을 결정할 필요가 있다.

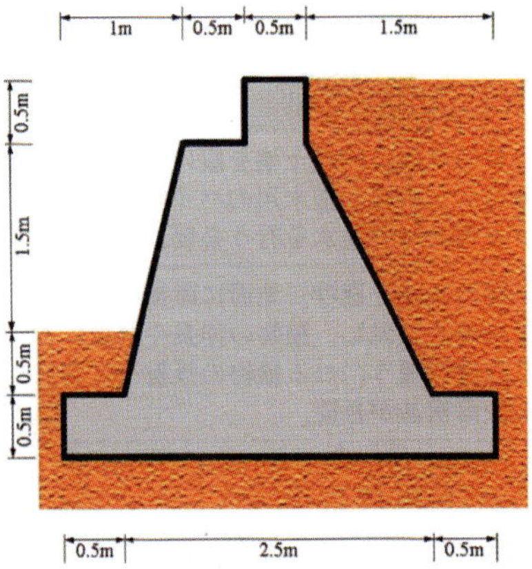

그림 4-19 중력식 교대의 구조

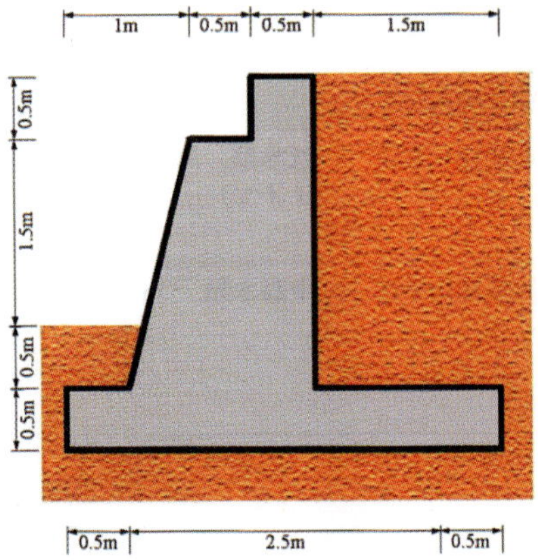

그림 4-20 반중력식 교대의 구조

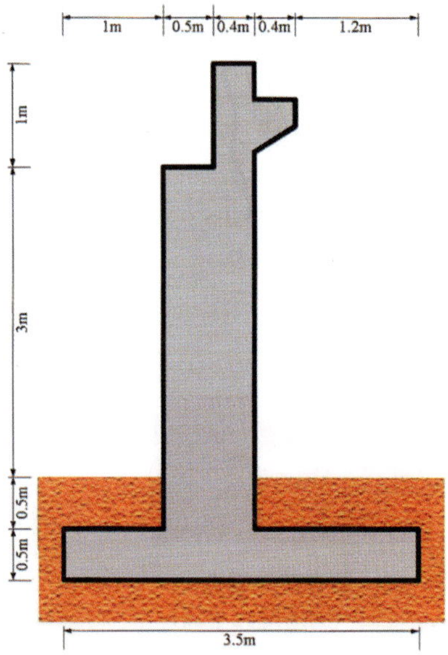

그림 4-21 역T식 교대의 구조

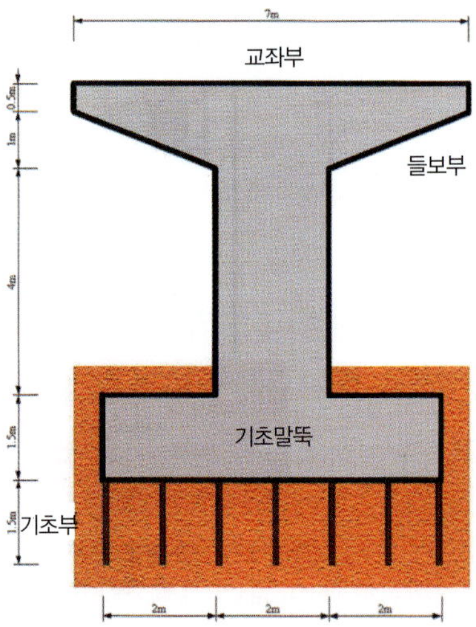

그림 4-22 T식 교각의 구조

(3) 교량 하부구조(교대, 교각)

교대는 상부구조를 받쳐주는 가장 중요한 부분으로, 구조높이는 3~15m이다. 교대의 종류로는 중력식 교대, 반중력식 교대, 역T식 교대가 있으며 미끄럼이나 침하하는 일이 없도록 견고하게 설계된다[4](그림 4-19, 20, 21). 교각에는 콘크리트제 교각이나 강제 교각 등 재질에 따른 차이와, 상자형 단면 교각이나 원형 단면 교각 등 형태에 따른 차이가 있다. 교각으로서 일반적인 T식 교각은 상부구조를 받쳐주는 받침부, 들보부, 기초부로 구성되어 있다(그림 4-22). 교대나 교각의 기초가 되는 기초부분은 지하에 매설되어 있으며, 기초 위 상층 토양만으로는 입체녹화를 유지하기에 충분한 근계의 발달을 기대하기가 어렵다. 또한 상부에는 주보, 주트러스 등이 덮고 있기 때문에 자연강우를 기대할 수 없으므로 교대의 녹화에 있어서는 주변으로부터 식물을 유인하여 피복하는 녹화를 고려하든가, 아니면 관수장치를 갖춘 녹화시스템을 설치할 필요가 있다. 도로에서 배수된 물의 이용도 생각할 수 있지만 겨울철 제설재 살포나 콘크리트 구조물로부터 알칼리 성분의 용출도 있기 때문에 이것을 직접 이용하는 것은 피해야 한다. 관수에는 중수나 상수의 이용이 필요하다. 교량 하부구조의 벽면 구조는 녹화 식물이 휘감을 수 있는 철망이나 와이어 등의 보조자재나 구조를 고려해 두는 것이 중요하다.

(4) 교량 상부구조(트러스, 상판, 난간)

교량 상부구조는 자동차나 사람이 통행하도록 설계된 구조물이다. 아스팔트 포장 하부는 철근 콘크리트 상판(RC상판)이나 강철 상판으로 구성되며, 대부분의 상판 두께는 30cm 이하이다[5)6)]. 입체녹화에 있어서는 보도나 데크부에 플랜터를 설치하여 유효 상층 두께를 확보한 뒤에 식물을 늘어뜨려 측면을 피복하는 방법이나 교량 가장자리로부터 식물을 유인하는 방법이 효과적이다. 또한 교량 위에 설치된 강재나 석재의 난간은 이제까지 안전성이나 디자인이 중요시되어 녹화대상이 되지 않았던 부재의 하나였다. 난간부에 대해서도 덩굴식물이 등반할 수 있는 구체를 갖춤으로써 교형과 동시에 녹화가 가능하다. 또한 최근에는 난간 자체에 식재공간이 마련된 녹화시스템이 개발되어 있으므로 이들에 대한 이용도 유효하다.

(5) 하천 호안

하천 호안의 대부분은 이제까지 치수와 이수에 중점을 두고 시공되어 왔지만, 1997년 하천법 개정에 의해 하천이 지닌 다양한 자연 환경이나 수변 공간을 보전하고 정비하는 것이 하천 관리의 목적으로써 추가되었다. 자연 하천의 구조를 재현하여 생태계를 복원하기 위해서는 하천 호안의 형태가 중요하다.

자연 환경이나 경관을 배려한 호안의 종류로는 친수하천 호안, 자연형 호안 등이 있다(표 4-5). 그림 4-23은 자연석을 하천 호안의 일부로써 사용하는 공법이다. 또한 최근에는 다공질의 투수성 콘크리트를 사용한 하천 호안도 시공되고 있어 식생 회복에 기여하고 있다[7)8)]. 하천 호안은 녹화대상지에 물이 존재하기 때문에 입체녹화 중에서도 비교적 정비하기 쉬운 장소라고 할 수 있다. 이와 같은 유리한 환경을 최대한 활용하여 적극적인 녹화가 요망되는 분야 중 하나이다.

표 4-5 자연 환경이나 경관을 고려한 호안의 종류

하천 호안의 종류	구조	공법의 설명
친수하천 호안	계단 호안, 완구배 호안	호안을 계단 모양이나 완구배로 함으로써 식물의 침입을 용이하게 한다.
자연형 호안	자연석 호안	앵커 부착 자연석 쌓기 공법으로, 틈새가 크기 때문에 식생을 빠른 시간 내 복원할 수 있다. 틈새가 있는 구조이지만 앵커의 효과로 토압과 유수력에 저항할 수 있는 견고한 호안으로 시공은 비교적 쉬운 편이다.
	환경보전형 블록 호안	다공질의 투수성 콘크리트를 사용하여 본래 자연이 지닌 복원력을 이용하여 녹화하는 공법이다.
	망태매트 호안	망태 내부에 채운 석재의 무게와 폭에 의해 호안을 보호하며, 수생식물에 의한 녹화와 소동물 서식처의 복원에 유효하다. 내부 채움재는 물 흐름에 대해 안정성이 있으며, 유출되지 않을 정도의 입경으로 한다.

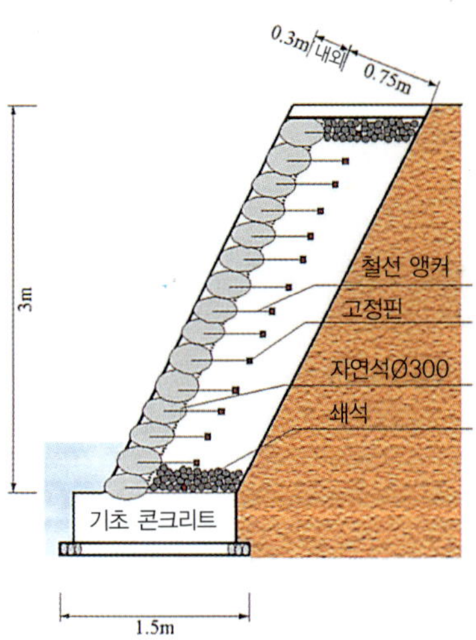

그림 4-23 하천 호안의 구조

사진 4-27 보조자재를 사용하지 않고 빌딩 전면을 여름 담쟁이덩굴로 덮은 사례(교토시 야마시나구)

(6) 빌딩 · 주택

빌딩이나 주택의 벽면은 모르타르, 목판, 금속판, 자연석, 타일, 유리 등 다양한 소재로 되어 있다. 이들을 녹화하는 방법으로는 건물 상층에서 식물을 늘어뜨리는 식물 하수형, 식물을 지상에서부터 벽면을 따라 등반시키는 식물 등반형, 패널이나 플랜터 등을 벽면에 설치하는 녹화시스템 등이 있다. 식물 하수형의 경우 건물 상층으로부터 식물을 늘어뜨리기 위해 벽면에 별도의 보조자재를 설치할 필요는 없지만, 벽면 상부에 식재 기반을 설치하여 급배수하거나 토양을 건물 상층에서 관리할 필요가 있기 때문에 초기 설치비와 유지 관리비가 다른 방법에 비해 높아지는 경향이 있다. 식물 등반형은 식재 기반을 지상에 설치할 수 있기 때문에 초기 비용을 줄일 수 있지만, 식물이 벽면을 타고 뻗어나갈 수 있도록 보조자재가 필요한 경우가 있다. 벽면 구조와 사용할 식물 종에 따라서는 보조자재 없이 등반할 수 있는 조합도 고려할 수 있기 때문에 벽면 소재와 사용 식물 종의 충분한 검토가 필요하다(사진 4-27).

벽면에 플랜터나 식재 토양을 넣은 녹화시스템은 식물을 다양하게 디자인하여 입체녹화를 할 수 있다. 그러나 넓은 면적의 벽면에는 적용하기 힘들며, 또한 높은 벽면의 설치는 유지 관리가 힘들기 때문에 장단점을 충분히 검토하여 설치하는 게 중요하다.

– 오야부 타카시(大藪崇司)

인용 · 참고문헌

1) (社)全日本建設技術協会 (2000)：土木構造物標準設計第2巻解説書 (擁壁類), pp.134.
2) (社)全日本建設技術協会 (1999)：土木構造物設計ガイドライン 土木構造物設計マニュアル (案) [土木構造物・橋梁編] 土木構造物設計マニュアル (案)に係わる設計・施工の手引き (案), pp.140.
3) 大藪崇司・柴田昌三・新畑学・森本幸裕・小橋澄治 (2000)：全国10ケ所のモデル擁壁を用いた緑化に関する実験的研究, 日本緑化工学会誌25(4), 355-360.
4) (社)日本道路協会 (2002)：道路橋市方書 (Ⅰ共通編・Ⅳ下部構造編)・同解説, pp.567.
5) (社)日本道路協会 (2002)：道路橋市方書 (Ⅰ共通編・Ⅱ鋼橋編)・同解説, pp.518.
6) (社)日本道路協会 (2002)：道路橋市方書 (Ⅰ共通編・Ⅲコンクリート編)・同解説, pp.368.
7) 先端建設技術センター (2001)：ポーラスコンクリート河川護岸工法の手引き, pp.138. 山海堂
8) (社)日本コンクリート工学協会編 (1993)：コンクリート構造物の緑化に関するシンポジウム論文報告書, pp.114.

4.2 입체 피복의 식재 양식

앞에서 살펴본 바와 같이 입체녹화를 하기 위해서는 입면과 평면, 구면 등의 형태를 갖는 구조물의 표면을 직접 혹은 간접직으로 각종 식물로 덮는 게 필요하다. 그리고 입체녹화의 대상이 되는 구조물 표면의 내부, 옥상이나 지붕에 녹화를 할 때에는 적재 하중과 방수, 방풍 등 각각의 과제가 검토되지 않으면 안 된다. 따라서 옥상녹화로서 독립된 범주에서의 논의가 필요하다. 옥상녹화에 관한 문헌은 다양하게 출판되어 있으므로[1-4], 이 책에서는 평면의 피복에 관한 논의를 이들 문헌에 맡기며, 입면에 초점을 맞춰 논의를 진행토록 한다.

벽면이나 펜스 또는 아치, 파고라 등의 구조물 녹화에는 표 4-6, 그림 4-24에 나타낸 바와 같이 덩굴식물에 의한 등반과 하수, 포복성 식물에 의한 하수, 수목의 열식 및 입면에 설치한 기반에 식물을 옮겨 심는 방법 등이 있다. 각각의 방법에 따라 식물의 선택과 식재기반이나 피복 촉진을 위한 보조시스템, 더욱이 유지관리방법의 검토가 필요하다. 게다가 식물의 생육특성에 기초한 피복을 실현하기 위한 이용특성을 정확히 파악하는 게 중요하다.

표 4-6 입면녹화의 피복 양식과 사용 식물의 특성

기반	피복 양식	식물의 종류	식물의 특성	이용되는 기관 및 특성	이용할 수 있는 식물	대상 구조물
자연 또는 인공(플랜터)	등반	덩굴식물	부착형	기근	송악류, 휘커스 퓨밀라류, 줄사철, 마삭줄(감기형 가능), 능소화, 등수국, 팻츠헤데라	벽면, 격자형 구조물, 아치, 파고라
				부착반(흡반)	담쟁이덩굴, 비그노니아(감기형 가능)	
			감기형	줄기, 가지	캐롤라이나 자스민, 남오미자, 인동덩굴, 멀꿀, 셈퍼비렌스 인동덩굴, 마삭줄(부착형 가능), 으름덩굴, 노박덩굴, Polygonum aubertii, 키위, 쥐다래	
				덩굴손	시계꽃, 비그노니아(부착형 가능)	
				엽병	으아리	
			기대기형	줄기, 가지 (가시의 이용도 있음)	덩굴장미류	
	하수	덩굴식물	부착형	줄기 · 가지*	송악류, 휘커스 퓨밀라류(부착), 줄사철, 마삭줄, 능소화, 등수국, 팻츠헤데라, 담쟁이덩굴(일부 부착), 비그노니아	
			감기형	줄기 · 가지, 덩굴손	캐롤라이나 자스민, 남오미자, 인동덩굴, 셈퍼비렌스 인동덩굴, 멀꿀, 시계꽃, 으름덩굴, 노박덩굴, Polygonum aubertii, 키위, 쥐다래	
			포복형	줄기 · 가지	오스테오스퍼멈, 패랭이꽃류, 빈카류, 가자니아 찬소넷트, 로즈마리, 섬향나무류, Cotoneaster franchetii, 사철채송화, 화만초,	
	상향 생장	중저목	열식	줄기 · 가지	수목(특히 구과식물류), 대나무류, 생울타리용 수목	벽면, 격자형 구조물
	유인	중저목 · 덩굴식물	에스페리어	줄기 · 가지	유럽과 미국에서는 무화과나무, 사과나무, 배나무, 포도나무 등 과수류가 광범위하게 사용되고 있다.	
인공	붙임	저목 · 초본 · 덩굴식물	-	-	수목, 초본류, 덩굴식물 포함.	

* 하수 때 벽면에 닿게 되면 휘커스 퓨밀라는 기근으로 부착하며, 담쟁이덩굴은 부착반(흡반)으로 부착하는 경우가 있으나 다른 식물은 부착하지 않는다.

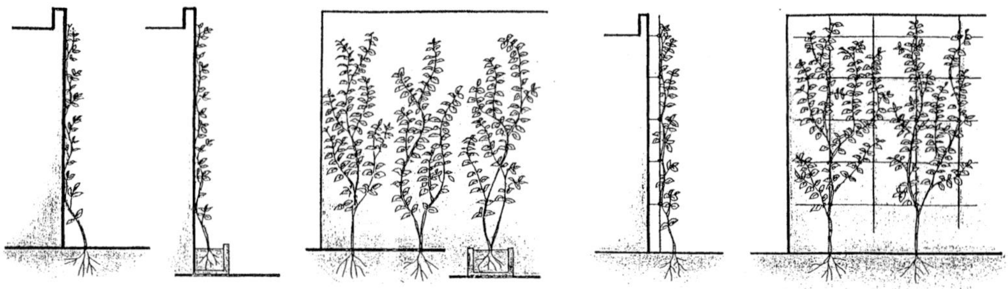

직접 심기 · 플랜터 보조자재 없음 보조자재 있음

부착형 덩굴식물에 의한 등반 피복

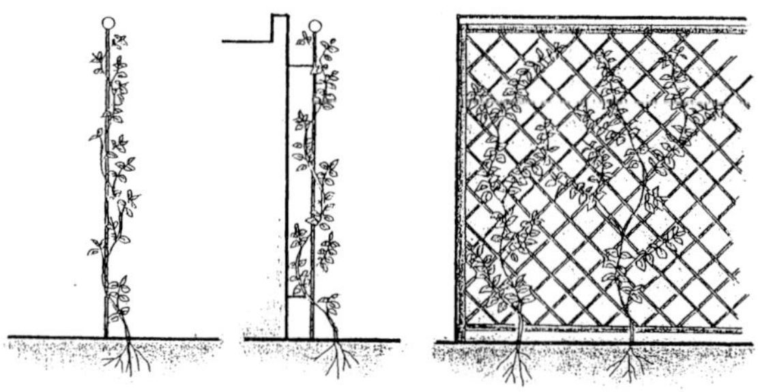

보조자재 없음 보조자재 있음

감기형 덩굴식물에 의한 등반 피복

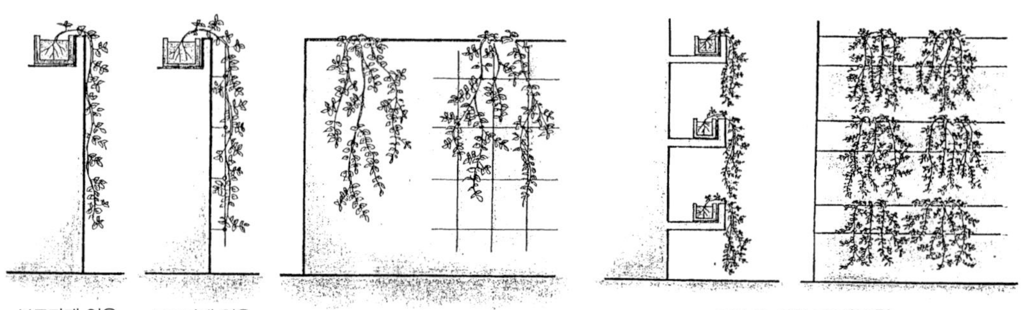

보조자재 없음 보조자재 있음

하수에 의한 피복(플랜터 · 식재) 단층

하수에 의한 피복(복층)

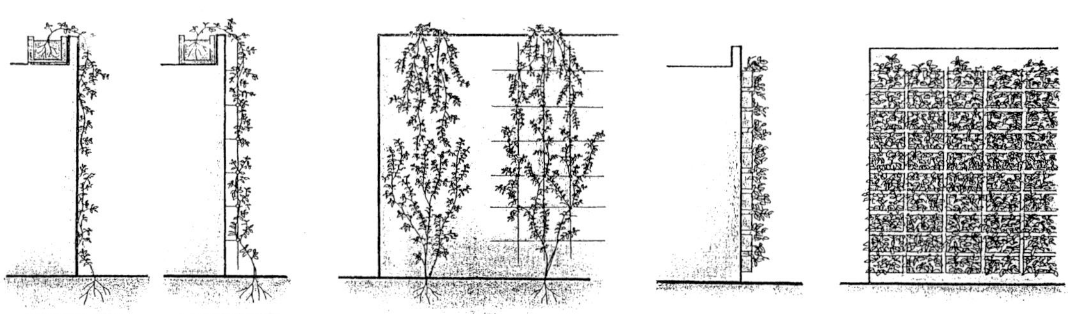

보조자재 없음 보조자재 있음

등반과 하수의 조합에 의한 피복

녹화 패널에 의한 피복

그림 4-24 입면녹화의 피복 양식(단면 및 입면)

01 | 덩굴식물에 의한 녹화

(1) 등반(登攀)

프로 야구나 고교 야구로 일본 전국에 이름이 알려져 있는 효고(兵庫)현 니시미야(西宮)시의 한신(阪神) 고시엔(甲子園) 구장은 담쟁이덩굴로 덮인 구장으로도 잘 알려져 있는데, 외곽의 벽면을 담쟁이덩굴이 등반에 의해 피복하고 있다. 1923년 구장 완성 때 식재된 담쟁이덩굴의 아름다운 모습이 현존하는데, 제2차 세계대전 당시 화재 등에 의해 일부 손상되었으나 이후 보식하여 외곽 전체를 골고루 덮고 있다. 구장 정면 부분에는 일부 송악도 혼식되어 있어 대비를 이루고 있다(사진 4-28). 이들 장기간 낙엽성과 상록성의 덩굴식물에 의한 녹화 벽면의 유지는 덩굴식물에 의한 등반 피복의 유효성을 이야기하고 있다.

사진 4-28 고시엔의 담쟁이덩굴과 근원 주변

덩굴식물은 수목처럼 자립할 수 없기 때문에 자연생태계에서는 다른 대형 수목 등에 흡착형 또는 감기형 등반으로 수관이나 수목 끝까지 도달하여 태양의 혜택을 누리고 있다. 이와나미(岩波) 생물학 사전[5]에 의하면, 휘감겨 등반하는 줄기를 감기 줄기(volubile stem, winding stem), 덩굴손이나 소엽병 혹은 부착근을 이용하여 등반하는 줄기를 자립 등반 줄기(기어오르는 줄기, 등반 줄기, climbing stem)로 구분하고, 자립 등반 줄기에 감기 줄기를 포함시키는 경우도 있다. 또한 부착하는 기근(氣根)을 반연근(攀緣根)으로 하여 줄기가 다른 물체에 접하는 측에만 돋아난다고 되어 있으나, 송악류에서는 부착측 이외에도 돋아나는 경우가 있으므로 오해의 소지가 있는 견해라고 할 수 있다. 그러나 이러한 논의는 이 책의 범주를 넘어선 것으로, 여기에서는 더 이상 언급하지 않도록 하며, 녹화 현장에 적합한 덩굴식물의 정의에 대해 정리한다.

담쟁이덩굴은 덩굴손 선단의 부착반이 지지물에 부착하여 벽면을 등반하며, 송악류나 휘커스 퓨밀라 등은 기근으로 부착한다. 이러한 식물을 부착형 식물이라고 한다. 한편 으름덩굴이나 남오미자 등은 줄기나 가지가 지지물에 휘감겨 등반하고, 시계꽃 등은 덩굴손에 의해 등반한다. 이러한 것들을 감기형 덩굴식물이라고 한다. 또한 으아리처럼 복엽의 소엽병이 휘감는 식물도 있는데, 이러한 것들도 감기형으로 분류된다. 그 밖에 부착이나 감기 기관을 갖고 있지 않지만, 줄기가 덩굴모양으로 생장하여 자립하기 힘들고, 다른 물체에 기대면서 위쪽으로 생장하는 덩굴장미 등도 기대기형 식물로서 덩굴식물의 범주에 속하며, 메쉬를 기어오르거나 가시를 이용하면서 등반한다. 이러한 식물들도 적절한 방법으로 유인함으로써 입면녹화에 이용할 수 있다. 입면녹화의 현장에서는 생태계에서 덩굴식물이 지지물로 이용하는 수목류 대신에 빌딩의 벽면이나 펜스, 교각이나 기둥 등이 그 임무를 맡게 된다. 따라서 덩굴식물의 생태에 따른 이용을 생각할 필요가 있다.

1 부착형 식물에 의한 입면의 등반

부착형의 덩굴식물로는 부착반 부착형의 담쟁이덩굴이나 능소화류(이 책에서는 감기형으로 분류하고 있다. 5.1 참조), 기근 부착형의 헤데라, 휘커스 퓨밀라, 능소화 등이 있다(표 4-6 참조). 부착에 의한 등반에 적합한 입면의 종류는 다양해서 건물 벽면이나 담, 옹벽이나 기둥 등으로 정리할 수 있다(표 4-7). 소재는 콘크리트, 타일(도자), 석재, 판, 백벽 등 다양하지만, 표면 구조에 따라 부착력이 다르다(4.3 참조). 부착형 덩굴식물은 격자형 구조물인 펜스나 트렐리스에는 적합하지 않지만, 가지의 유인 등을 통해 이용하고 있는 사례를 볼 수도 있다. 부착의 성패와 강도는 이들 식물의 부착 특성 및 벽면의 구조와 깊은 관계에 있다. 입면 소재의 구조와 부착 관계에 대해서는 4.3에, 또한 개개 식물의 생육 특성이나 이용 특성에 대해서는 5.1에 상세히 설명되어 있다.

표 4-7 입면녹화의 대상이 되는 구조물과 소재

입면의 종류	구조물의 종류	소재 또는 표면 마감
벽면	건물 담 옹벽 교각 비탈면	콘크리트, 모르타르, 각종 타일, 판, 토벽, 석재, 플라스틱, 강판, 페인트 마감
격자형 구조물	펜스 울타리 트렐리스 파고라 교각	철재 · 알루미늄 · 강재 파이프 및 망, 플라스틱, 목재, 대나무, 페인트 마감 등
기둥형 구조물	기둥	

등반에 의한 피복의 경우 피복의 높이와 면적 및 피복 두께는 덩굴식물의 생육 속도나 생육 습성에 달려있다.

식물에 의한 피복 목적이나 벽면의 규모에 따라 상록이나 낙엽의 구분이나 생육 속도 등을 지표로 한 덩굴식물의 선택에 있어 근거와 정확성이 요구된다. 예를 들면, 이용 사례가 많은 담쟁이덩굴은 생육이 빠르고, 가을에 단풍이 들어 아름답지만(사진 4-29), 겨울부터 봄에 걸쳐서는 잎이 떨어져 무채색의 줄기 · 가지와 벽면 소재가 그대로 노출되며(사진 4-30), 더욱이 찬바람이 벽면에 세차게 불면 벽면의 수축을 초래하게 된다. 따라서 이러한 점을 고려한 선택이 필요하다. 한편, 송악류는 빈틈없이 벽면을 피복하여 겨울철에도 녹을 유지하지만, 담쟁이덩굴에 비해 생육이 떨어져 여름 전에 식재하면 활착이 충분하지 않은 상태에서 고온에 노출되어 생리 장해를 일으켜 고사하는 일이 있기 때문에 식재 후의 활착과 안정된 생장을 목적으로 한 식재 시기의 선택도 필요하다. 그러나 정원꾸미기 열풍의 영향으로 다양한 원예 품종이 시장에 나와 벽면 피복에도 이용되기 시작하고 있다. 이것이 입면녹화에 이용할 수 있는 덩굴식물 선택의 폭을 넓혀, 녹화 보급에도 공헌하는 결과를 가져왔으며(사진 4-31), 개개 생육 특성과 이용 특성의 정확한 파악이 과제로 되어 있다. 그 밖의 기근 부착형 식물인 휘커스 퓨밀라는 치밀한 피복이 가능하며, 신초에서 돋아나는 잎은 황록색으로부터 연록을 띠며 아름답다. 그러나 성숙되면 대형 잎이 달리는 성숙된 가지가 되어 피복의 두께가 더욱 두꺼워지며(사진 4-32), 겨울에는 잎의 색깔도 진하게 되어 음울한 분위기를 자아낸다. 따라서 매년 두 번 정도의 가지 손질이 필요하다. 가지 손질을 하게 되면 어린 가지의 분지를 촉진시켜 두께 5cm 정도의 아름다운 피복을 유지할 수 있다. 그러나 중고층 빌딩 벽면에서는 고층 작업이 필요하게 된다. 제7장 7.4에 소개된 싱가포르의 고속도로 교각을 아름답게 피복한 휘커스 퓨밀라는 2~3개월에 한차례 정도 고소작업차를 이용하여 가지를 깎고, 손질하는 작업이 행해지고 있다. 휘커스 퓨밀라의 사례에서 살펴본 바와 같이 입면녹화에 있어서는 유지관리와 관련된 공간의 설정이 요구된다. 이상 개개 부착형 식물을 상세히 살펴보면 특징과 함께 다양한 과제도 확인할 수 있다. 자세한 내용은 5장에서 논하고자 한다. 결국 도심부의 부착형 덩굴식물의 이용 실태는 다음의 조사에서 확인할 수 있다.

사진 4-29 석조 주택 벽에 등반하여 단풍이 든 담쟁이덩굴

사진 4-30 등반한 담쟁이덩굴 잎이 떨어진 콘크리트 블록 벽

사진 4-31 송악류의 여러 품종을 사용한 벽면 피복

사진 4-32 장대한 옹벽을 등반하여 성숙된 잎을 여러 군데 내고 있는 휘커스 퓨밀라

오키나카(沖中)[6]는 도쿄 주변을 중심으로 한 시가지에 있는 건물, 야외 건물 및 비탈면이나 평면에서의 덩굴식물에 의한 입면녹화의 실태를 조사하였다. 대형 건물과 대형 주택에 관해서는 고시엔 구장, 교토 회관, 도우준카이(同潤会) 미나미(南) 아파트 등 지역을 불문하고 조사하였으며, 비탈면에 관해서는 하천 부지, 철도 부지를 대상으로 하였다. 조사대상지로부터 도시지역에서 볼 수 있는 입체녹화 대상물을 거의 망라하고 있다고 생각된다.

조사결과 시가지에서의 입면녹화에 사용된 덩굴식물은 총 681개 사례 중 부착형(315개 사례)이 감기형(264개 사례)을 약간 상회하였다. 또한 부착형이 울타리 이용 사례 중 24%을 차지하고 있었다. 부착형 식물 315개 사례에서는 부착반형 식물이 137개 사례로 기근 부착형의 178개 사례와 거의 유사한 값을 나타냈다. 이 중 부착반형은 대부분이 담쟁이덩굴이었기에 담쟁이덩굴의 이용비율 정도를 확인할 수 있는 결과라고도 할 수 있다. 또한 기근 부착형에서는 송악류가 85%를 차지하였으며, 그 밖에 휘커스 퓨밀라와 마삭줄이 이용되고 있었다. 기근 부착형에서도 역시 송악류가 대부분을 차지하는 있는 상태였다. 그러나 이용된 송악류에는 다양한 원예 품종도 포함되어 있었기 때문에 담쟁이덩굴 일색의 부착반형에 비해 외관적으로는 약간 다양성이 보인다고 할 수 있다. 그렇다고는 해도 입체녹화에 사용되고 있는 부착형 식물의 선택 폭은 좁다고 말하지 않을 수 없다. 본 조사는 1978년부터 1983년에 걸쳐 실시된 것이지만, 지금도 상황에 큰 변화가 없다는 것에 대해서는 제7장 7.1 도쿄도의 조사 결과로부터도 알 수 있다.

2 감기형 덩굴식물에 의한 등반

감기형은 멀꿀이나 인동넝쿨, 캐롤라이나 지스민 등 줄기로 지지물을 감는 식물과 덩굴손으로 감는 시계꽃, 비그노니아 등이 있다(표 4-6 참조, 사진 4-33). 또한 비그노니아는 일반적으로 부착반형으로 분류되지만, 부착반으로의 부착은 부치적인 것으로 생각된다. 따라서 이 책에서는 감기형으로 취급하였다(제5장 5.1 참조). 또한 기근 부착형의 마삭줄은 감기도 하므로 훌륭한 덩굴식물이다(사진 4-34).

앞서 언급한 오키나카[6]의 조사에서는 감기형 261개 사례 중 줄기에 의한 감기형이 63%를 차지하여 덩굴손형을 크게 상회하였다. 이용된 식물종도 각각 7~8종을 나타냈으나 유홍초, 나팔꽃, 계요동, 거지덩굴 등도 포함되어 있었기 때문에 이 책에서 입면녹화용으로 언급한 감기형 식물로는 멀꿀, 으름덩굴, 셈퍼비렌스 인동덩굴, 등나무, 남오미자, 인동덩굴 등이었으며, 덩굴손형의 식물은 확인되지 않았다. 그러나 부착형 덩굴식물이 담쟁이덩굴과 송악류에 편중되어 있던 것에 비해 감기형 덩굴식물은 다양하였다.

감기형 덩굴식물은 새롭게 뻗어난 줄기(신초)가 선회운동을 하면서 지지물을 찾아, 지지물에 닿으면 휘감아 위쪽으로 생장을 지속한다. 지지물과의 접촉이 적으면 피복율도 떨어지게 된다. 또한 멀꿀이나 인동덩굴처럼 근원으로부터 도장지를 내는 경우도 있는데, 이러한 것들은 가까운 곳에 지지물이 없으면 멀리 있는 물체까지 가지를 뻗어 휘감는다. 다시 말해 「생활력이 강한」 식물이라고 할 수 있다(사진 4-35). 따라서 신초의 유인이나 솎아내기 등의 일상적인 관리가 필요한 식물이라고 할 수 있다. 또한 줄기나 덩굴손의 선회반경이나 속도에도 식물종마다 고유치가 있어 감기 특성도 다르다. 이들의 특성을 파악하여 지지물의 굵기나 펜스의 메쉬 간격 선택도 향후 검토 대상이 된다. 응용적인 지식의 축적은 적은 편이지만, 이 문제에 대해 4.4에 정리하였다.

앞서 살펴본 바와 같이 통로에 접한 입면 등에 이용되는 경우의 감기형 덩굴식물은 정기적인 관리가 필요하다. 또한 식재계획에 있어서는 공간의 확보도 필요하다. 4.5에서 논한 보조자재의 이용으로 부착형 덩굴식물로 바꾸는 경우도 고려할 필요가 있다.

사진 4-33 감기에 의한 등반, 으아리와 인동덩굴

사진 4-34 담을 피복한 줄사철

사진 4-35 주변 수목을 휘감은 등나무

사진 4-36 주택 전면 시선차폐용으로 이용된 트렐리스의 덩굴장미

③ 기대기 식물에 의한 등반

기대기 식물이란 가지를 길게 자라게 하지만 흡착기관이나 감을 수 있는 기관을 갖지 않아 다른 물체에 의지하여 생육하는 식물이다. 자연계에서는 주위의 중고목이나 지표면의 경사를 이용하여 생육을 지속하게 된다. 녹화에 있어서는 입면과 경사면에 의지하게 된다. 녹화용으로 사용되는 식물로는 덩굴장미류로 제한되어 있지만(사진 4-36), 유인과 전정에 의해 입면피복이 가능한 식물이라고 이해할 필요가 있다. 펜스, 트렐리스 혹은 파고라에서 키울 수 있다. 유인이 선결되어야 하므로 가지의 퍼짐을 계산하여 이식, 관리하게 된다. 특히 덩굴장미는 원예식물로서 개량된 품종으로, 시비나 관수, 병충해 방제 등의 관리에 있어 다른 덩굴식물 이상의 노력이 필요하다. 따라서 공간과 관리 경비를 고려한 식재계획이 요구된다. 조방형 관리를 원칙으로 하는 도시녹화의 재료로서는 사용하기 곤란한 재료라고 할 수 있다.

(2) 하수(下垂)

입면의 위쪽으로부터 덩굴식물이나 포복성 식물의 경엽(莖葉)을 늘어뜨려 피복할 수 있다. 등반에 이용되는 덩굴식물의 대부분은 하수에 의한 피복에 이용할 수 있다. 헤데라 등 기근 부착형 덩굴식물이라도 하수 때에는 기근을 뻗어 부착하는 일이 없다(사진 4-37). 가지의 중첩으로 피복이 두꺼워져 자체 무게도 무거워진다. 한편 휘커스 퓨밀라는 아래쪽으로 생장할 때에도 기근을 뻗어 부착한다(사진 4-38). 가지 정리로 두께의 조절도 가능하다. 부착반 부착형 담쟁이덩굴의 경우 아래 방향으로의 생장에서는 부착하는 경우도 있으나, 휘커스 퓨밀라처럼 확실하지는 않다(사진 4-39).

등반이 곤란한 빈카류나 섬향나무류 등의 포복성 식물도 하수에 어울리는 경우가 적지 않다(표 4-6 참조). 목본식물인 섬향나무나 다육식물인 사철채송화 등은 중후하며, 넓은 범위의 피복을 기대할 수 있다.

하수에 의한 피복 양식은 다음의 세 종류로 분류할 수 있다.

- A 입면의 최상단에 식재 기반을 설치하고, 덩굴식물 등을 늘어뜨린다.
- B 입면 중간에 기반을 설치하고 늘어뜨린다.
- C 벽면의 한쪽에서 등반시킨 식물을 반대쪽으로 늘어뜨린다.

흙막이 옹벽의 상부나 빌딩 옥상에 식재기반을 설치함으로써 가능한 방법이라고 할 수 있다. 또한 중층에서의 하수는 고층 맨션이나 오피스 빌딩 등의 베란다나 식재공간에 인공지반을 설치한 후 식물을 늘어뜨려 조성할 수 있다.

하수에 의해 피복할 수 있는 거리(높이)와 면적은 대략 등반에 의한 것보다 작을 것으로 추정되지만, 명확한 지침은 없는 형편이다. 옹벽 상부에서의 하수로는 알제리아 아이비나 섬향나무류 혹은 다육식물의 사철채송화(사진 4-40)나 화만초 등의 사례가 있어 5m 정도의 거리를 하수에 의해 피복할 수 있다고 생각된다. 옹벽은 대개 수직 입면보다 완만한 각도로 기울어져 있으므로 식물이 입면 표면에 붙는 포복 생장과 유사한 생육을 보이는 것으로 추측된다. 한편 빌딩의 옥상이나 중간층에서의 하수는 수직 방향의 하수로, 입면 표면과의 거리가 벌어진 상태에서는 식물체가 바람에 흔들림으로서 스트레스를 받아 생육이 저하되는 일이 염려된다. 또한 입면에 접한 상태라도 바람에 의한 흔들림이 입면과의 마찰을 일으켜 앞서 언급한 것과 같은 스트레스나 식물체의 손상을 초래할 수도 있다. 식물체의 흔들림을 막는 지지물의 설치가 유효할 수도 있다.

덩굴식물이 등반 후에 벽면을 하수하는 사례는 주택 외부의 담 등에서 흔히 볼 수 있는 방법이다(사진 4-41). 송악류나 마삭줄은 하수에 의한 우수한 사례를 흔히 볼 수 있지만 멀꿀이나 시계꽃, 덩굴장미는 부분적인 피복에 머무는 일이 적지 않다. 이러한 사실에서 하수에 의한 피복의 성공을 이끄는 조건은 대략 자체 무게가 많이 나가는 식물을 이용하는 것이라고 생각된다.

사진 4-37 높은 벽면을 헤데라가 하수로 피복

사진 4-38 아래 방향으로 부착하여 피복한 휘기스 푸밀라

사진 4-39 담쟁이덩굴의 경우 아래 방향의 생장에서는 부착이 불안전함

사진 4-40 흙막이 옹벽의 지반에서 늘어진 섬향나무류

(3) 고층 빌딩과 건물의 피복 가능성

자연 지반에 심은 덩굴식물이 10m 높이의 빌딩을 피복하기 위해서는 적어도 수년이 걸린다는 것을 이제까지의 경험으로부터 알 수 있다. 태양열의 차단이나 경관조성 등의 효과를 조기에 실현하기 위해서는 녹화 공사 종료 시에 녹피가 완성되는 게 바람직하다. 따라서 등반과 하수의 조합, 게다가 벽면 상부에 플랜터를 설치하여 완성까지의 기간을 단축할 필요도 있다(사진 4-42).

더욱이 중간층에 식재기반을 설치할 수 있다면 이들을 조합함으로써 중간의 녹화를 보충하여 이론적으로는 고층 빌딩 준공시 입면녹화의 완성이 가능하게 된다. 그러나 이러한 사례는 아직 적은 편이어서 향후 과제라고 할 수 있다. 또한 부착이나 감기 게다가 하수에 의한 피복을 확실하게 하기 위한 흡착 보조재 등의 이용도 고려할 필요가

사진 4-41 담 내부를 등반하고(왼쪽), 외부로 하수를 시작한 알제리아 아이비(오른쪽)

사진 4-42 하수와 등반으로 피복 속도를 촉진(제공 : 다이토우테크노그린)

사진 4-43 넓은 면적을 피복한 알제리아 아이비

있다. 이러한 것들에 대해서는 4.5에서 다루고 있다.

(4) 등반, 하수의 식재기반

등반, 열식이나 에스페리어 등은 입면 기초부에 식물을 심는 것이 전제조건이 되므로 자연 지반의 이용이 이상적이다. 자연 지반이 충분히 확보된 덩굴식물은 계속해서 자라 넓은 면적을 피복할 수 있다. 그러나 계속해서 자라는 식물의 뿌리는 넓게 퍼지며, 비대해진다. 건물 주변 지하 매설물에 대한 영향이나 배수구로의 침입 등도 고려된 계획이 필요하다(사진 4-43, 44).

입면의 전면(前面)이 포장되어 자연 지반을 이용할 수 없는 경우에는 인공 지반이나 플랜터가 이용된다(사진 4-45). 신규 공사에서는 녹화용 식재 기반을 설치할 수도 있지만, 기존 입면을 녹화할 경우에는 대형 녹화용 플랜터가 이용되는 일이 많다. 이와 같이 인공 지반을 이용할 때에는 피복할 입면의 높이나 면적에 따라 식물의 필요 생장량을 계산하고, 확실한 생장을 확보하기 위한 토량을 구하는 게 바람직하다. 그러나 이제까지 입면녹화에 이용되는 덩굴식물의 생장량이나 입면 피복면적과 토량과의 관계에 대해서는 충분한 자료의 축적이 이루어지지 않은 상태이다. 따라서 과거의 사례를 참조하는 것도 차선책으로써 필요하다. 이 점에 관해서는 제6장에서 일부 논하기로 한다. 대형 플랜터 등의 이용에는 관수시설이 필수적이다. 토양수분센서로 작동하는 자동관수시스템의 도입이 바람직하다(사진 4-46). 또한 뿌리가 뻗어 나가는데 한계가 있으므로 식물의 영구 지속성도 기대할 수 없다. 일정 기간 경과 후 식물의 갱신이 필요하게 된다. 더욱이 갱신을 전제로 한 기반의 설치를 고려할 필요가 있다.

사진 4-44 플랜터에서 자연 토양 깊게 뿌리를 내린 알제리아 아이비종 고목의 근원

사진 4-45 플랜터를 이용한 입면녹화

사진 4-46 플랜터에 설치된 자동관수장치

사진 4-47 보도 흙막이 옹벽의 상부로부터 하수 · 피복하는 포복성 다육식물 화만초

입면 전면이 도로에 접하고 있는 등의 조건에 의해 지반을 확보할 수 없는 경우에는 입면 상부에 설치한 인공 지반에 식재한 식물의 하수에 의한 피복이 일반적이다. 건물의 옥상이나 테라스, 베란다 등에 지반을 설치하게 된다. 상부에 지반이 설치된 흙막이 옹벽 등에서의 덩굴식물이나 포복성 식물의 이용은 자연스럽다(사진 4-47). 한편, 벽면의 상부에 인공 지반을 설치하여 하수시키는 것은 일반적으로 쉽지 않다. 벽면 뒤편에 자연 지반 혹은 인공 지반의 설치가 가능하다면 배후면 등반시킨 덩굴식물을 하수시키는 방법이 가능하다.

(5) 입면녹화의 실태로부터 살펴본 구조물과 덩굴식물의 구성

앞서 언급한 바와 같이 오키나카[6]의 조사는 지금부터 20여 년을 거슬러 올라가 1978년부터 1982년까지 실시된 것으로, 그 이후의 동향이 우리의 관심을 끈다. 또한 오키나카의 조사에서는 건물별 벽면의 녹화율은 제시되어 있지 않았다. 최근 와타나베[7]의 조사에서는 나고야시 전체 16개 구에서 조사를 실시하여 1,191건의 벽면녹화 사례를 찾아내, 주택의 한 개 벽면이 1/3 이상 녹화되어 있는 사례를 대상으로 다양한 항목을 분석하였다.

분석결과 벽면녹화된 건물의 비율은 0.22%(461개 중 1개의 비율)로, 세부적으로는 주택이 52%, 공장 12%, 공동주택 7.2%, 사무소 7.2%인 것으로 확인되었다. 이 책 7장 7.1의 「도쿄도에서의 실태조사」에서는 대상으로 한 도내 10개 구의 벽면 피복률이 0.88%라고 보고되어 있어, 나고야의 결과를 상회하였다. 단, 도쿄의 조사에서는 덩굴식물에 의한 피복 이외에 벽면 전면의 수목 식재도 포함되어 있는 등 조사 방법에 차이가 있어, 단순한 수치 비교는 곤란한 일이다. 와타나베[7] 등의 조사에서는 건물 종류의 경우 목조가 53%로 가장 높았고, RC조가 26%였으며, 층수별 녹화율의 경우 2층 52%, 1층 31%, 3층 13%, 4층 이상은 3.7%였다.

그리고 녹화된 벽면의 방위는 서 29%, 북 28%, 동 23%, 남 20%였다. 이러한 결과들은 목조 중심의 1~2층 건물 저층 주택이 입면녹화의 주요 부분이 되고 있다는 것을 분명히 하고 있다. 또한 서쪽 벽면에서의 이용 사례가 많은 것은 석양을 피하기 위한 목적과의 관계를 나타내고 있다고 생각된다. 이러한 사실들은 저층 주택 벽면녹화에서의 식물 이용이나 관리 경험은 축적되어 있는 편이지만, RC건축 중고층 건물의 입면녹화에 대해서는 경험과 다양한 지식의 축적이 현재까지 미흡하다는 것을 단적으로 나타내고 있다고 할 수 있다.

– 시모무라 타카시(下村 孝)

02 | 수목 열식 · 에스페리어

(1) 수목 열식

건물에 부하를 주지 않고, 두터운 엽층을 조성하기 위해서는 건물 가까이에 가지와 잎의 밀도가 높은 침엽수 등을 열식하는 방법이 간편하다. 그러나 수간(樹幹) 주위 360°에 걸쳐 가지를 뻗는 수목의 입면 피복에는 한계가 있다. 일부 침엽수의 밀식 등의 방법이 가능하지만, 대부분의 수종으로는 밀식하여 정리한 후 생울타리를 세우는 게 필요하다. 그러나 정기적인 가지치기나 병해충 방제 등의 다양한 관리를 필요로 한다. 또한 가지치기 등을 고려할 때 높이의 제한이나 벽면 쪽으로 자라는 가지의 가지치기 등의 어려움도 따른다. 그러나 두터운 엽층의 벽면은 태양열의 차단과 잠열 소비에 의한 냉각 효과가 높은 편이다(사진 4-48~51).

사진 4-48 모르타르 담을 구과식물류 열식으로 피복. 도로 쪽에는 알제리아 아이비를 하수로 이용

사진 4-49 종가시나무를 관리하여 차폐효과를 내고 있다.

사진 4-50 부지 내 열식된 노송나무로, 높이는 약 5m

사진 4-51 정리된 나한송에 의한 벽면 열식

(2) 에스페리어

1 에스페리어의 역사와 정의

에스페리어(espalier)는 어깨를 나타내는 프랑스어 epaule와 지탱하다를 나타내는 고대 이탈리아어 spalliera가 어원으로 알려져 있다[8]. 영일사전에는 「지주를 세우는 일」, 「과수 울타리」 등이라는 일본식 어휘로 표기되어 있지만, 일본에서는 일반적으로 「エスパリア(에스페리어)」라는 가타카나 읽기로 사용되고 있는 게 일반적이다.

에스페리어는 최소한의 토지에서 최대의 수확을 얻기 위한 과수재배기술로서, 고대 로마 시대부터 이용되었지만[8], 유럽에서는 최근 수백 년 사이에 목본식물을 2차원적으로 세우는 전통기술로서 발전하여 벽면이나 펜스의 경관조성과 더불어 과일도 수확할 수 있기 때문에 가정원예에는 필수 방법으로 되어 왔다. 또한 유럽 문명의 영향을 받은 각 나라들에서는 흔히 볼 수 있다. 일본에서도 메이지(明治) 초기에 생산 과수 세우기 양식으로써 전해졌지만, 태풍에 의한 도복이 원인으로 보급되지 않았던 게 아닌가 생각된다.

에스페리어는 3차원으로 자란 수목을 2차원으로 만듦으로써 벽면이나 펜스에 첨부된 경관이라 할 수 있다(사진 4-52). 생울타리는 틀에 박힌 손질로 가지의 특성을 제거하지만, 에스페리어는 가지의 중첩이 없도록 만들기 때문에 경관조성 효과가 높다. 공공 공간에서의 경관조성 식재 수법으로서 가능성이 충분하다(사진 4-53, 54, 55). 또한 모든 잎이 빛에 닿아 광합성 효율이 높아지기 때문에 식물의 생육이 양호하며, 꽃을 잘 피워 결실이 촉진된다. 더욱이 가지와 잎 사이에 통풍이 잘 되어 병의 발생이 억제되며, 또한 해충이 발생해도 확인하기 쉬우므로 방제도 용이하다. 아울러 펜스나 생울타리의 역할도 한다.

사진 4-52 부채형 에스페리어

사진 4-53 글로브형 에스페리어

사진 4-54 복잡한 디자인의 에스페리어(샌프란시스코)

사진 4-55 하마마츠(浜松) 꽃 박람회의 '모네의 정원'으로 꾸며진 사과 에스페리어

에스페리어는 수목 가꾸기 수법이라 할 수 있지만, 최근에는 포도나 등나무 등의 덩굴식물을 조형적으로 유인하여 벽면을 상식하는 경우도 에스페리어라고 생각된다. 또한 에스페리어는 벽면이나 펜스에 접해 조성되는 경우와 생울타리를 세워 독립적으로 설치되는 경우가 있다.

2 에스페리어 꾸미는 법

에스페리어에는 다양한 패턴이 있다(그림 4-25). 유럽과 미국의 해설서[1]에는 친절하게 도해 등이 표현되어 있으나, 개개 명칭이나 분류가 미묘하게 다른 게 있다. 하나의 줄기로 열식되는 경우를 코든(codon)(사진 4-56), 세로 줄기와 가지를 직각으로 꾸미는 T자형(사진 4-57), T자의 가로 가지를 직각으로 굽혀 오르게 하는 촛대형 등이 있다. 또한 근원으로부터 방사형으로 가지를 뻗는 형은 부채형(fan)이라 한다(사진 4-58, 59). 그 밖에도 복잡한 디자인이 있어 수예(樹藝)의 영역에 이르고 있다.

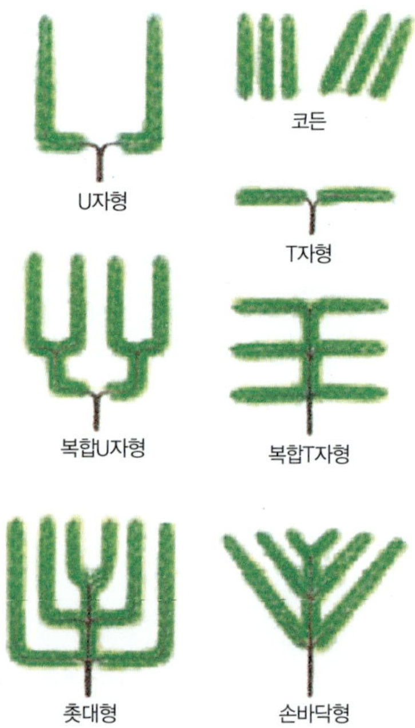

그림 4-25 에스페리어의 전통적인 꾸미기 방법

3 꾸미기 수법과 보조자재

가지를 유인하기 위해 울타리나 와이어 등의 보조자재가 필요하다(사진 4-60). 일정 굵기의 가지를 유인해서 고정하게 되므로 견고한 보조자재가 요구된다. 돌이나 벽돌의 두꺼운 외벽이 있는 경우에는 직접 못이나 볼트를 박아 넣는 경우도 가능하지만(사진 4-61), 얇은 모르타르 벽에서는 벽면에서 떨어진 위치에 트렐리스 등의 보조자재를 설치할 필요가 있다.

– 시모무라 타카시(下村 孝)

사진 4-56 서양 배의 코든

사진 4-57 T자형의 복합형

사진 4-58 잎이 피기 시작한 부채형의 무화과나무

사진 4-59 잎이 피게 되면 울타리가 가려진다.

사진 4-60 옆으로 당겨진 와이어에 가지를 고정하여 형태를 만든다.

사진 4-61 와이어를 설치하여 가지를 유인해서 에스페리어 꾸미기(피라칸사)

03 | 입면에 식재기반을 설치한 녹화

(1) 입면에 식재기반을 설치할 필요성

덩굴식물을 이용함으로써 10~20m 높이의 입면을 녹화할 수 있다는 것은 이미 앞에서 언급하였다. 피복이 완성되기까지 일정 시간을 필요로 하는 것도 사실이다. 등반과 하수, 하수의 다층 조합 등으로 완성 때까지의 시간을 단축할 수 있지만, 녹화공사 종료 때에 전면 피복을 실현한다는 것은 곤란하다고 할 수 있다. 이 문제는 두 가지 해결방법이 있을 수 있다. 하나는 덩굴식물의 부착과 생육을 촉진시켜 완성 때까지의 시간을 단축하는 것이고, 또 다른 방법은 입면 전면에 식재기반을 조성해서 식물을 심는 것이다. 전자는 등반 보조자재를 이용한다. 한편, 후자는 입면을 식재기반으로 해서 전면에 식물을 심는 방법을 생각할 수 있다. 입면에 프레임을 붙여, 일정 두께의 박층 식재기반, 플랜터(포트, 부직포 토양 등) 등을 유니트로 하여 조성된 시스템이 고안되어

사진 4-62 다양한 시스템이 포함된 바이오렁

있다. 식재 유니트 방식이라 할 수 있다.

아이치 지구박람회(愛 · 地球博)에서는 일정 규격의 패널에 각각의 유니트가 달린 거대한 녹화벽이 만들어졌다(8장 참조). 바이오렁이라고 불리는 이 녹화벽에는 일본에서 제품화된 24개 시스템이 조합되어 전시되었다(사진 4-62).

(2) 유니트 방식

벽면에 식재기반을 조성한 유니트 방식의 발상은 베란다에 플랜터를 설치하여 덩굴식물을 늘어뜨리는 시스템이나 벽면에 포트의 식물을 매다는 아이디어에서도 공통점을 찾을 수 있다. 그러나 입면 전면에 소형 식재기반을 조성하여 식물을 재배하기 위해서는 유니트를 지탱할 프레임의 설치가 필요하다. 대규모의 공사를 수반하는 입면에 직접 덩굴식물을 등반 혹은 하수시키는 방식에 비해 소요비용이 상승하게 된다. 더구나 토심이 얇거나 혹은 소량이기 때문에 정기적인 관수나 시비관리 등이 필요하므로 모니터링 시스템의 설치도 요구된다(사진 4-63). 부직포 자루나 소형 플랜터를 벽면에 설치해서 벽면을 녹화하는 방법은 이미 20여 년의 역사를 지니지만, 현재까지 완전한 기술의 확립에는 이르지 못하고 있다. 따라서 아이치 만국 박람회 전시를 통한 시도와 그에 대한 데이터 수집에는 기대가 모아지고 있다. 특히 데이터의 축적과 공개가 기대된다. 또한 이들 시스템 중에는 이미 시공 실적을 지닌 것이 있어, 이 책에서도 그에 대한 개요가 소개되어 있다(제2장 2 및 제6장 6.1, 6.2 참조).

이들 시스템은 덩굴식물에 한정하지 않고, 옥상녹화에서 사용되는 세덤이나 이끼 이외에 논 · 밭두둑의 식물이나 화단용 초화류, 관목류를 포함한 지피류 등이 이용되고 있다. 박층 기반이나 부직포 포트, 소형 플랜터 등 제한된 토양, 식재기반에서 식물의 생육을 정상적으로 유지하기 위한 기술의 검토가 요구된다(사진 4-64). 유니트식에서는 모종의 수명이나 사고에 의한 부분적인 고사 등에 대해 해당 유니트의 교체를 통해 대처할 수 있다. 더욱이 계절별 식물의 교체에 의한 연출도 기대할 수 있다(사진 4-65, 66).

이와 같이 유니트의 이용에 의한 패널식 입면녹화 방법은 고시엔(甲子園)의 담쟁이덩굴로 대표되는 영속성을 추구하는 입면녹화와 다른 새로운 관점의 출발이라고도 할 수 있다.

– 시모무라 타카시(下村 孝)

사진 4-63 담쟁이덩굴 부착으로 녹화된 벽면(오른쪽)과 부직포 식재 유니트를 조합하여 섬향나무류를 심은 시스템(왼쪽)

사진 4-64 바이오렁의 급수 파이프 시스템

사진 4-65 유니트식 입면 녹화시스템

사진 4-66 유니트별로 식재기반이 독립된 시스템

인용·참고문헌

1) Osmundson, T (1989) : Roof Garden, W. W. Norton & Co. Inc., pp.318.

2) Dunnett, N. and N. Kingsbury (2004) : Planting green roofs and living walls, pp.254, Timber Press, Portland.

3) 日経アーキテクチュア (2003) : 実例に学ぶ屋上緑化−設計・施工・メンテナンスの勧所, pp.191, 日経BP出版センター.

4) 都市緑化技術開発機構特殊緑化共同研究会 : 知っておきたい屋上緑化のQ&A, pp.159, 貸間出版会.

5) 八杉龍一・小関治男・古谷雅樹・日高敏隆 (1996) : 岩波生物学辞典 (第4版), pp.2048, 岩波書店.

6) 冲中 健 (1984) : つる植物の造園的利用に関する研究, 千葉大学園芸学部学術報告 34, 165–236.

7) 渡邊真一・伊倉莊育・木村明範 (2003) : 名古屋市全域の壁面緑化された建物のフィールド 調査, 大同工業大学紀要, 39 : 129–135.

8) Yang L. (1999) : Topiaries and espaliers, pp.122, Houghton Mifflin, Boston. USA.

4.3 담이나 벽의 특성과 등반 효율

01 | 부착형 덩굴식물의 부착 강도와 부착의 구조

벽 및 담의 소재는 콘크리트, 석재, 벽돌, 목재 등 다양하며, 소재들의 물리성이나 화학적 특성이 덩굴식물의 부착력에 영향을 미친다는 것은 이미 알려진 사실이다[1].

(1) 기근에 의한 부착에 영향을 미치는 벽면의 특성

빌딩의 벽면이나 고속도로의 콘크리트 벽면을 녹화하기 위해 헤데라나 비그노니아, 휘커스 퓨밀라 등의 기근 부착형 덩굴식물이 오래 전부터 이용되고 있다. 그러나 성공하는 사례와 실패하는 사례가 혼재하므로 지금으로서는 안전한 대처방안이 없는 실정이다. 따라서 벽면의 표면 구조나 물리 · 화학적 특성 등과 덩굴식물의 부착 특성에 관한 연구가 많이 수행되었다.

오키나카[2] 등은 휘커스 퓨밀라의 신초를 거칠기 정도가 다양한 소재 표면으로 유인하여 그것의 부착 특성을 조사하였다. 그 결과 콘크리트 블록이나 흠이 난 염화비닐 표면에는 부착하지만, 매끈한 유리나 스테인리스 등의 금속 표면에는 부착하지 못했다(표 4-8). 이러한 결과를 토대로 휘커스 퓨밀라의 부착근 선단을 미세 관찰하여, 기근이 주근과 세근, 심지어는 세근에서 뿌리털이 돋아나와 이들 뿌리가 지지물의 홈에 파고 들어가는 투묘효과(投錨效果)나 부착효과(fastener)에 의해 부착이 일어난다고 기술하고 있다. 또한 뿌리털에서 소량이지만 배출되는 펙틴질이 침입할 수 있는 홈이 있으면 보다 부착력을 높일 수 있다고 추측된다[2]. 따라서 휘커스 퓨밀라는 거친 모르타르 벽이나 콘크리트 블록 담, 자연석의 석축, 대패로 마감되지 않은 판 등 표면에 요철이 있는 지지물에 강하게 부착하며, 매끄러운 플라스틱이나 간유리, 젖빛유리(frosted glass) 등에는 부착하는 능력이 떨어지는 것으로 판단된다.

신린(親林)[3] 등은 환경을 제어한 실내에서 표면 구조가 다른 콘크리트 벽면에 잉글리쉬 아이비와 알제리아 아이비를 포복 생장시켜, 부착한 기근의 길이와 부착한 줄기 2cm 주변의 부착 강도 및 포기당 부착력 합계(총강도)를 산출하였다. 그 결과, 경량 골재 투수 콘크리트 평판에서는 두 종 모두 보통 콘크리트보다 부착 기근의 길이와 부착력이 함께 증가한다는 것이 확인되었다(표 4-9). 특히, 보통 콘크리트 평판에 대한 부착력이 잉글리쉬 아이비보다 떨어졌던 알제리아 아이비가 경량 골재 투수 콘크리트 평판에서는 잉글리쉬 아이비보다 강하게 부착한다는 게 확인되어, 헤데라속 중에서도 종에 따라 부착에 적합한 소재가 서로 다른 것으로 나타났다. 신린 등은 이들 결과로부터 송악류의 부착에는 콘크리트 표면에 기근이 파고들어갈 수 있는 빈틈이 있어야 하며, 또한 기근을 걸 수 있는 빈 틈이나 표면 거칠기가 필요할 것으로 추측되었다. 오키나카 등의 휘커스 퓨밀라 기근 부착에 관한 연구에 비해 약간 서시적인 관점에서의 연구였다고도 볼 수 있지만, 취지는 서로 유사하다고 할 수 있다. 한편, 기근의 부착 강도는 벽면의 습도, 화학성 등에 따라서도 영향을 받는다고 생각된다[1) 2) 4)]. 오키나카 등은 덩굴식물의 가지가 접하는 벽면이 습한 경우에는 기근에 의한 부착력이 증가한다고 보고하였다[2)]. 삼나무판의 상부에서 물을 관수하여 습한 상태로 만든 후 잉글리쉬 아이비를 등반시키면 건조한 판에 부착하는 것과 달리 기근은 뿌리털을 뻗쳐 가로로 길게 신장한다(사진 4-67). 벽면의 습도와 기근의 부착력, 아울러 이러한 기능의 관련성 규명도 향후 과제라고 할 수 있다.

또한 모르타르 벽면이나 콘크리트 블록은 pH14 정도의 강알칼리성이지만, 헤데라나 휘커스 퓨밀라 등은 기근에 의해 용이하게 부착하는 경우가 많다. 이것은 건조한 상태라면 강알칼리의 화학성을 지닌 모르타르 담 등도 부착에 방해가 되지 않는다고 추측되지만, 자세한 내용에 대해서는 아직 불분명하기 때문에 기근에 의한 부착과 벽면의 화학성 등에 대한 지식은 아직 미흡하다고 할 수 있다.

사진 4-67 습한 삼나무판에 흡착해서 길게 기근을 뻗친 아이비

표 4-8 부착 소재면의 성질과 휘커스 퓨밀라의 부착[2)]

부착 소재 / 표면 특성 부착성			목재	세라믹		유리		고분자 화합물			금속		
				시멘트		유리		플라스틱			박판		
			삼나무판	모르타르	콘크리트블록	간유리	매끄러운 유리	뒷면 페인트 (백)	표면 거친면	염화비닐 (흑)	스테인레스	알루미늄	구리
표면 특성	거친 정도		○	○	○	△	■	△			■		
	열전도도		○	○		○		○			△	■	■
	전기전도도		○	○		○		○			■		
	흡습성		○	○	○	■		■			■		
최고 표면 온도(℃)		남	46	/	47	/	/	44		51	45	45	50
		북	41	/	40	/	/	40		41	41	42	44
부착성			◎	◎	○	△	■	○			■	■	■
평균 부착력(g)		남	453	208	180	+	0	109		72	0	0	0
		북	372	185	100	+	0	25		67	0	0	0

주)
거친 정도 : ○ · △ · ■ : 가는 틈이 많고, 광택이 없음 · 까칠함이 있고, 광택이 없음 · 매끈하고, 광택이 있음
열전도도 : ○ · △ · ■ : 100~101 · 10-6~(w/m · k)
전기전도도 : ○ · △ · ■ : 100-101-3-(Ω · m)
흡습성 : ○ · △ · ■ : 있음 · 거의 없음 · 없음
부착성 : ◎ · ○ · △ · ■ : -80 · 80-50 · 50-20 · 20- (%)
(부착성이란 11월 하순에 달라붙어 있는 마디의 백분율, +는 부착되어 있지만 힘이 약해 측정 불가능한 경우)

표 4-9 각종 부재에 대한 부착 길이 및 부착 강도[3)]

품종	부재	줄기의 총길이	부착 부분의 길이	부착 강도 총강도	부착 강도 최대치	부착 강도 평균치
알제리아 아이비	보통 콘크리트 평판	382cm	48cm	6.0kg	643g/2cm	125g/cm
	경량 골재 투수 콘크리트 평판	599cm	102cm	32.3kg	1885g/2cm	316g/cm
	쇄석 투수 콘크리트 평판	492cm	113cm	22.9kg	1836g/2cm	203g/cm
	ALC 평판	411cm	0cm	0kg	0g/2cm	0g/cm
	에폭시 모르타르 평판	440cm	20cm	2.1kg	578g/2cm	103g/cm
잉글리쉬 아이비	보통 콘크리트 평판	401cm	86cm	14.1kg	936g/2cm	164g/cm
	경량 골재 투수 콘크리트 평판	365cm	89cm	17.2kg	1444g/2cm	193g/cm
	쇄석 투수 콘크리트 평판	440cm	226cm	12.5kg	526g/2cm	55g/cm
	ALC 평판	487cm	0cm	0kg	0g/2cm	0g/cm
	에폭시 모르타르 평판	424cm	62cm	4.0kg	565g/2cm	64g/cm

(2) 기근에 의한 부착 구조

덩굴식물의 생육 특성이나 감기, 흡착 특성에 대해서는 다윈[5]의 오래 된 연구가 알려져 있다. 다윈의 연구에는 우리가 입면녹화에 덩굴식물을 이용하는 데 있어서의 유익한 내용이 기술되어 있다. 그 탁월한 관찰 결과를 참고하여, 과학적인 수법을 이용한 새로운 연구에 몰두함으로써 현대의 입면녹화에 필요한 지식을 얻게 되는 게 아닌지 기대된다.

앞서 말한 휘커스 퓨밀라(*Ficus pumila*, 다윈의 기술에서는 *F. repens*)에 대해서 다윈은 기근을 유리판에 접촉시켜 거기에서 점착 물질이 분비된다는 것을 관찰하였고, 또한 다른 실험에서 이 물질이 고무와 비슷한 점액질을 지닌 것처럼 되는 것으로부터 흡착에 관여하고 있다고 추측하였다. 현대에 이르러, Groot[6] 등은 앞서 말한 다윈의 연구에 마음이 끌려 휘커스 퓨밀라의 어린 가지를 이용한 관찰과 실험을 실시하였다. 그 결과는 다음과 같이 설명된다. 필자가 촬영한 사진을 사용해 기술 내용을 보충한다. 벽면을 따라 생육하고 있는 휘커스 퓨밀라의 어린 가지(사진 4-68 (A))를 채취해서 관찰하면, 경장(莖長)으로부터 두 번째 마디가 벽면에 흡착하는 면에서 두 열의 기근군(氣根群) (B)가 돋아나며, 기근은 한층 수를 늘려 촘촘히 접하는 집단(cluster roots : 군근(群根))이라고 일컬어지는 (C)가 되며, 결국에는 기근군처럼 발달해서, 그 표층에 무수히 많은 뿌리털 (D) (adhesive pad : 부착반이라고 한다)가 돋아난다. 이때 부착반은 표면에서 벽면에 부착하게 된다. 또한 부착한 신초를 벽 표면에서 떼어내면, 벽면에 부착한 부착반이 가지에서 벗겨지는 경우도 있다 (E). 더욱이 기근의 근관은 벗겨져 떨어지게 되지만, 뿌리털은 기근 표면을 덮고 있다. 또한 부착반을 현미경의 검경판(slide glass)에 부착시키고, 5분 후에 떼어내도 현미경의 검경판에는 물질이 부착해 있는데, 이들 물질은 염색액에 의한 실험을 통해 다당류나 단백질인 것으로 확인되었다. 그러나 이 물질의 화학 성분에 대해서는 더 이상 확인된 바가 없다.

앞서 밝힌 휘커스 퓨밀라 부착반의 발견과 부착반의 형성 과정에 관한 내용은 이제까지 휘커스 퓨밀라의 기근에 의한 부착의 해설[2]을 답습하면서, 부착반이라고 하는 개념의 제안이나 부착반과 벽면과의 접촉 부분에 세포벽 성분이나 세포벽 접착에 관여하는 펙틴 등으로 되는 다당류와 단백질을 검출하여, 그 상세한 검토를 과제로 했다는 점에서 한층 진일보한 것이라고 할 수 있다. 물론, 벽면의 구조가 요철 상태라면 부착반을 구성하는 기근군은 홈 등에 파고들어가, 보다 견고한 부착을 완성시킬 수 있다는 사실은 쉽게 이해할 수 있다. 그러나 Gtoot 등[6]은 휘커스 퓨밀라의 경우 부착반의 형성으로 유리 표면에도 부착할 수 있다고 하였으며, 이 점에서는 여러 단계의 부착근이 지지물의 홈에 침입하는 것에 의한 물리적 결합이 부착의 주요소라고 하는 오키나카[2]의 견해와 반드시 일치하는 것은 아니다.

따라서 물리적인 결합을 보다 견고히 하는 데 관여하는 이들 물질의 존재를 고려할 필요가 있게 되었다. 어쨌든 입면녹화로서 장기간에 걸쳐 견고한 부착을 유지하기 위해서는 투묘효과에 의한 물리적인 부착이 큰 힘을 발휘한다고 생각된다. 그러나 뒤에서 언급한 바와 같이 담쟁이덩굴의 부착반[7]도 표면으로부터 다당류의 점착 물질을 분비하여 견고한 부착을 완성시키는 것이 확인되었으므로 기근의 부착 구조 규명도 기대된다.

사진 4-68 A : 콘크리트 블록 담을 덮은 휘커스 퓨밀라의 어린 가지. 다른 사진은 아래 가지를 확대한 것. B : 기근 C : 군근 D : 부착반 E : 화살표는 벗겨진 부착반과 가지에 남은 상처

또한 휘커스 퓨밀라와 근연인 왕모람이 유리창을 등반하는 사례가 목격된 바 있다. 그러나 기근에 의한 부착이라는 것의 직접적인 조사와 부착 강도 등의 측정은 이루어지지 않아 자세한 내용은 향후의 과제라 할 수 있다(사진 4-69).

사진 4-69 유리창에 부착해서 등반하는 왕모람(왼쪽)과 그것의 확대된 절간(오른쪽)이 잘 자리서 부착하고 있는 모습을 확인할 수 있다.

더불어 같은 기근으로 부착하는 헤데라(사신 4-70) (A), (B)나 능소화의 기근도 군근을 형성하여 페인트가 칠해진 면에 부착하는 사례의 관찰 경험 (C), (D)는 새로운 일이 아니다. 다윈도 위에 소개한 저서에서 「담쟁이덩굴의 작은 뿌리를 유리판에 눌러 두니 무엇인가 부착하게 되어 노란 물질을 조금씩 분비하고 있었다」라는 관찰 기록을 남겼다. 휘커스 퓨밀라 이외의 기근 부착형 덩굴식물에도 휘커스 퓨밀라와 같은 부착 구조가 감춰져 있을지도 모르는 일이다.

또한 휘커스 퓨밀라의 기근은 습한 땅에 접하게 되면 가지를 쳐서 육생근(陸生根)으로 변화한다[6]. 헤데라나 그 밖에 많은 기근이 돋아나는 덩굴식물의 기근도 그라운드 피복용으로 사용된 경우 등과 같이 지표면에 접할 기회가 생기면 육생근이 되어 땅속으로 뿌리를 뻗는다는 것은 이미 잘 알려진 사실이다. 뿌리가 땅속에서 자라는 것은 중력에 반응한 굴지성(양성굴지성), 게다가 빛에 대한 반응인 굴광성(음성굴광성)으로 설명된다. 덩굴식물의 경우 부착한 벽면에 작은 틈새가 있으면, 부의 굴광성을 나타내 틈새 속으로 친입한다. 틈새 속에 빗물이 괴어 있으면 기근이 흡수근 다시 말해 육생근으로 변화하며, 비대 생장이나 분지 발생으로 틈새를 벌려 벽면의 붕괴로 이어질 위험성도 있다. 시공 후 시간이 지난 벽면 등에 직접 부착시키는 공법에서는 사전에 대책을 강구할 필요가 있다.

(3) 부착반에 의한 부착에 영향을 미치는 벽면의 특성

벽면녹화에 주로 사용되는 덩굴식물 중 담쟁이덩굴과 비그노니아는 덩굴손으로 지지물에 부착할 수 있다. 그러나 비그노니아 덩굴손은 활발히 선회(旋回)운동을 하여 감기의 성능을 우선시키기 때문에 선단의 부착반에 의한 부착은 보조적 기능을 수행한다고 볼 수 있다.

담쟁이덩굴의 모르타르 표면과 판에 대한 부착력은 25cm×25cm 단위에서 4.2kg~21kg이 되므로 부착력은 단위 면적당 식물 생체중의 평균 75배(46~244배)의 중력에 견딜 수 있다고 여겨진다[8]. 단, 이 경우 성숙한 가지에서는 기근이 발생하므로 부착력도 증가된다는 것에 유의할 필요가 있다. 또한 각종 벽면에 부착한 담쟁이덩굴의 가지 마디별로 추를 달아, 벗겨질 때의 중력으로부터 벽면 소재에 대한 마디 및「흡반」당 부착력을 산출한 사례가 있었다[8]. 그 결과 모르타르 줄눈이나 콘크리트 블록, 화강암에서의 부착력이 커지며, 염화비닐 파이프에서는 마디당 부착력이 33~41%에 머문다는 것이 보고된 바 있다. 더욱이 오키나카[9], 오키나카 · 무토우(武藤)[10]도 각종 벽면 소재에 대한 담쟁이덩굴의 부착력을 측정한 결과 부착력이 모르타르에서 최대였으며, 삼나무판, 콘크리트 블록 순이었다는 사실, 또한 표면이 매끄러운 아크릴이나 염화비닐, 알루미늄판이나 동판, 스테인리스판 등에는 거의 부착하지 않는다고 보고하였다. 그러나 거친 면의 아크릴판에는 약간, 또한 아연철판에는 콘크리트 블록과 같은 정도의 힘으로 부착한다고 보고하였다.

오키나카[11]등은 또한 담쟁이덩굴의 부착반당 부착력에 영향을 미치는 요인을 조사하였다. 그 결과, 우선 상향 생장하는 가지에서의 부착력이, 유인에 의해 하향 생장시킨 가지의 경우를 상회한다는 것, 남향 판자 울타리에 비해, 북향 판자 울타리에서의 부착력이 크다는 것, 더욱이 부착력은 가는 가지의 덩굴손에 비해 굵은 가지의 덩굴손에서 크다는 것 등을 밝혔다. 또한 가지 굵기에 의한 차이는 북향 판자 울타리에서 크며, 남향 담에서는 작아진다는 것에 주목하여 태양광을 받아 고온인 남향 벽에서 담쟁이덩굴의 생육이 지장을 받아, 그러한 결과가 부착력에 영향을 미친다고 예상하였다.

이들 부착력의 차이를 설명하기 위해서는 덩굴손에 의한 부착 구조를 아는 것이 무엇보다도 중요하다.

사진 4-70 헤데라에 의한 페인트 표면 부착. A : 금속판에 부착한 잉글리쉬 아이비 B : 줄기가 벗겨진 자리에 남은 헤데라의 기근 C : 능소화 기근 부착 블록 페인트 D : 능소화 마디 아래에서 돋아 흡착하는 기근군(화살표 위)과 부착 후 가지에서 벗겨진 후 남은 기근군(화살표 아래)

(4) 부착반에 의한 부착 구조

담쟁이덩굴이나 비그노니아의 엽액(葉腋)에서 돋아나는 덩굴손은 가지를 쳐서 그 선단이 지지물에 닿으면 평탄하게 넓혀 부착반[7]이 되어 부착한다. 담쟁이덩굴의 덩굴손은 가지의 변형으로, 어린 가지 선단에 가까운 엽액에서 돋아나, 잎과 반대 방향으로 자란다. 결국 선단은 구형으로 부풀어 올라 지지물에 닿으면 부착을 시작한다. Anton 등[7]은 상세한 생태 관찰과 부착 부분의 아주 작은 조각을 만들어 투과형 전자현미경에 의한 소식을 관찰하여, 담쟁이덩굴의 지지물에 대한 부착에 부착반의 표층 세포가 분비하는 점착 물질이 관여한다는 사실을 밝혔다.

먼저, 덩굴손은 5~6개로 가지를 쳐서 선회운동을 하면서 신장을 계속한다. 그 과정에서 가지를 친 덩굴손의 선단은 구형으로 부풀어 오른다(사진 4-71). 구형의 선단이 벽면 등 다른 물체의 표면에 닿으면 결국 표피 세포가 분열과 비대를 시작하여, 덩굴손 선단은 넓고 평평한 원반형의 기관으로 발달한다(사진 4-72). 비대 · 신장하여 지지물과 접한 표피 세포에서는 세포벽 내에 포켓형의 공극이 생겨, 세포질 내에서 분비되는 점착 물질이 축적된다. 이 점착 물질은 조직 화학적 조사로부터 고무 다당류인 것으로 생각되었다. 표층의 세포에서는 세포벽 표층인 큐티클이 붕괴하여 세포벽끼리의 접착도 풀려 박리한다. 세포의 외층이 희박하게 되어 돋아난 세포간 공극을 침출된 점착 물질이 채우게 되며, 더 나아가 표층 세포의 세포벽 사이와 세포벽과 지지물 표면 사이에도 채워지게 된다. Anton 등[7]은 이 물질이 화학적으로 변화해서, 부착반과 벽면의 부착을 견고히 하는 역할을 수행하게 된다고 생각하고 있다. 어쨌든 담쟁이덩굴의 덩굴손 선단이 음압(陰壓)을 이용해서 부착한다는 것은 현실적이지 않은 관계로[10] 향후에는 흡반보다 부착반[7]을 이용하는 게 바람직하다.

이 밖에, 비그노니아 등도 덩굴손의 선단이 부착하지만, 그러한 부착이 담쟁이덩굴과 같은 구조에 의한 것인가, 어떤지는 현재까지 확인되지 않은 상태이다. Anton 등[7]은 분비되는 점착 물질에 화학적인 변성이 일어나 표층 세포와 지지물 표면의 부착을 견고히 하고 있다고 보고 있다(사진 4-73).

이후, 오키나카 · 무토우[9]는 담쟁이덩굴의 덩굴손에 의한 부착 구조를 밝히기 위한 실험을 실시하여, 다음과 같은 결과를 얻을 수 있었다.

덩굴손의 선단은 구형이며, 미세 구조는 호미와 같은 모양으로, 부착성이 뛰어난 지지물에 닿게 되면 손가락 모양의 세포를 발생시키면서, 직경 1~2㎜의 접시 모양으로 퍼진다. 그 과정에서 손가락 모양의 세포가 지지물의 틈새로 침입한다. 손가락 모양의 세포는 직경 10㎛이므로 이것이 들어갈 수 있는 틈새가 많은 지지물이 부착에 유리하다. 보다 좁은 틈새를 지닌 경우에는 손가락 모양의 세포가 침출하는 침출액이 침투해서 부착을 견고하게 하므로, 그와 같은 틈새도 유효하다. 단, 부착에는 벽면에 손가락 모양의 세포가 침입할 수 있는 틈새가 존재하는 게 가장 중요하다. 이러한 결과는 앞서 언급한 Anton 등[7]의 조사 결과와 유사하지만, 점착 물질의 역할에 대한 견해에 있어서는 일치하지 않는 부분도 있으며, 또한 오키나카 등이 Anton 등의 연구 결과를 인용하여 검토하지 않았기 때문에, 최종적인 결론은 향후 연구를 기대한다.

한편, 담쟁이덩굴이 염화비닐에 부착한다는 것은 앞서 밝힌 바와[8] 같지만, 표면이 도장된 금속면에 대한 부착도 확인할 수 있었으며, 전년도에 부착된 것으로 여겨지는 부착반도 남아 있었다(사진 4-74). 어린 가지가 제거될 때 덩굴손으로부터 떨어져 나와 남은 것으로 가정하자면 부착력이 미약하다고는 생각되지 않는다. 따라서 덩굴식물의 부착 구조와 지지물 소재에 의한 부착력 차이에 관한 연구가 기대되는 것은 앞서 언급한 바와 같다.

사진 4-71 긴 가지(어린 가지)에서 신장한 덩굴손. 선단은 구형으로 부풀어 올라 활처럼 휘며 지지물을 찾는다.

사진 4-72 덩굴손 선단은 구형에서 원반형(접시형)으로 형태를 변형시켜 부착 면적을 넓힌다.

사진 4-73 죽순대에 부착한 담쟁이덩굴. 부착반은 색이 변했지만, 부착은 견고하며, 비대·신장한 짧은 가지를 튼튼히게 지탱하고 있다.

사진 4-74 도장된 금속 표면에 부착하는 담쟁이덩굴

02 | 등반과 하수에 의한 생장 비교

부착형 덩굴식물 네 종류(담쟁이덩굴, 휘커스 퓨밀라, 송악, 비그노니아)를 대상으로 삼나무판의 남사면과 북사면을 등반 및 하수시키며, 생장량(피복 면적)을 비교한 연구[12)]가 수행된 바 있다. 연구 결과, 네 종류 모두 등반실험구가 하수실험구의 생장을 크게 상회하였다(표 4-10). 특히 비그노니아의 경우 하수 상태의 생장은 극히 불량한 결과를 나타냈다. 휘커스 퓨밀라와 송악의 경우 다른 두 종류에 비해 하수실험구의 생장량 비율이 높았는데, 이것은 하수 생장 때 확인된 부착에 의한 결과라고 고찰하고 있다.

표 4-10 덩굴식물의 생육 유형과 피복 효율

종명	벽면 방위	피복 면적(cm^2)	
		등반	하수
담쟁이덩굴	북	9,310	3,974
	남	8,038	3,872
휘커스 퓨밀라	북	5,914	3,116
	남	6,714	2,639
송악	북	6,686	3,717
	남	5,140	3,970
비그노니아	북	8,883	2,033
	남	8,251	1,980

도시 녹화용 식물과는 다른 열대성 덩굴식물 *Epipremnum aureum*, *Monstera obliqua expilata*, *Philodendron scandens araceae*를 이용해서 동일한 실험을 수행하였더니, 실험대상 모두 등반실험구 엽면적이 하수실험구를 유의하게 상회하였다[13)]. 부착형 덩굴식물에 의한 등반을 효과적으로 실시하기 위해서는 벽면과의 적합성 검토와 부착 효율이 좋은 보조재 등의 이용도 검토할 필요가 있다.

주로 부착형의 덩굴식물을 사용해서, 동서남북에 면한 50°의 경사를 지닌 모르타르 마감 벽면에 대한 등반, 하수(아래 방향의 생장)에 의한 생육을 비교[4)]하여 부착이나 생장을 비교하였다. 부착이 좋은 종으로는 능소화, 줄사철, 왕모람, 모람, 담쟁이덩굴, 송악 등이었으며, 등반 이용의 경우 생장량이 좋은 종으로는 담쟁이덩굴, 능소화, 송악 등이었다. 등반과 하수의 생장을 비교한 식물 종은 제한되어 있어, 담쟁이덩굴의 경우 하수의 생장이 불량했으며, 마삭줄의 경우 하수 생장이 등반 생장을 상회하였다. 그러나 측정 항목이나 측정 방법에 관한 정확한 내용의 기술이 없는 관계로 단정적으로 결론을 내릴 수는 없다.

덩굴식물에 의한 입면녹화의 사례는 수없이 많은 편이다. 현장에서 볼 수 있는 식물의 생육 반응의 기록이 남겨져 있다면 유익한 자료가 될 것이다. 향후 계속 증가할 입면녹화의 현장에서 데이터를 수집하는 방법의 검토가 요구된다.

03 | 안정된 부착의 확보

기근 부착이 곤란한 벽면을 기근에 의한 부착형 덩굴식물로 녹화할 경우나 벽면에 대한 직접 부착을 피하고 싶은 경우에는 보조자재를 이용할 필요가 있다. 또한 벽면의 피복에 감기형 덩굴식물을 이용할 필요가 있는 경우에도 트렐리스나 펜스 등의 보조자재를 설치할 필요가 있다(보조자재에 대해서는 4.5를 참조하기 바란다).

– 시모무라 타카시(下村 孝)

인용 · 참고문헌

1) 冲中 健 (1984)：つる植物の造園的利用に関する研究. 千葉大園学報, 34, 165-236.

2) 冲中 健・山内啓治・朴容珍 (1992)：オオイタビの付着に関する基礎的研究, 千葉大園学報, 46, 229-234.

3) 親林和生・森浩文・小川彰一 (1992)：各種コンクリート壁面へのつる植物による吸着緑化の可能性, 第23回日本緑化工学会研究発表学研究発表要旨集, 12-15.

4) 渡辺重吉郎・横井政人・小黑 晃 (1974)：つる植物による環境緑化に関する研究, 千葉大園学報, No.22, 93-97.

5) チャールズ・ダーウィン (1865) (渡辺仁訳：1991)：よじのぼり植物, p.145, 森北出版.

6) Edwin Groot, Eileen J. Sweeney, and Thomas L. Rost (2003)：Development of the adhesive pad on climbing fig (Ficus pumila) stems from clusters of adventitious roots, Plant and Soil, 248, 85-96.

7) Anton G. E. and Willian W. T. (1977)：Adhesion of the Boston ivy tendril, Can. J. Bot., 55, 918-924.

8) 森本幸裕 (1982)：壁面緑化に有望なツル植物の生育特性に関する一考察, 斜面緑化研究, No.4, 67-88.

9) 冲中 健・武藤伸一 (1985)：ナツヅタの壁面付着に関する研究, 千葉大園学報, 36, 141-148.

10) 冲中 健・山内啓治・朴容珍 (1991)：種々の粗さの壁面に対するナツヅタ付着盤の付着, 千葉大園学報, 44, 245-254.

11) 冲中 健・山内啓治・藤井英二郎 (1988)：ナツヅタの壁面付着に関する数種の条件について, 造園雑誌, 51, 102-110.

12) 朴容珍・冲中 健 (1990)：壁面緑化用つる植物の登攀と下垂における生育特性に関する基礎的研究, 造園雑誌, 53, 115-120.

13) Steinitz B, Hagiladia (1987)：Thigmomorphogenesis in climbing Epipremnum aureum, Monstera obliwua expilata and Philodendron scandens araceae, J. Plant Physiol. 128, 461-466.

4.4 격자형 구조물과 감기형 덩굴식물의 특성

01 | 감기형 식물의 분류와 이용 실태

감기형 식물의 감기 기관은, 줄기, 덩굴손 및 작은 엽병으로 분류된다. 입체녹화에 이용되거나 혹은 이용될 가능성이 있는 식물의 범주에서 보자면, 줄기로 휘감는 식물로는 케롤리이나 자스민, 남오미자, 인농덩굴, 멀꿀, 셈퍼비렌스 인동덩굴, 으름덩굴, 노박덩굴, 키위, 쥐다래 등이 있다. 한편, 감기에 의한 것으로는 시계꽃, 비그노니아, 미국담쟁이덩굴 등이 있으며, 작은 엽병에 의한 감기는 으아리 그룹 및 덩굴성 하나나스 뿐이다.

도쿄도를 중심으로 한 도심 입면녹화 실태조사[1]에 따르면, 울타리형 구조물에 대한 감기형 덩굴식물의 이용 사례의 경우 줄기에 의한 감기형 식물이 29%인 것에 비해 덩굴손형 식물이 11%, 엽병형 식물은 1%에 미치지 못했다. 한편, 덩굴장미 등 가시를 이용해 격자형 구조물을 등반하는 식물이 32%를 차지하고 있었으며, 기근 부착형이나 부착반 부착형 덩굴식물이 24%나 이용되고 있었다(표 4-11). 울타리형 구조물의 구조로부터 살펴보자면, 감기형은 굵은 울타리에 대한 이용이 전무하였으며, 작은 울타리에 대한 이용 사례도 그물(망)울타리에 비해 매우 낮은 비율이었다. 한편, 개개 식물의 감기 특성이 관여하고 있는 것으로 판단되었다. 오키나카[1]는 이 결과들을 울타리 실거주자(개인주택 거주자라고 생각된다)의 식물의 선호도나 1~2m 높이의 울타리에서는 가시형 식물의 기대기도 지장이 없는 등 다양한 측면에서 분석이 이루어졌지만, 그 이상 상세한 고찰은 이루어지지 않았다.

표 4-11 울타리형 구조물에 이용된 덩굴성 식물의 피복 유형[1)]

구조	울타리 종류	등반형								
		흡반	흡착근형	덩굴손	감기엽병	감기덩굴	가시형	지엽	덩굴성	계
굵은 울타리	콘크리트 블록 울타리(N=1)	0	1	0	0	0	0	0	0	1
	대곡석(大谷石) 블록울타리(N=1)	0	1	0	0	0	0	0	0	1
	돌울타리((N=2)	0	1	0	0	0	1	0	0	2
	인조목울타리(N=1)	1	0	0	0	0	0	0	0	1
	계	1	3	0	0	0	1	0	0	5
작은 울타리	나무울타리(N=4)	0	0	0	0	2	2	0	0	4
	격자형울타리(N=11)	0	1	0	0	4	6	0	0	11
	대나무울타리(N=1)	0	0	1	0	0	0	0	0	1
	철책(N=27)	3	6	2	0	6	9	0	1	27
	와이어울타리(N=3)	0	0	0	0	0	3	0	0	3
	플라스틱울타리(N=1)	0	0	0	0	1	0	0	0	1
	계	3	7	3	0	13	20	0	1	47
그물 울타리	철망울타리(N=63)	6	7	9	1	21	16	1	2	63
	어망울타리(N=2)	0	1	1	0	0	0	0	0	2
	계	6	8	10	1	21	16	1	2	65
	총계	10	18	13	1	34	37	1	3	117
	%	8.5	15.4	11.1	0.9	29.1	31.6	0.9	2.6	100.1

02 | 감기형 식물의 감기 구조

(1) 줄기에 의한 감기

식물 줄기의 생장 중심은 활동이 왕성한 부분과 그렇지 않은 부분이 혼재되어 있지만, 활발한 부분이 골고루 확실하게 원주형으로 이동하므로, 수직방향으로 신장한다. 그러나 덩굴식물에서는 생육이 활발한 부분이 느리게 이동하므로 그 밖의 부분과의 생장에 차이가 발생한다. 그 결과, 줄기는 수직방향으로 자라게 되고, 느린 원주운동을 하게 된다. 이것이 전두(轉頭) 선회운동이다. 더욱이 선회운동 과정에서 수목의 가지나 울타리에 닿으면, 접촉된 쪽의 생장이 억제되고, 반대쪽의 생장이 빠르기 때문에 감기가 발생한다. 이 현상은 측면 중력 굴성이라고 되어 있으나, 식물형태학 등의 교과서에서도 그 구조에 관한 명쾌한 해설은 보이지 않는다. 지지물에 대한 오른쪽 감기와 왼쪽 감기 방향과 선회운동의 방향이 일치한다.

(2) 덩굴손과 엽병에 의한 감기

덩굴손의 기원은 줄기와 잎 또는 잎의 일부로, 줄기를 기원으로 하는 것은 포도과의 포도나 담쟁이덩굴류(사진 4-75)와 시계꽃 그리고 무환자나무과 풍선덩굴 등에 제한되어 있으므로, 그 밖의 것은 잎을 기원으로 한다[2]. 단, 담쟁이덩굴 덩굴손의 경우 감기 기능은 없으며, 선단의 부착반으로 부착하여 등반한다. 한편, 같은 속의 미국담쟁이덩굴의 덩굴손은 부착 기능은 거의 없고, 지지물을 감는다(4.3 참조). 감은 후 덩굴손은 위축되며, 기부(基部) 가까이에서 감기와 반대 방향으로 나선형으로 감는 경우가 있다. 이 결과, 감긴 덩굴손을 지닌 가지의 흡착 안정성이 높아지게 된다(사진 4-76). 담쟁이덩굴의 덩굴손도 나선은 아니지만 덩굴손의 수축은 일어난다.

잎이 복엽인 으아리류에서는 작은 엽병이 선회운동을 하여 지지물에 감긴다(사진 4-77, 78). 감기 후 수축은 일어나지 않는 것으로 판단된다.

사진 4-75 덩굴손의 비늘 조각

사진 4-76 오른쪽 방향으로 감긴 덩굴손의 기부(사진의 위쪽)가 왼쪽으로 되감은 시계꽃

사진 4-77 선회운동을 하는 으아리의 소엽병

사진 4-78 펜스에 감긴 으아리의 소엽병

(3) 선회운동의 속도와 반경

덩굴식물의 감기 줄기나 덩굴손의 선회운동은 다양한 조건에서 변하지만, 종에 따라 일정하다. 이들의 일부를 다윈의 관찰 결과에서 알 수 있다.

다윈[3)]은 수십 종에 달하는 식물을 실내에서 관찰하였다. 그러나 대부분이 온실식물로 일본에서 입체녹화에 이용되는 덩굴식물은 그다지 많은 편은 아니었다. 표 4-12에는 그 중 일본에서 녹화용으로 이용되는 감기 줄기를 가진 식물을 나타내었다. 으름덩굴이나 등나무, 미국나팔꽃은 대개 3시간 이내에 1회 선회운동을 한다. 또한 멀꿀의 근연종인 *Stauntonia latifolia*는 3시간 반 정도에 선회하는 것을 알 수 있다. 한편, 중국 원산으로 일본에서도 야생하고 있는 하수오와 인동의 근연종인 털인동은 5~9시간이라는 긴 시간 동안 선회한다. 선회속도가 빠르면 지지물과 만날 기회도 늘어나기 때문에, 감기의 효율은 높아진다고 생각할 수 있다.

한편, 다윈[3)]은 덩굴손의 운동에 대해서도 조사 결과를 남겼으나, 이 경우는 개별 식물을 독자 형질에 따라 관찰하였으므로 감기 줄기 식물과 같은 상대적인 비교는 할 수 없다. 녹화용으로 이용할 수 있는 비그노니아(*Bignonia capleorta*)는 덩굴손의 길이가 6.4cm로, 지지물과의 접촉을 느끼는 능력은 선단 부분이 뛰어나며, 접촉 후 대개 30분 내에 감는 것으로 기록되어 있다(사진 4-79). 또한 시계꽃의 근연종인 *Passiflora gracilis*는 덩굴손의 높이가 22.9cm까지 자라, 1g 정도 되는 추를 단 실에 닿기만 해도 반응해서 감기를 시작한다고 기록되어 있다. 소엽병으로 감는 으아리류도 관찰한 결과 소엽병의 선회속도가 2~6시간, 접촉에서 감기까지 걸리는 시간은 2시간~3일로 기록되어 있다. 또한 덩굴식물의 선회 반경이 30~40cm인 것도 관찰되었다. 감기형 덩굴식물의 줄기가 선회운동을 하는 반경 40cm의 범위에 지주나 펜스가 없으면, 감기 효율이 떨어진다는 것을 나타내는 귀중한 데이터라고 할 수 있다.

표 4-12 다윈이 관찰한 감기 줄기의 선회(旋回)속도

학명	국명	선회속도(분)			관찰수
		최대	최소	평균	
Akebia quinata	으름덩굴	240	90	134	4
Humulus lupulus	호프	136	120	127	6
Pharbitis hederacea	미국나팔꽃	167	162	165	2
Lonicera brachypoda	털인동	740	450	555	4
Polygonum dumetorum	닭의덩굴	435	190	315	3
Stauntonia latifolia	–	225	210	218	2
Wisteria chinenis	시넨시스등	201	125	171	6

(4) 감기의 실패

선회운동으로 지지물에 도달할 수 없었던 줄기는 어떻게 될 것인가? 시계꽃의 경우 감는 데 실패한 덩굴손의 경우 위축되고, 용수철 모양으로 되어, 결국에는 고사한다(사진 4-80). 남오미자의 관찰에서는 선회운동을 하던 줄기가 벽면에 닿게 되면, 선회운동을 작게 하고, 결국 생장을 멈추며, 선단이 고사한다(사진 4-81). 그 결과, 정아우세가 깨져 기부(基部)의 액아가 싹을 터 생장을 거듭하며, 새롭게 선회운동을 시작한다. 선회운동이 자리를 바꿔 새로운 기회를 찾는 것과 같다.

사진 4-79 비그노니아의 덩굴손

사진 4-80 감기가 이루어지지 않아 위축해서 고사한 덩굴손

사진 4-81 남오미자. 벽에 닿아 선회운동을 하는 줄기와 선단이 고사한 줄기

03 | 개개 식물의 감기 특성에 따른 이용 특성

(1) 줄기의 선회운동과 피복 효율

유럽의 정원 등에서 펜스의 피복에 널리 이용되는 호프(*Humulus lupulus*)(사진 4-82)는 트렐리스의 격자를 구성하는 소재의 굵기나 간격이 피복 효율에 영향을 미친다[4].

줄기의 생육 방향과 선회운동의 관계를 다룬 연구도 있다. 트렐리스를 따라 심은 인동(*Lonicera japonica*)과 셈퍼비렌스인동덩굴(*Lonicera sempervirens*)을 대상으로 감지 않고 위쪽으로 생장하는 가지와 감고 있는 가지, 그리고 지면을 포복하고 있는 가지로 나눠, 선회운동을 측정하였고, 더불어 트렐리스에 대한 감기 성공률과 지면에 대한 발근 성공률을 측정하였다[5]. 그 결과, 인동과 셈퍼비렌스인동덩굴은 원호를 그리며, 선회운동을 하고 있었으며, 그 속도는 트렐리스를 따라 위쪽으로 생장하는 가지에서는 시간당 평균 31°였고, 트렐리스에 대한 감기 성공률은 차이가 없이 평균 77%였다. 그러나 이미 트렐리스에 감겨 위쪽으로 생장하고 있는 가지에서는 선회속도가 17°로 감소하였다. 이 결과로부터 덩굴식물의 선회운동은 줄기 꼭대기 바로 아래 마디가 고정되어 버리면 속도가 저하한다는 것을 나타낸다. 한편, 셈퍼비렌스인동덩굴에서는 지표를 따라 생장하는 가지도 감기므로 생장하고 있는 가지와 같은 16°/hr로 선회운동을 계속하지만, 인동에서는 선회속도가 2°/hr로 감소하므로 지표에 뿌리를 내리는 마디의 비율이 셈퍼비렌스인동덩굴(약 8%)의 2.5배(약 20%)가 되었다. 그 결과, 수평방향으로 생장하는 가지의 길이는 두 종간 차이가 없음에도 불구하고 가지 선단의 길이는 인동이 셈퍼비렌스인동덩굴에 비해 유의하게 길었다. 두 종의 선회속도 31°/hr는 다윈의 관찰에 사용된 털인동덩굴의 1선회당 555분으로부터 계산한 약 40°/hr(평균)과 유사하였다. 같은 인동속의 종 차이, 관찰 시기의 차이(130년 정도의 차), 그리고 관찰 장소의 차이 등을 고려하면 놀랄 만한 유사성이라고 할 수 있다.

이와 같이 줄기로 감는 덩굴식물은 하루 2회 이상 선회운동을 하고 있다. 그리고 지지물에 닿게 되면 감고, 선회운동의 속도를 늦춘다. 감는 목적이 정해진 것이다. 그러나 필요한 입면을 빠르게 피복시키기 위해서는 많은 줄기(가지)를 발생시켜, 다방면으로의 생장에 의해 피복 범위를 넓히는 게 중요하다. 전정으로 측지(側枝)를 발생시키는 게 유효할지도 모른다.

(2) 지지물의 굵기와 감기 효율

Sakai 등[6]은 지주가 등나무(*Wisteria floribunda*)의 생육에 미치는 영향을 조사하여 지주의 존재와 길이가 등나무 줄기의 직경이나 신초에 대한 생체량의 분배에 영향을 미치고 있다는 것을 밝혔다. 그러나 덩굴식물 줄기의 선회반경, 감는 힘 및 등반 각도 등의 생육 특성과 지주의 굵기나 간격과의 관계는 조사하지 않았다. 나팔꽃의 경우 지주의 굵기가 6cm를 넘으면 감을 수 없다는 관찰 기록이 있으며, 등나무의 경우 직경

30cm를 넘는 전신주에 대한 감기가 관찰된 바 있다(사진 4-83). 종별 자료의 축적이 필요하다.

사진 4-82 개화기의 호프

사진 4-83 전신주를 감은 등나무

(3) 메쉬 지름의 크기와 줄기의 유인 방향과 피복 효율

저자 등[7]은 감기형 덩굴식물인 멀꿀을 이용하여 단독주택 외부용으로 설계된 1.4×2m의 스틸제 펜스에 대한 감기 · 피복 성능을 조사하였다.

4월 중순에 1년생의 모종을 옮겨 심어, 10월 하순까지 관찰하여 피복률을 산출하였다. 그 결과, 옮겨 심을 때 가지를 수직으로 유인한 것이 수평으로 유인한 것보다 피복률이 높았다. 앞서 살펴본 바와 같이 인동의 경우 포복시킨 줄기는 전두선회운동을 하지 않는다[5]. 펜스의 아래쪽에 수평방향으로 유인된 멀꿀의 줄기도 펜스 기부의 가로 지지물이나 지상과의 접촉에 의해 전두선회운동이 지장을 받아, 그 결과 생육이 늦어졌다고 판단된다.

멀꿀의 실험에서 1m당 세 그루 심은 실험구가 한 그루 심은 실험구보다 피복률이 높았다. 또한 메쉬의 크기를 세루는 12.1cm로 고정하고, 가로를 10.4cm의 실험구와 5.2cm의 실험구로 구분하여 실험한 결과 5.2cm 실험구의 피복률이 높았다(그림 4-26). 이번에 사용한 멀꿀의 근연종인 *Stauntonia latifolia*의 경우 전두선회속도는 1선회당 3시간 30분에서 3시간 45분이었다[3]. 더욱이 대부분의 목본 덩굴성 식물이 전두선회운동 때 그리는 타원의 반경은 30~40cm로 알려져 있다[3]. 이러한 사실들을 토대로 생각해 보자면, 메쉬의 간격이 작은 쪽이 세로 방향의 와이어에 전두선회운동을 하고 있는 줄기가 닿을 수 있는 기회가 많으므로 감기의 빈도가 늘어나 피복 면적의 차이를 가져올 수 있다고 판단된다. 감기 줄기형의 식물을 이용할 때 고려할 만할 사항이다.

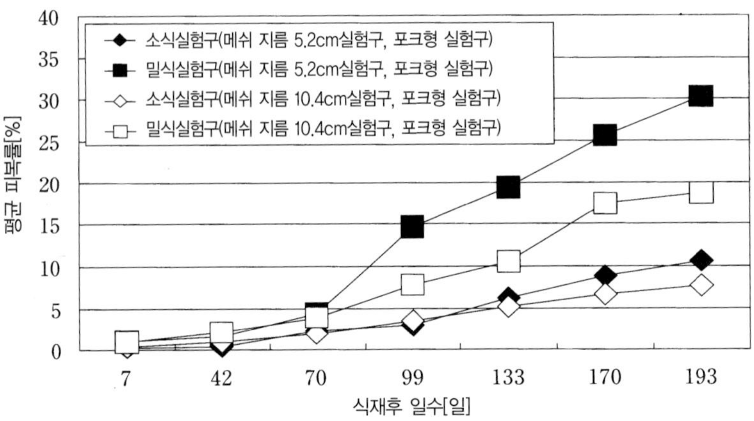

그림 4-26 메쉬의 가로 지름이 멀꿀의 피복률에 미치는 영향(시모무라(下村)에 의해 제목이 수정됨)

삼림에서 자라는 감기형 목본 덩굴성 식물의 등반 성능과 감기 구조물의 규모나 형태의 적합성에 관한 연구도 삼림생태학 등의 분야에서는 이루어지고 있지만[8], 그러한 성과들을 벽면녹화나 입면녹화 현장에 응용하기 위해서는 향후 연구에 기대하는 바가 크다.

– 시모무라 타카시(下村 孝)

인용 · 참고문헌

1) 沖中 建 (1984) : つる植物の造園的利用に関する研究, 千葉大園学報, 34, 165–236.
2) 熊沢正夫 (1979) : 植物器官学, pp.242, 裳華房.
3) Darwin, C. (渡辺仁訳) (1991) : よじのぼり植物, pp.145, 森北出版.
4) Bell P. R. (1958) : Twinning of the hop (Humulus lupulus L).
5) Larson, Katherin C. (2000) : Circumnutation behavior of an exotic honeysucle vine and its native congener: Influence on clonal mobility, Amer. J. Bot. 87 (4) : 533–538.
6) Sakai, A. and Suzuki, W. (1999) : Effect of support on the growth of a woody vine, Wisteria floribunda DC. (Leguminosae). J. For. Res., 4 (2) : 183–186.
7) 岡田準人 · 下村 孝 · 田中孝雄 · 畑 明宏 (2002) : 植物間隔及び誘因方法がメッシュ径の異なるフェンスを被覆させたムベ(Stauntonia hexaphylla (Thunb.) Decne.)の成長に及ぼす影響, 緑化工学会誌, 28 (1), 55–60.
8) Putz, F. E. (1984) : The natural history of lianas on Barro Colorado Island, Panama. Ecology, 65, 1713–1724.

4.5 보조자재
- 부착 · 감기 촉진용 보조자재 -

덩굴식물의 등반과 하수에 의한 입면녹화의 경우 시공 직후에 피복의 완성을 실현한다는 것은 어려운 일이다. 따라서 부착이나 감기의 효율 향상과 덩굴식물의 생육 촉진에 의한 피복 완성 때까지의 기간 단축이 요구된다. 생육의 촉진은 부착과 감기의 효율 향상과 같은 의미라고 생각되므로 결국 효율을 높이는 게 가장 중요하다. 따라서 방법으로는 보조자재의 이용을 생각할 수 있다.

보조자재에는 덩굴식물의 부착이나 감기 등을 촉구하는 역할이 요구된다. 또한 덩굴식물의 직접적인 피복으로 입면이 더러워지거나 균열의 확대 등의 손상이 우려되는 경우에 있어 보조자재가 대체물로서의 역할을 할 수도 있다. 한편, 덩굴식물의 줄기가 바람에 의해 흔들리는 것도 부착이나 감기, 혹은 하수할 때 생장의 저해 요인이 될 수 있다. 따라서 보조 네트 등 덩굴식물 줄기의 고정을 가능할 수 있는 기능을 지닌 자재도 보조자재의 범위에 속한다고 볼 수 있다.

01 | 부착형 덩굴식물용 보조자재

(1) 기근 부착형 덩굴식물용 보조자재

기근 부착형 덩굴식물의 흡착 효율을 높이기 위해서는 기근의 물리적 감기가 가능한 요철구조를 갖는 거친 면이 바람직하다는 것에 대해서는 이미 살펴보았다(4.3 참조). 따라서 표면이 매끄러운 면인 콘크리트 블록이나 거친 면의 모르타르, 수피 등은 바람직한 표면구조라고 할 수 있다. 그러나 이들 소재를 재료로 한 보조자재의 개발은 이루어지지 않은 상태이다.

야자 껍질 섬유를 엮어 만든 매트를 입면에 설치하고, 와이어 프레임과 조합시켜 기근 부착형 덩굴식물의 부착과 등반을 촉진시키는 시스템이 이미 개발되어 성과를 올리고 있다. 제2장 2, 제7장 2.2에서도 소개된 바와 같이 기근 부착형, 부착반 부착형 및 감기형의 덩굴식물을 혼식한 결과 시공 후 2년 반만에 높이 13m 건물 벽면을 거의 피복하였다(사진 4-84). 야자 껍질 매트는 헤데라 등반용 자재로서 개발된 것이지만, 이 사례에서는 능소화가 헤데라를 능가하는 생장을 보였으며, 결국 알제리아 아이비도 왕성한 등반 생장을 나타냈다. 기근이 야자 껍질 섬유 사이에 침입해서 견고히 얽어 묶기 때문에 능소화나 헤데라와 같이 기근이 굵고, 게다가 길게 자라는 식물에 적합한 자재라고 할 수 있다(사진 4-85, 86). 또한 비그노니아도 덩굴손의 선단이 야자 껍질의 섬유를 잘 움켜쥐며, 뛰어난 등반 능력을 보였다(사진 4-87). 더욱이 야자 껍질 매트를 금속망이 잘 지탱하고 있기 때문에 감기형 식물인 시계꽃 등도 등반할 수 있으며(사진 4-88), 따라서 효율도 좋다. 야자 껍질 매트의 이용에 의한 등반 효율 향상에 관한 실험 결과는 다음과 같이 보고되어 있다.

마키(牧) 등[1]은 주위 평균 12.8m의 고속도로 교각에 높이 3m까지 야자 껍질 등반 자재를 설치하고, 아이비, 능소화, 비그노니아, 담쟁이덩굴, 휘커스 퓨밀라의 피복률을 산출하여 등반 성능을 조사하였다. 자재를 설치하지 않은 대조실험구와 야자 매트, 매트에 메쉬 간격 16cm의 웨이브 메쉬(와이어를 산형(山型)으로 구부려 만든 금속망 · 사진 4-85)를 조합한 실험구, 금속망만 설치한 실험구가 설정되었다. 실험 결과, 야자 껍질 매트와 금속망을 이용한 실험구가 금속망만 설치한 실험구보다 6개월 후 50%, 1년 6개월 후 30% 피복률이 높았다.

또한 휘커스 퓨밀라와 담쟁이덩굴을 혼식한 경우 자재를 설치하지 않은 대조실험구에 비해 자재구에서는 6개월 후 70%, 1년 6개월 후 60% 피복률이 높아, 이들 식물에서도 야자 껍질 매트의 등반 보조 효과가 확인되었다.

(2) 부착반 부착형 덩굴식물용 보조자재

고베시에 있는 구사를본사 빌딩에서는 건물의 벽면에서 떨어진 위치에 빌딩의 주변 전면을 덮는 펀칭 메탈(punching metal)을 설치하고, 그것의 표면을 담쟁이덩굴로 피복하였다(사진 4-89). 빌딩 맨 아래에 설치된 플랜터에 식재된 담쟁이덩굴이 펀칭 메탈에 흡착해서 4층 건물의 빌딩 최상층까지 등반하고 있다. 펀칭 메탈은 벽면으로부터 50cm 떨어져 있으며, 벽면 검사 등의 작업용 공간도 확보되어 있다(사진 4-90). 벽면뿐만 아니라 창 부분도 모두 담쟁이덩굴이 덮어, 직사광선의 차단에 의한 단열 효과는 높은 편이다. 그러나 간접광은 구멍 난 부분을 통해 창에 닿기 때문에 채광도 가능하며, 더욱이 실내 구멍을 통해 푸른 담쟁이덩굴을 감상할 수 있다(사진 4-91). 시공 후 20년이 지났으나 지금도 아름다운 모습을 유지하고 있다. 건축 디자인에 있어 의미가 있는 건물이면서도 입면녹화의 새로운 관점을 제공했다고 할 수 있다.

사진 4-84 덩굴식물에 의한 치쿠사소극장 전면 피복(나고야시)

사진 4-85 비그노니아, 능소화, 아이비, 담쟁이덩굴 등 다양한 식물이 부착 · 등반하고 있다.

사진 4-86 기근이 야자 껍질 매트에 견고하게 부착하고 있는 아이비

사진 4-87 덩굴손의 선단이 섬유를 움켜쥐고 부착하고 있는 비그노니아

사진 4-88 금속망의 철선에 감긴 시계꽃 덩굴손

사진 4-89 콘크리트 벽면 전면에 설치한 담쟁이덩굴 부착용 펀칭 메탈

사진 4-90 빌딩 벽면과 부착반 사이의 작업 공간

사진 4-91 뚫린 구멍으로 보이는 담쟁이덩굴의 신록

02 | 감기형 덩굴식물용 보조자재

(1) 벽면 장치용 보조자재

벽면 피복에 감기형 덩굴식물을 이용하기 위해 설치하는 와이어나 와이어 메쉬가 좁은 의미의 보조자재로서 이용된다. 녹화용으로 개발된 와이어 메쉬 중에는 감기형 덩굴식물의 선회운동을 고려하여 입체구조를 택하고 있는 경우도 볼 수 있다(사진 4-92, 93).

사진 4-92 강선 메쉬의 보조자재

사진 4-93 감는 능력을 높이기 위해 고안된 와이어의 보조자재에 유인

(2) 트렐리스, 펜스, 네트 등

정원가꾸기에 사용되는 트렐리스나 펜스는 벽면 전면에 부분적으로 설치해서, 경관 조성용의 감기형 덩굴식물을 이용하는 데 사용된다. 이 경우에는 넓은 의미의 보조자재라고 할 수 있다(사진 4-94).

나일론 네트 등을 이용해서, 덩굴식물을 유인하는 사례를 가끔 볼 수도 있다. 스포츠 네트나 나일론 네트는 섬유를 엮은 수나 굵기에 따라 강도를 높일 수 있기 때문에 덩굴식물에 의한 피복에도 이용될 수 있다. 사진 4-95의 사례에서는 초등학교에 설치된 나일론 네트에 등나무(사진 중앙)가 등반하고 있다. 네트 지지용의 기둥이 설치되어, 네트는 세로와 가로로 뻗은 와이어로 고정되어 있다.

사진 4-94 기와 벽 앞에 설치한 트렐리스에 으아리가 감기·등반하고 있다.

사진 4-95 등반과 하수를 조합한 와이어 메쉬 유니트

(3) 하수형 보조자재

하수하는 덩굴식물의 줄기를 떠받치기 위해 지지물이 이용된다. 덩굴식물의 줄기가 바람에 의해 날리면 생육이 멈추거나 벽면과의 마찰로 선단이 손상되는 것을 막는 역할을 한다(사진 4-96, 97).

사진 4-96 나이론 네트를 등반하는 등나무

사진 4-97 타일 마감 벽 앞에 설치된 와이어 메쉬

(4) 에스페리어의 유인용 와이어

사진 4-98 벽면에 설치된 와이어에 가지를 유인하여 에스페리어를 조성한다.

에스페리어는 목본 식물의 가지를 유인할 때 쓰인다. 벽면의 필요한 위치에 와이어를 설치하여, 장력을 갖게 한다. 콘크리트 벽 등 앵커 홀드에 의한 고정이 가능한 벽면이 필요하다(사진 4-98).　　– 시모무라 타카시(下村 孝)

인용・참고문헌

1) 牧 隆・渡辺裕之・柏木秀公・金田尚也 (2001) ： ヤシガラ系登ハン資材を利用した各種つる植物の登ハン状況, 造園技術報告集, 1, 54–57.

5 Part 입체녹화를 위한 식물 재료와 특성

5.1 덩굴식물

입체녹화에서는 건물의 옥상이나 벽면, 펜스, 파고라 등의 입체 구조물이 녹화 대상이 된다. 옥상녹화는 평지에서의 녹화와 마찬가지로 다양한 식물이 이용되기 때문에 그 유형이 다양한 편이다. 이들 녹화에 이용되는 식물에 대해서는 다른 전문서적을 참조하기 바라며, 여기에서는 주로 벽, 담, 옹벽 등의 입면과 파고라, 아치 등의 입체 구조물을 중심으로 이들 녹화에 이용되고 있는 식물에 대해 살펴보도록 한다.

입면녹화에는 벽면이나 격자형 구조물에 부착하거나 감겨 피복하는 덩굴식물이 가장 많이 이용된다. 그 밖에 덩굴장미와 같이 격자형 구조물에 유인 · 이용되는 것도 있다. 또한 옹벽 등의 상부에서 늘어뜨려 피복하는 포복성 식물도 이용된다.

01 | 덩굴식물의 생육상과 특성

표 5-1은 일본식목협회(日本植木協會)가 매년 실시하고 있는 출하가능량의 조사결과 중 입면녹화에 이용되는 식물을 1992년부터 5년 주기로 생산량이 많은 순서대로 정리한 것이다. 출하가능량은 대개 생산량과 유사한 수치를 보인다고 생각된다. 이 결과로부터 입체녹화를 위해 생산되는 식물 중 덩굴식물이 종수, 생산량 모두 큰 비중을 차지하고 있다는 것을 알 수 있다. 또한 헤데라류의 생산량이 압도적으로 높은 비율을 차지하고 있다는 사실도 알 수 있다. 이하 이 표를 토대로 몇몇 주요 식물에 대해 해설한다. 또한 덩굴식물의 생산 방법이나 생산량의 동향에 대해서는 5.4 「식물 재료의 생산과 유통」에서 상세히 다루도록 한다.

덩굴성 식물은 유묘기(Juvenile phase)와 성숙기(Adult phase)의 두 생육상을 갖는 경우가 많다. 유묘기와 성숙기 사이에는 잎이나 가지의 형태나 크기, 더 나아가 광합성 효율이나 생육속도 등도 차이가 있다는 것이 이미 알려진 사실이다[1]. 따라서 개개 덩굴 식물의 이용 특성을 생각할 때 이 문제를 명확히 이해할 필요가 있다.

표 5-1 벽면녹화에 이용되는 식물의 특성별 분류와 출하가능량의 경시적 변화

순위		종명	연도별 출하가능량 (포트)					생태	피복 양식	흡착 감기 기관	비고
전체	분류별		1992	1997	2002	2004	비율(%)				
1	1	잉글리쉬 아이비	3,530,750	5,393,474	3,765,401	2,266,200	29.8	상록	부착	기근	1)
2	2	알제리아 아이비	2,490,960	4,963,572	2,923,200	2,200,420	28.9	상록	부착	기근	2)
6	3	마삭줄	161,000	215,500	218,750	273,735	3.6	상록	부착, 감기	기근	3)
7	4	줄사철나무	159,170	331,400	216,790	237,830	3.1	상록	부착	기근, 줄기, 가지	4)
8	5	첫눈 덩굴풀	6,440	–	136,035	219,090	2.9	상록	부착**	줄기, 가지	5)
9	6	니시키테이카	134,300	178,500	144,300	179,700	2.4	상록	부착**	기근	5)
10	7	담쟁이덩굴	756,500	345,300	237,000	179,700	2.4	낙엽	부착	덩굴손, 기근	
11	8	휘커스 퓨밀라	70,000	81,000	80,600	69,300	0.9	상록	부착	기근	
13	9	송악	142,500	160,500	101,850	64,100	0.8	상록	부착	기근	
14	10	콜치카 송악	98,500	117,900	64,700	55,980	0.7	상록	부착	기근	6)
18	11	비그노니아	46,000	36,500	40,600	29,200	0.4	낙엽	부착, 감기	덩굴손, 기근	
19	12	능소화	37,870	51,225	39,680	28,870	0.4	낙엽	부착	기근	7)
20	13	등수국	4,997	28,100	28,300	18,300	0.2	낙엽	부착	기근	
23	14	모람	36,650	36,500	21,000	13,300	0.2	상록	부착	기근	
32	15	팻츠 헤데라	2,400	4,100	4,200	2,500	0.0	상록	부착	기근	
12	1	캐롤라이나 자스민	64,500	131,800	139,180	68,230	0.9	상록	감기	줄기, 가지	
15	2	못코우 장미	7,700	20,400	25,500	54,800	0.7	상록	감기	줄기, 가지	8)
16	3	인동덩굴	60,970	138,040	41,980	50,750	0.7	상록	감기	줄기, 가지	
17	4	남오미자	61,100	32,370	68,720	33,930	0.4	상록	감기	줄기, 가지	
21	5	멀꿀	29,300	53,800	31,710	16,230	0.2	상록	감기	줄기, 가지	
22	6	셈퍼비렌스 인동덩굴	20,900	43,030	26,280	15,150	0.2	상록	감기	줄기, 가지	
24	7	시계꽃	20,500	49,200	15,050	13,200	0.2	상록	감기	덩굴손, 줄기, 가지	
25	8	으름	23,650	39,140	12,380	11,180	0.1	낙엽	감기	줄기, 가지	
26	9	노박덩굴	5,105	18,430	11,480	10,600	0.1	낙엽	감기	줄기, 가지	
27	10	반들가시나무	58,500	14,000	8,300	8,400	0.1	상록	감기	줄기, 가지	8)
29	11	덩굴장미	25,800	30,300	14,500	7,000	0.1	상록	감기	줄기, 가지	8)
30	12	으아리류	12,600	13,500	14,400	6,500	0.1	낙엽	감기	줄기, 가지	
31	13	첫눈 덩굴풀	9,000	6,350	8,400	4,200	0.1	낙엽	감기	줄기, 가지	
33	14	키위	–	1,880	1,480	1,220	0.0	낙엽	감기	줄기, 가지	
34	15	쥐다래	–	–	800	500	0.0	낙엽	감기	줄기, 가지	
3	1	빈카 마이너	502,000	864,540	556,700	511,400	6.7	상록	하수	줄기, 가지	9)
4	2	홍자단	1,199,100	–	743,690	490,300	6.4	상록	하수	줄기, 가지	
5	3	빈카 메이저	442,950	667,690	523,850	457,100	6.0	상록	하수	줄기, 가지	10)
31	4	루부스 카르키노이네스	1,700	26,000	8,000	8,000	0.1	상록	하수	줄기, 가지	
		합 계	12,534,226	18,781,332	13,123,690	7,606,915	100.0				

* : 일본식목협회 발행 공급가능량 · 조달 난이도 조사서 1992, 1997, 2002, 2004년도판을 토대로 산출, 비율은 2004년도를 토대로 산출.

– : 당해연도에 한해 기재 없음

** : 부착보다 평면 피복에 이용되는 경우가 많으나, 부착형으로 취급하였다.

비고
1) 7품종 18% 포함 2) 변종 5% 포함 3) 줄기로 감기도 함
4) 3품종 75% 포함 5) 부착력은 약간 약함 6) 3품종 60% 포함
7) 변종 18% 포함 8) 기대기형 9) 변종 6% 포함
10) 변종 35% 포함

(1) 형태와 생육의 특징

유묘기의 가지(어린 가지)는 일반적으로 잎이 작고, 저광도에서도 견딜 수 있다.

헤데라의 경우 잎(葉身)에 결각(缺刻 또는 裂)이 들어가 3~5개의 열편(裂片, Lobe)이 돋아나는 경우가 많다. 잉글리쉬 아이비종과 송악의 경우 3~5열(裂), 알제리아 아이비종의 경우에도 3열이 된다. 한편, 성숙기의 가지(성숙된 가지)에서 나온 잎에서는 대부분의 결각이 사라지며, 잎 전체가 녹색으로 되는 경우가 많다. 그러나 일본에서의 이용 사례에서는 송악 이외에 성숙된 가지를 볼 기회는 그다지 많지 않다(사진 5-1, 2). 헤데라의 유묘기와 성숙기의 가소성(可塑性)에 대해서는 이전부터 연구가 계속된 관계로 성숙된 가지를 전정(剪定)함으로써 어린 가지의 발생을 유도할 수 있다는 사실은 이미 잘 알려져 있다[2]. 의도적인 벽면녹화의 경우 피복 면적이 제한되기 때문에 불필요한 가지는 대부분 가지치기로 관리되므로 성숙기 도중에 유묘기로의 전환이 일반적으로 이루어지고 있다(사진 5-3).

일본에 자생하는 뽕나무과 무화과속의 휘커스 퓨밀라(일본명 ; 오이타비)류에는 세 종류의 덩굴성 식물이 있으나, 어린 가지와 성숙된 가지의 형태 차이가 종간의 혼동을 초래하는 원인이 되고 있다[3]. 전국 각지에서의 이용실태 조사로 구체적인 오용 사례가 발견되고 있으며, 그 중에서도 휘커스 퓨밀라를 왕모람(일본명 ; 히메이타비)으로 오인하는 사례가 많은 편이다(표 5-2). 이러한 오류는 모두 벽면에 부착된 길이 2cm 전후의 휘커스 퓨밀라 어린 잎으로부터 히메(姬, 공주)를 연상하기 때문이라고 추정된다. 실제 일본에서 발행된 도감들을 조사한 결과 왕모람에 관해서는 12종류의 도감 중 어린 가지 설명이 4건 있었지만, 휘커스 퓨밀라에 대해 조사된 것은 11종류 중 마키노(牧野)신일본식물도감뿐이었다(표 5-3, 사진 5-4, 5, 6). 따라서 일본에서 발행된 도감이나 사전류에 휘커스 퓨밀라류의 형태에 관한 정확한 정보가 기술되어 있지 않은 것이 오용의 원인이라고 판단된다. 그 밖에 원예용으로 선발되어 어린 형태를 유지하는 휘커스 퓨밀라류의 계통이 「퓨밀라」란 명칭으로 유통되고 있다. 본래 실내용 식물로서 보급되고 있으며, 내한성이 약하기 때문에 야외에서의 이용은 적합하지 않은 것으로 되어 있다. 그러나 어느 때인가 이 식물로부터 삽수(揷穗)를 채취하여 생산된 모종이 도시녹화용 재료로서 시장에 나돌아 혼란을 초래한 경우도 있다. 그 밖에 줄사철나무류나 마삭줄류 중에서도 혼동을 초래할 수 있다. 생산 · 유통과정 중 종의 관리가 필요하며, 시공 때에도 세심한 주의가 필요하다.

사진 5-1 벽면에 부착하여 꽃을 피운 잉글리쉬 아이비종

사진 5-2 잎에서 돋아난 잉글리쉬 아이비의 꽃, 왼쪽 위에 3열(裂)인 어린 잎이 보인다.

사진 5-3 강한 전정에 의해 돋아난 어린 가지와 벽면을 등반해서 꽃을 피운 가지가 공존하고 있는 콜치카 송악

표 5-2 휘커스 퓨밀라류를 다른 종으로 오인하는 사례[3]

종명	오용된 종명	오용 사례	오용 이유	건수
휘커스 퓨밀라	왕모람	식재사례 통보	잎이 작다	6
		사쿠 잎표본 · 박물관		1
		업자에게 주문	〃	1
	모람	후지모토(藤本) 견본원	식별곤란	1
		식재사례 통보	〃	1
		조사보고서	〃	1
모람	휘커스 퓨밀라	대학 · 견본원	〃	1

표 5-3 일본 내 · 외 도감에 기술된 휘커스 퓨밀라류의 형질

형질		휘커스 퓨밀라		왕모람		모람	
자웅이주의 기술*		국내(1/11)	국외(10/14)	국내(2/12)	국외(0/1)	국내(9/11)	국외(0/1)
이형성(異形性)의 기술*		국내(1/11)	국외(10/14)	국내(4/12)	국외(1/1)	–	
어린 잎**	길이	2.5cm 이하		1cm 이하		–	
	폭	1~1.3cm		–		–	
	잎꼭지	없음 ~ 매우 짧다		–		–	
	톱니	–		파상 톱니(1~3개)			
성숙된 잎**	길이	4~10cm		1~5cm		6~21cm	
	폭	2~6cm		1~2cm		2~6cm	
	잎꼭지	1~2.5cm		0.5~1.5cm		1~2.5cm	
털의 유무		엽맥 위에 털이 없거나 또는 가는 털이 약간 있음		가지, 엽맥 위에 갈색 털이 많음		엽맥 위에 털이 없음	

* : 일본 내 · 외 도감류 중 기재되어 있는 도감수/총수

** : 기재되어 있는 도감류 중 최소치~최대치

왕모람　　　　　　휘커스 퓨밀라　　　　　　모람

사진 5-4 휘커스 퓨밀라류 세 종의 어린 가지, 성숙된 가지 및 개개 잎의 형태와 뒷면. 하단은 모두 동일 개체에서 채취한 세 종의 어린 가지와 성숙된 가지. 왕모람과 휘커스 퓨밀라는 성숙된 가지에 열매가 보인다. 상단 및 휘커스 퓨밀라의 중단 왼쪽 2개 잎과 모람의 상단 왼쪽 1개 잎은 어린 가지의 잎으로 왕모람와 휘커스 퓨밀라는 잎의 형태가 비슷하지만, 왕모람의 어린 잎에는 파상 톱니가 있어, 구별하기 쉽다. 성숙된 잎은 어린 잎에 비해 잎의 기부(基部)가 쐐기형으로 되어 있으며, 잎꼭지가 길어 이를 통해 구별할 수 있다.

사진 5-5 블록 담을 덮은 휘커스 퓨밀라의 어린 가지(왼쪽)와 성숙된 가지(오른쪽)

사진 5-6 열매가 달린 휘커스 퓨밀라 성숙된 가지

(2) 빛과 광합성

북미 낙엽 산림에서 부착형 잉글리쉬 아이비와 미국담쟁이덩굴, 감기형의 인동(미국에 귀화하여 각지에 퍼져 있다) 등 8종류의 광합성 특성을 조사한 결과[4], 헤데라의 광합성 속도는 최대가 5.5μmol · m^{-2} · s^{-1}로 낮고, 광보상점도 낮았기 때문에, 저광도에서도 견디며, 인동도 마찬가지로 저광도 조건에 대한 적응을 나타냈다. 특히, 저광도에서 견딘 것은 담쟁이덩굴과 동속(同屬)의 미국담쟁이덩굴(*Parthenocissus quinquefolia*)이었다[4]. 잉글리쉬 아이비에 대해서는 어린 가지와 성숙된 가지의 광합성능이 조사되었으며, 어린 가지 잎의 광합성 속도는 저광도하에서는 4.2μmol · m^{-2} · s^{-1}로, 성숙된 가지 잎의 약 50%였고, 보다 강한 광조건에서는 성숙된 가지 광합성 속도의 60%가 되었다[5]. 이와 같은 결과로부터 산림에서 등반형 덩굴식물의 경우 어린 가지일 때에는 음수의 광합성 특성을 갖고, 저광도에 견디며, 나무줄기를 타고 오름에 따라 양수의 광합성 특성을 획득해 간다는 것을 잘 알 수 있다(사진 5-7, 8).

사진 5-7 어두운 임상을 덮은 잉글리쉬 아이비의 어린 가지(영국, Strobo 촬영)

사진 5-8 생울타리를 덮은 잉글리쉬 아이비의 성숙된 가지. 많은 꽃을 볼 수 있다.

02 | 기근(氣根)으로 부착하는 덩굴식물

(1) 헤데라류

상록. 일본에서는 잉글리쉬 아이비종, 알제리아 아이비종, 콜치카 송악종 및 송악이 이용된다. 또한 각종 원예품종도 이용된다. 내서성, 내한성은 각각 달라 중간 정도에서 강한 것까지 있다. 기근에 의한 부착으로 벽면을 등반하여 피복한다. 부착력은 중간 정도에서 강한 것까지 있다. 하수에 의한 피복에도 적합하다. 생육은 중간 정도에서 왕성한 것까지 있다. 알제리아 아이비는 넓은 면적의 피복에 적합하다.

헤데라속은 두릅나무과의 상록 덩굴성 식물로 일본의 입면녹화에 가장 많이 이용되고 있다. 아프리카 북부에서 터키, 이란, 북~중부 유럽과 아시아에 10여 종이 분포하는 것으로 생각되지만, 오랜 세월 분류상의 논쟁이 계속되고 있다. 30개 항목의 형태 비교와 DNA 분석을 포함한 최근의 연구[6]에서는 *Hedrea maderensis*의 아종으로서 취급되던 *H. iberica*를 종으로 독립시켜, 총 13종(표 5-4)이 되었다.

표 5-4 헤드라류 13종의 학명과 자생지

학명	자생지
Hedera algeriensis	북아프리카
H.azorica	아조레스 제도
H.canariensis	카나리아 제도
H.colchica	터키 북부에서 이란
H.cypria	키프로스의 트로드스 연봉
H.helix	서~중앙 유럽
H.hibernica	스코틀랜드 · 아일랜드~포르투칼의 연안 지역
H.iberica	포르투칼과 스페인
H.maderensis	마디이라 제도
H.maroccana	모로코
H.nepalensis	히말라야, 중국, 타이완
H.pastuchowii	구러시아
H.rhombea	일본

일본의 입면녹화에 이용되는 헤데라류를 생산 유통 실적(표 5-1)을 토대로 살펴보면, 잉글리쉬 아이비와 잉글리쉬 아아비의 품종군 및 알제리아 아이비와 알제리아 아이비에 무늬가 들어가 품종이 대부분을 차지하고 있으며, 그 밖에 콜치카 송악과 콜치카 송악의 품종이 약간 이용되고 있다고 생각해도 좋을 것 같다. 또한 송악도 약간 이용되고 있다.

1 잉글리쉬 아이비(*Hedera helix*)

내한성은 강하고, 내서성은 중간 정도. 생육은 빠르지만 품종에 따라서는 보통의 것도 있음. 무늬가 들어간 것이나 잎의 형태가 변이한 원예품종이 많다.

잉글리쉬 아이비종은 유럽, 터키, 키프로스 등에 널리 분포하며(사진 5-9), 2개의 변종과 1개의 품종으로 나누는 설도 있다. 일본에서는 유럽 중부 원산의 계통이 도입되어 널리 보급된 것으로 생각된다. 따라서 약간 내서성이 부족한 단점이 있다. 특히, 봄의 식재 공사가 늦어져, 활착 전에 여름을 맞는 경우에는 차광과 충분한 관수 등의 조치가 없으면, 생리 장애를 일으켜 고사하는 일이 있다. 3월말부터 4월초에 식재하고, 여름을 맞기 전에 활착을 확실히 해두는 것이 바람직하다. 활착해서 생육이 시작되면 생리 장애로 고사하는 일은 적다. 한편 내한성은 뛰어나다. 입면 피복에 이용되는 주요 원예품종은 다음과 같다.

① 피츠버그(Pitzburg)

분지성은 뛰어나지만 기본종에 비해 내서성이 약간 떨어진다.

기본종과 마찬가지로 잎이 5열이지만 톱니가 깊다. 기본종에 비해 생육은 약간 느린 편이지만 등반, 하수에 이용할 수 있다(사진 5-10).

② 글래저(Glasier)

잎은 3~5열이며, 잎에 불규칙한 흰무늬가 있는 아름다운 품종으로, 등반과 하수 양쪽에 이용할 수 있다. 가을부터 겨울에 걸쳐 잎의 녹이 짙어지는 헤데라종이지만, 흰무늬가 밝은 분위기를 연출하는 효과가 있다(사진 5-11, 12, 13).

③ 골드하트(Goldheart)

잉글리쉬 아이비 중에서도 특히 등반 성능이 뛰어나다.

3열인 잎의 중앙에 약간 진황색의 무늬가 든 품종으로, 생장은 약간 느리지만, 등반, 하수 양쪽에 이용할 수 있다. 환경에의 적성은 'Glasier'와 마찬가지로 기본종과 거의 같다고 생각해도 좋다(사진 5-14, 15).

④ 그 밖의 품종

잉글리쉬 아이비종은, 헤데라속의 식물 중에서 유일하게 변이가 일어나기 쉬워 400~450종류의 원예품종이 알려져 있다. 그 중 녹화용으로 이용되는 품종은 'Glasier', 'Goldheart', 'Pitzburg', 'Birdfoot' 등으로 제한되는 경향이었지만, 90년대 중반 가드닝붐으로 다양한 품종이 원예시상에 유통되었다. 그 결과, 이들 품종이 콘테이너에서의 이용에서 노지로 옮겨져, 주택의 벽면을 피복하게 되어 다양한 품종의 벽면 피복을 볼 수 있게 되었다. 식목협회 산하 생산자의 묘포장에도 'Goldchild', 'Pedata', 'Ivalase' 등이 소량이지만 생육되고 있는 것은 이러한 현상을 반영한 사례라고 생각된다(사진 5-16, 17).

또한 2004년 하마마츠(浜松)에서 개최된 국제원예박람회에서는 잉글리쉬 아이비종 10품종 정도의 하수 피복 견본 전시가 열렸다(사진 5-18). 그러나 대부분의 품종이 충해를 입어 특성이 충분히 발휘되었다고는 말할 수 없는 상태였다. 다양한 품종의 이용 특성을 분명히 하는 일은 향후의 과제라고 할 수 있다.

사진 5-9 영국 코츠월즈 지방의 석조 벽을 등반하는 잉글리쉬 아이비종

사진 5-10 하마마츠 꽃 박람회에서 하수 피복 견본 전시에 사용된 'Pitzburg'

사진 5-11 블록 담에 등반해서 얇고 빽빽하게 피복된 'Glasier'

사진 5-12 'Glasier'의 은행나무 등반

사진 5-13 블록 담을 하수해서 피복한 'Glasier'

사진 5-14 잎에 노란색 무늬가 든 'Goldheart'

사진 5-15 2층 건물을 넘어 등반한 'Goldheart'

사진 5-16 원예품종 'Eva'(흰 무늬)와 'Goldchild'(노란 무늬) 등이 모르타르 벽면에의 이용

사진 5-17 블록 담의 뒤편에서 등반해서 하수 가지를 뻗는 품종 아이리시레스

사진 5-18 잉글리쉬 아이비 하수(야마나시 꽃 박람회)

2 알제리아 아이비(*H. canariensis*)종

내한성은 중간 정도이고, 내서성은 강하다. 생육은 빠르고, 하수에 의한 넓은 면적의 피복에 적합하다. 무늬가 들어간 원예품종은 아름답다.

카나리아 제도에 자생하고, 대형으로 광택이 있는 잎을 갖는다. 생육은 왕성하며 내서성도 뛰어나지만, 자생지 기후의 영향으로 인해 내한성은 약간 떨어진다. 특히 건조한 한풍이 세게 부는 도로 사면 등에서는 잎이 검붉게 변색되지만, 고사하는 일은 없

사진 5-19 펜스를 아름답게 피복한 알제리아 아이비

다. 기근에 의한 등반도 가능하지만, 잉글리쉬 아이비종이나 송악에 비해 기근의 발생이 적고, 등반력도 약간 떨어진다는 평가가 일반적이다. 한편, 큰 잎을 가진 가지가 거의 수직으로 자라 두꺼운 피복을 만든다. 사례 조사에서도 등반보다 하수의 비중이 높다. 벽면이나 펜스의 상단으로 유인해서 하수형으로 조성하는 사례도 적지 않다(사진 5-19).

원예품종

알제리아 아이비종의 변종으로 알제리엔시스(*H. canariensis var. algeriensis*)가 있으며, 이것에 무늬가 들어간 원예품종으로서 *Gloire de Marengo*가 알려져 있었지만, 일본에서는 알제리아 아이비에 무늬가 들어간 품종으로 취급되고 있었다. 1993년 자생지의 차이에 따라 알제리엔시스가 종으로서 독립되어[7] 영국왕립원예협회(RHS)는 한때 이 분류를 존중하였으나 현재는 'Gloire de Marengo'를 알제리아 아이비의 원예품종으로 취급하고 있는 것 같다. 일본 녹화분야의 경우 이에 대해서는 충분히 정리되어 있지 않은 관계로 알제리아 아이비의 변종으로 통용되고 있다(표 5-1 참조). 그러나 이 품종명은 구미에서는 적어도 현재는 통용되지 않고 있다. 조금 복잡하지만, 이 책에서는 알제리아 아이비종의 품종 'Gloire de Marengo'로서 취급한다. 'Gloire de Marengo'는 기본종과 같은 잎 모양을 갖고, 등반, 하수 양쪽에 이용된다.

알제리아 아이비종은 등반 능력이 떨어진다는 평가가 있지만, 벽면의 거친 정도나 토양의 비옥 정도, 급수 등의 조건이 갖춰지면 뛰어난 등반 능력을 발휘한다(사진 5-20, 21).

치명적인 병충해는 없지만, 하수의 경우 피복이 두꺼워져 통풍이 나빠지기 때문에 패각충이나 진디물이 발생하는 경우가 있다.

사진 5-20 넓은 모르타르 벽을 등반해서 피복하는 'Gloire de Marengo'

사진 5-21 벽돌 담을 등반 후 하수하는 'Gloire de Marengo'

3 콜지카 송악(*H. colchica*)종

내한성은 강하고, 내서성은 중간 정도. 생육은 빠르시만 품종에 따라서는 보통의 것도 있음. 등반력은 도시녹화에 이용되는 헤데라류 중에서는 가장 뛰어나, 넓은 면적의 피복이 가능.

코카서스 지방과 터키에 자생한다. 잎은 알제리아 아이비와 같이 크다. 어린 잎은 3열이며, 광택이 강하다. 성숙된 가지는 녹색이며, 안쪽으로 말리는 특성이 있다(사진 5-22, 23). 생육도 왕성하며 부착력도 커서 넓은 면적의 피복에 적합하지만 일본에서의 이용사례는 제한되어 있다. 또한 내서성도 문제가 있는 편이다.

원예품종

잎의 길이가 20cm에 달하는 덴타타('Dentata')와 황색 무늬 품종 'Pady's Pride'('Sulphur Heart') 그리고 잎 주변에 폭이 넓은 유백색 무늬가 든 덴타타 변종이 있다. 이들 모두 등반력을 가지며, 하수에도 이용할 수 있다(사진 5-24).

사진 5-22 모르타르 벽의 기계실을 덮은 콜치카 송악

사진 5-23 기근으로 강하게 부착한 콜치카 송악의 어린 가지

사진 5-24 낮은 벽돌 담의 양면을 등반 · 하수로 피복한 덴타타 변종

4 송악(*H. rhombea*)

내한성, 내서성은 모두 큼. 생육은 헤데라 중에서는 느림. 부착력은 강하고, 내음성도 강하며, 작은 면적의 피복에 적합함.

헤데라속 중에서 유일하게 아시아(한국, 일본, 중국) 원산의 종이다. 예전부터 분재 등에 이용되었으나, 생육이 느려 녹화 재료로서의 이용은 적은 편이다. 그러나 겨울 담쟁이덩굴이라는 별명이 가리키듯이, 내한성은 매우 강하다. 또한 생육이 서서히 진행되기 때문에 작은 면적의 벽면을 피복시키면 관리에 시간이 걸리지 않는다는 이점이 있다.

어린 잎은 3열 또는 5열로 잉글리쉬 아이비종과 비슷하지만, 흰 측맥이 눈에 띈다(사진 5-25~27). 성숙된 잎은 거의 타원형이다. 또한 다른 외국산 헤데라에 비해 성숙된 가지의 발생이 빠르고, 조기에 꽃이 피는 경향이 있다(사진 5-28).

사진 5-25 임상에서 수목에 등반하는 송악의 어린 가지

사진 5-26 유인해서 펜스의 피복에 이용되는 송악

사진 5-27 모르타르 벽을 등반해서 피복하는 송악

사진 5-28 송악의 성숙된 잎, 발달 초기의 꽃이 보인다.

사진 5-29 큐가든의 헤데라 견본원에서 벽돌담을 등반하는 무늬가 들어간 송악

원예품종

무늬가 들어간 변종이 있지만, 일본 벽면 피복에서의 이용 사례는 매우 드물다고 생각된다(사진 5-29).

5 잉글리쉬 아이비의 귀화

입면녹화나 그라운드 커버의 재료로서 뛰어난 특성을 발휘하는 잉글리쉬 아이비는 원산지 유럽 이외에서도 널리 이용되고 있으며, 오스트레일리아, 뉴질랜드, 브라질, 하와이와 북아메리카에서 야생하고 있다. 그리고 캐나다나 미국에서는 야생한 잉글리쉬 아이비가 산림을 덮어 낙엽수림이나 혼교림 등의 산림 식생을 빈곤화시키는 등의 문제를 일으키고 있기 때문에 방제 방법의 연구가 중요 과제로 되어 있다[8]. 일본에서도 도시 근교림에서의 알제리아 아이비의 야생에 관한 정보 등이 인터넷에 떠도는 경우가 있지만, 현재로서는 야생에 대한 충분한 자료가 축적되지 않은 상태이다. 그러나 뒤에 언급한 인동덩굴의 예도 포함해서, 도시녹화의 수행에 있어서 충분한 배려가 요구되는 문제라고 할 수 있다.

(2) 마삭줄류

상록. 내한성, 내서성 모두 큼. 기근에 의한 부착과 감기 쌍방으로 등반할 수 있는 뛰어난 형질을 가졌다. 하수에 의한 피복도 가능. 생육은 빠르다. 벽면, 펜스, 트렐리스의 피복에 적합하다. 생육은 약간 느리지만 무늬가 들어간 품종도 있다. 꽃에서는 향이 난다. 종의 식별 등이 곤란하여 여러 종이 혼재할 가능성 있음.

1 분류

협죽도과의 상록성 덩굴식물로 일본에는 마삭줄(*Trachelospermum asiaticum*)과 털마삭줄(*T. jasminoides var. pubescens*) 및 *T. gracilipes var. liukiuense* 등이 자생한다. 그리고 중국과 타이완에 자생하는 *T. jasminoides*가 알려져 있다

녹화 현장에서는 마삭줄과 털마삭줄이 이용되고 있다고 생각되지만, 양자의 구별을 명쾌하게 해설한 도감류는 현재까지 없는 관계로 동정은 곤란한 편이다. 도감류나 여러 가지 사례를 검토한 결과는 표 5-5에 나타낸 바와 같다. 이들 중 털의 유무나 꽃의 형태 등은 안정한 형질이라고 할 수 있지만, 식물은 같은 그루에서도 부착이나 감기,

하수 등의 생육 양식, 또한 광조건이나 토양 조건 등에 따라 다양하므로, 잎몸의 형태는 양종을 대치시켜 상대적인 비교 때에 유효한 지침이라고 할 수 있다. 현실적으로 녹화 재료로서 양종을 구별한 생산은 이루어지지 않는 것 같고, 양종을 혼동해서 유통하고, 시공에 이용되고 있는 것으로 생각된다. 털마삭줄의 자생지가 일본 칸사이를 중심으로 서쪽에 제한되기 때문에, 이용에 있어서는 내한성에 배려하는 것이 요구되지만, 일본 관동에서부터 간사이에 걸쳐서의 이용에는 거의 지장은 없다.

이 밖에 잎에 흰 무늬가 든 마삭줄이 니시키테이카의 이름으로 유통되고 있다. 겨울철에는 흰 무늬가 부분적으로 옅은 핑크로 변해 아름답다(사진 5-30).

표 5-5 마삭줄과 털마삭줄 식별 요소

항목		마삭줄	털마삭줄
자생지		혼슈~오키나와	간사이~오키나와
잎몸의 형태		약간 좁은 타원형	약간 넓은 타원형
털	가지	많다	많다
	잎의 뒷면	전면, 중륵에 두드러짐	거의 없음
꽃자루의 지름		가는 부분이 길다	가는 부분과 굵은 부분이 같은 길이

사진 5-30 꽃을 피운 무늬가 들어간 마삭줄

2 마삭줄과 털마삭줄

상록으로, 내한성과 내서성이 뛰어나다. 마삭줄과 털마삭줄은 실생한 경우의 어린 가지에서는 기근을 내고, 땅을 기어, 다른 물체에 부착해서 위쪽으로 생장한다(사진 5-31). 대형 잎을 가졌고, 꽃이 피는 성숙된 가지와 어린 가지 사이에서 형태, 잎의 크기, 줄기의 굵기 등이 연속적으로 변한다. 이들 두 종은 대형 잎을 가진 가지를 내어 생육단계가 되어도 벽면에 닿으면 기근을 뻗어 부착할 수가 있다(사진 5-32).

한편, 부착해 있던 벽면 위쪽에 펜스가 설치되어 있는 경우 마삭줄의 가지는 잎을 소형으로 하여 선회운동을 하여 펜스를 감는다(사진 5-33).

기근에 의한 벽면 피복(사진 5-34)과 감기에 의한 펜스류 피복을 하는 것은 다른 덩굴식물에 없는 뛰어난 특성이라고 할 수 있다. 또한 하수에 의한 피복도 가능하다(사진 5-35).

사진 5-31 마삭줄 어린 가지

사진 5-32 기근으로 등반하는 털마삭줄 사진

사진 5-33 기근이 있지만 감기형 성숙된 가지

사진 5-34 주택의 모르타르 담을 2층까지 피복한 마삭줄

사진 5-35 마삭줄의 하수피복(하천 옹벽)

사진 5-36 많은 꽃이 핀 마삭줄

5월이 되면 피복면의 표층에 하얀 작은 꽃이 많이 핀다(사진 5-36). 작은 꽃은 향을 내며, 서서히 노랗게 변하므로 백색과 황색의 꽃이 조화를 이뤄 모습이 아름답다. 또한 분홍색 꽃이 피는 변종도 있다(사진 5-38).

사진 5-37 개화 후 시간이 지나 황색으로 변한 작은 꽃

사진 5-38 분홍색의 작은 꽃이 핀 마삭줄

③ 첫눈 덩굴풀(*Trachelospermum asiaticum cv. Hatuyukikazura*)

앞서 밝힌 바와 같이 털마삭줄 기원의 원예품종으로 생각되며, 잎도 마삭줄보다 폭이 넓고, 털마삭줄의 특징을 갖추고 있지만, 자세한 내용은 확실치 않다. 새 잎이 흰색에서 엷은 크림 심지어 분홍색으로 물들어 매우 아름답다. 가드닝붐으로 주로 콘테이너 식재의 재료나 평면을 덮는 그라운드 커버로서 이용되고 있다. 내한성, 내서성을 모두 지니며, 생육은 왕성하고, 평면에서는 빽빽한 피복을 이루므로 하수 피복에도 적합하다. 담이나 벽의 아래쪽에 심겨진 것이 가지를 뻗어 벽면을 등반하는 사례도 적지 않게 볼 수 있다. 기근의 형성은 인정되지만, 벽면 피복의 재료로서의 특성은 미지수이다(사진 5-39). 또한 최근 잎에 선명한 황색 무늬가 있는 오곤니시키라는 원예품종이 정원용 재료로서 유통되고 있다(사진 5-189 참조).

사진 5-39 첫눈 덩굴풀이 부착을 시작하여 약 1m까지 등반(A, B), 모르타르 벽에 가지를 뻗음(C), 하수 피복(D)

(3) 줄사철나무류(*Euonimus fortunei*)

상록. 내한성은 강하고, 내서성은 중간 정도. 기근에 의한 부착으로 등반한다. 부착력은 중간 정도. 피복속도도 중간 정도. 벽면녹화에는 드물게 이용되지만, 무늬가 들어간 품종의 경우 그라운드 피복용으로 주로 이용.

일본 홋카이도(北海道)에서 큐슈(九州)까지 폭넓은 지역에 자생하는 상록 덩굴식물. 명명자가 다른 *E. fortunei var. radicans*의 학명이 이용되는 경우도 있다. 해외 해설서에는 *E. fortunei*와 *E. fortunei var. radicans*가 함께 기술되어 있어 서로 다른 것으로 오해할 수도 있으므로 주의가 필요하다.

줄사철나무는 헤데라 등과 마찬가지로 어린 가지와 성숙된 가지를 가진다. 자연생태계에서는 임상에서 어린 가지가 수목을 등반하여 충분한 빛을 받게 되면 성숙된 가지를 내어 꽃을 피운다. 어린 가지는 길고 가느다란 소형 잎을 내며, 기근으로 등반한다(사진 5-40, 41, 42). 잎은 어린 잎, 성숙된 잎 모두 형태와 크기가 마삭줄과 비슷하지만 잎 가장자리에 소형 톱니가 있는 점이 다르다. 어린 가지는 기근 형성능력도 뛰어나지만, 생육초기에는 정아우세성이 강해 측지의 발생이 부족하므로 상향 생장으로 치우치는 경향이 있다. 따라서 옆으로 피복이 부족할 것으로 생각된다(사진 5-43).

내한성은 뛰어나며, 내서성은 중간 정도. 유럽 · 미국에서 품종 개량된 녹화 품종인 금사철('Emerald 'n' Gold'), 흰무늬 줄사철('Emerald Gaiety') 등이 도입되어 유통되고 있지만, 주로 그라운드 피복에 이용되고 있으며, 성숙된 가지 기원 모종은 높이 40~60cm의 붕긋한 피복을 만든다(사진 5-44). 벽면녹화용으로 적합하지 않다고 생각되지만, 사진과 같이 벽면에 닿으면 등반하는 것처럼 보인다.

벽면녹화에는 기본종인 줄사철나무 외에 최근에는 자색 줄사철나무라는 명칭의 'Cololatus'가 널리 유통되고 있다(사진 5-45). 무늬가 들어간 품종으로는 'Silver Queen'이 등반에 적합하지만, 일본에서는 거의 유통되고 있지 않다.

줄사철나무에 의한 벽면녹화는 사례의 축적 등을 통해 향후 충분한 검토가 필요하다고 판단된다.

사진 5-40 수피에 부착해서 등반하는 어린 가지

사진 5-41 테라스의 기둥을 등반하는 줄사철나무

사진 5-42 미국 롱우드 가든에 이용된 원예품종 'Long wood'

사진 5-43 판자 담을 등반하는 줄사철나무. 옆으로의 피복이 부족하다.

사진 5-44 붕긋한 피복을 만들지만, 벽면에 닿은 가지가 등반하고 있는 것처럼 보인다.

사진 5-45 자색 줄사철나무의 마디 사이에 발달한 기근

(4) 휘커스 퓨밀라류

상록. 내서성이 큼. 내한성은 중간 정도(휘커스 퓨밀라, 왕모람)에서 강한(모람) 것까지 있음. 기근에 의한 부착력이 커서 넓은 면적의 피복이 가능함. 휘커스 퓨밀라류는 아래쪽으로 생장하면서도 기근으로 부착할 수 있다.

1 이용 특성

뽕나무과 무화과나무속에는 일본에 자생하는 상록 덩굴성 식물이 3종 포함된다. 그 중 휘커스 퓨밀라(*Ficus pumila*)와 모람(*F. oxyphylla*)이 벽면녹화용 재료로서 유통되고 있다. 또한 앞서 밝힌 바와 같이 잎 모양이 비슷한 관계로 왕모람(*F. thumbergii*)을 휘커스 퓨밀라로 보고 이용하는 경우도 있다. 녹화 관련자를 대상으로 한 전국적인 설문조사 결과[3] 세 종 모두 사이타마(埼玉)를 중심으로 서쪽 지역에서 주로 이용하고 있는 것으로 파악되었다. 휘커스 퓨밀라와 왕모람은 혼슈(本州) 보소(房総)반도의 남서지역보다 따뜻한 지방에 자생하며, 모람은 니가타(新潟), 후쿠시마(福島)에도 자생한다. 휘커스 퓨밀라는 늦가을에 돋아난 신초나 어린 잎이 겨울철에 고사하는 일이 있지만, 모람은 다른 두 종보다 내한성이 뛰어나 피해를 입지 않는다. 세 종 모두 내서성은 뛰어나며, 휘커스 퓨밀라는 큐슈에서 오키나와에 걸쳐 넓은 범위에서 벽면녹화용 재료로서 이용되고 있다. 세 종의 생육상에 대해서는 앞선 「형태와 생육의 특징」에 설명되어 있으나 이들 모두 어린 가지는 기근을 내서 지지물에 부착 · 등반한다(사진 5-46, 47). 거친 표면 소재에 대한 부착력은 강하며, 빽빽이 피복한다. 또한 뒤에 언급한 바와 같이 휘커스 퓨밀라는 위쪽, 아래쪽, 어느 방향의 생장에 있어서도 기근으로 부착하여 벽면을 빽빽이 피복한다.

휘커스 퓨밀라는 헤데라류에 비해 초기생육이 느리다고 하지만, 봄에 비옥한 토양에 30cm 간격으로 심으면 1년에 수 미터 높이까지 피복할 수 있다. 양호한 결과를 얻기 위해서는 식재 때 양호한 기반을 마련하고, 벽면으로 줄기 끝을 유도하는 일이 중요하다.

사진 5-46 콘크리트 담을 피복한 모람

사진 5-47 옹벽을 등반하는 왕모람

2 특징적인 피복 특성

헤데라나 마삭줄은 벽면의 상부로부터 아래로 가지를 내릴 때에는 부착하지 않고 하수하게 된다. 따라서 피복 초기에는 가지가 바람에 날려 보기 흉한 일이 있다. 또한 관리가 곤란하기 때문에 피복이 두텁게 될 때가 많다. 그러나 휘커스 퓨밀라는 등반 때뿐만 아니라 아래쪽으로 생장할 때에도 기근으로 부착할 수 있다. 그 결과, 안팎 모두 촘촘하며, 아름다운 피복을 유지할 수 있다(사진 5-48). 덩굴손에 의해 부착하는 담쟁이덩굴도 아래쪽으로 생장할 때 부착하지만, 안정된 특성은 아니므로 등반 때에 비해 부착에 의한 피복의 완성도는 떨어진다. 따라서 현재로서는 벽면의 위 · 아래에서 부착으로 피복할 수 있는 덩굴식물은 휘커스 퓨밀라 이외에는 없다. 모람과 왕모람도 부착으로 빽빽이 피복할 수 있으며, 아래쪽으로의 피복에도 휘커스 퓨밀라와 같은 양상을 기대할 수 있지만, 지금으로서는 그러한 사례를 확인할 수 없으므로 단정할 수 없다.

3 관리의 요점

휘커스 퓨밀라의 어린 가지는 연한 녹색의 새 잎을 내어 얇게 벽면을 피복한다(사진 5-49). 그러나 피복을 완성하게 되면 곧 새로운 가지를 내게 되어 피복면이 거칠어진다. 이 새로 돋아난 가지는 하수하는 어린 가지에서 성숙된 가지로의 이행단계라고 생각된다(사진 5-50). 그러나 이 새로 돋아난 가지를 해마다 한두 번 벽면에서 수 cm가 되도록 얇게 깎아 손질하면 새 가지를 촉진시켜 부착한 성숙된 가지를 갱신하여 아름다운 피복을 유지할 수 있다(사진 5-51).

사진 5-48 긴 콘크리트 담의 양면을 피복한 휘커스 퓨밀라

사진 5-49 약 2년 사이에 높이 1.5m의 블록 담을 피복한 휘커스 퓨밀라

사진 5-50 매년 1회 전지하므로서 피복을 유지하고 있다.

사진 5-51 오랜 세월 관리로 높은 담을 끝까지 피복한 휘커스 퓨밀라

4 휘커스 퓨밀라 줄기의 접목

휘커스 퓨밀라는 벽면을 촘촘하게 덮을 때에 새로 돋아난 어린 가지가 이미 벽면에 부착하고 있는 가지에 포개지도록 벽면에 부착하는 일이 있다. 다른 덩굴식물에서는 가지의 생장에 따라 두께가 두꺼워지게 되지만, 휘커스 퓨밀라는 포개지는 가지의 조직이 유착하는 자연 접목이 일어나 두께가 두꺼워지는 것을 최소로 억제한다(사진 5-52). 무화과나무속의 식물은 열대 정글에 있던 거목을 뒤덮어 고사시키고, 마치 지상에서 뻗어 오른 나무와 같이 행동하는 것으로 알려져 있다. 그 때에도 자연 접목에 의해 효율 좋게 줄기의 외주를 형성하게 된다. 벽면녹화 재료로서의 이러한 특성을 발휘할 수 있도록 하는 일이 바람직하다.

(5) 능소화류

낙엽. 내한성은 강하고, 내서성은 중간 정도(능소화)에서 큰 것(미국능소화)까지 있다. 기근에 의한 부착으로 벽면을 등반하지만, 줄기가 굵어 스스로 설 수 있다. 부착력이 강해 벽면 부착이 가능. 유인으로 파고라 등에도 이용할 수 있다. 꽃은 크다.

능소화(*Campsis grandiflora*)는 중국 중남부 원산의 식물로, 일본에는 이미 헤이안 시대(平安, 794~1192)에 도입되었다. 기근으로 지지물에 부착해서 위쪽으로 생장하지만, 벽면 등의 지지물의 높이를 넘을 때에는 주간(主幹)이 비대해져 스스로 설 수 있게 된다. 잎은 대형의 기수우상(奇數羽狀) 복엽으로, 7~11장의 작은 잎이 달리며, 줄기 옆으로 가지를 내고, 원호를 그리며 하수한다(사진 5-53). 가지를 유인해서 파고라나 아치로서의 이용도 할 수 있다. 내서성은 강하고, 내한성도 있지만, 겨울철에 잎을 떨어뜨리므로 디자인에 배려할 필요가 있다.

미국능소화(*C. radicans*)는 북아메리카 중남부가 원산으로, 능소화와 마찬가지로 기근으로 지지물에 부착해서 생장한다(사진 5-54). 마담가렌(*C. x tagliabuana* 'Madame Galen')은 능소화와 미국능소화의 교잡에 의해 만들어진 품종으로, 꽃의 지름은 능소화와 같이 크며, 꽃의 색깔은 미국능소화와 같아 아름답다(사진 5-55). 따라서 양쪽의 성질을 모두 갖고 있는 중간형이라고 할 수 있다. 능소화류는 모두 아름다운 꽃을 달지만, 꽃의 지름과 꽃의 색깔에 차이가 있다. 또한 드물게 열매를 맺는 일이 있어 여름철에 정취를 더한다.

어느 종이든 생육이 왕성하여 높이 20m 이상의 피복도 가능하다고 생각된다. 또한 지하경을 늘려 번식하기 때문에 뜻하지 않은 곳에서 싹이 돋아나는 일이 있으므로, 근권의 제한 등에도 유의한다. 파고라나 아치 등을 이용해 생육범위를 제한할 필요가 있는 경우에는 이른 봄 새싹이 나오기 전에 싹을 몇 개 남겨두고, 불필요한 부분을 잘라내는 등의 관리를 한다.

사진 5-52 뿌리가 절단된 휘커스 퓨밀라. 비스듬하게 교차하는 가지끼리 접목

사진 5-53 지지물을 넘어 스스로 선 꽃나무처럼 푸른 하늘로 치솟은 능소화

사진 5-54 굴뚝을 10m 이상 높이로 등반하는 미국능소화

사진 5-55 미국능소화는 다른 것보다 꽃대롱이 길고, 꽃모양이 작다(왼쪽 아래). 능소화는 꽃대롱 상부의 마디가 두드러지고, 다른 것보다 등색이 강한 것(위) 등으로 구별할 수 있다. 오른쪽 아래는 마담가렌

03 | 부착반에 의한 부착

(1) 담쟁이덩굴

낙엽. 내한성은 강하며, 내서성은 중간 정도. 덩굴손 끝의 부착반으로 벽면을 등반. 기근도 내리므로 부착력은 강함. 생육이 왕성하여 광범위하게 퍼진다. 거대 벽면에의 이용에 적합. 조건이 갖춰지면 단풍이 아름답지만, 낙엽 후의 경관은 바람직하지 않다. 녹화분야에서는 여름 담쟁이덩굴로 흔히 불려진다.

포도과의 낙엽 식물로, 일본에서는 헤데라류와 함께 벽면피복용으로 가장 많이 이용되고 있다. 그러나 일본의 산과 들에 자생하며, 도심의 나무도 쉽게 열매를 맺으므로 새에 의한 종자 산포 등에 의한 자연 발생적 벽면피복도 적지 않다고 생각된다(사진 5-56).

1 생육 습성과 생장량

담쟁이덩굴은 상록성 덩굴식물에 비해 생장이 왕성하여 실생묘 한 주(株)가 5년 동안 10~20m^{2}를 피복한다고 보고되어 있다. 이른 봄에 자라난 가지는 긴 가지(어린 가지)로 비교적 잎꼭지가 짧은 소형의 잎을 달지만, 마디 사이는 길다. 잎이 1장인 경우에는 원형으로 날카로운 톱니도 있고, 3열이며, 때에 따라 세 장으로 갈라져 3엽으로 되는 경우도 있다(사진 5-57). 한편, 긴 가지의 기부(基部)에서는 마디 사이가 짧은 가지를 내어 긴 잎꼭지를 갖는 대형 잎이 난다(사진 5-58). 잎은 거의 원형으로, 상부가 3열이다. 꽃은 이 짧은 가지의 꼭대기에서 핀다. 또한 가을에는 검은 열매를 맺는다(사진 5-59). 어린 가지에서 나온 덩굴손에 의한 부착 구조는 4장 「담이나 벽의 특성과 등반 효율」을 참조하기 바란다.

덩굴손에 의한 부착 외에 가지가 성숙되면 기근이 돋아나 나무 전체의 부착력은 보강된다(사진 5-60). 유리 표면에도 부착한다는 통설과 같이 부착력은 강해 높은 빌딩 벽면의 넓은 면적을 피복할 수 있다(사진 5-61).

또한 펜스를 덮는 사례도 볼 수 있다. 이것은 펜스 프레임 등의 평면에 부착하고, 기어오르는 것을 반복한 결과라고 생각된다. 덩굴손에 의한 감기 사례는 확인되지 않았다. 의도적으로 이용하는 경우에는 유인 등이 필요하다(사진 5-62, 63).

사진 5-56 자연발생에 의한 담쟁이덩굴의 피복

사진 5-57 잎이 한 장인 잎과 3엽인 잎이 혼재하는 성숙된 가지

사진 5-58 담쟁이덩굴의 성숙된 잎과 어린 잎

사진 5-59 성숙된 가지의 마디에서 돋아난 꽃과 열매

사진 5-60 기근이 벽면 부착을 강화한다. 갈색의 뿌리는 새롭게 형성된 것

사진 5-61 빌딩을 덮은 펀칭메탈과 모르타르 소재의 계단에 부착한 담쟁이덩굴

사진 5-62 펜스를 피복한 담쟁이덩굴

사진 5-63 담쟁이덩굴에 의한 펜스의 피복(위 : 초기, 아래 : 피복 완성단계)

사진 5-64 홋카이도대학 농학부 건물을 아름답게 피복한 담쟁이덩굴

사진 5-65 급수탑을 피복한 낙엽기의 담쟁이덩굴

오키나와를 제외한 일본 전역에 자생하기 때문에 내한성은 뛰어나다. 성숙된 잎은 엽면적이 크며, 증산 활동도 왕성하므로 여름철의 고온 건조를 경험하게 되면 잎이 피해를 입어, 조기에 잎이 떨어지는 일도 적지 않다. 그 결과, 도심부 벽면녹화에 이용되고 있는 담쟁이덩굴의 경우 아름다운 단풍을 볼 기회는 적다. 이러한 관점에서 본다면 내서성이 부족하다고 밖에 볼 수 없다. 홋카이도(北海道)나 토호쿠(東北)와 같이 서늘한 지역에서는 손상이 적고, 여름철에도 아름답다(사진 5-64). 또한 여름이 시원한 유럽이나 북아메리카에서도 널리 이용되고 있다.

영국에는 1862년에 도입되어, 이후 독일, 네덜란드, 미국 등에 전해졌으며, 20세기 초반에는 널리 이용되었다. 영국명 *Boston Ivy*라고 하는 명칭은 19세기 후반 보스턴 주변에 널리 보급되었기 때문이라고 생각된다[9, 10]. 또한 미국담쟁이에 비해 벽면에 대한 부착이 확실하다고 평가되어, 널리 보급된 듯하다. 유럽에서는 원예품종도 생산되고 있지만, 일본에서의 이용은 확인되지 않았다.

2 낙엽 식물로서의 한계

벽면녹화용 식물의 출하가능량 중 담쟁이덩굴이 차지하는 비율은 1992년도 6%에서 2004년도에는 마삭줄이나 줄사철나무 등에 밀려 2.4%로 감소하였다(표 5-1참조). 이용 역사가 오래되고, 지명도 또한 높아, 비율로는 낮은 수치라고 말할 수 있을지도 모른다. 그 이유는 가을 이후에 낙엽이 지기 때문일 것이다. 신록, 심록, 가을의 단풍 등 멋진 색을 갖는 담쟁이덩굴도 잎을 잃게 되면 보잘 것 없는 모습으로 변한다(사진 5-65). 계절에 따른 색의 변화는 떨어지지만, 상록의 덩굴식물은 겨울에도 녹을 제공하므로 벽면 피복용 재료의 질적인 측면에서 담쟁이덩굴을 능가한다고 볼 수 있다.

3 근연종(近緣種)

오키나와에서는 담쟁이덩굴 대신, 아마미(奄美)나 오키나와의 여러 섬에 자생한다고 되어 있는 *P. amamiana*가 이용된다(사진 5-66). 담쟁이덩굴과 같은 부착반을 내어 지지물에 부착하지만, 겨울철에는 잎이 떨어져, 경관미가 감소한다.

미국담쟁이덩굴은 이름대로 북아메리카에 자생하는 근연종으로, 금세기 초 일본에 도입되어, 가드닝붐으로 가정에 보급이 증진되었다.

학명이 의미하는 바와 같이 어린 가지도, 성숙된 가지도 5장의 작은 잎을 갖는 장상엽으로 되어 있다. 유럽의 벽면녹화 서적 등에도 부착형이라는 설명이 있지만, 긴 덩굴손을 뻗으며, 덩굴손의 끝은 지지물에 닿아도 담쟁이덩굴처럼 반응하지 않고, 감기 행동을 취한다. 이것은 담쟁이덩굴이 미국담쟁이덩굴보다 벽면 부착력이 우수하다는 것을 뒷받침하는 자료라 할 수 있다(사진 5-67, 68).

감기 성능은 높으며, 생장도 빨라 트렐리스나 파고라, 펜스 등에 대한 이용에 적합하다. 내한성도 있어 홋카이도에서의 이용 사례도 볼 수 있다. 내서성도 담쟁이덩굴 이상이라고 생각되지만, 사례가 적기 때문에 단언할 수 없다.

중국이 원산지인 *P. henryana*도 도입되었지만, 다른 종에 비해 생장이 느려 벽면녹

사진 5-66 P. amamiaa에 의한 벽면 피복

사진 5-67 미국담쟁이덩굴에 의한 트렐리스 피복

사진 5-68 목제 트렐리스에도 부착하지 않고 덩굴손을 길게 뻗어 감는다.

사진 5-69 관상용으로 콘테이너에 재배된 P. henryana

화에 대한 이용 특성은 다른 종에 비해 떨어지는 듯하다(사진 5-69).

4 담쟁이덩굴의 해충

여름에 발생하는 뒷노랑얼룩나방은 오래 전부터 알려져 있었지만, 최근 이른 봄 싹이 돋아날 때 유충이 발생하여 부드러운 새싹을 먹어치우는 해충이 발견되었다. 이 실줄알락나방은 교토(京都)에서 최초로 발견되어 2000년 학회에 보고되었다.

먼저, 빨리 나오는 긴 가지(어린 가지)를 먹어치우고, 이후 짧은 가지에서 나오는 넓은 잎도 먹어치운다. 새싹이 튼 직후에 유충이 발생한다면, 간신히 녹이 보이기 시작한 담쟁이덩굴의 벽면이 다음 날 한겨울의 모습이 되어버리는 일도 있다(사진 5-70, 71). 일반적인 살충제로 쉽게 구제할 수도 있지만, 충해를 입은 담쟁이덩굴은 이후에도 아름다운 모습으로 되돌아가는 일은 적다. 혼슈(本州)에 분포하지만, 이시카와현(石川県)

사진 5-70 충해를 입은 담쟁이덩굴

사진 5-71 충해를 입은 미국담쟁이덩굴

의 레드데이터북에는 준전멸 위기종으로 되어 있다.

(2) 비그노니아(*Bignonia capreolata*)

상록, 내서성은 강하며, 내한성은 중간 정도. 덩굴손에 의한 부착과 감기를 하지만, 부착력은 약간 약하다. 생육은 왕성하므로 파고라, 펜스, 경사면의 피복에 적합하다. 꽃은 특유한 향을 낸다.

북아메리카 원산의 상록 식물로, 덩굴손을 내어 다른 물체에 부착한다. 덩굴손은 3엽 중 제일 위쪽의 잎이 잎으로 되지 않고, 변형된 것으로, 줄기 기원의 담쟁이덩굴이나 시계꽃과는 다르다(사진 5-72). 대부분의 해설서에는 비그노니아의 덩굴손이 담쟁이덩굴과 부착 양상이 같다고 해설하고 있다. 그러나 덩굴손의 끝은 지지물에 닿아도 담쟁이덩굴처럼 크게 발달하지 않으므로 부착 성능은 그다지 높지 않다(사진 5-73, 74). 등반 후 강풍이나 자체 무게의 증가로 벗겨져 떨어지는 사례가 있다. 따라서 감기 기능이 우선하는 것 같다(사진 5-75~77). 또한 가지가 포복하는 형태로, 아래쪽으로 뻗을 수 있는 경사면의 피복에도 적합하므로 대면적을 피복할 수 있다(사진 5-78).

내서성이 강하며, 내한성은 중간 정도. 반음지~양지에서 양호하게 생육한다. 생장은 왕성하고 빠르다. 4~5월에 카레 가루와 비슷한 향기의 꽃을 달기 때문에 Curry vine이라고도 한다. 이 향기가 화제를 낳는 일도 있지만, 악취라는 평가도 있어 이용이 제한될 수도 있다(사진 5-79).

사진 5-72 2장의 소엽 사이에서 나온 덩굴손이 펜스를 감는다.

사진 5-73 수피에 부착한 비그노니아의 덩굴손 부착반

사진 5-74 모르타르 담을 등반하지만, 완벽한 피복은 이루지 못한다.

사진 5-75 야자 껍질 보조재를 등반하는 비그노니아

사진 5-76 덩굴손의 끝이 야자 껍질 섬유에 휘감겨 붙어 있다.

사진 5-77 파고라로 두께 있는 녹음을 만들어낸다.

사진 5-78 높이 수 미터의 경사면을 촘촘히 덮는다.

사진 5-79 꽃의 색깔도 카레 가루와 비슷한 비그노니아 꽃

04 | 감기형

(1) 캐롤라이나 자스민(*Gelsemium sempervirens*)

상록. 줄기에 의한 감기(오른편 감기). 양지에 적합하다. 내서성이 강하며, 내한성은 중~강. 생육은 왕성. 펜스, 트렐리스에 적합. 봄철 꽃이 멋있다. 약간 향내가 난다. 광범위하게 퍼지므로 관리에 유의. 감기 방향은 나사의 회전 방향과 같은 경우를 오른편 감기로 하였다.

북아메리카 중앙부~멕시코 · 과테말라 원산의 식물로, 관동을 중심으로 서쪽에서는 상록으로 겨울을 넘긴다. 당해 년도 가지의 끝눈 및 그 밑의 새싹이 꽃눈이 되어 꽃봉오리를 맺는다. 4월경에 진노랑의 작은 꽃이 다수 핀다(사진 5-80~82). 작은 꽃은 하루 이틀 사이에 꽃받침에서 떨어진다. 꽃눈은 가을 이후에 형성되므로 겨울철 가지치기를 하면 꽃을 볼 수 없다.

생장은 매우 왕성하여 봄의 개화기 이후, 많은 도장지가 발생하여 자란다. 가지는 큰 각도로 전두선회운동을 하며, 생육 범위를 넓히므로 불필요한 가지를 정리할 필요가 있다. 위쪽으로 자라는 경향이 강하므로, 파고라 등 격자형 지지물 외에 와이어나 수목의 가지 등에도 감긴다(사진 5-83~86).

내서성이 강하며, 내한성도 있지만, 겨울철에는 잎이나 줄기의 녹색이 변색되어 약간 녹갈색이 된다.

사진 5-80 캐롤라이나 자스민의 꽃

사진 5-81 펜스를 등반한 후, 하수한 가지 끝에 꽃을 단 캐롤라이나 자스민

사진 5-82 펜스를 덮었지만, 아래 절반의 가지를 잘라냈기 때문에 위쪽에 꽃이 집중적으로 폈다.

사진 5-83 캐롤라이나 자스민 개화 후, 여름에 도장지를 가지치기한 상태

사진 5-84 꽃이 핀 후 새 가지를 넓은 범위로 뻗는다.

사진 5-85 도로 옆 펜스에서의 이용

사진 5-86 새 가지는 지름의 크기와 관계없이 감길 수 있다.

(2) 남오미자(*Kadsura japonica*)

목련과. 상록. 줄기에 의한 감기(왼편 감기). 반음지~양지에 적합하다. 내서성, 내한성 모두 보통. 생장은 약간 느리다.

일본 관동(関東)을 중심으로 서쪽에 자생하는 상록 식물로, 일본풍의 정취를 지녔기 때문에 울타리나 파고라에 이용된다(사진 5-87). 반음지~양지를 선호하지만, 음지에서도 생육 가능. 다른 녹화용 덩굴식물에 비해 생육은 느리지만 서서히 자라 큰 면적을 피복할 수도 있다. 잎은 두껍고, 뒷면은 적자색이다. 내한성은 중간 정도로, 추위가 심한 장소에서는 잎을 떨어뜨리는 경우도 있다. 봄부터 가을에 걸쳐 새 가지를 늘려 선회운동하여 지지물에 감긴다.

자웅이주 또는 자웅동주에서 7~8월에 꽃이 핀다. 암수의 판별이 가능한 경우는 암나무를 선택하고, 화분수로서 수나무를 심을 필요가 있다. 늦가을에 딸기 모양의 열매가 빨갛게 여물어, 겨울에 감상할 수 있다. 두꺼운 잎도 기온의 저하와 함께 붉게 물들어 아름답다(사진 5-88~91).

사진 5-87 식물원 내 설치된 파고라를 피복하여 가지를 하수시키고 있다.

사진 5-88 새 가지가 선회운동을 하고 있는 상태

사진 5-89 도로 옆 펜스에 감기 피복한 남오미자

사진 5-90 남오미자의 암꽃

사진 5-91 진홍색으로 물들기 시작한 남오미자 열매

(3) 인동덩굴(*Lonicera japonica*)

인동덩굴과. 상록. 줄기에 의한 감기(왼편 감기). 반음지~양지에 적합. 내서성, 내한성 모두 강함. 생장은 빠름. 펜스, 트렐리스, 파고라 등의 대면적 피복에 적합. 대형 펜스의 하수 피복에도 적합. 꽃에서 향이 난다.

홋카이도에서 큐슈에 걸쳐 자생한다. 잎은 대생하며, 잎의 앞 · 뒷면과 줄기에 털이 있다. 상록의 특성을 살려 봄부터 늦가을까지 가지를 뻗어 감으면서 피복을 넓힐 수 있다. 생육은 왕성하여 지지물을 따라서 높이 10m 이상의 등반도 가능하다고 생각된다(사진 5-92). 이른 봄에 새 가지 끝 부근의 잎에 짧은 가지를 내며, 그 잎에 각 한 개씩 총 두 개의 꽃이 핀다. 향기가 나기 때문에 *Japanese honeysuckle*라는 영명을 지녔다. 꽃등에나 각종 벌 등이 꽃가루에 유혹되어 모여 든다(사진 5-93). 꽃 뒤에 검은 열매을 맺으며, 실생으로도 번식한다.

산 주변에 분포하고 있는 광경을 가끔 볼 수 있다. 꽃의 색이 아름다워 가정에서 이용되는 일이 많지만, 도시녹화에서의 이용은 드물다(사진 5-94). 향후 보급을 기대한다.

능소화와 마찬가지로 땅속줄기로도 번식하며, 심지어 나지에서는 가지를 포복시켜 기근을 내려 평면에도 생육 범위를 넓힐 수 있다. 이러한 특성을 살려 비탈면 보호에 이용되는 일도 있다. 이들 특성과 함께 꽃의 아름다움과 향기 때문에 구미에도 도입되어 있지만, 미국에서는 거의 동해안 전역과 하와이의 각 섬에 귀화해서, 맹위를 떨치고 있다[11, 12]. 대부분의 주에서 유해한 귀화식물로 판단되어 방제 방법이 검토되고 있다. 태워도 지하부가 살아남아 다시 살아나므로 제초제와 소각의 병용이 유효하다는 등의 보고도 있다. 일본에서는 겨울의 추위로 일부 잎을 떨어뜨리기 때문에 인동(忍冬)이라는 별명이 붙여졌지만, 겨울철 기후가 온난한 지역에서는 귀찮은 존재로 되어 있다. 버지니아주에서는 벽면녹화 등에 이용하는 넝쿨식물을 택할 때 인동덩굴의 대체 식물로 셈퍼비렌스 인동덩굴, 캐롤라이나 자스민, 미국능소화 등 미국 자생의 덩굴식물이 추천되고 있다. 일본으로부터 미국에 도입된 덩굴식물로는 칡의 예가 있지만, 헤데라와 마찬가지로 생물다양성 보전이 시급한 과제로 되어 있는 현재, 타산지석으로서 유의해야 할 과제라고 생각된다.

사진 5-92 2층 베란다까지 올라가 지지물을 찾고 있는 인동덩굴

사진 5-93 꽃등에의 침입을 받은 인동덩굴. 오른쪽 끝에 노랗게 변한 작은 꽃이 보인다

사진 5-94 적, 백, 황색의 배합이 아름다운 사라사 인동

(4) 셈퍼비렌스 인동덩굴(*Lonicera sempervirens*)

인동덩굴과. 상록. 줄기에 의한 감기(왼편 감기). 반음지~양지에 적합. 내서성은 중~강, 내한성은 중간 정도. 생장은 보통에서 약간 느리다. 펜스, 트렐리스, 파고라 등의 소규모 피복에 적합. 하수에도 적합. 잎 모양에 특징 있음.

북아메리카의 동남부가 원산으로, 자생지로는 일본 자생의 인동덩굴과 경합 관계에 있다. 인동덩굴에 비해 생육이 약간 느리며, 지상에 가지를 내려 생육 범위를 넓히는 전략에서는 인동덩굴에 떨어지기 때문에, 자생지에서는 생육 범위를 위협받고 있는 것 같다.

이상으로부터 판단해 볼 때 벽면녹화용으로서는 소면적의 피복에 적합한 식물이라고 할 수 있다. 6월 이후 9월까지 새 가지의 끝에 10개 전후의 작은 꽃을 단다(사진 5-95). 가장 번성할 때에는 펜스의 표면이 녹지에 붉은 송이를 흩뜨려 놓은 것처럼 보인다. 꽃차례(花序) 아래 1~2마디에 대생하는 잎은 서로 붙어 있어, 1장의 잎을 줄기가 관통하고 있는 것처럼 보인다(사진 5-96).

도장지는 인동덩굴과 마찬가지로 크게 선회운동을 하며, 지지물을 찾아, 펜스 등을 감기 위해 더욱 가지를 길게 뻗는다. 줄기는 확실하게 지지물에 감겨 생장한다(사진 5-97, 98). 서서히 자라는 특성을 살려 헤데라 등의 벽면피복에 병용하는 이용방법도 생각할 수 있다(사진 5-99). 또한 원예품종과 교잡으로도 이용되고 있다.

사진 5-95 모르타르 벽 중앙의 펜스를 하수, 피복한 셈퍼비렌스 인동덩굴

사진 5-96 셈퍼비렌스 인동덩굴 꽃차례와 관통된 잎

사진 5-97 셈퍼비렌스 인동덩굴의 펜스에서의 이용. 선회운동이 보인다.

사진 5-98 감은 지 얼마 안 된 가는 가지와 비대한 가지의 대비

사진 5-99 헤데라로 피복한 담 위에서 풍경을 더하는 셈퍼비렌스 인동덩굴

사진 5-100 셈퍼비렌스 인동덩굴에 관련한 원예품종

1 근연종

가드닝붐으로 근연의 외래종이나 셈퍼비렌스 인동덩굴를 기원으로 하는 원예품종이 도입되어 펜스나 트렐리스 등에 이용되고 있다(사진 5-100).

(5) 멀꿀(*Stauntonia hexaphyla*)

으름덩굴과. 상록. 줄기에 의한 감기(오른편 감기). 반음지~양지에 적합. 내서성이 강하며, 내한성은 중~강. 생장은 빠르다. 파고라, 트렐리스, 펜스의 피복에 적합. 대면적의 피복도 가능. 하수 피복에도 적합. 열매는 가을에 보랏빛으로 무르익으며, 먹을 수 있다.

일본 원산으로, 관동을 중심으로 서쪽의 오키나와까지 분포한다. 손바닥 모양의 큰 잎이 달리기 때문에 얇고 치밀한 피복은 기대할 수 없지만, 두꺼운 피복에는 적합하다. 시렁, 파고라 등에 널리 이용되고 있지만, 적절하게 관리한다면 펜스의 피복에도 적합하다. 또한 시렁의 가지를 자라게 해서 벽면의 피복에도 이용할 수 있다(사진 5-101~104). 작은 잎의 경우 어린 잎에서는 3장, 대형 잎에서는 5~7장 달린다. 봄에 새싹을 내기 전에 겨울눈에서 화서를 내어 직경 수 cm, 다섯 개 전후의 수꽃과 그것보다 수가 적은 암꽃을 단다(사진 5-105). 이후 겨울눈을 틔우며, 자라지 않은 소형 잎을 단 새 가지가 빠르게 자란다. 선회운동의 반경은 크며, 지지물에 닿으면 나선 모양으로 촘촘하게 감는다(사진 5-106). 새 가지의 발생은 초여름 무렵까지 계속되며, 감기에 실패한 가지가 퍼지므로 정리할 필요가 있다.

사진 5-101 부지 내 유도되어 벽면을 덮은 멀꿀

사진 5-102 주택 정원에 설치된 멀꿀 시렁

사진 5-103 대형 파고라에 이용된 멀꿀

열매는 10월경에 보랏빛으로 무르익지만, 으름덩굴과 같이 터지는 일은 없다. 과육은 젤리 형태로, 으름덩굴 이상으로 맛있기 때문에 주택의 정원이나 학교 등에 식재하는 것도 좋다. 종자는 채집해 파종하든지, 냉장고에 보관하여 봄에 뿌리면 잘 발아한다(사진 5-107, 108).

사진 5-104 펜스에 대한 이용특성 실험

사진 5-105 짧은 가지에서 돋아난 꽃. 암수의 구별이 분명하지 않음.

사진 5-106 감기는 견고하고 촘촘히 이루어진다.

사진 5-107 시렁에서 하수하여 크게 발달한 멀꿀의 열매

사진 5-108 멀꿀의 열매

새 잎이 달릴 때 으름밤나방 유충이 발생하여 해를 입히는 경우가 있다. 치명적인 손상을 입히지는 않지만, 새 잎의 대부분을 잃어버리기 때문에 피복이 흉하게 되고, 생장이 저해된다(사진 5-109, 110). 약제에 의한 방제가 불가능하므로 손으로 방제하는 것 이외에 방법이 없다.

사진 5-109 멀꿀 잎의 으름밤나방 유충(제공 : 岡田準人)

사진 5-110 멀꿀 잎의 으름밤나방 유충(제공 : 岡田準人)

(6) 시계초(*Passiflora spp.*)

상록 또는 반상록. 시계초과. 페루 및 브라질 원산. 내서성은 강하며, 내한성은 보통 또는 약간 약함, 겨울에 일부 잎을 떨어뜨리는 경우도 있다. 덩굴손에 의해 등반하고, 하수에도 이용 가능. 생육은 왕성하여 파고라, 펜스, 경사면의 피복에 적합. 꽃은 크다. 원예품종이 있다.

시계초속(*Passiflora*)에는 약 400종이 있어 다양한 그룹이지만, 녹화용에 이용되는 것은 비교적 내한성이 있는 시계초(*P. caerulea*)에 한정된다. 그러나 가드닝붐 이후 덩굴성 꽃나무의 인기가 높아져 근연종이나 원예품종이 가정을 중심으로 이용되고 있다(사진 5-111).

시계초는 시선을 끄는 대형 꽃을 다는 덩굴식물로(사진 5-112), 경관조성 효과도 높아, 벽면녹화용 재료로서의 용도는 넓다. 남아메리카 원산이지만, 혼슈 중부에서도 월동이 가능하다. 단, 양지바른 남쪽 벽면이 가장 적합하며, 찬바람이 부는 곳에서는 겨울에 잎을 떨어뜨리는 경우가 있다.

잎은 단엽이지만, 7~9의 깊은 열로 갈라진다. 봄에 새 가지가 뻗어나면 잎의 싹이 변형된 매우 긴 덩굴손이 돋아, 큰 각도로 선회운동을 한다. 덩굴손은 지지물에 닿으면 촘촘하게 감는다. 지지물에 닿을 수 없으면 나선 모양으로 줄어들어, 결국에는 갈색으로 변하며, 부분적으로 고사한다(사진 5-113, 114).

덩굴손은 어느 것을 막론하고 닿은 것에 감겨 생활범위를 넓힌다. 파고라나 펜스, 트렐리스 등의 이용에 적합하다(사진 5-115). 또한 지지물을 넘어 지붕 등에까지 가지를 포복시키는 일도 있다. 이 경우 덩굴손은 지지물로 될 수 있는 틈에 파고 들어가 가지를 지탱한다. 하수해서 벽면을 피복시킬 수도 있다(사진 5-116). 가지는 아름다운 피복을 만든다.

꽃은 전년에 자란 가지에 형성되며, 당해 년도 가지에는 달리지 않는다. 따라서 꽃을 필요로 하는 부분의 가지는 끝부분을 잘라내어 꽃눈을 남겨 두는 등의 관리가 필요하다.

생장은 왕성하며, 능소화와 같이 지하경으로도 번식한다. 또한 떨어진 종자가 발아해서 모종이 돋아나는 일도 있다(사진 5-117, 118).

사진 5-111 트렐리스를 피복한 시계초류

사진 5-112 시계초의 대형 꽃

사진 5-113 선회운동을 시작한 덩굴손과 감기지 않아 나선 모양으로 줄어든 덩굴손

사진 5-114 다른 나무를 감고, 덩굴손을 내린 시계초

사진 5-115 펜스을 감고, 등반하여 피복을 넓히는 시계초

사진 5-116 돌 담을 하수해서 피복한 시계초

사진 5-117 시계초 열매. 끝에 암술머리가 보인다.

사진 5-118 입면녹화의 식재틀에 돋아난 시계초의 실생묘

(7) 으아리류(*Clematis spp.*)

낙엽, 일부에서는 상록. 미나리아재비과. 북반구 중심으로 세계적으로 분포. 내서성은 중~강, 내한성은 약~중(일부 원예품종). 복엽인 작은 잎의 감기에 의한 등반 및 하수로 이용 가능. 생육은 보통. 파고라, 펜스 등에 적합. 꽃이 크며, 원예품종도 많다.

영국인 취향의 식물로, 영국의 정원에서는 펜스나 벽면에 널리 이용된다(사진 5-119, 120).

꽃이 큰 으아리의 원예품종군은 일본 원산의 *C. paens*와 중국 원산의 위령선(*C. frolida*), 기타 유럽 원산 수종의 교잡에 의해 만들어진 것 등이 있으며, 주로 꽃의 감상을 목적으로 개량되었다. 낙엽성이어서 겨울철에는 경관조성 효과를 기대할 수 없다. 또한 겨울철의 벽면의 보온에도 적합하지 않다. 이러한 단점을 고려하여 벽면에 계절감을 살리는 소재로서의 이용이 바람직하다고 할 수 있다(사진 5-121, 122).

벽면의 피복 면적이라고 하는 시점에서 보자면, 생육은 다른 벽면녹화용 덩굴식물에 비해 떨어진다고 할 수 있다. 일본 자생의 참으아리(*C. terniflora*)는 홋카이도에서 오키나와까지 분포하며, 내서성, 내한성 모두 뛰어나다. 생육은 왕성하며, 넓은 면적의 벽면녹화용 재료로서 이용할 수 있다(사진 5-123). 또한 늦여름 작지만 향이 나는 작은 꽃을 많이 피워 다양한 곤충을 모을 수 있다. 그러나 낙엽 식물로서의 약점은 남는다.

또한 상록의 으아리로서, 최근에 이용되고 있는 *C. armandii*는 중국 원산으로, 꽃은 작지만 향이 난다. 내서성이 있으며, 내한성도 중간 정도이다. 3장의 작은 잎으로 구성된 잎은 두꺼운 맛이 있고, 모양도 아름답다(사진 5-124).

으아리류는 작은 잎이 선회운동을 해서 지지물에 감긴다. 이러한 특성을 이용해서 파고라나 트렐리스 등에 이용할 수 있다(사진 5-125).

사진 5-119 으아리류에 의한 벽면녹화

사진 5-120 트렐리스의 으아리와 인동

사진 5-121 트렐리스를 장식한 으아리와 덩굴장미의 조화가 아름답다.

사진 5-122 원통형 구조물을 장식한 원예품종

사진 5-123 인동덩굴 등과 함께 2층 베란다까지 도달한 참으아리(흰꽃)

사진 5-124 파고라를 장식한 *C. armandii*

사진 5-125 *C. armandii*의 작은 잎에 의한 감기

(8) 으름덩굴(*Akebia* spp.)류

낙엽. 으름덩굴과. 홋카이도에서 큐슈까지 자생. 내서성은 강하며, 내한성은 중~강. 잎의 수와 꽃의 색에 따라 세 종류가 있다. 줄기의 감기(오른편 감기)에 의한 등반과 하수에 의한 피복이 가능. 생육은 왕성. 파고라, 트렐리스, 펜스 등에 적합. 열매는 맛있다.

으름덩굴(*A. quinata*)은 혼슈에서 큐슈의 산야에서 흔히 볼 수 있는 덩굴식물로, 자생식물의 녹화 이용이라고 하는 점에서도 향후의 보급이 기대된다. 잎은 복엽으로, 5장의 소엽으로 구성되며, 지름은 10cm 전후이다. 4월초부터 중순경 전년 가지에서 눈이 트고, 잎이 전개됨과 동시에 꽃차례를 내어 꽃을 피운다. 꽃차례는 하수하며, 선단에 10개 전후의 수꽃을, 기부에 수 개의 암꽃을 단다. 암꽃의 작은 꽃자루는 수꽃보다 길기 때문에 아래에서 본다면 암꽃이 두드러진다. 꽃잎처럼 보이는 흰색에서 연한 적자색을 나타내는 꽃받침이 아름답다(사진 5-126, 127). 꽃이 지면 수 개의 열매가 불룩해지기 시작, 9~10월경 무르익어 갈라진다. 열매의 표피는 엷은 자색의 경우도 있지만, 적철색인 경우도 적지 않다. 봄의 꽃과 가을의 열매 모두 자연풍 혹은 일본풍의 연출에 적합한 재료라고 할 수 있다. 그리고 자가불화합성 때문에 한 그루에서는 꽃이 피어도 열매를 맺지 않는다. 따라서 두 그루 이상 식재할 필요가 있다.

봄 이후에 자란 새 가지(긴 가지)가 선회운동을 하며, 지지물을 찾게 되면 감겨 퍼진다. 펜스, 트렐리스, 파고라 등의 용도에 적합하다(사진 5-128). 생육은 매우 왕성하여 서로 이웃이 된 가지끼리 서로에게 지지눌이 되어 서로 얽히면서, 상호 생장을 계속하는 경우도 있다. 주간(主幹)의 하부에서도 왕성하게 도장지가 뻗어 나오므로, 불필요한 경우에는 제거한다. 도장지를 방치하여 가지가 지상에 닿게 되면 뿌리를 내서, 포복 줄기로서 신장하므로, 관리가 필요하게 된다.

세잎 으름덩굴(*A. trifoliata*)은 홋카이도를 중심으로 서쪽의 큐슈까지 자생하며, 으름덩굴보다 내한성이 뛰어나다. 따뜻한 도시 중심부에서는 겨울에도 잎을 떨어뜨리지 않는 것을 볼 때도 있다. 형태상 으름덩굴과의 차이는 소엽이 3장의 3출엽이고, 소엽에 굵은 톱니가 있다는 것이다. 또한 수꽃이 소형이고, 대형의 암꽃에 긴 자루가 붙은 점은 으름덩굴과 유사하지만, 꽃받침의 색이 수꽃술이나 암꽃술 모두 적자색이 되는 점에서 크게 다르다(사진 5-129). 따라서 꽃이 필 무렵에는 멀리에서도 구분이 된다. 또한 가을에 익는 열매의 표피는 산뜻한 청자색으로 아름답고, 가을에 과일로 출하된다. 생육은 왕성하며, 이용 특성도 으름덩굴과 유사하다(사진 5-130, 131).

이 밖에, 홋카이도에서 큐슈에 걸쳐 으름덩굴과 세잎 으름덩굴이 공존하는 곳에서 잡종 오엽 으름덩굴(*A.* × *pentaphylla*)이 자생한다. 잎은 으름덩굴과 마찬가지로 5장의 손바닥 모양 잎이지만, 잎 테두리에 굵은 톱니가 있다. 또한 꽃받침의 색은 세잎 으름덩굴과 같으므로 두 종의 잡종인 것을 잘 알 수 있다. 그러나 분포가 제한되어 있으므로 녹화용으로의 유통도 이루어지고 있지 않기 때문에 도시녹화에 이용되는 일은 거의 없다.

사진 5-126 파고라에서 만개한 으름덩굴

사진 5-127 암꽃에는 암자색의 암꽃술이 보인다. 이 기부의 씨방이 불룩해져 열매가 된다.

사진 5-128 시렁에서 이용된 후, 차고 옥상으로 뻗어 펜스를 덮은 으름덩굴. 시렁이나 펜스에 덜 익은 열매가 보인다.

사진 5-129 세잎 으름덩굴 꽃

사진 5-130 홈통에 부착하여 2층까지 도달한 세잎 으름덩굴

사진 5-131 세잎 으름덩굴의 하부 상태

(9) 등나무(*Wisteria* spp.)

낙엽. 콩과. 홋카이도에서 큐슈까지 자생. 내서성, 내한성 모두 강함. 등나무, 산등나무, 시나 등나무 등이 있지만, 녹화용으로는 일본산 등나무가 널리 이용된다. 줄기의 감기에 의한 등반(등나무는 왼편 감기, 다른 것은 오른편 감기)으로, 파고라(등나무 덩굴의 시렁)에서의 이용이 많지만, 트렐리스, 펜스에도 적합. 생육은 매우 왕성. 양지를 선호함.

등나무속에는 일본에 2종, 중국에 1종, 북아메리카에 2종만 자생할 뿐이다. 그 중 일본에서는 등나무(*Wisteria floribunda*)와 백등나무(*W. brachybotrys*)가 널리 식재되어 있으며, 구미에서는 중국산인 시넨시스등(*W. sinensis*)이 흔히 이용되고 있다. 물을 좋아하는 등나무에 비해 건조에 견디는 시넨시스등이 관리가 용이할 것으로 생각된다.

등나무는 등나무속 다섯 종 가운데 꽃이 가장 아름답고, 꽃차례도 가장 길기 때문에 널리 이용된다. 일본 전국에 자생하기 때문에 내한성, 내서성도 뛰어나며, 생장도 매우 왕성하고, 수명도 길다(사진 5-132, 133).

겐(源)씨 이야기에 등장하는 후지츠보(藤壺)의 이름으로, 후지(등나무)의 관상용 식재 역사가 알려져 있으며, 시볼드(Siebold)가 「Flora japonica(日本植物誌)」에서 정원과 사원의 아케이드나 시렁 조성에 이용하였던 점 등을 언급한 것으로부터 볼 때 일본의 입체녹화에 있어 뛰어난 재료임을 알 수 있다.

사신 5-132 절의 등나무로, 꽃차례가 매우 길다.

사진 5-133 아파트 2층의 지붕을 피복한 등나무. 사진 오른쪽에 왼편으로 감는 줄기가 보인다.

1 등나무류 세 종류의 형태적 특징

등나무의 줄기는 왼편(나사의 회전과 같은 방향)으로 감으며, 백등나무와 시넨시스등은 오른편으로 감는다. 이것이 세 종을 구별하는 하나의 지표다. 그 밖에 세 종은 몇 가지 특징에서 표 5-6과 같이 구별할 수 있다.

잎은 모두 기수우상(奇數羽狀) 복엽이며, 엽수는 등나무가 15~19장으로 가장 많다. 그러나 엽의 크기는 백등나무가 등나무보다 크다. 또한 백등나무는 잎에 털이 많지만, 등나무는 잎이 어릴 때에는 털이 있지만 곧 탈락하여 털이 없어진다.

꽃차례의 길이도 등나무가 30~90cm로 가장 길며, 원예품종 중에서는 *Macrobotrya* 등 1m가 넘는 것도 있다. 한편, 백등나무의 꽃차례는 짧은데, 특히 짧은 계통을 카피탄(花美短)이라 하며, 꽃차례가 짧고, 흰꽃이 달리는 원예품종은 흰카피탄(Alba)으로 구별하고 있다. 또한 백등나무는 작은 꽃이 거의 동시에 개화하는데 비해, 등나무와 시넨시스등은 먼저 분화한 기부의 작은 꽃부터 차례로 개화해 가기 때문에 개화 기간도 길다. 꽃의 색은 모두 등색이며, 흰꽃의 변종이나 품종도 이용되고 있다. 꽃이 지고 난 뒤에 콩과 특유의 열매가 달리므로, 학교나 공원에서의 이용 가치를 높이고 있다(사진 5-134, 135).

표 5-6 등나무 3종의 형질 비교

종명		등나무	백등나무	시넨시스등
감기 방향		왼편	오른편	오른편
소엽	수	15~19	7~11	7~13
	크기	-	등나무보다 큼	-
	털	탈락	다수	-
꽃차례	길이(cm)	30~90	20~30	15~30
	크기	-	등나무보다 큼	-
	개화순서	기부에서 끝	같이	기부에서 끝
열매	길이(cm)	10~15	5~10	10~15

사진 5-134 길이 20cm 정도의 긴 등나무

사진 5-135 공원 조성 때 등나무 시렁은 필수이다.

2 생육 특성과 이용 특성

등나무는 햇빛을 선호하므로 생육을 지탱하는 수관부가 반음지 등의 조건에 처하게 되면 생육에 지장을 초래하게 된다. 또한 개화가 나빠지므로 녹화 목적을 달성할 수 없다. 주간의 하부가 음지에 있더라도 중심이 되는 가지는 햇빛이 비추는 곳으로 유인할 필요가 있다. 또한 등나무나 백등나무는 물을 좋아하므로 보수성이 좋은 토양을 필요로 한다. 식재 후 활착하여 충분히 뿌리를 내리기 전까지 토양이 건조하게 되면 생육에 지장을 초래하게 된다. 일본에서는 파고라 장식에 널리 이용되고 있지만, 펜스에서의 이용도 가능하다(사진 5-136).

앞서 언급한 바와 같이 시넨시스등은 일본의 두 종에 비해 토양이 건조하더라도 견디며, 비교적 관리가 용이하므로 유럽에서는 널리 이용되고 있다(사진 5-137, 138).

이들 등나무속의 식물은 생육이 왕성하고, 수명이 길기 때문에, 식재 장소의 선택에 신중을 기하며, 관리를 고려할 필요가 있다(사진 5-139).

사진 5-136 담에 선치된 펜스를 피복한 등나무

사진 5-137 벽돌 담에 에스펠리어 모양으로 꾸며진 시넨시스등의 흰꽃 품종

사진 5-138 영국의 석조 건물에 유인된 시넨시스등

사진 5-139 담을 타고 넘어 전신주에 감긴 등나무

05 | 기대기로 피복하는 식물

(1) *Rosa banksiae* 및 *R. banksiae 'Lutea'*

장미과. 상록~낙엽. 도장지를 길게 뻗어 생육범위를 넓힌다. 줄기에 가시가 없다. 펜스의 피복이나 파고라 장식에 적합. 양지를 선호함. 내서성, 내한성 모두 보통. 흰꽃은 향기가 난다.

중국 중남부 원산으로, 에도(江戸)시대에 도입되었다. 나가사키(長崎)의 한 정원에는 도입 당시 오래된 나무의 계통을 이어 받은 나무가 남겨져 있다. 겨울에 잎을 남기지만, 추운 지역에서는 잎을 떨어뜨리는 일도 있다.

4월말부터 5월초 무렵 꽃이 핀다. 흰꽃이 피는 것과 노란꽃이 피는 것이 있지만, 동일 종의 흰꽃과 노란꽃으로 보는 경우와 노란꽃 계통을 변종 또는 품종으로서 *R. banksiae 'Lutea'* 라고 부르며, 구별하는 경우가 있다. 흰꽃은 향기가 나며, 꽃눈 분화 양상도 약간 다른 등의 차이가 있지만, 명확히 구별되는 편은 아니다. 이 책에서는 꽃의 색으로 구별할 필요가 있을 때는 노란꽃 계통을 *R. banksiae 'Lutea'* 로서 구별하였다(사진 5-140, 141).

봄철에는 *R. banksiae 'Lutea'* 의 산뜻한 황색이 돋보인다. 4월말부터 5월초에는 식물원이나 시내, 심지어는 주택의 현관이나 하수에 의한 담의 피복 등에 이용된 *Rosa banksiae*가 두드러진다. 생육은 왕성하며, 개화기 이후에 왕성하게 도장지를 낸다. 감기형의 식물과 달리, 가지는 선회운동을 하지 않기 때문에 지지물에 닿으면 그대로 위쪽으로 생장을 계속한다. 또한 지지물이 없으면 스스로 활처럼 굽는다.

필요한 범위에 가지를 유인함으로써 용이하게 피복할 수 있다. 그러나 피복을 필요로 하는 범위에 한정시키기 위해서는 가지치기가 필요하다. 단, *Rosa banksiae*의 경우는 꽃이 중요한 요소가 되기 때문에 개화를 위한 전정이 필요하다(사진 5-142~146).

*Rosa banksiae*는 *R. banksiae 'Lutea'* 에 비해 꽃눈 분화기가 빠르므로, 해를 넘겨 가지치기를 하게 되면 개화하지 않는 경우가 있지만, *R. banksiae 'Lutea'* 는 2월경에 가지치기를 해도 꽃을 볼 수 있다.

사진 5-140 *R. banksiae*와 *R. banksiae* *'Lutea'*의 꽃

사진 5-141 현관 장식에 이용된 *R. banksiae* *'Lutea'*

사진 5-142 평판에 꾸며진 *R. banksiae 'Lutea'*

사진 5-143 아치형으로 조성된 줄기에서 나온 도장지

사진 5-144 넓은 벽면에 종횡으로 가지를 뻗은 *R. banksiae* (겨울철, 낙엽이 진 상태)

사진 5-145 파고라를 장식한 *R. banksiae 'Lutea'*

사진 5-146 2층 베란다를 넘어 위로 자란 *R. banksiae*

(2) 덩굴장미(*Rosa spp.*)

장미과. 낙엽. 도장지를 길게 뻗어 생육범위를 넓힌다. 생장은 왕성하며, 1년에 5m나 줄기를 뻗는 품종도 있다. 기대기로 등반하지만, 결속 등에 의한 유인이 필요. 파고라나 펜스, 트렐리스를 장식한다. 원예식물로서의 관리가 필요.

장미는 애호가가 많은 원예식물로 알려져 있으며, 다양한 품종이 있다. 일반적으로 한 포기에서 갈라져 나와 자란 초목의 성질을 지녔지만, 덩굴형으로 자라는 종류가 있어, 덩굴장미라고 총칭되고 있다(사진 5-147).

덩굴장미 중에는 본래의 덩굴성 장미인 작은 꽃의 란브라와 중간 정도의 덩굴장미인 라지 프라우드 크라이마가 있다. 그 밖에 하이브리드티나 후로린반다, 잉글리쉬 로즈 등에서부터, 가지 돌연변이에 의해 덩굴형으로 생장하는 계통이 선발되어 덩굴장미라고 불리는 것이 있다(사진 5-148). 하이브리드티 등은 끝눈에 꽃눈을 달지만, 겨드랑눈에 꽃눈을 만들고, 끝눈은 잎을 계속 만드는 변이를 계승한 것이 이 계통이다. 그러므로 품종명은 같으나, 크라이마의 약자 cl.을 붙여 구별하고 있다. 기본적으로는 봄에 집중해서 개화하는 품종도 있지만 사계절 개화하는 품종도 있다.

덩굴장미는 줄기에 가시가 있지만, 감는 일이 없기 때문에 펜스나 트렐리스 피복에는 결속 등으로 유인할 필요가 있다(사진 5-149, 150).

낙엽성이며, 또한 봄철 한 때 개화하는 특성 때문에, 효과적인 연출에 유의할 필요가 있다(사진 5-151,~ 153).

사진 5-147 유인된 덩굴장미

사진 5-148 장미원으로 파고라를 장식하다.

덩굴장미에도 장미 특유의 병충해가 있어, 덩굴식물에 비해 관리에 품이 든다. 경관장식용 장미 등 강한 장미 품종도 나오고 있으므로, 상록의 덩굴식물과 조화를 이뤄 경관장식용으로 이용하는 등의 아이디어가 요구된다.

– 시모무라 타카시(下村 孝)

사진 5-149 가지를 펜스의 메쉬에 걸어 유인한다.

사진 5-150 지지물에 가지를 결속시켜 유인한다.

사진 5-151 콘크리트 벽면에 설치된 덩굴장미 트렐리스

사진 5-152 왼쪽 사진의 시기와 각도를 바꾼 정경

사진 5-153 알제리아 아이비와 조합된 크라이마 품종으로 다방면에 이용되고 있다.

인용 · 참고문헌

1) Putz, F. E. and Mooney, H. A. (1991) : The biology of vines, cambridge Univ. Press, New York, pp.526

2) Davis, R. E., Bilderback T. E. and Frantz, P. R. (1992) : Arborescent 'Treetop' English ivy. HrtSci., 27, 279-280.

3) 下村 孝 (1985) : 日本産つる性クワ科植物の分類と壁面緑化への利用の実態, 造園雑誌48 (5), 127~132.

4) Carter G. A., and Teramura, A. H. (1988) : Vine photosynthesis and relationships to climbing mechanics in a forest understory, Amer. Bot., 75, 1011-1018.

5) Bauer, H. and Thoni, W. (1988) : Photosyntthetic light aclimation in fully developed leaves of the juvenile and adult phases of Hedera helix, Plant. 73, 31-37.

6) Ackerfield and Wen, J. (2002) : A morphrometric analysis of Hedera L. (the ivy genus, Araliaceae) and its taxonomic implications, Adensonia, ser 2, 24, 197-212.

7) Rutherford, A., MacAllisterH.A. and Mill, R. R., (1993) New ivies from the Meditarranean area and Macaronesia. Plantsman. 15, 115-128.

8) Okerman, A. (2000) : Combating the "Ivy Desert" : Hedera helix invasions, Restoration and Reclamation Review 6〈http://horticulture.coafes.umn.edu/vd/h5015/rrr.htm〉, December 2001 (2005年8月21日, アクセス)

9) 中尾祐介 (2000) : 19世紀後半から20世紀初頭までにおけるドイツへのツタの伝搬と普及について, ランドスケープ研究63, 435-438.

10) 中尾祐介 (1999) : 19世紀におけるアメリカ合衆国へのツタの伝搬と普及について, ランドスケープ研究62, 489-494.

11) Melissa A. Bravo, Japanese honeysucle, in "alien plant invaders of natural areas-fact sheets-", http://www.npn.gov/plants/alien/fact/lojal.htm, (2005年8月10日, アクセス)

12) http://www.issg.org/database/species/management_infoasp/si=158&fr=1&sts=, (2005年8月10日, アクセス)

5.2 포복성 식물

포복성 식물은 초화의 주변을 꽃과 푸르름으로 덮는 지피식물로서 널리 이용되고 있다. 갓길이나 생울타리 등에 심거진 것은 지면에 낳게 되면 중력에 따라 가지를 아래로 늘어뜨려 수직면을 피복하게 된다. 헤데라류나 마삭줄 등 목본성 덩굴식물, 촘촘하고 중후한 피복이 가능한 목본성 식물 외에 다양한 색의 꽃을 피우는 초본류, 게다가 건조에 견디는 다육식물 등이 이 성질을 갖지만, 입체녹화 재료로서의 인지도는 낮은 편이다. 따라서 도시녹화 현장에서의 시공 사례가 한정되어 있으며, 녹화 재료로서는 적극적으로 이용되고 있지 않는 것이 현재 상황이다. 그러나 주거지와 상점이 즐비한 시내 경관을 고려한 입체녹화의 재료로서 그 역할은 향후 점점 더 중요해질 것으로 생각된다. 다음에 주거지나 시가지에서의 이용 사례를 소개하고, 설명토록 한다.

01 | 초본성 숙근식물

포복 가지를 내서 지표를 덮는 숙근초 중 아주가(*Ajuga reptans*)나 리시마키아(*Lysimachia nummularia*), 노랑천사덩굴(*Lamium galeobdolon*), 지면패랭이꽃(*Phlox subulata*)은 봄부터 초여름까지 멋진 꽃의 피복을 보이지만, 겨울에 지상부가 손상을 받거나, 고사하기나 하기 때문에, 경관을 해치게 된다. 여기에서는 관동을 중심으로 서쪽에서 거의 1년 내내 푸르름을 유지할 수 있는 상록의 포복성 숙근초에 대해 다루도록 한다.

(1) *Osteospermum* spp. : 국화과

*Osteospermum*속 중에서 숙근성 품종이 하수에 의한 피복에 적합하다. 또한 *Dimorphotheca*속으로 분류되어 있었기 때문에 일본에서는 아직도 *Dimorphotheca*로 불리는 일이 많다. 남아프리카 원산의 식물로, 봄부터 여름에 걸쳐 다수의 꽃이 식물체 전면을 덮는다(사진 5-154). 구미에서는 여름의 화단용 초화로서 다양한 품종이 나와 있지만, 일본에서는 잎이 약간 다육질로 강건한 기본종이 입체녹화에 이용되고 있다. 그 중에서도 적자색 꽃이 피는 *O.barberiae*와 꽃잎이 희기 때문에 약간 엷은 자색의 *O.fruticossum*이 일반적이다(사진 5-155). 양지를 선호하고, 석양이 지는 곳에서도 양호하게 생장하지만, 반음지나 양지에서의 이용은 적합하지 않다. 통기성과 배수성이 좋은 비교적 비옥한 토양을 선호하므로, 수분 조건이 나쁘거나 비료를 주지 않으면 생장이 불량해져 하엽이 지기 때문에 피복 효과가 떨어진다. 내서성, 내한성을 모두 가지고 있으므로 연중 이용할 수 있다. 높이 3m 정도의 벽면을 피복한 사례도 있다. 아래쪽 방향에 비해 가로 방향으로 피복이 떨어지므로, 식재 밀도를 높게 하는 것이 바람직하다.

사진 5-154 옹벽을 하수하는 *Osteospermum*

사진 5-155 *Osteospermum* 중에서는 가장 일반적인 붉은 꽃(오른쪽)과 흰꽃(왼쪽)

(2) *Gazania* spp. : 국화과

*Osteospermum*과 마찬가지로 남아프리카 원산. 20종 가까운 자생종이 알려져 있지만, 구미에서 종간 교잡에 의해 다양한 원예품종이 나와 있다.

*Gazania*는 잎이 우상(羽状)으로 깊이 패인 것부터 바늘 모양의 것까지 다양하다. 잎의 뒷면 혹은 겉과 안 양면에 흰 털이 돋아나 은백색으로 보이는 것이 있어, 꽃이 없을 때에도 감상할 만하다. 일본에서는 잎의 양면에 털이 있는 태양국(*Gazania rigens*)과 *G. uniflora*(*G. rigens var. uniflora*)가 입면 피복에 이용되는 경우가 있다. 어느 것이

든 기본종의 강건함을 지녀, 무관리 상태에서도 왕성하게 가지를 자라게 해 크게 자라며, 봄부터 가을에 걸쳐 윤이 나는 꽃을 단다. 생울타리나 펜스의 아래쪽에 심겨진 것이 하수하여 입면을 촘촘하게 피복한다(사진 5-156). 가지와 잎의 포개짐이 약간 엉성한 *Osteospermum*에 비해 *Gazania*류는 촘촘한 피복을 만들어, 꽃이 없을 때에도 충분히 관상 가치가 있다.

구미에서 만들어진 화단용 품종은 내서성에 중점을 두고 있지 않기 때문에 일본의 더위에는 약간 약한 경향이 있다. 앞에 언급한 바와 같이 기본종 혹은 이것에서 선발된 원예품종은 내서성도 뛰어나다. 그러나 토양이 과습한 것은 싫어하므로, *Osteospermum*과 마찬가지로 배수가 잘 되는 용토에 심을 필요가 있다.

(3) *Arctotheca calendula* : 국화과

남아프리카 케이프 지방 원산으로, 꽃의 형태나 외관은 민들레와 비슷한 지피식물이다. 건조와 더위에 강하지만, 장마 때 과습으로 고사하는 일이 있기 때문에 건조한 경향의 토지에 이용하는 것이 바람직하다. 겨울철에는 잎이 표면을 안으로 둥글게 말기 때문에 가는 털이 밀집한 잎 뒷면이 보여 아름답다. 포복 가지를 내어 지면을 피복하며, 경계부를 넘으면 하수해서 입면을 피복한다.

(4) *Dianthhus* spp.류 : 패랭이꽃과

상록 숙근성 패랭이꽃의 동류(*Dianthhus*류)는 포복성 지피식물로, 하수에 의한 입면피복에 이용할 수 있다. 유럽 원산의 패랭이꽃 중 가장 인기가 있는 것은 *Dianthhus plumarius*로, 핑크라는 애칭으로 불린다. 기본종은 흰색~진분홍색의 외겹이지만, 교잡에 의해 여덟 겹의 품종도 만들어지고 있다(사진 5-157). 포복 줄기에 잎을 촘촘히 달며, 은백색의 털로 덮여 아름답다. 4~5월에 포복 가지의 잎에서 옅은 색부터 진한 색의 핑크 꽃을 다수 단다. 꽃이 신 여름 이후에는 매트 형태로 피복한다(사진 5-158). 추위에 강해, 겨울에도 은백색의 피복을 유지한다.

사진 5-156 건물에 심겨진 호랑가시나무의 아래쪽을 피복한 *Gazania*

사진 5-157 생울타리를 피복한 *Dianthhus plumarius*

(5) *Vinca major*

덩굴성 식물로 분류되는 *Vinca major*도 하수하며, 입면을 피복한다. 그러나 자체 무게가 가벼워 가지치기가 적으며, 가지도 거의 수직으로 하수하기 때문에 가로로 퍼짐을 볼 수 없다. 콘크리트 벽 등을 하수한 식물체는 대부분 가지를 치는 일이 없다. 또한 가지가 부드럽지 않으므로 바람에 날려 비틀려지는 상태가 되기 때문에 촘촘한 커버를 만들 수 없다(사진 5-159). 한편, 돌담을 설치한 사면에서는 돌 틈에 뿌리를 내려 고정되기 때문에 약간 좀 지나서 안정한 피복이 가능하게 된다(사진 5-160).

이른 봄 땅속에서 위쪽으로 도장지를 내며, 초여름 잎에 꽃을 단다(사진 5-161). 개화 후, 도장지는 포복 · 하수한다. 관동을 중심으로 북쪽에서는 겨울에 잎이 지는 일이 있으며, 상록의 숙근초로서 이용할 때에는 주의할 필요가 있다.

사진 5-158 겨울철에도 아름답게 벽면을 피복한 *Dianthhus plumarius*

사진 5-159 바람이 강한 곳에서는 촘촘한 피복을 만들기 어렵다.

사진 5-160 사면을 하수하고, 뿌리를 내어 촘촘히 피복한다.

사진 5-161 *Vinca major*의 꽃

02 | 목본성 식물 : 저목

(1) 로즈마리(*Rosmarinus officinalis*) : 차조기과

지중해 원산의 상록 저목으로, 향신료로도 널리 알려져 있다. 기본종은 높이 2m 정도 되는 저목이지만, 성숙되면 가지가 하수한다. 또한 *'Prostratus'* 나 *'Lavanduraseus'* 등 어린 모종 때부터 하수하는 포복성이 뛰어난 원예품종도 유통되고 있다. 입면피복에는 이들 포복성이 우수한 품종을 선택하는 것이 바람직하다.

가지에 촘촘하게 나는 잎은 길고 가늘며, 뒷면에 흰 털이 있어 밝은 회색을 띤다. 여름 전후의 계절에 잎에 작은 꽃을 다수 단다(사진 5-162). 또한 개화기 이후에도 오랜 기간 동안 꽃을 피운다.

차조기과의 식물이므로, 토양은 중성~약알칼리성을 선호하지만, 약산성의 토양에서도 생육은 가능하다. 건조를 좋아하므로 배수가 좋은 토양을 준비할 필요가 있다. 내한성과 내서성은 뛰어나지만, 겨울철과 여름철 토양의 과습에는 특히 약하므로 주의가 필요하다. 생장이 빨라 비교적 넓은 범위의 피복에도 유효하다(사진 5-163). 피복 높이는 1m 정도의 사례가 많으며, 그 이상의 피복을 보이는 일은 없는 것 같다.

(2) 포복성 향나무류

일본 해안에 자생하는 향나무류(*Juniperus conferta*)나 섬향나무(*J. procumbens*), 눈향나무(*J. chinensis var. sargentii*)는 건조에 견디는 훌륭한 지피식물이다. 또한 북아메리카에 자생하는 뚝향나무(*J. horizontalis*)나 두송(*J. communis*)과 그것을 개량한 원예품종도 건조에 견디며, 내한성도 뛰어난 지피식물로서, 사방이나 경관조성을 목적으로 넓은 범위에 이용되고 있다. 모든 품종이 강질의 가지를 자라게 하지만, 가장자리에서 뻗어난 가지는 하수하여 촘촘하게 입면을 피복하기 때문에, 밀도가 짙은 입면피복이 가능하다(사진 5-164, 165). 이제까지 의도적으로 수직면의 피복에 이용된 사례는 적지만, 강하고, 생육도 왕성하기 때문에, 두꺼운 피복을 기대할 수 있다. 따라서 공공녹화 등 넓은 입면에서의 이용에 적합한 재료라고 할 수 있다.

사진 5-162 로즈마리 꽃

사진 5-163 돌담을 하수하는 로즈마리

사진 5-164 도시 내 하천 호안을 하수하는 향나무와 헤데라

사진 5-165 녹화 패널로 빌딩을 피복한 향나무

03 | 다육식물

옥상녹화에는 다육식물의 세덤이 화제가 되었지만, 하수해서 입면을 피복할 수 있는 다육식물도 적지 않다. 예전부터 지피식물로서 이용되는 사철채송화 등이 이용되고 있다.

(1) 사철채송화(*Lampranthus* spp.) : 번행초과

농촌지역의 돌담이나 주택지의 부지 외곽 옹벽 등에서 볼 수 있는 이미 잘 알려진 지피식물이다. 다육질의 줄기는 잘 분지하여, 다육질의 잎을 단다.

5월 이후 개화를 시작, 8월에 접어들면 꽃의 수가 감소한다. 꽃은 적자색으로(사진 5-166), 노란꽃의 근연종도 마찬가지로 이용된다. 물이 잘 빠지는 토양과 양지를 선호해 건조한 곳에서도 견딘다. 그러나 건조한 토양에서 견딘 것은 오래되면 줄기가 목질로 변한다. 과습한 지역에서는 뿌리가 손상되어, 생장이 저하된다. 내서성이 뛰어나지만, 내한성은 중간 정도로, 칸사이(関西) 지방의 겨울 추위에도 견디지만, 엽색은 약간 불그스름한 갈색으로 퇴색되기 때문에, 겨울에는 아름다운 녹을 유지할 수 없다. 한랭지에서는 지상부의 일부가 시드는 일도 있다. 내건성이 뛰어난 화남산(*Delosperma cooperi*의 선발품종으로 생각되는 '레이코' 등)이 최근 널리 보급되고 있다.

(2) 화만초(*Aptenia cordifolia*) : 번행초과

남아프리카 원산의 다육식물. 정원용 재료로서 원예점 등에서도 팔리고 있다. 다육질의 줄기에 잎이 비교적 촘촘히 난다. 가지는 지표를 포복하며, 입면을 하수한다. 4월 이후 잎에 직경 약 2cm의 붉은색 꽃을 단다(사진 5-167). 꽃은 여름까지 계속 핀다. 해안에 가까운 곳에서도 이용이 가능하며, 넓은 면적을 피복할 수 있다.

원산지와 식물의 상태를 보면, 과습은 바람직하지 않은 것으로 생각된다. 내서성은 뛰어나지만, 내한성은 약간 떨어진다고 생각된다. 두꺼운 옹벽피복 등에는 적당한 재료라고 할 수 있지만, 생육은 미지수이다.

사진 5-166 만개한 사철채송화

사진 5-167 5m가 넘는 옹벽의 사면 위쪽을 하수하는 화만초

(3) *Carpobrotus edulis, C. chilensis*

미국 캘리포니아의 도로 사면에서 자주 볼 수 있다. 자연 상태의 것과 사방 목적으로 심겨진 것이 있는 것 같다. *Mesembryanthemum*속의 식물도 포함해서 아이스플랜츠라고 하는 문헌도 있지만, 여기에서는 입면녹화에 적합하게, 대형 잎을 지닌 *Carpobrotus*속의 두 종을 언급토록 한다. 모두 직경 3~4㎜의 줄기로, 길이 7~8㎝의 다육질 잎을 다는 대형 다육식물이다. 이제까지 확인된 사례로부터 판단해 볼 때 높은 옹벽의 갓길에 심어 넓은 범위의 피복을 기대할 수 있다(사진 5-168, 169). *C. edulis*는 남아프리카 원산으로, 오스트레일리아나 스페인의 해안선 등 남유럽에 귀화하였다.

사진 5-168 생울타리 아래에 심겨져 주택의 외부 옹벽을 하수하는 *Carpobrotus edulis*

사진 5-169 하마마츠 꽃 박람회에서 돌담 피복의 견본 전시가 된 *Carpobrotus edulis*

또한 *C. chilensis*는 멕시코나 미국 캘리포니아가 원산지이다. 이 둘의 형태는 매우 유사하지만, *C. edulis*는 노란색, *C. chilensis*가 붉은색의 꽃을 다는 점에서 구별된다(사진 5-170). 물이 잘 빠지는 곳에서도 잘 생장한다. 도로 사면의 피복에 이용되며, 미국 서해안에서는 봄철 우기에 일제히 개화한다. 여름 더위에도 견디며, 내한성도 있어 일본에서는 돗토리(鳥取) 시내에서 월동하는 사례가 확인되었다. 간사이 지방에서도 개화하지만, 개미나 괄태충에게 꽃 내부가 해를 입는 일이 있다.

그 밖에, 다육식물은 건조에 견디고, 자체 무게가 무겁기 때문에 일본의 겨울철 기온에 견딜 수 있지만, 벽면 상부에서의 하수에 의한 피복에는 어울리는 재료일지도 모른다(사진 5-171).

– 시모무라 타카시(下村 孝)

사진 5-170 *Carpobrotusr*속의 꽃. 왼쪽 : *C. chilensis* 오른쪽 : *C. edulis*

사진 5-171 다육식물

5.3 에스페리어의 재료

01 | 에스페리어에 적합한 적성

일본에서는 이제까지 에스페리어의 이용 사례가 거의 알려져 있지 않았다. 따라서 어떤 식물이 이용될 수 있는지 「선진국」의 사례를 참고로 하면서 검색을 진행할 필요가 있다.

유럽에서는 사과나무나 복숭아나무, 체리, 무화과나무 등의 과수가 전통적인 재료로서 이용되고 있다. 과수 이외에 명자나무 · 동백나무류 · 사철나무 · 꽝꽝나무 · 양옥란 등의 상록수와 주목 등의 침엽수, 단풍나무 · 개나리 · 미국산딸나무 · 무궁화 등의 낙엽 화목, 란타나 등의 저목류 등 온갖 식물이 에스페리어 조성의 재료가 될 수 있다(표 5-7).

따뜻한 지방에서는 부겐빌레아나 포인세티아 등도 가능성이 있다. 덩굴성 목본식물에서는 과수 포도나 등나무, 덩굴장미 등은 구미에서도 많은 이용 사례를 볼 수 있다.

또한, 석류나무, 금귤 등 소형 목본식물은 콘테이너의 에스페리어로서 이용할 수 있다. 독일의 나세리나 영국의 가든 센터에서는 콘테이너에 심은 에스페리어가 생산 · 판매되고 있다. 이들 나라에서는 어느 정도 「재배」가 된 반제품으로서의 「에스페리어 모종」의 수요도 적지 않은 모양이다(사진 5-172).

에스페리어는 경관조성 효과가 높은 기술로서, 꽃나무는 감상을, 과수는 감상과 함께 수확을 목적으로 이용하므로 개화와 결실은 필수 요건이 된다. 꽃눈 분화기나 결과 습성, 분지 특성 등이 담긴 생태적 측면을 문헌에서 수집하고, 또한 실제로 만든 에스페리어의 생육특성을 기록하여 데이터를 축적하는 일도 중요하다.

여기에서는 일본에서의 이용 경험이 부족하기 때문에, 개개 식물을 들어 해설하지는 않고, 이용 사례의 소개에 머물기로 한다. 대체로 깎고 손질하는 것에 견디며, 맹아성이 좋고, 감상 가치를 지닌 식물이 선택된다.

표 5-7 에스페리어에 이용 가능한 식물

분류	종명
상록수	명자나무, 동백나무, 꽝꽝나무, 양옥란, 란타나, 주목
낙엽수	단풍나무류, 개나리, 미국산딸나무, 무궁화
과수	사과나무, 복사나무, 천도복숭아
덩굴성 식물	포도, 등나무, 덜굴장미

사진 5-172 독일의 나세리에서 생산되는 에스페리어의 콘테이너 모종

02 | 과수

(1) 사과

사과는 영국의 식물원이나 정원에서 가장 많이 눈에 띄는 에스페리어 재료 중 하나이다. 영국 정원사에 나오는 윌리엄 켄트의 라우샴저 정원이나 로렌스 숀스톤의 히두콧트마나의 정원에서도 사과 에스페리어를 볼 수 있다. 사과는 짧은 가지에 꽃을 달며, 유인한 굵은 가지에 많은 열매를 맺어 감상 가치도 높다(사진 5-173, 174).

(2) 서양 배

사과와 마찬가지로 에스페리어 재료로서 자주 눈에 띄는 것이 서양 배로, 사과 같이 결과 수정 때문에 굵직한 가지에 열매가 열리는 모양이 즐겁게 한다(사진 5-175).

(3) 무화과나무

무화과나무는 가지가 부드럽고, 유인도 용이하여, 에스페리어에 널리 사용되고 있다. 특히, 부채 모양이나 곡선적인 디자인을 자주 볼 수 있다(사진 5-176, 177).

(4) 포도

담쟁이덩굴과 마찬가지로, 덩굴손형의 덩굴식물이지만, 벽면으로 유인하여 에스페리어를 만든다.

사진 5-173 영국 히두콧트마나의 정원에 이용된 고목

사진 5-174 에스페리어 견본원에 전시된 사과(영국 위즈레 가든)

사진 5-175 가지가 휠 정도로 열매를 단 에스페리어, 서양배

사진 5-176 부채 모양의 무화과나무

사진 5-177 벽돌담으로 유인된 무화과나무

사진 5-178 에스페리어, 포도

사진 5-179 에스페리어, 포도

사진 5-180 에스페리어, 시넨시스등

03 | 시넨시스등

감기형의 덩굴식물인 시넨시스등이 벽면에 직접 유인되어, 에스페리어로서 만들어지는 일이 적지 않다. 생장이 빠르므로, 대면적을 피복하는 사례가 많다. 잎이 커서 태양열 차단의 물리적인 효과도 기대할 수 있다(사진 5-180).

유럽의 전통적인 디자인을 답습한 것은 아니지만, 담이나 벽을 따라 2차원적으로 조성된 사례를 흔히 볼 수 있다.

04 | 일본에서 본 에스페리어풍 식재

(1) 단풍나무

단풍나무류는 가지가 부드러워, 에스페리어에 적합한 재료라고 할 수 있다. 사진 5-181에 나타낸 사례는 단풍나무의 가지를 유인한 것이다. 옆에 심은 남천과 함께 벽의 대부분을 피복하고 있지만, 경관조성 효과도 있다.

(2) 종가시나무의 열식

종가시나무가 열식되어 있는데 앞으로 나온 가지는 전정되어, 평면적인 조성이 이루어져 있다(사진 5-182). 앞의 공간을 유용하게 이용하기 위한 필요성 때문에 이루어진 시도라고 생각되지만, 관리에 견디는 생울타리용 수종의 에스페리어풍 꾸미기로서 기록하였다.

사진 5-181 에스페리어, 단풍나무

사진 5-182 종가시나무의 열식

5.4 입체녹화를 위한 식물 재료의 생산

입체녹화는 옥상녹화와 달리, 보행자나 주위 사람의 눈에 띄는 위치에서 녹화가 이루어지기 때문에, 입체녹화를 진행하는 데 있어 식물의 선택은 대단히 중요한 문제 중 하나이다.

여기에서는 입체녹화에 이용되는 식물에는 어떠한 종류가 있는지, 또한 향후 보급 · 확대가 기대되는 입체녹화에 대해서 식물의 생산 측면에서는 어떤 연구가 이루어지고 있는지에 대해서 살펴보도록 한다.

01 | 입체녹화 유형과 식물

입체녹화에 이용되는 식물은 입체녹화의 유형에 의해 크게 나뉘고 있다. 여기에서는 도쿄도(東京都)가 실시한 조사[1]에서 녹화 양식별로 어떤 식물이 이용되고 있는지에 대해 정리하였다.

(1) 등반형 입체녹화

덩굴식물의 대부분은 등반성을 보이지만, 이러한 덩굴식물의 특성을 이용한 입체녹화는 가장 일반적으로 볼 수 있다. 휘커스 퓨밀라 등의 뿌리에 의해 부착하는 특성을 이용한 입체녹화(사진 5-183)나 여름 담쟁이덩굴과 같이 흡반에 의해 부착하는 특성을 이용한 입체녹화의 경우는 지지물을 이용하지 않고 등반시킨다. 한편, 마삭줄 등의 감기형 특성을 이용한 경우는 입면의 앞에 와이어, 그물 등을 설치한다(사진 5-184).

도쿄도가 실시한 조사에서는 이러한 지지물을 이용하지 않는 등반형 입체녹화를

「벽면 등반」으로 하였고, 지지물을 이용하는 등반형 입체녹화를 「지지 등반」으로 구별하여 집계하고 있다. 이 조사에 있어서 이들 유형에 쓰인 식물은 여름 담쟁이덩굴, 아이비, 휘커스 퓨밀라, 능소화, 박과(참외, 오이 등)식물류, 마삭줄 등이었다.

사진 5-183 부착형 덩굴식물을 이용한 입체녹화 사례

사진 5-184 감기형 덩굴식물을 이용한 입체녹화 사례

(2) 하수형 입체녹화

입면 하부에 식재 토양이 없는 경우나 플랜터 등 식재 수단을 설치할 수 없는 경우의 입체녹화는 입면 상부에서 식물을 하수시키는 방법으로 한다. 이 녹화 형태에는 등반성을 강하게 보이지 않는 알제리아 아이비(사진 5-185), 포복성의 *Juniperus conferta*가 많이 이용되고 있다(사진 5-186).

도쿄도는 이러한 입체녹화 유형을 「벽면 하수」로서 조사하고 있다. 이들 유형에 이용된 식물은 알제리아 아이비, 알제리아 아이비 변종, 사철채송화 등이었다.

사진 5-185 하수형 덩굴식물을 이용한 입체녹화 사례

사진 5-186 포복성 식물을 이용한 입체녹화 사례

(3) 식재 기반을 이용한 입체녹화

입면에 식물이 생육 가능한 식재 기반을 설치하는 유형의 입체녹화에는 대부분의 녹화식물이 이용된다. 이벤트 등 단기간의 이용이라면, 꽃 등을 이용하는 사례도 많고, 장기간 설치하는 경우에도 상록에 한정하지 않고, 낙엽성 식물, 목본 등 다양한 이용이 가능하다.

도쿄도에 있어서는 이러한 입체녹화 유형을 「플랜터」 및 「유니트 식재」로서 조사하고 있다. 그러나 이들 유형은 도쿄도가 실시한 조사 대상지역에서는 거의 볼 수 없었다.

02 | 입체녹화용 식물의 생산과 유통

최근 녹화기술의 발전은 건물의 벽 같은 수직면에도 많은 식물을 이용할 수 있도록 하였다. 식재 기반을 이용한 입체녹화에 있어서는 사진 5-187에 나타낸 바와 같이 화단용 화분꽃에서 코니파류까지 대단히 많은 종류의 식물이 이용되고 있다. 그러나 실제 입체녹화에 이용되는 식물은 덩굴식물이 압도적으로 많다. 한편, 일부 생산자에 있어서는 차별화를 꾀하기 위해 키가 매우 큰 덩굴식물의 생산을 시작하고 있다. 키가 매우 큰 덩굴식물이란 규격 사이즈가 30cm 정도인 것을 100cm 이상의 상품으로서 차별화를 꾀하는 것이다. 키가 매우 큰 덩굴식물은 벽면녹화 등의 입체녹화에 있어서 조기 피복을 가능하게 할 수 있으므로 수요도 높은 편이다.

여기에서는 덩굴식물의 생산을 중심으로 정리함과 동시에 키가 큰 덩굴식물의 생산에 대해서 정리한다.

사진 5-187 식재 기반을 이용한 입체녹화는 다양한 식물을 이용할 수 있다.

(1) 덩굴식물의 생산

1 일본의 덩굴식물 생산

(사)일본식목협회가 발행하는 「공공 녹화용 수목시장 조사 공급가능량 · 조달 난이도 조사서」의 1992, 1997, 2002, 2004년도판[2, 3, 4, 5]에서 입체녹화에 이용되고 있는 혹은 향후 이용이 예상되는 것에 대해 집계하여 표 5-8을 작성하였다.

표 5-8에 기록된 종이 전부 입체녹화에 이용되는 것은 아니다. 잉글리쉬 아이비류, 알제리아 아이비류는 사면녹화에 대표되는 바와 같이 대규모 공사에서 이용되는 일이 많기 때문에 생산량이 많다.

표 5-8 덩굴식물의 생산

순위	종명	연도별 출하 가능량 (포트)			
		1992	1997	2002	2004
1	잉글리쉬 아이비	3,530,750	5,393,474	3,765,401	2,266,200
2	알제리아 아이비	2,490,960	4,963,572	2,923,200	2,200,420
3	빈카 마이너류	502,000	864,540	556,700	511,400
4	홍자단류	1,199,100	–	743,690	490,300
5	빈카 메이저류	442,950	667,690	523,850	457,100
6	마삭줄	161,000	215,500	218,750	273,735
7	줄사철나무류	159,170	331,400	216,790	237,830
8	첫눈 덩굴풀	6,440	–	136,035	219,090
9	담쟁이덩굴	756,500	345,300	237,000	179,700
10	니시키테이카	134,300	178,500	144,300	152,600
11	휘커스 퓨밀라	70,000	81,000	80,600	69,300
12	캐롤라이나 자스민	64,500	131,800	139,180	68,230
13	송악	142,500	160,500	101,850	64,100
14	콜치카 송악	98,500	117,900	64,700	55,980
15	못코우 장미	7,700	20,400	25,500	54,800
16	인동덩굴	60,970	138,040	41,980	50,750
17	남오미자	61,100	32,370	68,720	33,930
18	비그노니아	46,000	36,500	40,600	29,200
19	능소화류	37,870	51,225	39,680	28,870
20	멀꿀	29,300	53,800	31,710	16,230
21	셈퍼비렌스 인동덩굴	20,900	43,030	26,280	15,150
22	시계꽃	20,500	49,200	15,050	13,200
23	으름덩굴	23,650	39,140	12,380	11,180
24	덩굴장미	25,800	30,300	14,500	7,000
25	으아리류	12,600	13,500	14,400	6,500

빈카류, 홍자단류도 화단 식재용으로 이용이 많기 때문에 생산량이 많다. 식물의 생육 특성에서 마삭줄, 여름 담쟁이덩굴, 휘커스 퓨밀라, 알제리아 아이비, 인동덩굴, 남오미자, 비그노니아, 능소화, 멀꿀, 셈퍼비렌스 인동덩굴, 시계꽃, 으름덩굴, 으아리류는 입체녹화에의 이용이 많다고 생각된다.

녹화 수목은 공공 공사 등의 대형 공사에 대량으로 이용되는 일이 많기 때문에, 경기의 영향을 크게 받는다. 녹화 수목 생산은 1994년도를 최고로 계속 감소하여 2004년도는 1994년도 대비 46.3%가 되어 조사한 이래 최저치를 기록하였다.

이러한 감소는 덩굴식물의 생산량도 예외는 아니다. 표 5-8에 나타낸 바와 같이 대부분의 덩굴식물이 1997년을 최고로 하여 출하가능량의 감소를 보이고 있다. 이 중 11

종에 대해서는 1997년 대비 2004년 출하가능량이 50%를 밑돌고 있다.

그러나 한편으로 첫눈 덩굴풀, 마삭줄 등의 출하가능량은 약간 상승하였다. 첫눈 덩굴풀의 2004년의 생산량은 1992년 대비 3,402% 증가로 대폭 증가하였다. 첫눈 덩굴풀은 상록으로, 싹틀 때부터 성숙된 잎에 걸쳐 핑크~백~녹이라고 하는 색의 변화가 아름다운 수종으로, 지피식물로서 최근 널리 이용되고 있다. 첫눈 덩굴풀에 의한 입체녹화는 아직 눈에 띄지는 않지만, 이러한 수종이 벽면 등을 피복하게 되면 매우 아름다울 것이다(사진 5-188).

마삭줄은 상록으로 예전부터 입면녹화에 이용되고 있다. 잎의 녹은 중량감이 있어, 벽면녹화 등에 이용할 경우에는 안정된 피복을 보인다. 마삭줄은 꽃수가 많아, 봄부터 초여름에 걸쳐 한 쪽 면을 하얗게 덮는다. 또한 최근 산뜻한 황색 무늬 품종이 유통되기 시작하였다. 생육도 기본종에 떨어지지 않고 좋아, 이제부터 생산 증가 및 도시녹화 등 다방면에서의 이용이 기대된다. '황금마삭줄' 은 치바(千葉)현의 생산자 단체에 의해 「Golden Sun」이라고 하는 상표등록이 신청되어 있으며, 적극적으로 생산 · 판매되고 있다(사진 5-189).

사진 5-188 첫눈 덩굴풀

사진 5-189 마삭줄 '황금마삭줄'(상표명 : Golden Sun)

2 도쿄도의 덩굴식물 생산

도쿄도 녹 만들기 추진 회의는 2003년 도쿄도 내 녹화식물 생산자에게 상세한 설문조사를 실시하여 「녹화식물 공급가능량 조사 보고서 도쿄도」[6]를 작성하였다. 이를 토대로 덩굴식물의 생산에 관해 표 5-9를 작성하였다. 생산되고 있는 수종, 순위 모두 전국과 별 차이는 없어 보인다.

표 5-9 도쿄도의 덩굴식물 생산

종명	도쿄도 (2003년)		
	계	L=100	L=250
잉글리쉬 아이비	501,040	500	
알제리아 아이비	385,250		
홍자단	62,500		
빈카 마이너류	52,230		
인동덩굴	42,220	70	50
캐롤라이나 자스민	25,220	80	40
빈카 메이저류	23,020		
송악	23,020		
담쟁이덩굴	22,020		
줄사철나무	17,221		
휘커스 퓨밀라	16,220		
으아리류	15,131	30	
못코우 장미	11,840		
콜치카 송악	11,800		
인동덩굴	8,275	45	30
비그노니아	7,323		
멀꿀	6,820	70	350
첫눈 덩굴풀	6,530		
니시키테이카	3,230		
남오미자	3,135	5	20
능소화류	2,480	100	
셈퍼비렌스 인동덩굴	1,705	75	30
시계꽃	306	5	
으름덩굴	180	30	

(2) 키 큰 덩굴식물의 생산

「녹화식물 공급가능량 조사 보고서 도쿄도」에서 덩굴식물은 포트 사이즈, 나무 높이(풀의 높이) 등에 따라 10개 항목으로 구분되었다. L=100cm 이상을 키가 큰 것으로 한 경우에는 키가 큰 덩굴식물의 생산은 43개 품목 중 17개 품목에서 확인되었다. 실제 40%의 수종에서 키가 큰 것이 시도되고 있지만, 생산량은 전체의 0.16%에 지나지 않는다. 키가 큰 덩굴식물의 생산은 준비단계에 있다는 것을 나타내고 있다.

L=250cm 이상인 수종은 멀꿀, 능소화류, 바삭줄, 알제리아 아이비, 인동덩굴, 셈퍼비렌스 인동덩굴, 으름덩굴, 남오미자, 시계꽃 등이었다. 이들은 모두 감기 등반형이다. 이것은 생산에 있어서 사진 5-190에 나타낸 바와 같이 아래에서 위로 유인하는 재배 방법을 이용하고 있기 때문이라고 생각된다. 하수하는 식물의 큰 나무화를 꾀하려

면 높은 위치에 식물 모종을 설치할 필요가 있기 때문에, 초기 투자나, 관수, 제초, 거름주기 등의 재배관리가 필요하다고 생각된다. 또한 부착형의 덩굴식물에 관해서는 부착면이 없으면 생육이 완만하기 때문에 생산자 밭에서의 큰 나무화가 적합하지 않다고 생각된다. 도시녹화에 있어서의 이용에서는 헤데라류 등 보다 많은 종류에서의 키가 큰 모종이 요망된다.

키가 큰 덩굴식물의 수송은 수종에 따라 다르다. 알제리아 아이비나 멀꿀 등 유연한 것에서는 사진 5-191에 나타낸 바와 같이 감는 것에 의해 수송을 용이하게 할 수 있다. 능소화 등의 목질화되는 수종, 으아리류 등의 부러지기 쉬운 수종에서는 이용할 수 없다. 이들 수종에 대해서는 지주를 이용하는 등으로 한 출하가 필요하게 되어 수송비용이 늘게 된다.

입체녹화에 이용되고 있는 식물은 공원이나 옥상 등의 수평면의 녹화에 비해 다양성이 풍부하다고는 할 수 없다.

입체녹화에는 대개 제한요인이 있기 때문에 수평면의 녹화와 같은 수준의 다양성 재현은 곤란하겠지만, 눈에 띄는 장소의 녹화이기 때문에 시장으로부터는 많은 변형이 요구되고 있다. 향후의 생산 기술, 시공 기술의 발전으로 많은 수종이 입체녹화로 되는 것을 기대한다.

사진 5-190 키가 큰 덩굴식물의 생산

사진 5-191 키가 큰 덩굴식물의 출하형태

인용·참고문헌

1) 東京都 (2003)：壁面緑化の現況調査.
2) 社団法人日本植木協会 (1992)：平成4年度供給可能量・調達難易度調査書, 公共緑化樹木市場調査.
3) 社団法人日本植木協会 (1997)：平成4年度供給可能量・調達難易度調査書, 公共緑化樹木市場調査.
4) 社団法人日本植木協会 (2002)：平成4年度供給可能量・調達難易度調査書, 公共緑化樹木市場調査.
5) 社団法人日本植木協会 (2004)：平成4年度供給可能量・調達難易度調査書, 公共緑化樹木市場調査.
6) 東京都緑づくり推進会議 (2003)：緑化植物供給可能量調査報告書, 平成15年度.

5.5 외래종과 꽃가루병으로부터 살펴본 녹화식물의 취급

옛날부터 현재까지 인간은 각지의 유용한 식물을 탐색해서 도입해 왔다. 벼는 동남아시아, 밀은 중앙아시아, 옥수수나 감자는 남미가 원산지이다. 일본의 녹 문화에서 빼놓을 수 없는 맹종죽, 매화나무, 복숭아, 자두도 중국 원산의 외래종이다. 7세기 후반에 조성된 아스카(飛鳥)시대 유적에서도 복숭아, 매화나무, 자두 이외에 외래종 식물이나 화분(花粉) 등이 발견되었다[1,2]. 일본 정원사는 대륙으로부터 유용한 식물의 도입과 이용, 개량의 역사였다. 맹종죽의 경우, 죽순 재배를 하던 동안은 행복한 시대였다. 그러나 농업 노동이 근대 경제 사회의 상품 가격과 맞지 않는 시대가 되어, 관리를 포기하게 된 지금, 주위의 재래 식생을 몰아내는 침략적인 성질이 뚜렷해지고 있다. 책임은 맹종죽 그 자체라기보다도, 관리를 소홀히 한 인간에게 있으며, 외래종 문제가 문화와 깊게 관계되어 있다는 일례이다.

한편, 삼나무는 외국산은 아니지만, 국내 극히 제한된 장소, 즉 습지나 눈이 많이 내리는 곳 등에 천연적으로 분포한다. 그러나 목재로서의 이용 가치가 높기 때문에 에도(江戸)시대부터 조림이 이루어져 전후 비약적으로 전국적으로 심겨지게 된 것이, 현재의 꽃가루병 소동의 저변에 깔려 있다. 이와 같이 식물의 성질에는 장점뿐만 아니라 단점도 있으며, 더구나 녹화식물은 사회적, 문화적 존재이기도 하다.

유용식물의 의도적인 도입과 함께, 비의도적으로 들어와 귀화종이 된 것도 많다. 현재 메이지(明治)시대 이후 외래종은 유관속 식물로, 1,553종인 것으로 파악되었다(환경성(環境省), 2002).

01 | 식물에 의한 공해와 녹화의 의미

현대의 도시녹화에서는 인공물에 의해 상실된 자연을 조금이라도 복원함으로써 생활에 정취를 회복하려고 한다. 더욱이 최근에는 이러한 녹화에 야생과의 만남 기능도 요구되고 있다. 이러한 공익적 기능은 어떤 녹화 형태나 녹화 재료라도 똑같이 기대할 수는 없다. 예를 들어, 세덤류의 옥상녹화는 관목을 식재한 녹화나 잔디밭에 비해 옥상녹화에서 기대되는 다양한 기능은 분명히 떨어진다. 또한 최근에는 뜻밖의 마이너스 효과가 있다는 것도 지적되고 있다. 이러한 전형적인 사례가 외래종 문제와 꽃가루병 문제이다. 여기에서는 식물재료의 사용에 있어 이와 같은 마이너스 요인을 줄이기 위한 유의점에 대해 살펴본다. 먼저 구체적인 사례로부터 이 문제가 단지 대책매뉴얼을 만든다고 해결하는 것이 아니라, 이 책의 주제인 입체녹화의 본질과 관련된다는 것을 나타내고 싶다.

1999년 중국 쿤밍(昆明)에서 열린 꽃박람회에서는 다양한 입체녹화가 전시되었다. 이에 맞춰 세계적 명승지인 「석림(石林)」에서는 관광객이 증가할 것을 예상하고, 석림 일대의 원지 정비가 이루어졌다. 거의 유칼리 일변도의 도로녹화에 질린 끝에 가까스로 다다른 석림에서는 푸른 잔디밭에 코스모스 꽃이 한창이었다. 석회암의 카르스트지형인 석림에 기대되는 것은 무국적의 경관은 아니다. 각국 사람들을 매혹시킬 수 있는 것은 유네스코의 세계지질공원지정(2003년)을 받은 이 지역의 특이한 랜드스케이프이다. 석림은 기둥형의 돌이 유명하지만, 그곳에 전혀 녹이 없는 것은 아니다. 사실 국가 차원의 멸종위기 지정 등을 받은 보호식물 9종, 지자체의 약 20종, 윈난(雲南) 특이 식물이 100종 정도 있다[3]고 한다. 오히려 석회암의 웅덩이 등에 핀 차조기를 비롯한 천연의 입체녹화라고 말할 수 있는 것이다. 이처럼 그 지역의 특이한 자연자원을 고려한 녹화가 기대된다.

또 다른 예로 교토(京都)의 히에(比叡)산 드라이브고스가 있다. 이것은 자가용차가 아직 드문 무렵에 산악지대를 절 · 성토하여 만든 도로로, 화강암이나 호른펠스 풍화암이 잘린 비탈면 녹화에는 워핑 러브그라스(Agrostis stronifela)가 이용되었다. 일본에서 최초의 대규모 비탈면의 잔디 경관은 보는 이를 매혹시켰다. 한때 일본전국개조로 시름하던 지표면을 녹으로 회복하는 선구자라고 생각되었다. 그러나 겨울에는 잎이 고사하므로, 도로 비탈면에 도입하게 되면 무심코 버린 담배꽁초로 말미암아 화재가 발생하는 경우가 많아, 이용하지 않게 되었다. 대신에 상록 잔디인 켄터키31이 주로 사용되었다.

그런데 이후 워핑 러브그라스는 각지의 하천변에 발생하게 되었다. 굵은 모래와 자갈이 쌓인 하천변은 수위가 낮아지면 건조하며, 척박한 입지가 된다. 워핑 러브그라스는 왕성한 번식력으로 입지를 안정시키며, 기존에 자라고 있던 재래 식물을 쫓아내게 된 것이다. 한편, 켄터키31이나 그 밖의 녹화용 잔디도 이러한 문제에 더하여, 꽃가루병의 원인 식물 가운데 하나인 것이 밝혀졌다.

훼손지의 녹화에 이용되는 북미 원산의 아카시아는 최근 하천 부지에 침입이 두드러진다. 1960년대 이후 각지에 식재된 중국 원산의 제주광나무는 도로 비탈면을 비롯해, 각지에서 분포를 확대하고 있다. 이러한 것들은 재래 생태계의 구조를 변질시킨다는 의미에서 침략종이라 불린다.

이 문제를 피하기 위해 향토종, 재래종, 자생종의 이용이 시도되었다. 그러나 녹화 때 국내에서의 재료 공급 등의 이유로 해서 외국산의 이용이 자주 행해진다. 예를 들어, 낭아초는 일본에 분포하는 것과 중국 대륙에 분포하는 것이 같은 종으로 되어 왔지만, 중국산과 재래 계통 사이에는 형태에 차이가 있다. 이렇게 되어서는 자생종에 의한 녹화의 의의가 변색되는 게 당연하다. 녹화라는 행위로 인공적으로 식물을 이동시키면, 자연의 유전자 구성을 바꾸는, 근연종과 교잡해서 본래의 특성을 잃어버리게 하는 위험성, 이른바 유전자 오염도 지적되고 있다.

이러한 현상을 포함해서 일본녹화공학회에서는 「유전자 정보는 진화의 과정에서 획득한 소중한 자연계의 유산이며, 유전자 교란은 유전자의 학술적 가치와 자원적 가치를 소실시키는 것」으로, 「식물종의 부적절한 이용에 의한 경관 훼손은 지역 자연에 뿌리를 둔 지역 문화에 관한 문제」라고 보고, 녹화식물의 취급에 대한 제언[4]을 정리하였다. 이러한 식물 이용이 가져오는 마이너스 효과로서의 문제를 표 5-10에 정리하였다.

표 5-10 식물 이용이 가져오는 부차적인 마이너스 효과

보전 목표	식물에 의한 영향	사례
생물다양성 보전	외래종의 증식에 의한 자생종의 생육지 소실 · 퇴화 · 생태계의 변화	워핑 러브그라스 아카시아
	외래종과 자생종 사이의 침투성 교잡	서양 민들레
	외래 계통 · 원예종의 도입에 의한 재래 지역 계통의 유전자 교란	싸리류
생활 환경 보전	꽃가루병	삼나무
경관 보전	외래 계통의 도입에 의한 식생 자연 경관 파괴	오오시마(大島)의 도입 토베라

*이 밖에 의도적 및 비의도적 도입으로 농경지가 잡초화되어 농림업에 대한 악영향을 초래한 예는 대단히 많다. 또한 유독종 때문에 인간에 대한 해가 지적된 식물도 있다.

02 | 생물다양성 보전과 식물 이용

위와 같은 식물「공해」가운데, 생물다양성 보전 측면에서 일본녹화공학회에서는 식물과 지역적 시각에서 다음과 같이 제안하였다. 먼저 식물 측면의 사고방식을 소개한다.

생물다양성은 종의 다양성뿐만 아니라, 종 내의 유전적인 다양성은 물론, 생태계의 다양성, 랜드스케이프(경관) 차원의 다양성 등으로 구성된다고 할 수 있다. 그러므로 생물다양성보전은 그 어느 것이나 중요하지만, 통상 취급할 수 있는 것은 식물 개체나 종자로, 그것의 유전적 실태에 유의할 필요가 있다. 식물 이용과 보전의 단위로서 분류군과 그 성질에 대해 표 5-11에 몇 가지 개념을 나타내었다[4].

표 5-11 식물 이용과 관련된 분류군에 관한 개념*

외래종** (이입종)	자연분포 범위 외 지역 또는 생태계에 인위적으로 들여온 종, 아종 또는 그 이하의 분류군. 국외에서 들여온 국외 외래종과 국내의 타 지역에서 가져온 국내 외래종이 있다. 종의 자연분포 지역은 국경을 넘는 경우도 있으므로 대상식물이 국내산인지, 아니지를 묻는 것은 아니다.
침략종	자연 식생이나 인위와 자연의 힘이 평형 관계를 유지하고 있는 반자연 식생에 정착한 외래종으로, 생물다양성을 변화시켜, 위협하는 것. 침입종이라 불리는 경우도 있다. 여기에서는 녹화 분야에서 종래 사용하고 있던「자연 침입종」과 구별하기 위해「침략종」이라 하였다.
자생종	자연 분포하고 있는 범위 내에 분포하는 종, 아종 또는 그 이하의 분류군을 가리킨다.

향토종(향토 식물)	지역의 자생 분포하는 식물. 단, 엄밀한 정의는 아니다. 위의 「자생종」으로서 이용되는 경우, 국내산의 「자생종」을 가리키는 경우, 「지역성 계통」을 가리키는 경우 등, 의미는 다양하다.
지역성 계통	자생종 중 일정 지역의 유전자 정보를 공유하는 계통. 유전형과 함께, 형태나 생리적 특성 등의 표현형이나 생태적 지위에 있어서도 유사성 · 동일성이 인정되는 집단을 가리킨다.
지역성 종묘	지역성 계통을 토대로 생산된 종묘. 지자체보다 하위의 지역 범위로 원산지가 특정되며, 생산과정이 명확한 종묘만 인정한다. 종래, 「향토산 향토종」이라 불렸던 것이 이에 해당한다.
녹화 식물	조성지나 황폐지, 개발지의 토지보전이나 환경보전, 환경육성 등을 위해 인위적으로 도입된 식물. 자생종, 외래종, 재배 품종 등이 모두 포함된다.
재배 품종	인위적으로 선발이나 육종되어 품종명이 주어진 식물.
ESU	Evoluntionally Significant Unit계통 진화로부터 볼 때 유전적 단위로서 의의가 있는 계통.

* 일본녹화공학회(2002)[4]를 토대로 일부 수정

** 식물생태학이나 환경성(環境省) 등에서는 외래종이라 하면 국외로부터의 이입을 의미한다는 오해를 피하기 위해, 종래 이입종이라 하는 말을 사용해 왔다. 그러나 「외래생물법」제정을 토대로 동물생태학에서는 자연적인 서식처 확대를 이입이라 해왔기 때문에, 외래종이란 말을 사용하게 되었다.

단, 이와 같은 식물분류에 대해서는 유전자 연구의 발전에 따라 매우 대폭적인 수정이 진행된 부분도 있다. 관상식물도 많은 백합과는 그 대표적인 예이다. 녹화식물의 취급에 있어 이러한 분류개념을 정리하는 것이 필요하다. 그러나 분명히 다른 것과 구별할 수 있는 단위로서의 종의 정의는 반드시 명확하다고는 할 수 없는 것이 현실이다. 한편, 보전해야 할 것은 지질학적인 공간과 시간 속에 어떻게 개개 식물이 계통 진화해 왔는지, 혹은 향후 어떻게 될 것인지 라는 관점에서 진화 유전학적으로 의미가 있는 단위(ESU)라고 하는 관점이 있다[5]. 종의 역사성으로부터 볼 때 타당하다고 볼 수 있지만, 그렇다면 ESU란 무엇인지에 대한 의문이 발생하게 된다.

다양성의 보전을 이상적으로 생각한다면, ESU는 개체라고도 생각할 수 있다. 그러나 제한된 공간과 시간이 투입되는 보전 노력을 현상의 악화 상황 속에 어떻게 투입해 갈 것인지라고 하는 과제로서 생각해야 한다. 다시 말해, 종 전체가 놓여 있는 상황에서 보전의 단위를 검토할 필요가 있다.

이러한 사정을 반영하여 일본생태학회 생태계관리 전문위원회[6]에서는 자연재생사업에 있어서는 토지 고유의 계통을 이용해야 한다고 제안하고 있다. 개개 종의 지리적,

역사적 분포와 유전자 구성의 변화를 명확히 하는 연구가 진전된다면, 녹화식물을 어느 정도의 거리를 이동시켜도 유전자 구성에 큰 변화는 주지 않는지 등이 판명될 것이다. 그러나 현재로선 이러한 자료가 충분한 종은 드물다.

한편, 풍매(風媒) 목본식물의 경우 등에서는 형태나 생태에 지역성으로 인정되어도 생식적으로 격리되어 있지 않은 것도 드물지 않다. 이러한 경우는 녹화 재료의 계통으로서는 형태나 지역성은 중시해야 한다. 반대로, 형태는 극히 비슷해도 유전적으로 다른 담쟁이덩굴류 등도 보고되어 있어 주의가 필요하다.

(1) 유의해야 할 식물

앞서 언급한 바와 같이, 녹화가 가져오는 마이너스 측면을 최소로 줄이기 위해, 이용하는 식물 재료와 그 지역에 대한 고려가 필요하다. 가령 도시녹화에 있어서도 식물의 취급에 무관심은 바람직하지 않다. 도시에 남겨진 숲이나 정원 등에도 격리된 희귀종이 분포하는 경우가 있다.

1 침략종

앞에 서술한 위핑 러브그라스나 켄터키31(톨훼스크), 아카시아, 족제비 싸리 등 종래 영양 결핍 황폐지의 녹화식물로서 우수한 평가를 얻고 있던 것은 모두 침략적 성질을 갖고 있다고 봐도 좋다. 그러나 이제까지의 사방이나 비탈면 녹화, 목초로서 유용하다고 생각되어 온 것으로, 한꺼번에 이들을 배척하기에는 많은 반론도 있기 때문에, 현재로서는 특정 외래 생물로는 지정되어 있지 않다. 그러나 그렇다고 해서 무비판적으로 이용해서는 안 된다.

한편, 비의도적인 식물의 이동에 따라 위험한 생물을 도입해버리는 일도 있다. 수목의 굴취 운반, 식재는 토양을 붙이지 않은 채로 하는 경우도 있지만, 토양을 붙은 채로 이루어지는 경우가 대부분이다. 이러한 경우에는 곧잘, 병이나 해충을 갖고 들어오게 되는 일이 있다. 예전부터 식물 방역에 의해 국외로부터의 침입에 대응하고 있지만, 국내에서는 전혀 규제가 없다. 특히 희귀종의 경우 등에는 신중한 대응이 필요하다.

2 침투성 교잡

식물 분류군의 단위인 생물학적 종은 동물의 경우와 달리 생식적 격리 기작이 발달하지 않은 경우도 많다. 그러므로 본래의 분포지역을 넘어 식물을 도입하는 것에 의해 잡종이 형성되는 경우도 있다. 더욱이 이러한 잡종은 모종과 교잡함으로써 종간의 차이가 없게 된다. 관상용으로 재배되는 철쭉류, 국화과, 그 밖의 식물에서 이러한 일이 우려된다(사진 5-192). 쿠마모토(熊本)현 아소(阿蘇)의 반자연 초원에 분포하는 다년초의 고유종 꽃고비(*Polemonium kiushianum*)는 예전에는 아소의 초원에서 흔히 볼 수 있었다. 그러나 현재에는 매우 희귀해서, 「종의 보존법」으로 「국내희귀야생동식물종」으로 지정되어 레드 리스트에서는 멸종위기IA류로 되어 있다. 희귀의 원인은 산과 들의 토지를 비옥하게 하기 위해 마른 풀 따위를 태우는 일이나 반자연 초원의 감소와 도굴 때문이라고 생각된다. 이 꽃고비가 원예종의 근연종과의 교잡에 의해 순수종이 소멸할 위기가 지적되고 있다.

사진 5-192 산철쭉(왼쪽) 마크로세팔럼철쭉과 잡종 *Rhododendron tectum*

서양 민들레는 메이지 초기에 일본에 들어온 귀화식물이다. 이제까지 국내에서 서양 민들레라고 여겨진 분류군으로는 일본산 민들레(2배체)와 서양 민들레(3배체)와의 잡종 개체가 수많이 포함되어 있는 것이 밝혀졌다. 외래종은 무융합 생식이면서, 일본산 민들레와 교잡하여, 변이되면서 분포를 넓혀 갔던 것이다. 이 경우는 2배체의 일본산 민들레 자체가 변화한 것이 아니라, 서양 민들레가 변이한 것이다.

3 유전자 수준의 교란

종 내 개체 변이에는 자연 선택에 영향을 미치는 비중립적인 것과 자연 선택이 작용하지 않는 중립적인 것이 있다. 중립적인 변이는 그 집단의 진화의 역사를 반영하므로, 생물 진화를 연구하는 재료로서 중요하다. 이와 같은 학술적인 관점에서는 변이를 가능한 한 보전하는 것이 바람직하다.

한편, 후박나무는 조엽수림(照葉樹林)을 대표하는 수종의 하나로 광범위한 분포범위를 가지며, 지역에 따라 비중립적 변이를 나타낸다. 후박나무의 다양한 산지의 계통을 같은 장소에서 재배하면, 북방산일수록 새잎의 전개를 개시하는 시기가 느리고, 뻗어나는 것은 빠르다. 이것은 늦서리의 피해를 만날 기회가 없는 적응적 성질이다. 다시 말해, 남방계통을 북쪽 한계에 가까운 장소에 식재하면, 늦서리의 피해를 받을 위험성이 높다고 하는 것이 된다.

참나무도 분포 범위가 넓고, 조경분야에서 자주 이용되지만, 동해쪽 습윤지대산의 것이 세토(瀬戸) 해협 내의 건조기후 지역에서 사용되면, 건조 스트레스 내성이 부족한 게 우려된다. 일반적으로 조경분야 수목의 공급은 전국적으로 이루어지고 있는 것이 현실이다.

또한 동종에 있어서도 인위적 이동에 신중한 배려를 필요로 하는 예로서, 일본녹화공학회에서는 다음과 같은 경우를 들고 있다.

- 종보다 하위의 명확한 분류군 : 중국산 낭아초는 일본산 낭아초와 형태적으로 뚜렷이 구별할 수 있으므로, 구별해서 취급할 필요가 있다(사진 5-193, 194).
- 광역 분포종 : 환경 경도(傾度)에 따른 지리적 변이가 큰 종(너도밤나무 등), Eco-type 종(후박나무 등)
- 불연속 분포종 : 분포역이 불연속인 종
- 멸종 위기종 : 불연속 분포종과 동일. 단, 유전자 수준의 교란보다 종의 존속을 우선시키기 때문에, 개체군간의 개체 이동이 필요한 경우도 있다.
- 주연(周縁)의 개체군 : 특이한 유전자 구성을 갖고 있는 경우가 있다.

표 5-12 식물 이동에 대한 지역적 고려

지역	개요	대상
유전자 구성 보호 지역	녹화에 의한 대립 유전자 빈도의 변화를 피하기 위해 식물의 도입을 절대 하지 않는다.	기존 가치가 높은 지역. 학술적 이유에서 식물의 인위적 이동을 인정하지 않는 지역
계통 보전 지역	녹화에 있어서 그 지역에 새로운 대립 유전자를 갖고 들어오지 않도록 지생하는 계통을 이용한 녹화를 한다.	노서, 고산, 하천, 습지 등 자연 보호를 꾀하는 지역
종 보전 지역	녹화에는 지생종을 이용하며, 계통은 따지지 않는다. 교잡에 의해 만들어진 종자 번식력을 갖지 않은 녹화식물의 사용이 가능.	일반 지역
이입종 관리 지역	식재 식물이 자연 생태계에 발생하지 않도록 관리하면서 이입종 식재가 가능.	상기 이외의 자연 생태계에서 격리된 지역

사진 5-193 재래종의 낭아초

사진 5-194 중국 대륙산의 낭아초(왼쪽), 산싸리(가운데), 비수리(오른쪽)

(2) 유의해야 할 지역

녹화 식물을 취급할 때에는 지역도 고려해야 한다. 원생적인 곳에서는 가능한 한 자연보호라는 관점에서 식물의 취급에 있어서는 구역을 나눌 수 있다. 그러나 가령 도시에 있어서도 침략종을 부주의하게 녹화에 사용하는 것은 되도록 피해야 하므로, 식물에 대한 고려와 지역에 대한 고려가 조화를 이루지 못할 경우에는 안전한 쪽을 택하는 게 좋다.

일본녹화공학회에서는 표 5-12와 같이 네 가지 보전수준을 나타냈다. 먼저, 자연보호를 위해 가장 엄격히 대응한 「유전자 구성 보호지역」에서는 식물의 인위적 도입에 의한 위험성을 일절 배제한다. 원생적인 자연 상태를 갖고 있기 때문에, 보호할 가치가 높은 지역, 학술적인 이유에서 식물의 인위적 이동을 인정하지 않는 지역이다. 예를 들어, 원생 자연환경 보전지역, 삼림생태계 보호지역, 천연기념물 등 일정 보호규제가 있는 지역이라 생각해도 좋다.

다음으로, 「계통 보전지역」에서는 녹화 행위는 인정하되, 녹화에 대응하여 그 지역에 새로운 대립 유전자를 갖고 들어오지 않도록 하는 지역이다. 따라서 지역에 자생하는 계통을 이용한다. 대상이 되는 것은 격리된 서식처이고, 구체적으로는 도서, 고산, 하천, 습지뿐만 아니라 자연보호를 도모하는 지역이다. 지역의 확대에 대해서는 개개 식물 유전자 유동의 범위로 한다. 자연공원이나 자연환경 보전지역 등의 지정 장소는 물론, 현행 자연환경 보전지역의 구분과 반드시 일치하지는 않는다. 이러한 규제에서 벗어난 지역에서도 계통 보전지역으로 해야 할 곳은 많다.

「종 보전지역」이란 특히 자연보호를 목표로 하지 않는 지역으로, 세 가지 위험 중 유전자 수준의 교란을 인정하지 않을 수 없는 지역이다. 녹화에 있어서는 자생종을 이용하며, 그 계통은 따지지 않는다. 또한, 관리 조건 등에 따라 영양 번식에 의한 비의도적 출현을 막는 조치가 가능하다면, 교잡에 의해 만들어진 종자 번식력을 갖지 않은 녹화식물을 사용하는 것도 인정된다.

「외래종 관리지역」이란 상기의 영역을 제외한 모든 지역이 여기에 해당한다. 일반적으로 자연생태계로부터 격리된 환경에서 인간에 의한 식물 관리가 가능한 영역이다. 식재한 식물이 자연생태계에 출현하지 않도록 관리하면서, 외래종을 식재할 수 있다. 외래식물법이 제정된 현재, 기본적으로 모든 지역에서 외래종에 주의할 필요가 있는 것이 합의되었다고 생각해도 좋다.

(3) 지역성 계통 이동의 범위

유전자 수준의 교란을 막기 위해서는 지역성 계통을 유전자 유동이 있는 범위 내에서 사용할 필요가 있다. 이 범위는 대상 종의 유전자 유동 상황에 따라 다르다. 하천변 식물의 대부분은 유역을, 또한 격리된 도서들의 식물에서는 도서를 단위로 해야 할 것이다.

그러나 현재 상황에서는 유전자 유동의 범위가 밝혀져 있는 식물은 거의 없다. 현재로서는 분포가 연속하는 종에 있어서는 지자체보다 하위 지역 수준에서, 식물상이 다르거나 자연보호지역 지정 등을 고려하여 지역 구분을 하고, 그 범위를 지역성 계통의 이동 허용 범위로 하는 것이 바람직하다고 되어 있다. 풍매화로 풍산포인 것은 허용 범위가 넓은 것이 예상되지만, 충매화로 개미 산포의 것은 그렇지 않을 것이다. 원예적으로 이용도 많은 야생 초화류에는 배려를 필요로 하는 종류가 매우 많은 것에 유의해야 한다.

이러한 지역성 계통을 녹화에 이용하는 경우에는 원산지의 기록을 보존하는 일이 중요하다.

(4) 녹화식물 도입 계획과 시공 관리

이상과 같이, 벽면이나 옥상이라 하더라도 주변 생태계에 대한 영향을 고려할 필요가 있다. 이에 대한 요점을 정리한다.

1 식물종의 선택과 시공

어떤 지역이더라도 특별한 목적과 방법을 전제로 하지 않는 경우에는 침략종을 이용해서는 안 된다. 반대로, 번식 능력을 잃은 원예종은 자연보호가 요청되는 계통 보전 지역일지라도 생태계 보호상 사용해도 좋다.

대상지역의 특성으로부터 종이나 지역성 계통의 보전이 중요 항목으로서 계획 단계에서 인정되는 경우에는 종간 교잡 대책 및 종 내 유전적 교란 대책을 강구한다.

이를 위해서는 공공 사업체 직영의 종묘 생산도 한 가지 방법이다. 일본 도로공단에서는 시험연구소 녹화기술센터에서 지역성 종묘의 계획적인 육성을 실시하고 있다.

국토교통성 긴키(近畿)지방 건설국에서는 도로녹화 때 「Green management guide line」을 작성했지만, 지역 본연의 자연을 고려한 녹화를 진행시키기 위해 가능한 한 지역성 종묘를 이용하도록 결정하였다. 그 지역으로 우선 생물다양성 국가전략에 의한 지역구분을 참고하였다. 이 지역구분은 일본 전국을 10개 구역으로 나눈 것으로, 지자체 수준보다 개략적이다. 그러나 이러한 논의 혹은 연구를 시작한 것 자체는 지역 자연의 재평가로 이어져, 계획 단계에서 지역성 그 자체의 고려를 촉구하는 것이라고도 할 수 있어, 큰 진전이라 할 수 있다.

(5) 지역성 종묘의 정착을 위해

앞서 언급한 바와 같은 예를 향후, 정착 보급시키기 위해서는 다음과 같은 산학연 공동연구가 필요하다.

① 지역성 종묘의 설계 단가 반영 : 산지가 분명하지 않은 종에 비해 생산에 품이 들기 때문에 가격 차별화를 보증한다.

② 종묘의 품질 인증 : 신뢰할만한 제3 기관에 의해 굴취, 육묘, 유통의 각 단계별 감시를 하고, 업자 · 현장 등에 대한 현장 검사를 할 수 있도록 한다.

③ traceability의 확립 : IC 태그 등에 의한 원산지, 이력의 기재

④ 종묘 계통의 합리화 : 모수원의 정비, 신뢰성이 높은 업자의 육성, 계약 생산, 공공 사업체 직영의 종묘 생산 등을 검토한다.

⑤ 현지산 생물자원 재활용 촉진 : 대상지에 자생하는 수목, 초본, 토양과 매토종자, 지상부 벌채 후 뿌리뿐 등을 가능한 한 재활용한다.

⑥ 생물다양성을 고려한 기반 조성 : 유전자 구성 보호지역 등에서는 기반을 조성한 후 침입을 기다린다.

⑦ 모니터링과 평가 : 녹화 성과의 목표를 단순한 녹피율로 하지 않고, 합리적인 목표를 설정하여 순응적 관리로 이어지게 한다.

⑧ 전문 기술자의 양성 : 위에 언급한 내용 등을 담당할 수 있는 기술자 양성 기구, 인증 방법을 확립한다.

(6) 침략종 · 침투성 교잡종의 판정 방법

침략종의 판정 방법은 현재 확립되어 있지 않다. 따라서 잘 모르는 식물을 외국이나 먼 시방에서 도입하는 경우에는 연구 · 시험 시설이나 식물원 등의 관리된 환경에서 보급 전에 시험재배를 실시한다. 시험에 의해 출현 상황 등을 조사, 침략성을 판단한다. 아카시아, 톨훼스크 등을 참고로 한다면, 높은 재생산 능력과 다른 식물의 생육을 저해하는 성질은 공통되지만, 개개 특이한 번식 전략을 갖고 있다. 아직 확정되지 못한 원고이지만, 환경성(環境省)이 정리한 위험성을 갖는다고 생각되는 종 목록[7]을 부표-1에 정리하였다.

이들 외래종은 이미 널리 분포하고 있으므로 외래생물법의 규제 대상으로 하는 일의 곤란성과 효과적인 규제가 어려운 일로, 지정은 현재 미뤄진 상태이다. 그러나 「종 보전지역」에서도 중대한 이유가 없는 한 사용을 피해야 한다. 또한 침투성 교잡의 위험은 대부분의 종이 갖고 있다. 본래 분포가 다른 근연종은 특별히 주의할 필요가 있다.

한편, 여기에 게재한 부표-1의 목록은 아직 미확정된 상태이며, 이 밖에도 위험성이 높은 식물종은 많다고 생각된다. 따라서 이러한 정보의 수집이 필요하다.

(7) 지역성 계통의 판정 방법

도입하려고 하는 집단과 도입하려는 곳이 집단이 동일 계통인지, 아닌지는 개체를 무작위 선발 · 분석에 의해 유전적 교류가 있는지를 검증할 수 있다. 또한 종묘 개체와 모수의 친자 관계는 DNA 등을 이용한 방법으로 검증할 수 있다. 그러나 어느 정도의 유전적 거리까지 동일 계통으로 간주할 것인지 등에 대해서는 향후의 검토 과제이다.

한편, 이것보다도 형태나 생태 지역성에 대한 고려가 필요하다고 할 수 있다.

03 | 꽃가루병의 원인 식물

꽃가루병, 특히 삼나무 꽃가루병은 너무나도 일반적이다. 그러나 삼나무는 이미 너무나 광범위하게 식재되어 있고, 또한 먼 거리까지 꽃가루가 날리기 때문에 개별 녹화 때 대응으로 해결될 문제는 아니다. 꽃가루 생산이 적은 삼나무 품종의 육종도 이루어지고 있는 것 같지만, 이것으로 꽃가루병 피해가 적어진다고 생각하지는 않는다. 삼나무 이외에도 알레르겐이 되는 식물은 대단히 많아, 녹화식물에서 모두 제외한다는 것은 현실적이지 않다.

그러나 *Alnus sieboldiana*의 경우 피해가 국지적이며, 또한 심한 증세를 나타내는 경우가 있기 때문에 주거지 주변에서의 사용은 피해야 할 것이다. 또한 벼과 초본의 잔디밭의 경우 등은 출수 전에 관리함으로써 꽃가루 생산을 억제할 수 있다.

외래종 문제의 대상인 톨훼스크 잔디밭도 관리함으로써 꽃가루병의 과제를 피할 수 있다.

한편, 앞서 언급한 계통 보전지역 등의 수동적 녹화, 다시 말해 기반 조성에 주안점을 두고, 자연 침입을 기대하는 방법을 취한 경우에 문제가 발생하는 일이 많다. 주위 식생 상황에 따라서는 기대하는 자생 식물이 아니라, 풍산포의 국화과 식물, 알레르겐 식물군락이 되는 일도 있다. 소위 비오톱 녹화에서도 비슷한 문제가 발생하는 일이 많다. 이러한 경우에도 상황을 파악하여, 출수 전에 관리한다면 해를 피할 수 있다. 표 5-13에 꽃가루 알레르기 회피 경관녹화의 고려 사항을 정리하였다. 또한 미국에서는 심각한 정도를 10단계로 평가한 목록도 작성되어 있다(표 5-14). 덧붙여 문헌에서 작성

표 5-13 꽃가루 알레르기 회피 경관녹화의 체크 포인트

체크 포인트
최신의 알레르기 정보를 수집한다.
심각한 알레르겐을 사용하지 않는다.
잔디밭, 풀밭은 깎고 손질한다.
암수의 구별이 있는 것은 암나무를 이용한다.

표 5-14 꽃가루병 심각 정도의 10단계 평가 사례(최고 10)

식물	평가
Acer palmatum	5
Eucalyptus	6~8
Festuca elatior	3
Ligustrum	8
Morus alba	자주 10, 웅주 1
Pelargonium	5
Pinus	4
Pyrus	감상품종 4, 과수품종 3
Quercus	낙엽 8, 상록 9
Rhododendron	Azalea류 3, Shakuna류 4

Thomas Leo Ogren (2000)[16]에서 발췌

한 꽃가루병의 원인 식물 목록을 표 5-15에 정리하였다. 이것들은 모두 강력한 알레르겐이라고 할 수는 없다. 항상 최신 정보를 체크하면서 충분한 관리 수준과 함께 식물 도입계획을 검토하는 게 바람직할 것이다. - 모리모토 유키히로(森本幸裕)

인용 · 참고문헌

1) 奈良県橿原考古学研究所編 (2002) : 飛鳥京苑池遺構調査外報, p.62-64, 学生社.
2) 飛田範夫 (2005) : 外来植物と日本庭園, ランドスケープ研究 68, 284-289.
3) 安微中青旅 (2005. 4. 2) 大自然的恩, http://www.cyts.ah.cn/scene_view.asp?prono=171
4) 日本緑化工学会 (2002) : 生物多様性保全のための緑化植物の取り扱い方に関する提言, 緑化工誌 27 (3).
5) Sarah DeWeerdt (2002) : What Really is an Evolutionarily Significant Unit? The debate over integrating genetics and ecology in conservation biology, Conservation in Practice, Vol 3 no. 1. 〈http://www.conbio.org/cip/article31WHA.cfm〉
6) 日本生態学会生態系管理専門委員会 (2005) : 自然再生事業指針 (一次案).
7) 環境省, 野生生物保護対策検討会移入種問題分科会 (2002) : 「移入種(外来種)への対応方 針について」.
8) 吉岡俊哉 (2005) : 造園植物における予備的侵略性リスト評価の試み, ランドスケープ研究 68 : 296-300.
9) 川道美枝子 · 岩槻邦夫 · 堂本暁子編 (2001) : 移入 · 外来 · 侵入種, 築地書館 : p.321.
10) 日本生態学会編 (2002) 外来種ハンドブック, 地人書館, p.390
11) 清水矩宏, 森田宏彦, 廣田伸七編著 (2001) : 日本帰化植物写真図鑑, 554pp. 全国農村教育協会. 54pp.
12) 上杉哲郎 (2005) : 特定外来種の選定について, ランドスケープ研究 68 : 290-295.
13) 食糧 · 農業 · 農村政策審議会農村振興分科会, 農業農村整備部会技術小委員会 (2003) : 環境との調和に配慮した事業実施のための調査計画 · 設計の手引き (第2編).
14) E.G.Smith (1990) : Sampling and Identifying Allergenic Pollens and Molds, Blewstone Press, San Antonio.
15) F. Lorenzoni-Chiesura, M. Giorato&G. Marcer (2000) : Allergy to pollen of urban cultivated plants, Aerobiologia 16 : 313-316
16) Thomas Leo Ogren (2000) : Allergy-Free Gardening : The Revolutionary Guide to Healthy Landscaping, Ten Speed Press, Berkeley, CA.
17) International Union of Immunological Societies, Allergen Nomenclature Sub-Committee (2005) : Allergen nomenclature. http://www.allergen.org/List.htm
18) http://www.nasal-allergy.net/
19) http://www.nasal-allergy.net/top/allergy/index.html

표 5-15 꽃가루 알레르겐 식물(Smith : 1990[4], International Union of Immunological Societies : 2005[17] 외)

중요도	속명	국명 등	중요도	속명	국명 등
+	*Acacia*	아카시아		*Melaleuca*	카리스테몬
+	*Acer*	단풍나무		*Mercurialis*	산쪽풀
+	*Aesculus*	칠엽수	+	*Morus*	산뽕나무
+	*Ailanthus*	가죽나무		*Myrica*	소귀나무
+	*Alnus*	잔털오리나무	+	*Olea*	올리브나무
+	*Ambrosia*	돼지풀	+	*Ostrya*	새우나무
	Artemisia	쑥	+	*Parietaria*	개물통이
+	*Betula*	자작나무		*Pelargonium*	제라늄
+	*Broussonetia*	닥나무		*Phalaris*	카나리새풀
+	*Carex*	사초	+	*Phleum*	큰조아재비
+	*Carpinus*	서어나무	+	*Phoenix*	야자나무
+	*Carya*	호두나무	+	*Pinus*	곰솔
+	*Castanea*	밤나무		*Plantago*	질경이
+	*Casuarina*	카수아리나나무	+	*Platanus*	버즘나무
+	*Celtis*	팽나무	+	*Poa*	포아풀
	Chenopodium	명아주		*Podocarpus*	나한송
	Citrus	귤	+	*Poplus*	사시나무
	Cocos	야자나무	+	*Prosopis*	프로소피스
	Cornus	층층나무		*Pyrus*	배나무
+	*Corylus*	개암나무	+	*Quercus*	졸참나무
+	*Cryptomeria*	삼나무		*Rhododendron*	진달래
	Cupressus	쿠프레서스		*Rhus*	옻나무
	Cynodon	우산잔디	+	*Robinia*	아까시나무
+	*Dactylis*	오리새		*Rumex*	수영
	Eleagnus	보리수나무	+	*Salix*	버드나무
+	*Eucalyptus*	유칼리나무		*Salsola*	수송나물
+	*Fagus*	너도밤나무		*Schinus*	산쇼우도모
	Festuca	김의털		*Sequoia*	세콰이어
+	*Fraxinus*	물푸레나무		*Solidago*	미역취
	Ginkgo	은행나무		*Sorghum*	수수
	Helianthus	해바라기	+	*Syringa*	들정향나무
	Holcus	흰털새		*Tamarix*	위성류
	Humulus	환삼덩굴	+	*Thuja*	측백나무
	Juglans	가래나무	+	*Tilia*	피나무
+	*Juniperus*	향나무		*Triplochiton*	아오기리
+	*Ligustrum*	쥐똥나무		*Tsuga*	솔송나무
	Liquidanbar	풍나무		*Typha*	부들
	Lolium	호밀풀	+	*Ulmus*	느릅나무
	Maclura	꾸지뽕나무	+	*Urtica*	쐐기풀
	Magnolia	자목련		*Zelkova*	느티나무

주1) 어떤 문헌이든 중요하다고 기록된 것에 +를 나타냄.
2) 벼과, 국화과, 비름과에 많은 알레르겐

부표 1 영향 가능성이 지적된 외래 식물(유관속 식물) (환경성)

학 명	생태계에 대한 영향				농림수산업에 대한 영향	인체에 대한 영향	비고
	포식	경합	환경 교란	유전적 교란			
Azolla caroliniana Willd.		■		■	□		
Salvinia molesta Mitch.		■		■	□		
Rumex obtusiflolius L. var. *agrestis* (Fries) Celak		■			■		
Phytolacca americana L.		■	■				
Chenopodium pumilio R. Br					■		
Alternanthera philoxeroides Griseb.		■			□		
Amaranthus spinosus L.		■	■		■		
Cabomba caroliniana A. Gray		■					
Barbarea vulgaris R. Br.		■	■		■		①
Coronopus didymus (L.) Smith					■		
Nasturtium officinale R. Br.		■			■		
Amorpha fruiticosa L.		■	■				①
Leucaena leucocephala (Lam.) de Wit		■	■				②
Robinia pseudoacacia L.		■	■				①
Oxalis corymbosa DC.		■			■		
Abutilon theophrasti Medik.		■	■		■		①
Hibiscus cannabinus L.					□		
Sicyos angulatus L.		■			■		①
Oenothera biennis L.		■	■		■		
Myriophyllum brasilense Cambess.		■			■		①
Conium maculatum L.		■			■	■	
Hydrocotyle ranumculoides L.f.		■					
Nymphoides aquatica Ktze.		■					
Convolvulus arvensis L.		■			■		
Cuscuta pentagona Engelm.		■			■		
Ipomoea coccinea L.		■			■		
Solanum carolinens L.		■			■		
Bacopa monnieri Pennell					□		
Lindernia dubia Pennell					■		
Veronica anagallis aquatica L.					□		
Orobanche minor Sm.		■			■		
Plantago lanceolata L. var. *lanceolata*		■			■		
Aster novae – angliae		■					①
Ambrosia elatior L.		■	■		■		
Ambrosia trifida L.		■	■		■		①
Anthemis cotula L.		■			■		
Artemisia sieversiana Willd.		■					
Bidens frondosa L.		■			■		
Bidens pilosa		■			■		①
Cirsium vulgare (Savi) Ten.		■			■		

학 명	생태계에 대한 영향				농림수산업에 대한 영향	인체에 대한 영향	비고
	포식	경합	환경 교란	유전적 교란			
Conyza bonariensis (L.) cronquist					■		
Conyza sumatrensis (Retz) Walker		■	■		■		①
Coreopsis tinctoria Nutt.		■					①
Coreopsis tinctoria Nutt.		■					
Dendranthena boreale (Makino) Kitam.		■					
Erigeron canadensis L. var. canadensis		■			■		
Erigeron philadephicus L. var. philadephicus		■			■		①
Gymnocoronis spilanthoides DC.		■					①
Helianthus tuberosus L.		■			■		
Hypochoeris radicata L.		■			■		
Rudbeckia laciniata L. var. laciniata		■					
Solidago altissima L.		■	■				①
Solidago gigantea Aiton var. leiophylla Fernald		■					①
Stenactis annuus (L.) Cass.		■	■		■		①
Taraxacum officinake spp.		■	■	■	■		
Xanthium canadense L.		■	■		■		①
Sagittaria graminea Michx.		■					
Egeria densa Planch.		■	■		■		①
Elodea nuttallii (Planch.) H. St. John		■	■				①
Eichhornia azurea Kunth		■					
Eichhornoa crassipes (Mart.) Solms - Laub.		■	■		■		①②
Iris pseudoacorus L.		■			■		①
Juncus sp.		■					
Anthoxanthum odoratum L. subsp. odoratum		■					
Avena fatua L.		■	■		■		
Bromus catharicus Vahl.		■			■		

■ 국내에서 생태계 등에 영향을 줄 우려에 대해 문헌 등에서 지적하고 있는 것. ① : 일본 Worst 100
□ 해외 문헌 등에서 생태계 등에 영향을 줄 우려에 대해 지적하고 있는 것. ② : 세계 Worst 100

영향 가능성이 지적되고 있는 외래 생물(유관속 식물 이외의 식물)

학 명	생태계에 대한 영향				농림수산업에 대한 영향	인체에 대한 영향	비고
	포식	경합	환경 교란	유전적 교란			
Caulerpa taxifolia		□	□	□			①②

■ 국내에서 생태계 등에 영향을 줄 우려에 대해 문헌 등에서 지적하고 있는 것. ① : 일본 Worst 100
□ 해외 문헌 등에서 생태계 등에 영향을 줄 우려에 대해 지적하고 있는 것. ② : 세계 Worst 100

6 Part 입체녹화의 계획과 시공 · 관리

Green Architecture and Environmental Symbiosis

6.1 계획 · 설계

01 | 녹화 대상의 검토

(1) 입체녹화의 구성

입체녹화의 대상을 검토하기 위해서 먼저 입체녹화의 구성에 대해 정리하기로 한다. 입체녹화 중에서 가장 중요한 것은 녹화식물을 어떻게 배치할 것인가이다. 예를 들어 녹화식물이 면(面)으로 배치되어지는가? 선(線)으로 배치되어지는가? 아니면 확대된 점(點)으로 배치되어지는가? 녹화량(綠化量)에 비중을 둘 것인가, 배치나 색채에 중점을 둘 것인가 등 녹화의 기본 방침을 고려하는 것이다.

여기에서 검토 대상이 되는 녹화식물은 입체녹화의 주된 구성 요소이기 때문에 입체녹화의 1차 요소라고 할 수 있다.

입체녹화에 있어서 녹화식물 뿐만 아니라 녹화식물의 생육을 가능하게 하는 녹화기반 및 지지재 역시 중요한 구성요소이다. 이들을 입체녹화의 2차 요소라고 할 수 있다. 입체녹화 구성의 검토에 있어서는 1차 요소인 녹화식물의 배치와 함께 2차 요소인 녹화기반이나 지지재의 배치를 검토해야 한다. 2차 요소는 부차적인 요소로 여겨지기도 하지만, 매우 중요한 경관 요소이므로 계획 단계에서부터 고려한 입체녹화의 구성이 중요하다.

입체녹화 = 입체녹화의 1차 요소 (녹화식물)

\+

입체녹화의 2차 요소 (녹화기반 및 지지재)

사진 6-1은 사례로 본 1차 요소와 2차 요소의 구체적인 내용이다. 이 경우 2차 요소

는 녹화기반과 그것을 수납하는 스테인리스 틀, 그 틀을 고정하는 설치(부착) 가대(架臺)가 이에 해당된다.

사진 6-1 입체녹화의 구성 사례

(2) 입체녹화의 목적과 효과

입체녹화 계획시 우선 녹화의 목적을 파악하는 것이 중요하다. 3장에서 자세히 설명한 바와 같이 입체녹화는 미기후조절, 건물 피복, 공간형성 및 경관조성 등의 다양한 효과가 있으며, 녹화의 목적은 이러한 효과를 복합적으로 달성하는데 있다. 따라서 목적을 파악함과 동시에 입체녹화의 효과를 어떻게 발휘시킬 것인가를 현장 조건에 맞게 고려해야 한다. 예를 들어, 입체녹화의 목적이 '건물의 피복' 이라고 하자. 그러나 실현된 입체녹화는 '건물 피복' 이라는 효과뿐만 아니라 동시에 '미기후조절' 및 '공간 형성' 이라는 효과까지도 함께 발휘한다. 즉 목적과 효과는 1:1로 대응하고 있는 것이 아니라 1:다수의 대응이다.

(3) 입체녹화 구성 검토

입체녹화의 목적은 입체녹화 효과의 복합적 달성이라고 설명하였지만, 왜 이것이 중요한지를 살펴보면 '입체녹화의 효과' 와 '입체녹화의 구성' 은 밀접한 관계에 있기 때문이다. 예를 들어 미기후조절효과를 기대할 경우에는 녹화식물재료(1차 요소)의 배치, 양과 질이 매우 중요하며, 기반이나 지지재(2차 요소)에 대해서는 녹화식물재료를 영구적으로 유지시키는 것을 우선적으로 고려해야 한다. 그러나 건물의 피복과 공간형성 및 경관조성효과를 기대할 경우에는 녹화식물재료(1차 요소) 뿐만 아니라 그 기반과 지지재(2차 요소)가 미치는 시각적인 효과를 무시할 수 없다. 아울러 그러한 관계는 입체녹화를 체험하는 주된 조망점과 입체녹화와의 위치 관계에 따라서도 변화한다. 조망점과 입체녹화의 거리가 멀 경우에는 기반이나 지지재는 녹화재료의 영속적 유지를 고려하는 것만으로 충분하지만, 시점과 입체녹화의 거리가 가까울 경우에는 주된 목적이 미기후조절이라 할지라도 기반이나 지지재의 시각적 효과를 무시할 수 없다.

그러므로 입체녹화의 목적에 따라 입체녹화의 구성이 결정되는 것이 아니라, 입체녹화에 기대되는 효과의 균형에 의해 입체녹화의 구성이 정해진다고 할 수 있다.

입체녹화를 구성하는 녹화식물재료(1차 요소)와 기반이나 지지재(2차 요소)의 관계에는 몇 가지 패턴이 있다. 구체적인 사례를 정리해보자.

1 자연토양을 기반으로 하는 녹화

덩굴식물 및 수목(1차 요소)이 자연토양을 기반(2차 요소)으로 녹화하는 형태(사진 6-2)가 기본적인 녹화수법이다. 이전부터 기술과 비교적 저렴한 비용으로 대규모 면적의 녹화가 가능하며, 미기후조절 및 건물의 피복효과도 크다. 한편, 효과가 발휘될 때까지 녹화재료가 생장할 시간을 필요로 한다는 특징이 있다. 또한 입체녹화가 구조물로 독립되어 있다고는 말할 수 없기 때문에 공간을 형성한다기보다는 경관조성의 효과가 크다고 할 수 있다. 녹화대상물에 대한 부착 등이 불가능한 경우에는 와이어 등의 지지재(2차 요소)를 이용해서 녹화하는 경우도 있지만, 이 경우에는 2차 요소도 두드러지지 않을 것과 반대로 2차 요소로서도 충분한 디자인적 배려가 이루어져야 한다는 점이 필요하다.

사진 6-2 자연토양을 기반으로 하는 입체녹화

2 인공 구조물을 기반으로 하는 녹화

① 플랜터를 기반으로 하는 녹화

토양을 담는 용기(플랜터)를 기반(2차 요소)으로 녹화하는 형태이다(사진 6-3). 경우에 따라서는 플랜터에 덧붙여 덩굴식물 등의 생육을 지지하는 메쉬 등을 지지재(2차 요소)로 녹화한다. 플랜터로 설치하기 위해서는 다른 장소에서 제작하여 생장시간을 확보할 수 있다면 현지에서는 단시간에 녹화효과를 볼 수 있는 반면에 초기비용과 운전 · 유지관리비용이 높아진다. 더욱이 입체녹화를 지탱하기 위한 구조(건물의 발코니, 지붕, 바닥)의 하중과 배수 등의 부하를 동시에 고려하지 않으면 안된다. 또한 2차 요소에 해당하는 디자인이 중요한 요소가 된다는 점이 특징이다.

사진 6-3 플랜터를 기반으로 하는 입체녹화

사진 6-4 특수재료를 기반으로 하는 입체녹화

② 특수재료를 기반으로 하는 녹화

토양과는 달리 피트모스 블록이나 다공질 콘크리트, 야자껍질 매트 등 그 자체가 독립적으로 입체 구축이 가능한 식재기반과 그것을 수용하는 유니트(2차 요소)를 배치해 녹화식물재료를 식재하는 형태이다. 기반 그 자체를 면으로 구축할 수 있기 때문에 단시간에 녹화효과를 발휘할 수 있다. 사진 6-4는 피트모스 블록을 기반으로 이용한 녹화 유니트의 일례이다. 플랜터와 같이 별도의 장소에서 제작 · 양생한다면 설치한 시점부터 녹화효과를 발휘할 수 있다. 또한 녹화재료 그 자체가 입체적으로 배치되기 때문에 자유로운 공간형성효과도 가능하다. 그러나 이 방법 역시 초기비용과 운전 · 유지관리비용에 대한 고려가 중요하다.

이상 세 가지 형태로 입체녹화의 구성을 분류해 보았나. 각각의 특징을 이해하면서 목적과 효과에 따라 어떤 입체녹화의 구성을 택할 것인지를 검토해야 한다.

(4) 입체녹화의 1차 요소〈녹화식물재료의 검토〉

입체녹화의 주요 구성요소인 녹화식물재료에 대하여 계획할 때 검토해야 할 항목을 정리해 보면 다음과 같다.

1 내음성 · 내건성

입체녹화는 일반적인 녹화와 달리 특수한 일조조건에 놓이게 되는 경우가 많다. 북쪽을 향해 놓이기도 하고, 일사량이 부족한 공간에 설치되거나 반대로 일조가 차단되지 않는 남쪽에 약간의 인공 기반과 함께 설치되기도 하는 등 계획 대상지에 따라 크게 달라진다. 내음성과 내건성은 설치장소의 조건에 맞게 적절히 판단해야 할 중요한 항목이다.

2 내풍성 · 내서성 · 내한성

거시적으로 본 계획 지역의 기상 조건은 물론 미시적으로 본 도시의 기상을 충분히 고려하여 주변 건물에 의한 회오리바람의 유무, 포장재 등의 반사, 더위 등의 영향도 고려해서 내풍성과 내서성, 내한성의 유무를 판단한다.

3 내병충해성

병충해에 강한 것이 바람직하며, 특히 한 품종 또는 소수의 품종으로 녹화를 실시할 경우에는 매우 중요한 판단요소가 된다. 녹화식물재료가 한꺼 번에 병충해의 피해를 받지 않도록 해야 하기 때문이다.

4 계획 대상지의 잠재자연식생

녹화식물의 지속적인 생육과 토지의 생태학적 안정을 고려해 계획 대상지가 본래 지니고 있는 자연환경조건에 적합한 녹화재료를 판단할 때에는 계획 대상지의 잠재자연식생을 고려하는 것이 중요하다.

5 잎의 크기 · 질감

잎의 크기나 질감은 입체녹화와 주요 조망점과의 위치 관계를 고려해서 선택해야 한다. 잎이 작고 질감이 고운 것은 시점이 가까운 경우에는 미세해서 아름다운 인상을 주지만 일정 거리 이상이 되면 동일한 면으로 인식되어질 수도 있다. 거친 질감이거나 줄기에 비해 지엽이 작은 것은 가까운 거리에서 볼 경우, 녹화재료(1차 요소)보다도 기반 및 지지재(2차 요소)가 두드러져 보이기도 한다. 따라서 잎의 크기나 질감은 입체녹화가 설치될 장소의 일조조건 등에 따라 변화한다는 점을 기억해야 한다.

6 엽색 조화

일조조건이나 주변 구조물의 상황을 토대로 장소의 밝기를 고려해서 엽색의 명도나 채도 등을 판단한다. 이때 시간대별로 태양의 위치와 빛, 또는 주변에 있는 가로등이나 실내조명에 따라 입체녹화의 녹색도 변화한다는 것을 예상해서 검토해야 한다.

7 개화 · 결실

계절감의 표현이나 화려한 색채를 부여하는 요소로 또는 새와 곤충 등 생물과의 공생을 도모하는 의미에서도 개화와 결실은 중요한 요소이다. 기대 효과에 따라 적절히 선택할 필요가 있다.

8 생장속도

생장속도는 입체녹화의 효과발현 때까지의 시간을 좌우한다. 그 이외의 항목에서 적용성이 있는 재료라 하더라도 효과발현과 충분한 생장에 상당한 시간이 소요된다면 일정에 따라서는 부적절해지며 또는 녹화방법을 수정해야 하는 경우도 있다.

9 재료의 수급

간과해서는 안 될 것이 재료의 수급이다. 아무리 적절한 재료라 하더라도 필요한 수량을 입수할 수 없다면 현실적이지 못하다. 시공시기와 그 이전의 제작 준비시기에 필요한 수량의 확보여부를 사전에 확인하는 것이 중요하다. 단, 종류에 따라서는 수급에 계절적 변동이 있기 때문에 주의가 필요하다.

(5) 입체녹화의 2차 요소〈녹화기반 · 지지재의 검토〉

입체녹화 구성의 분류를 토대로 녹화기반 · 지지재에 관한 검토항목을 다음과 같이 정리하였다.

1 자연토양을 기반으로 하는 녹화

기반이 자연토양이기 때문에 기본적으로는 일반 식재와 같은 방식을 고려해야 하지만, 건물과 구조물 주변을 식재지로 하는 특징이 있기 때문에 특별히 고려해야 할 점은 다음과 같다.

① 기반과 다른 시설과의 중복

건물을 따라 녹화기반을 확보하는 경우에는 건물의 지하구체, 지하구체 구축을 위한 흙막이 등의 가설공작물, 각종 설비배관, 맨홀 및 지하피트 등과 녹화기반 용량과의 관계를 충분히 파악해야 한다. 지하구체의 슬라브 레벨 조정과 가설공작물의 제거, 배관 및 맨홀의 위치 조정 등 사전에 상호 조정을 도모하는 것이 가능하다면 좋겠지만, 아무리 해도 충분한 식재기반의 공간이 확보되지 않는 경우에는 녹화의 위치와 방법을 수정하는 등의 대응이 필요하다.

② 토양개량

건물 주변의 경우 공사 중에는 발판이나 자재 적치장이 설치되는 등 있는 그대로 식재기반으로 사용하기에는 부적절한 상태인 경우가 많기 때문에 녹화공사 때에는 보수성 · 배수성을 확보할 수 있도록 토양 객토나 개량제의 혼입 등 토양개량을 실시하는 것을 계획에 반영될 수 있도록 주의할 필요가 있다.

③ 건물의 방수

방수는 건물에 있어 가장 중요한 기능이다. 녹화기반은 물을 보유하기 때문에 건물의 구체를 보호하는 방수층을 확인하고, 녹화기반이 방수층이 없는 부분과 접하는 일이 없도록 계획해야 한다.

④ 지지재의 고정

식물을 건물 등에 직접 부착시킬 수 없을 경우에는 와이어 등의 지지재를 부착하게 되지만 이 지지재는 구체에 직접 앵커볼트 등으로 고정이 가능한지, 별도로 프레임을 만드는 등 구체와 관련 없이 설치할 것인지를 생각해야 한다. 이것은 비용에 커다란 영향을 미치는 문제이기 때문에 초기 시점에서 검토해 두는 것이 바람직하다. 또한 와이어는 장소에 따라 고온화되어 식물의 생장에 악영향을 미치는 경우도 있으므로 스테인리스 와이어가 아닌 비닐피복 와이어를 이용하는 것도 검토한다. 와이어의 메쉬는 100~150㎜ 정도가 일반적이다(사진 6-5).

사진 6-5 녹화식물 지지재의 예

2 인공 구조물을 기반으로 하는 녹화

플랜터나 특수재료를 기반으로 하는 녹화계획에 있어서 특히 배려해야 할 점은 다음과 같다.

① 유니트의 형태 · 소재

식재토양을 채우는 유니트인 플랜터의 형태는 녹화식물재료의 지하부가 필요로 하는 기반용량 그리고 녹화식물재료의 최종 기대 생장 상태를 감안한 기반용량에 의해 좌우된다. 많은 용량을 확보할 수 있는 것이 바람직하지만, 다루기 쉬운 크기가 관리를 용이하게 한다. 또한 시공시의 반입 경로, 관리시 교체 등이 발생할 경우에 대비하여 반입 반출의 경로에 대해서도 확인해 두어 이동이 가능한 형태로 할 필요가 있다(사진 6-6).

사진 6-6 플랜터의 사례

특수소재를 기반으로 하는 경우에는 기반이 독립적인 면을 구축할 수 있다. 따라서 기반재료를 채우는 동시에 위면이 아닌 앞면에 녹화를 위한 개구부를 설치할 필요가 있어 플랜터와는 다른 계획이 필요하다. 기반의 붕괴를 막으며, 또한 녹화식물재료를 위한 개구부가 크게 확보되어 있을 것, 식물의 교체가 발생했을 때에도 대응하기 쉬울 것 등이 필요하므로 사진 6-7의 사례에 있어서는 기반을 부직포로 피복하였고, 동시에 전면의 그물 프레임이 경첩에 의해 개폐할 수 있도록 고안되었다.

어떤 경우라도 유니트가 한 곳에 모여 입체녹화가 구축되기 때문에 형태 하나를 검토하는 것 이외에 전체적으로 어떻게 배치시켜, 전체적으로 어떻게 보여질 것인지를 충분히 시뮬레이션 하는 것이 바람직하다.

유니트의 소재는 질감을 좌우한다. 스틸과 스테인리스 스틸, 알루미늄, FRP(섬유강화플라스틱) 및 GRC(유리섬유강화콘크리트) 등이 이용되지만, 2차 요소로서의 시각적 역할의 중요성 정도에 따라 적절하게 선택해야 한다. 이후의 관리문제를 고려한다면 도장에 의존하는 것은 피해야 한다. 또한 유니트가 남쪽의 직사광선을 강하게 받는 장소나 주변의 반사를 강하게 받는 장소에 설치되어질 때에는 유니트 자체가 고온화될 가능성이 있기 때문에 소재 선택에도 주의할 필요가 있다.

② 유니트의 중량, 설치 방법

유니트의 형태와 소재는 중량에도 영향을 미친다. 중량은 설치 후의 하중조건이 되는 한편 시공 중 취급의 용이함에 영향을 미치는 중요한 요소이다. 무거운 유니트의 경우에는 설치장소까지의 운반방법을 고려해 두어야 한다. 따라서 안이하게 결정하는 일이 없도록 해야 한다.

그런 다음에 식물체와 물을 보유한 상태의 토양을 포함한 유니트의 중량을 산출하고, 산출된 하중을 어떻게 지탱할 것인지에 대한 검토가 필요하다. 하중은 계획 단계에서부터 건물 구체의 구조 계산에 포함하도록 하는 것이 바람직하지만, 이후에 부착하는 경우라면 인공경량토 등에 의한 경량화를 고려한다. 다만 시공성을 고려해서 처음부터 인공경량토를 생각하는 경우가 일반적이다.

특수소재를 기반으로 하는 경우에는 그 자체로 입체를 구축할 수 있기 때문에 독립가설물을 계획하는 경우도 있다. 이 경우에는 특히 유니트가 받는 풍하중(風荷重)도 계산에 넣어 검토할 필요가 있다(사진 6-8).

아름다운 마감을 위해서는 정확한 위치 선정과 부착 부재의 수납 등도 배려하는 것이 중요하다.

사진 6-7 특수소재 기반 유니트

사진 6-8 유니트를 설치한 가설대

③ 관수방법 · 배수방법

식물에 필요한 수분의 공급방법을 검토한다. 최근에는 자동관수장치(사진 6-9)를 설치하는 경우가 많지만, 청소와 기타 작업을 위해서도 살수전은 따로 확보해 둘 필요가 있다. 최근에는 관수 용수로서 우수의 재이용, 중수도의 이용 등 수자원의 유효활용을 도모하는 것이 요구되고 있다. 급수원, 일일사용수량, 배수계통, 배수압력 등을 검토한다.

사진 6-9 자동관수시스템

한편 토양 내에 수분이 흐르지 않고 괴어 있어 뿌리의 부패가 발생한다든지 계산 이상의 중량이 되거나 누수가 발생하는 일이 없도록 배수층 및 배수계통을 확보할 수 있도록 한다. 옥외라고 하더라도 계속되는 잉여수로 인해 바닥이나 벽면에 오물이 달라 붙는다.

관수관과 배수관을 외벽이나 발코니 바닥으로 배관하는 것은 가능한 한 피하도록 하며, 건물과의 일체로서 검토해야 한다. 미관을 떨어뜨리는 것은 물론 여름철 관수의 고온화를 초래해 식물에 악영향을 주기 때문이다.

특수재료를 기반으로 하는 경우는 녹립된 기반 상부가 건조해지기 쉽기 때문에 전체적으로 수분공급이 잘 이루어질 수 있도록 관수시간이나 관수간격을 빈틈없이 조절할 수 있는 시스템이 바람직하다.

④ 전정, 약제 살포, 시비, 식물의 교체 방법

전정이나 약제 살포, 시비 등 관리작업 때의 루트, 작업방법을 어떻게 실시할 것인지 등을 사전에 생각해야만 한다. 특수한 작업차량을 필요로 한다거나, 건물 내의 뒤뜰 및 공용 공간 이외의 공간을 통과해야만 관리작업이 가능한 녹화에 있어서는 건전한 유지관리를 기대할 수 없다. 낙엽 청소가 가능한지의 여부도 검토해 둔다.

(6) 입체녹화의 시공을 위하여

입체녹화를 구성하는 각각의 요소가 결정된 다음에 시공을 위하여 확인해 두어야 할 사항은 다음과 같다.

1 양생기간, 양생장소

앞에서 설명한 바와 같이 설치 직후부터 입체녹화의 효과발현을 필요로 하는 경우에는 별도의 장소에서 제작, 양생을 하여 현지에 설치할 필요가 있다(사진 6-10). 이때에는 제작 양생기간을 어느 정도 확보할 수 있는지가 중요하다. 제작 양생기간은 (i) 유니트의 제작기간, (ii) 녹화재료를 식재하는 시기, (iii) 녹화재료의 생장기간, 특히 (iii)은 봄부터 가을까지 계절의 경과가 요구된다.

사진 6-10 제작 양생의 모습

또한 양생하는 장소를 확보할 수 있는지의 여부도 중요한 문제이다. 양생장소에 설치예정과 동일한 구조물을 만들 수 없기 때문에 설치면적 이상의 면적이 필요한 경우가 일반적이다.

더욱이 양생하는 장소와 설치장소의 환경조건을 비교해서 현장으로의 반입에 의한 환경의 갑작스런 변화가 녹화재료에 영향을 주는 일이 없도록 양생의 상태도 항상 확인해 둘 필요가 있다.

2 설치시기

양생기간을 검토할 때, 계획 단계에서부터 확인해 둘 필요가 있는 것은 입체녹화의 현지 설치시기이다. 입체녹화의 적용장소는 건물과 기타 구조물과의 혼합 설치가 많이 발생하는 장소를 생각할 수 있다. 따라서 시공할 때에는 반입경로, 설치작업 공간을 확보할 수 있는지, 설치 후부터 공용 개시까지의 기간 동안 보전과 유지관리가 가능한지 등을 현장조건에 비추어 충분히 검토한 다음에 설치시기를 정해야 한다. 예를 들어, 건물의 상층부에 입체녹화를 설치할 경우의 검토 항목으로는 (i) 반입에 엘리베이터를 이용할 것인지, 아니면 크레인으로 들어 올려 이용할 것인가, (ii) 주변의 규모가 큰 작업은 완료되어 있는지, (iii) 설치 직후에 유지관리를 실시하기 위한 급수설비와 전기설비 공사는 완료되었는지 등이 포인트가 된다. 이와 같은 검토는 운송시의 포장방법과 작업인부, 작업시기 등도 좌우하여 즉, 비용에 큰 영향을 미치기 때문에 계획 단계서부터 공사 관계자와의 충분한 정보공유를 도모하는 것이 중요하다.

3 예비재료

녹화식물재료에 대해서는 생육불량의 묘목이 있다는 것을 미리 염두에 두어야 한다. 동시에 기반재 · 지지재도 운송시의 파손, 설치시의 불량 등이 발생할 가능성이 있다. 설치면적에 예비재료를 더한 양을 확보해두는 것이 바람직하다. 이것들은 준공 후의 생육 불량시 교체용으로도 이용할 수 있기 때문에 그대로 보관하는 게 바람직하다.

(7) 입체녹화 계획의 실제

다음은 필자가 실제로 관여한 입체녹화 계획의 흐름을 정리해본 것으로 계획시 참조하기 바란다.

① 입체녹화의 목적과 효과 파악

도심 업무중심지역의 고층 업무빌딩 건설에 있어서 벽면녹화의 계획이 구체화되었다. 벽면녹화의 목적은 고층 건물에 둘러싸인 건물 북쪽의 부지 내 통로의 쾌적성을 높이는 것이다. 그러나 현장의 조건을 고려한다면 (i) 고층 건물의 설비기기와 각종 시설을 차폐해 산뜻한 경관을 창출할 것, (ii) 부지 내 통로를 걸어 다녀도 즐거운 공간으로 할 것, (iii) 완공 때부터 녹화의 효과발현이 가능할 것 등의 조건이 제시되었다.

② 입체녹화 구성의 검토

자연토양을 기반으로 하는 방법으로는 시설의 차폐까지 시간이 걸리지만 현장 시공까지 아직 1년 이상의 시간이 있었기 때문에 인공 기반을 이용해서 사전에 양생한 다음에 현장 반입을 한다면 그럴 염려는 없다. 따라서 벽 전체에 인공 지반을 이용하는 방법을 택하기로 했다. 또한 넓은 공간이 아닌 통로를 따라 설치되므로 시점과 입체녹화의 거리가 짧기 때문에 그 중에서도 특수재료를 기반으로 하는 녹화를 구성해 가려지는 벽 자체를 푸르게 구축하는 것이 적당하다고 판단하였다. 이와 같은 녹화의 경우 설치 후에는 일부 유니트만을 교환해서 화훼류를 도입하거나 아트패널 및 조명 기구 등을 벽면에 구성하는 전개가 가능하다는 것도 판단기준 가운데 하나였다.

③ 입체녹화의 2차 요소

벽면 전체에 이용하는 재료에 대해서는 (i) 준공시의 피복 상황이 뛰어날 것, (ii) 고사로 인한 훼손 때 교체를 포함한 유지관리 작업방법이 용이할 것, (iii) 강한 바람이 불 때 흔들릴 가능성이 없을 것, (iv) 전체 중량을 줄이고, 지지방법이 용이할 것 등을 평가기준으로 해서 다음의 세 가지 종류를 비교 검토하였다.

A) 인공경량토양을 용기에 채워서 식재기반으로 한다.

B) 피트모스(습생지에 물이끼, 사초, 띠 등이 섬유를 남기고, 퇴적되어 화석화된 것)를 재단해서 식재기반으로 한다.

C) 다공질 콘크리트 판 등을 식재기반으로 한다.

A)는 인공경량토양이 흘러내리지 않으면서 유지관리가 쉬운 수납용기의 제작이 필요하다. C)는 무거운 중량이 결점이다. 한편 B)도 수납용기는 필요하지만, 소재가 가볍고, 수직으로 독립 가능하기 때문에 유지관리가 쉬운 장점이 있다. 검토 결과 B)의 피트모스 블록 기반(사진 6-11)을 유니트화하여 벽면녹화를 실시하기로 하였다.

다음으로 실시한 것은 기반을 채우는 용기의 계획이다. 앞에서 설명한 바와 같이 주요 시점과의 거리가 가까운 입체녹화라는 점을 고려해서 계획시에는 (i) 격자 모양으로 해서 도시공간과 어울릴 수 있는 크기와 형태로 할 것, (ii) 시공하기 쉬우며, 유지관리가 쉬운(다루기 쉬운) 크기가 되도록 할 것 등을 고려하였다.

유니트는 규격이 작은 300㎜×300㎜를 기본 모듈로 하고, 또한 유니트가 정확하게 격자를 형성해서 부착될 수 있도록 고정 걸개를 상부 두 곳에 배치하였다. 유니트는 내후성(耐候性)을 고려해 스테인레스제로 한 결과, 중량을 6.5㎏/유니트로 줄일 수 있었다. 피트모스 블록은 붕괴되어 흘러내리지 않도록 채도를 낮춘 녹색의 부직포 자루에 넣은 뒤에 유니트에 수납하였다. 유니트를 설치한 채로 식물과 피트모스 블록을 교체할 수 있도록 전면의 프레임은 경첩에 의해 개폐가 가능하다(사진 6-12). 관수는 빌딩의 중수를 이용한 자동점적관수장치를 설치하였다.

사진 6-11 피트모스 블록 기반

사진 6-12 유니트 사례

④ 입체녹화의 1차 요소

이번 경우는 2차 요소를 결정한 뒤에 그 기반에 생육 가능한 녹화재료(1차 요소)를 선정하였다. 검토 결과, 미국줄사철과 잉글리쉬 아이비 2종류를 선택하였다. 단, 계획지가 고층건물의 북측에 위치하고 있기 때문에 선정에 앞서 계획기반을 이용해 일조조건이 나쁜 상태에서 1년에 걸쳐 사전 생육관측을 실시하여 충분히 생육이 가능하다는 점을 확인하였다.

⑤ 입체녹화의 시뮬레이션

컴퓨터그래픽에 의한 시뮬레이션을 실시하였다. 자세한 내용은 3장에서 기술하고 있으니 참조하기 바란다. 녹화벽면 사이에 기둥을 삽입하는 등의 고난도 이 단계에서 검증하였다. 분석결과, 시점과의 거리에 따라서 변화하는 녹화의 구성 요소가 잘 대응하는 것이 가능할 것으로 판단되었다. 아주 가까운 거리에서는 잉글리쉬 아이비의 밝은 엽색과 잎의 움직임을 의식할 수 있지만, 멀어짐에 따라 2차 요소로서 정확하게 그리드를 구분하는 스테인리스 유니트와 그 안에 수납된 녹을 느끼며, 더욱더 멀어지면 건물, 포장, 기둥으로 구성된 적절한 깊이감을 연출하는 리듬 속에 녹의 벽면이 연속하는 경관이 창출되어진다.

⑥ 제작 양생에서부터 현지 반입 설치

본 사례에서는 식재부터 양생, 현지 반입에 이르기까지의 기간을 약 7개월에 걸쳐 확보하는 것이 가능했기 때문에 준공 때부터 충분히 효과발현이 가능하였다.

현장에 반입된 뒤에도 녹화 유니트 바로 밑의 포장 시공 때 배수구를 설치하였다.

– 우에다 나오키(植田直樹)

인용 · 참고문헌

1) 植田直樹, 木村 孝, 眞家道博, 宮城俊作 (2005) : 人工植栽基盤による壁面緑化ユニットの開発と実用化について, 造園技術報告集2005, pp.108-109, (社) 日本造園学会.
2) 近藤三雄 (1989) : 壁面の緑化, 最先端緑化技術, 龜山章 · 三沢章 · 近藤三雄 · 興水肇編, pp.74-93, ソフトサイエンス社.
3) (株)三菱地所設計 · 大成建設(株) · 東邦レオ(株) : 壁面緑化共同研究会資料 (未発表 資料).
4) 野島義照 (2002) : 緑化の材料 · 工法, 建築技術 2002. 06, p.133-140, 建築技術.

02 | 녹화계획 때 고려해야 할 덩굴식물의 취급

입체녹화의 피복양식에 대해서는 제4장에서 자세하게 설명하였다. 덩굴식물에 관한 부분의 개요는 다음과 같이 정리할 수 있다.

덩굴식물에 따른 등반의 경우 벽면에는 부착형, 격자형 구조물에는 감기형의 덩굴식물을 이용하는 것이 적당하다. 하수에는 덩굴식물과 포복성 식물을 이용할 수 있다. 더욱이 녹화용 패널 등의 보조자재를 입면에 부착함으로써 다양한 식물의 이용이 가능해진다. 그리고 입면녹화의 계획과 설계 때에는 각각의 입면구조와 이용하는 식물의 이용특성을 파악하는 것이 가장 중요하다. 즉, 콘크리트 블록과 모르타르 벽면을 피복하기 위해서는 부착형의 아이비와 왕모람, 담쟁이덩굴이, 펜스의 피복에는 줄기로 감는 캐롤라이나자스민과 인동 또는 덩굴손으로 감아 올라가는 시계꽃이 적당하다.

위에서 설명한 제원칙을 벗어나 녹화한 경우의 대응이나 피복을 목적으로 하는 입면의 높이와 폭 및 식재본수, 나아가 완성까지의 시간을 추정하기 위해서는 분지특성이나 생장속도 등의 데이터 축적이 더욱 더 필요하다. 그렇지만 입면의 피복에 식물을 이용하는 경우 생육특성을 밝히려고 한 시도는 현재로서는 극히 적으며, 덩굴식물의 생육환경은 수목 등에 비해 부착하는 벽면의 특성과 위치 등으로부터 영향을 받기 때문에 앞으로 다양한 조건에서의 데이터의 수집이 필요할 것으로 생각된다.

여기에서는 입면녹화의 계획 · 설계 때 주요 부착형 덩굴식물을 이용하는 경우에 한해 이제까지의 사례로부터 유의해야 할 점을 정리해 보고자 한다.

(1) 피복 벽면의 표면 마감과 흡착 효율의 문제

벽면의 구조가 흡착력에 영향을 미친다는 것은 이 책에서 여러 번 반복해서 설명되고 있지만 계획에 있어서는 벽면 표면의 최종 마감에 대해 유의할 필요가 있다. 콘크리트 벽면이 타일 등으로 치장된 경우에는 타일의 소재에 따른 각기 다른 대응이 요구된다. 유약처리가 된 타일에는 흡착형의 이용이 곤란하다. 한편, 수지의 도장 등이 실시되면 표면구조가 다른 소재로 변화되지만, 겉보기에는 콘크리트 마감이 되어 있기 때문에 대응을 잘못할 가능성도 있다.

예를 들어, 4층 건물의 서북서(西北西) 콘크리트 벽을 높이와 폭 모두 최대 11m(추정면적 84m²)에 걸쳐 피복했던 잉글리쉬 아이비가 박리된 사례가 있다(사진 6-13 : A, B). 이 경우에는 콘크리트 벽면에 발수제에 의한 마감이 실시되어 있었다. 아래에 개요를 나타내었다.

박리 후의 조사결과 식재주수는 13그루로, 수령은 10년 이상으로 추정되었으며, 피복 선단 부분의 가지 끝에는 전연(全緣) 성형잎과 화서(花序)가 관찰되었다. 이 아이비가 순간최대풍속 31.5m, 일강우량 48.5㎜로 기록된 태풍의 통과로 인해 전면(全面) 박리되어 떨어졌다. 바람의 힘과 비의 중량, 거기에다 아이비 자체 중량이 이러한 박리를 초래한 것으로 생각할 수 있다. 박리된 아이비의 줄기 모양을 보면 모두 분지에 기근이 발생하여 벽면적의 수% 정도로 흡착하고 있었던 것으로 추측된다(사진 6-13 : C).

그러나 다른 견고한 부착 사례와의 비교가 없기 때문에 이 정도 식물체의 부착을 지탱하기에 충분한 기근 발생량인지는 단정할 수 없다. 한편, 부착 당시의 관찰에서는 건물 상부에 도달한 부분이 벽면으로부터 박리상태를 이루고 있었다는 점이 확인되었다(사진 6-13 : D). 태풍의 비가 아이비의 자체 무게를 가중시킨 데다가 바람이 하중을 증가시켜 박리된 것으로 추측된다.

이 건물에서 콘크리트 벽면은 콘크리트 거푸집에 의한 타설 마감으로 외관상으로는 거친 벽면구조를 이루고 있었다. 그러나 이 벽면에는 먼지와 이끼 · 양치류의 포자가 홈(凹부)에 침입해서 표면을 더럽히는 것을 막기 위해 실리콘계 발수제 처리가 되어 있었다. 취급업자에 대한 청취조사에서 이 발수제는 내구성이 뛰어나 처리 후 10년 정도는 변질되는 일 없이 기능을 발휘하는 것이 보증되어 있다는 것이었다.

이상의 사실로 판단하면 콘크리트 거푸집 마감의 거친 표면을 지닌 타설 콘크리트 벽은 미세한 홈이 발수제에 의해 메워져 있었기 때문에 기근에 의한 부착력이 충분하지 못한 상태에서 11m 가까이를 등반 피복한 잉글리쉬 아이비는 자체 무게에다 태풍의 비바람에 의한 하중까지 가산된 결과, 박리되었다고 판단되어진다. 이 사례에서는 아이비에 의한 피복은 준공 후 5년 정도 경과 후에 시공된 것으로 밝혀졌다. 입면녹화가 계획 당초에 입안되었더라면, 식물에 의해 덮여질 벽면에 발수제를 처리하는 계획은 배제되었을 것으로 생각된다. 벽면의 구조, 마감제의 유무, 피복규모, 더욱이 피복할 식물의 자체 무게 등 입면녹화를 계획할 때에 고려해야 할 요소를 지적하는 중요한 사례라고 할 수 있다.

(A)

(B)

(C)

(D)

사진 6-13 높이 11m의 빌딩 벽면을 덮는 잉글리쉬 아이비(A), 박리 직후(B)와 박리된 분지와 뿌리 발달의 모습(C), 꼭대기 부분이 부분적으로 박리(D)

(2) 격자형 구조물에 부착형 덩굴식물을 이용한 경우

부착형 덩굴식물을 펜스나 트렐리스의 등반 피복에 이용하는 것은 원칙에서 벗어난 것이라고 말할 수 있으나, 그와 같은 사례를 적잖이 볼 수 있다. 도쿄도를 중심으로 한 시가지 입면녹화 실태조사[1]에서 기근 부착형과 부착반 부착형 덩굴식물이 24%나 이용되고 있었다는 사실이 이를 입증하고 있다. 다만 이 중에는 하수에 의한 피복 사례도 포함되어 있을 것으로 추측되기 때문에 등반에 의한 시도는 약간 적을 것으로 추측되지만, 기근과 부착반은 부착하는 대상이 없기 때문에 유인을 필요로 하며, 감기에 의해 피복시켜야 한다. 따라서 입면과 덩굴식물의 특성이 파악된 후의 계획이라면 유인과 가지 정리의 수고가 포함될 필요가 있다.

주택 바깥쪽의 펜스를 잉글리쉬 아이비의 'Glacier'가 피복하고 있는 사례(사진 6-14)에서는 가지 끝이 정교하게 메쉬를 수놓는 듯 유인되고 있었다. 또한 강한 전정에 의해 골격을 식별할 수 있었던 알제리아 아이비에 의한 펜스 피복의 사례(사진 6-15)에서는 짜깁기 유인의 흔적을 볼 수 있다. 특히 콘크리트 블록 담의 전면에 펜스를 설치해서 알제리아 아이비를 식재한 사례를 시공 직후에 볼 수 있었다(사진 6-16). 메쉬의 가로 간격이 촘촘한 구조로 되어 있다. 계획 단계에서 부착형의 헤데라를 선택한 이유 혹은 왜 감기형이 채택되지 않았는지는 분명치 않지만 이와 같은 사례는 적지 않게 나타난다.

사진 6-14 펜스를 피복한 'Glacier'(오른쪽)와 줄기의 짜깁기(왼쪽)

사진 6-15 알제리아 아이비에 의한 펜스 피복(왼쪽)과 감기에 의한 가지의 고정(오른쪽)

사진 6-16 펜스에의 이용을 목적으로 한 알제리아 아이비의 식재(왼쪽)와 묘목 식재 모습(오른쪽)

(3) 격자형 구조물에 감기형 덩굴식물을 이용한 경우

줄기나 덩굴손으로 감는 덩굴식물은 격자형 구조물의 피복에 적합하다. 그러나 감기형 덩굴식물은 전두선회(轉頭旋回)운동을 하기 때문에 부착형 덩굴식물과 같은 신장을 기대할 수 없다. 따라서 적절한 유인으로 효율적인 피복을 실시하는 게 바람직하다. 최근 덩굴식물을 1~2m까지 생육시켜 출하하는 선재배 생산이 이루어지게 되어 계획단계에서 키 큰 식물을 선택한다면 식재 때 1~2m 위쪽 또는 가로 방향으로 결속 · 유인시켜 피복의 완성도를 높일 수 있다(사진 6-17, 18).

사진 6-17 유인으로 1m 높이까지 등반한 남오미자

사진 6-18 종횡으로 유인된 식물

(4) 격자형 구조물의 내하중과 덩굴식물 자체 무게의 문제

격자형 구조물에의 등반은 부착에 의한 등반에 비해 피복면의 두께가 증가하고, 자체 무게도 더 무거워지기 때문에 구조물의 내하중을 면밀하게 계산해 둘 필요가 있다. 오사카(大阪) 시내 의류업체의 대형빌딩 벽면에 강철제 격자형 프레임을 설치해서 알제리아 아이비를 유인한 사례가 있었다(빌딩은 2001년 말에 해체되어 현재 존재하지 않는다). 빌딩은 4층 건물로, 벽면은 동쪽을 향해 있었으며, 눈에 띄게 사람들의 시선을 끄는 경관을 형성하고 있었다(사진 6-19). 피복 표면은 부착해서 등반한 경우보다 치밀하고 매끈매끈한 상태로 보였지만, 측면에서 바라보면 지엽(枝葉)이 겹겹이 겹쳐 피복의 두께는 1m 가까이 되어 보였다(사진 6-20).

이 아이비의 중량을 문헌[2]에 제시된 잉글리쉬 아이비의 중량으로부터 추측해 보았다. 부착에 의해 등반 피복하고 있는 잉글리쉬 아이비는 중량이 20~25kg/m²로 추측되었다. 알제리아 아이비는 잉글리쉬 아이비에 비해 잎이 대형으로 단위당 중량도 커질 것으로 생각되지만, 여기에서는 동일하다고 보았다. 단, 피복두께는 부착 등반의 4배로 추정하고, 피복 내부에서는 중량이 감소하는 것을 고려해서 부착 등반 경우의 3배 중량으로 정해, 이 사례에서 알제리아 아이비의 중량을 60~75kg/m²로 추정하였다. 알제리아 아이비가 피복하고 있는 이 빌딩의 벽면을 4층 건물의 구조와 형태로부터 12m×12m로 보고, 산출한다면 144m²가 된다. 이 수치로부터 8.64~10.8톤의 중량이 강철제의 프레임에 미치고 있다는 계산이 나온다. 이 빌딩은 이미 헐렸기 때문에 보다 상세한 데이터를 얻을 수는 없지만 계획 때 하중계산의 필요성을 보여주는 귀중한 사례라고 할 수 있다.

사진 6-19 4층 빌딩 벽면을 덮은 알제리아 아이비, 강철선 트렐리스로 유인되어 있다.

사진 6-20 피복 두께가 두꺼워 자체 무게가 무거운 상태

(5) 관리작업과 피복범위의 검토

1 관리작업과 작업공간의 확보

콘크리트 벽면의 종류와 특성에 따라서는 정기적인 검사를 필요로 하는 경우가 있다. 직접 흡착에서는 피복을 유지한 상태에서의 검사가 곤란하다. 벽면에서 떨어져 설치된 보조자재의 이용 등으로 벽면의 관리용 공간을 설치하는 게 바람직하다. 부착형의 왕모람 및 헤데라류의 하수에 의한 피복과 감기형 식물에 의한 피복에서는 피복의 외관을 유지하기 위해서 정기적인 전정이 필요하다. 작업용 공간이나 높은 곳에서의 작업을 고려한 녹화계획이 요구된다. 나아가 깎기 등에 의한 「정형(整形)」 등 계획 때 시간이 경과된 후의 외관을 예측해 둘 필요가 있다.

2 식재계획 : 생장의 한계와 갱신

피복을 기대하는 입면의 면적 및 규모와 이용할 식물의 생장가능량과의 관계는 중요한 검토과제이다. 지금까지의 실적에 맞는 계획이 필요하다. 특히, 컨테이너와 플랜터를 식재기반으로 하는 경우에는 식재기반의 용량과 식물생육과의 균형을 고려할 필요가 있다. 알제리아 아이비 등의 하수에 의한 피복에서는 식재틀이나 대형 녹화용 플랜터의 이용이 눈에 띄지만 한정된 기반 내 뿌리 신장과 지금까지의 실적을 고려한다면 5~10년을 목표로 갱신이 필요하다(사진 6-21).

직접 식재를 통해 피복할 경우에는 생장억제가 과제가 된다. 5장에서 자세하게 설명한 바와 같이 덩굴식물의 생육은 대체로 왕성하며, 특히 감기형 덩굴식물은 자유롭게 생장범위를 확대한다. 따라서 목표로 한 입면의 피복을 유지하고, 다른 쪽으로의 확대를 막기 위한 관리를 포함한 식재계획이 요구된다.

사진 6-21 식재틀을 이용한 하수 피복에 이용된 알제리아 아이비의 지상부 고사

(6) 덩굴식물에 의한 벽면의 피해

부착형 덩굴식물은 벽면 소재에 손상을 줄 수 있다. 일본에서도 많이 이용되고 있는 담쟁이덩굴은 부착반 표면 세포로부터 다당류를 주성분으로 점착 물질을 분비해 벽 표면에 부착한다. 다당류의 화학성이 벽 표면에 손상을 준다는 보고는 보이지 않는다. 또한 부착반은 직경이 5㎜ 미만이며, 어린 가지의 엽액(葉腋)에서 돋아난 덩굴손 끝에 5~7개 정도만 돋아나기 때문에 피복된 벽 표면적에 대한 비율은 높지 않다. 이것으로부터도 담쟁이덩굴의 부착반이 벽 표면에 손상을 입힌다고 생각하기 어렵다. 그러나 전정 등의 관리를 소홀히 하거나 피복을 필요로 하지 않는 창의 유리면과 문 등의 표면에 어린 가지가 침출해 부착한 경우, 시간이 경과하게 되면 부착이 견고해지기 때문에 부착반의 제거가 힘들고, 소재의 표면이나 도장면을 손상시킬 수 있기 때문에 적절히 관리하는 게 바람직하다. 그 밖에 담쟁이덩굴은 부착한 가지가 성숙해지면 기근을 내서 벽면에 부착하기 때문에 다음에 제시한 기근 부착형 덩굴식물과 마찬가지로 주의가 필요하다.

헤데라류와 왕모람, 능소화 등 기근으로 부착하는 덩굴식물에서는 벽 표면에 손상이 있을 경우, 기근의 침입과 비대에 의한 훼손을 생각할 수 있다. 모르타르 마감의 콘크리트벽에서는 벽면에 균열이 있을 경우, 부(負)의 굴광성이나 보유된 수분을 찾는 특성 때문에 필연적으로 기근의 침입을 초래하게 된다. 균열에 침입한 기근은 육생근(陸生根)의 성질을 지니게 되어 신장, 비대, 분지를 하며, 균열 내부 깊숙이 침입함과 동시에 확대하기 때문에 벽면 파손의 원인이 된다. 일단 이러한 손상이 일어나면 피해는 확대될 가능성도 있기 때문에 적절한 방지책이 필요하다. 이 경우 벽면의 두께와 내부 구조 등에 의한 대응이 검토되어야 한다.

일본의 목조 모르타르 건물 등의 경우, 박층의 모르타르 내부에는 판자가 놓여 있고, 그 내부는 비어 있는 경우가 많다. 균열로부터 빗물의 침입 등이 내부의 습도를 높여 목재의 부패 요인이 된다. 기근이 침입하면 모르타르층과 아랫판 사이에 근역(根域)을 넓일 것으로 생각되지만, 이러한 사례의 조사보고는 알려져 있지 않다. 또한 토벽 위에 판벽이 시공되어 있는 경우에는 판자 이음새 사이로 뿌리가 침입하여 판을 뜨게 하는 경우가 있다. 물론 기근은 토벽에 침입하여 습도가 유지되면 육생근으로서 기능하게 된다. 따라서 판자 이음새에의 기근 부착형 식물의 이용은 피하는 게 바람직하다.

두꺼운 내벽 표면에 모르타르 등의 외장이 실시된 서구 건물에서도 덩굴식물이 외장부분에 손상을 주는 것은 아닌지 라는 염려로 말미암아 논의가 계속되고 있다[2]. 독일에서 부착형 덩굴식물로 피복된 벽면의 표면을 조사한 결과[3] 큰 손상을 입은 사례는 1% 밖에 지나지 않았고, 약간의 손상을 보인 것이 16%, 나머지 86%는 양호했다. 그리고 손상받은 사례의 대부분은 상당히 오래된 벽면이든지, 품질이 좋지 않은 표면 가공이 되어 있던 경우였다. 한편 기근의 부착에 의해 벽면을 피복한 덩굴식물은 벽면과 일체가 되어 건물의 외장을 형성한다. 따라서 양호한 벽면의 경우에는 덩굴식물의 피복이 벽면 전체의 구조적 강도를 높이는 효과를 지니는 것으로 알려져 있다.

콘크리트 벽면에 타일 등의 외장재를 붙인 경우에는 균열 이외에 외장재의 부착불량 장소가 기근의 침입을 초래하기 쉽다. 기근 부착형 덩굴식물은 줄눈 및 2장의 평면이 만든 각을 선호하여 가지를 뻗으며, 기근으로 부착하는 성질을 지닌다. 따라서 타일의 줄눈부분에 접해서 벽면과의 부착불량에 의한 공극이 있으면 기근의 침입을 초래하게 되며, 균열에 대한 침입과 마찬가지로 기근이 신장 · 비대하여 타일을 벗겨낼 가능성이 높다.

–시모무라 다카시(下村 孝), 오카다 노리토(岡田 準人)

인용 · 참고문헌

1) 冲中 健 (1984) : つる植物の造園的利用に関する研究, 千葉大園学報34, 165–236.

2) Dunnett, N. and Kingsburry, N. (2004) : Planting green roofs and living walls, pp. 254, Timber Press, Portland.

3) Kohler, M. (1993) : Fassaden–und Dachbegrunung, pp.329, Ulmer, Stuttgart.

03 | 디자인 요소로서의 식물

입체녹화의 중심이 되는 옥상녹화나 입면녹화의 주된 목적은 태양열의 차단과 잠열 소비에 의한 냉각효과에 있다. 그러나 이미 살펴본 바와 같이 건물, 토목 구조물의 경관조성 및 가로 경관 요소로서의 효용에 대해 앞으로 점점 관심이 높아질 것으로 판단된다. 따라서 녹화계획 때 디자인에 대한 배려가 지금보다 더 요구되어질 것이다.

녹화된 입체 구조물에 대한 평가가 경관이나 안정감 등의 다양한 관점에서 이루어져 왔으며, 제3장의 3.3에 선행연구의 개요와 함께 사람들에게 받아들여지기 쉬운 관점에서의 평가실험의 결과가 자세하게 설명되어 있다. 여기에서는 이러한 자료들에 기초하여 디자인 요소로서의 덩굴식물의 특성을 중심으로 이용의 요점에 대해 기술한다.

(1) 획일성의 완화

녹화의 완성을 주목적으로 하기 때문에 생육과 피복특성을 주안점으로 한 식물의 선택이 이루어지는 경향이 있다. 그 결과 단일 식물종을 넓은 면적의 피복에 이용함으로써 획일성과 단조로움이 생길 가능성이 있다. 복수의 식물이나 반입종의 이용으로 색과 형태, 질감의 차이를 부여해 변화를 만들어낼 수 있다.

1 색채의 다양성

등반과 하수에 의한 뛰어난 피복 능력을 발휘하는 헤데라류의 경우 봄의 출엽기에는 선명한 황녹색을 띠며, 여름 성숙기에는 녹색이 더욱 짙어지고, 겨울철에는 진한 암록색으로 늙늘어 엷은 햇살 속에 묻혀 버린다. 반입 품종을 이용하면 겨울철에도 선명함을 줄 수 있다(사진 6-22, 23).

2 복수 식물의 이용

덩굴식물의 경우 동일종이라도 등반과 하수에서는 질감이 달라지는 경우가 많다. 이러한 특성에 유의해 적절히 사용할 필요가 있다. 또한 피복양식이 같더라도 잎의 크기나 모양, 생육속도의 차이가 질감 등의 외관을 변화시킨다. 더욱이 덩굴식물은 생육양식과 형태, 색채가 다른 목본식물 및 플랜터 식재의 초본식물 등을 악센트로 이용함으로써 변화를 줄 수 있다(사진 6-24, 25).

사진 6-22 블록 담을 하수 피복한 알제리아 아이비(초여름)

사진 6-23 반점 무늬 품종은 녹화에 화사한 분위기를 연출한다.

사진 6-24 헤데라에 휘감긴 나팔꽃이 악센트 역할을 수행한다(한여름).

사진 6-25 담쟁이덩굴의 녹(綠)에 알제리아 아이비 반입 품종이 색채의 확산을 초래한다.

(2) 관리에 의한 외관의 유지

녹화에 이용한 식물에는 일상적인 관리가 필요하다. 입체녹화에 이용되는 덩굴식물에서도 완성된 모습의 예측과 그 유지를 목적으로 한 전정과 솎아내기 등의 관리가 계획 단계에서 설정될 필요가 있다(사진 6-26). 입면의 피복에서는 표면적인 외관뿐만 아니라 피복 두께 등도 고려할 필요가 있다. 헤데라류에 의한 하수 피복에서는 정기적인 솎아내기로 피복 두께의 유지가 가능하며, 왕모람의 등반 피복에서는 어린 가지가 떨어지는 것을 방지하기 위한 전정빈도(2~3회/년)와 성형지(成形枝)의 발생을 방지하기 위한 전정빈도(1회/년)가 다르기 때문에 표면의 질감과 피복두께도 다르다(제5장 5.1 참조). 감기형 덩굴식물에서는 외관을 유지하기 위해서 가지의 유인과 도장지의 전정 등이 필요하다(사진 6-27).

사진 6-26 석벽과 조화를 이루며, 등반하고 있는 잉글리쉬 아이비

사진 6-27 시계꽃의 가지 간격을 조정하여 균질한 하수 피복을 실현

사진 6-28 집의 절반이 잉글리쉬 아이비로 피복되어 균형이 결여되어 있다.

사진 6-29 넓은 벽면을 피복한 담쟁이덩굴과 꽃이 핀 인동이 조화를 이룸.

(3) 양과 질

녹화용 식물의 볼륨이 작으면 빈약해 보이고, 너무 크면 안정적인 느낌을 주는 반면, 보기 흉한 느낌을 초래한다(제3장 3.3 참조). 볼륨의 과부족은 피복면적과 피복두께 모두를 생각할 필요가 있다. 또한 건물과 녹의 구색 구별도 중요하다(사진 6-28). 목표를 정한 녹화계획이 요구된다.

이질적인 건물의 경관조성에 이용되는 녹에는 일정한 볼륨이 요구된다. 양적인 균형과 함께 녹의 질에도 빈틈없는 배려가 바람직하다(사진 6-29).

(4) 주변 환경과의 조화

피복할 건물의 색채나 질감 혹은 형태와 피복에 사용된 식물의 생육유형과의 조화도 배려하는 게 바람직하다. 제3장 3.3에서는 색채는 갈색(황토색), 소재는 벽돌, 디자인은 유럽풍, 역사적, 개성적 등의 용어로 형용되는 건물과 식물이 잘 조화를 이루는 것으로 설명되어 있다. 이 결과로부터 볼 때 서구의 돌이나 벽돌 건물은 이미 미적으로 뛰어나기 때문에 녹과의 조화성이 높음을 이해할 수 있다(사진 6-30). 일본의 경우, 주택에서는 모르타르 벽과 콘크리트 블록 담, 대량 생산된 펜스 등의 격자형 구조물이 녹화대상이 된다. 따라서 식물과의 조화 이전에 식물에 의한 피복을 필요로 하는 경우도 많다. 바꿔 말하자면 녹과 조화된 양질의 구조물이 요구된다는 것이다(사진 6-31).

한편, 소재와의 조화가 가능한 경우에는 개개의 조합을 검토할 필요가 있다. 예를 들면, 알제리아 아이비의 반입 품종은 벽돌담의 하수 피복에 적합하고, 마삭줄은 대나무 울타리나 판자 울타리와도 조화를 이룬다. 또한 감기형의 경우 멀꿀과 남오미자 등 일본의 자생식물은 일본식 주택과 잘 어울리며, 덩굴장미나 남오미자 등의 일본 자생식물은 일본식 주택에 친숙하게 스며있고, 덩굴장미나 캐롤라이나자스민은 서양식 건물과 잘 어울린다고 생각할 수 있다(제5장 참조). 그러나 충분한 데이터를 가지고 있지 않은 현재 상황에서는 건물과 식물의 조합을 찾는다는 것은 곤란하며, 유익하지도 않다. 여기에서는 이들의 요인도 배려한 디자인을 토대로 식재계획이 구성되어지는 것의 유용성을 강조하는 데에 그치고자 한다.

사진 6-30 캠퍼스의 벽돌과 헤데라 녹의 친화성

사진 6-31 꽃과 녹(으아리와 덩굴장미) 및 문주의 질 차이가 균형을 무너뜨린다.

(5) 덩굴식물의 등반 초기 생육양식

부착형 덩굴식물의 등반에 의한 입면피복에서는 등반에 이르기까지 시간을 필요로 한다. 따라서 피복 완성에 이르기까지는 입면과 식물이 뒤섞인 외관이 경관을 만들어 낸다. 따라서 계획 때에는 각각의 덩굴식물의 등반 초기 피복양식을 이해해 둘 필요가 있다. 하지만 입면피복에 사용될 시점에서 덩굴식물의 생육특성을 밝히려는 시도는 현재까지 매우 미흡하다. 또한 덩굴식물은 독립된 수목 등에 비해 부착하는 벽면의 특성이나 위치 등에 의해 생육이 영향을 받기 때문에 다양한 조건에서의 데이터 수집이 필요하다. 여기에서는 주요 부착형 덩굴식물의 부착 초기 생육특성에 한해 사례로부터 검토하기로 한다.

기근 부착형인 헤데라와 왕모람은 주경(主莖)의 생장이 우신하지만, 액아의 발달도 있고, 분지를 발생시키면서 등반한다. 헤데라의 경우는 주경과 함께 분지도 상향 생장을 우선으로 하기 때문에 가는 선에서 점점 넓어지는 띠모양으로 피복 범위를 넓혀가는 경향이 있다(사진 6-32).

왕모람도 생육초기에는 주경의 생장이 우선되지만 분지의 발생이 왕성하고, 초기 단계에서 시간이 경과함에 따라 분지의 계층이 증가한다. 분지의 생장 방향은 대개 45° 정도이므로 효율적으로 공극을 메울 수 있어 역이등변삼각형의 신장을 보인다. 50㎝ 간격으로 식재하면 높이 2m의 벽면 정상까지 도달할 무렵에는 묘목 사이의 공극은 거의 채워지게 되어 헤데라류에 비해 효율적인 생육양식이라고 말할 수 있다(사진 6-33).

부착반 부착형의 담쟁이덩굴은 생육양식이 다양해서 일정한 양식으로 파악하는 게 곤란하다(사진 6-34). 다양한 사례로부터 판단해 보면 주경의 신장이 우신이고, 그 다음에 측지의 생육으로 이어지는 생육습성을 지닌 것으로 이해된다. 그러나 담쟁이덩굴이 주경은 반드시 수직방향으로만 향하는 것이 아니고, 일정 조건에 따라 활 모양을 그리듯 옆쪽으로 치우치는 일이 많다. 측지의 생장은 수평에서 아래방향으로 활을 그리는 양식을 보이는 게 일반적이다. 또한 그 가지의 생장양식은 다양해서 일정한 법칙성을 파악하는 것은 곤란하다. 조형적인 재미와 피복 완성에 이르기까지의 연출에 이용할 수 있는 가능성은 있지만, 계획 단계에서의 피복 완성도의 계산은 곤란하다는 점에 유의할 필요가 있다. 이 생육양식은 자생상태에서의 담쟁이덩굴의 생존 전략과 관계를 갖는 것이라고 이해되지만, 상세한 해명은 앞으로의 연구에 맡기고자 한다. 이 밖의 덩굴식물에 대해서도 고유의 생육양식을 볼 수 있지만, 여기에서 살펴본 세 종류에 비해 이용 사례가 적기 때문에 일정한 경향을 파악할 수는 없다.

– 시모무라 다카시(下村 孝), 오카다 노리토(岡田 準人)

(A) (B) (C)

사진 6-32 헤데라류는 상향 생장이 뛰어나고, 옆으로의 생장은 적다. 줄눈을 따라 등반하는 잉글리쉬 아이비(A), 모르타르 담을 오르는 송악(B), 돌벽에 부착된 헤릭스종(C)

(A) (B) (C)

사진 6-33 왕모람의 주경 생장. 초기에는 주경 생장이 우선되며, 2차 분지발생도 보인다(A), 2~4차 분지의 발생 · 생장으로 부채모양으로 퍼진다(B), 1.8m의 벽면정상에 도달할 무렵에는 거의 전면을 피복(C)

(A) (B) (C)

사진 6-34 담쟁이덩굴의 피복은 방향성 없이 생장(종횡무진). 측지의 생장이 횡에서 상향으로 향하는 만곡(A), 주경이 상향으로, 측지가 수평에서 비스듬히 아래로 신장(B), 상향생장이 정지하고 옆으로 크게 퍼진다(C).

6.2 시공과 유지 · 관리

지금까지의 입체녹화공법에서는 도로 비탈면과 건물 벽면에 목본 덩굴성 식물의 생육유형(휘감다, 감다, 달라붙는다, 늘어뜨린다, 뻗어간다)을 이용해서 등반방식 또는 하수방식에 의한 공법이 채택되어 왔다. 최근 도시에서 녹화에 대한 기대가 높아짐에 따라 종래 사용되지 않았던 공간(높은 외벽면, 냉각탑, 파사드 등)에 대한 녹화가 요구되고 있다. 이와 같은 장소에서 녹화면을 유지하기 위해서는 이들 공간의 특수성과 식물의 특성을 충분히 이해하고, 검토해야 한다. 입체녹화를 도입하는 구조물은 「건물 벽면」, 「도로의 비탈면, 옹벽」, 「독립 구조물(파고라, 펜스, 트렐리스 등)」 등으로 분류되며, 개개 공간의 제약조건에 따라 채택되는 공법과 이용식물이 결정된다. 여기에서는 입체녹화를 지속적으로 양호하면서 안전하게 유지 · 관리하기 위한 필요항목을 검토하고, 이들 항목을 통해 입체녹화 계획을 구체화할 때 고려해야 할 체크리스트를 정리하였으므로 참고하기 바란다.

01 | 입체녹화에 있어서의 제약조건

입체녹화에 있어서는 넝쿨성 식물을 주로 이용하는데, 장점은 다음과 같다.

① 크기와 형태를 조절하기 쉽다는 점(생육 공간형태에 대한 성형성 또는 추종성(追從性)이 높다)

② 좁은 공간에서 생육이 가능하다는 점(식물축에 대한 엽면 방향이 일정하다)

③ 면적인 녹화가 가능하다는 점(피복 전개력이 높다)

④ 내건 · 내음 등 내후성이 높은 수종이 많다는 점(관리의 용이성) 등을 들 수 있다.

그러나 주로 사용되는 덩굴성 식물을 입체녹화에 이용할 때에는 유지 · 관리의 면에서 여러 가지 제약조건이 있다.

(1) 일반 제약조건

일반 제약조건이란 ① 근권(根圈)의 제한, ② 지상부의 생육공간(지지 · 보조) 제한, ③ 유지관리 작업의 제한 등이다.

1 근권의 제한

최근 건물 녹화 대상지의 대부분은 일반적인 녹지에 비해 용이하게 유지관리를 할 수 없다. 대상지가 인공 지반(지면으로부터 독립된 근권 기반군)에 한정되지 않고, 일반토양에 식재하는 벽면녹화의 경우에서도 근권의 제한이 많다. 덩굴성 식물의 대부분은 고 · 중저목의 녹화용 식물에 비해 지하부(근경)에 대한 지상부(지엽)의 비율이 크기 때문에 식재 후의 건전한 생육을 유지 · 조장할 수 있도록 근권의 공간적 · 질적인 정비가 요구된다.

2 식물체의 지지 · 보조 방법

안전성 및 확실성을 높이기 위해 덩굴성 식물의 생육유형을 이해하고, 적당한 생장 보조자재를 검토할 필요가 있다. 식물의 생육유형을 잘 살리는 게 지속적인 녹화를 유지하는 것으로 이어지기 때문에 보조재의 역할은 크다. 또한 건물의 보호, 식물체가 벗겨져 떨어지는 것의 예방(안전 대책) 등의 효과도 있다. 자재의 선별에는 식물의 생육유형에 적합한 형태일 것, 내풍 강도가 검토되어 있을 것, 쉽게 노화되지 않을 것, 그리고 내하중이 검토되어 있는지가 중요하다.

3 유지관리의 작업 자세

최근 벽면녹화의 효과에 대한 기대가 높아지면서 건물의 도입 부위도 다양화되고 있다. 높은 곳이나 외벽 등 토양환경이 충분히 정비되기 어려운 장소의 녹화가 요구되고 있다. 이들은 녹화를 디자인적으로 도입하고자 하는 경우나 석양 등으로부터 온도상승 방지효과를 기대하는 경우 등 목적에 따라 도입 부위가 다양하다. 토양환경, 바람환경, 일사환경 등 식물체에 있어 바람직하다고 할 수 없는 환경조건인 경우가 많다. 이러한 일반적인 식재보다 혹독한 조건에서는 식물체의 유지 및 건물보호 측면에서 유지관리는 매우 중요하다.

덩굴성 식물은 일반적인 식재보다 생육장해에 대한 발병시기가 짧아 유지관리는 긴급을 요하는 경우가 많다. 따라서 유지관리 공간의 정비도 중요하다. 유지관리는 녹화 완성면의 뒤쪽에서 관리하는 경우와 녹화 완성면의 앞쪽에서 관리하는 두 가지 방향으로 나뉜다. 각각의 작업 방향에 맞춰 점검용 통로의 확보와 작업용 곤돌라의 확보, 크레인의 진입로 확보, 간이 발판재의 확보 등 작업 공간이 확보되어질 수 있도록 건축설계 때 배려해 둘 필요가 있다. 또한 유지관리의 중요성을 충분히 인식시켜 운영체제에 포함시키는 것도 중요한 포인트가 된다.

(2) 특수 제약조건

도시생활의 쾌적성 향상을 배경으로 도심지구의 빌딩 숲 벽면에 시각적 · 경관적 효과(시각적 쾌적성)를 목적으로 입체녹화가 요구되어지게 되었다. 이것들은 지금까지의 단편적 녹화수법에서 한층 더 디자인성이 추구되고, 또한 건물 준공과 동시에 완성된 녹화가 요구되어지게 되었다. 즉, 지금까지의 일반 제약조건과 더불어 「건물 준공 시점에서의 충분한 녹피율의 확보」라고 하는 시간축에서의 특수한 제약조건이 발생한 것이다.

여기에서 이 특수 제약조건을 실현하기 위해 녹화의 도입과정과 관리 필요조건 및 자원의 확보, 일반 제약조건에 대한 대처를 포함해 설계 단계부터 관리에 이르는 일련의 확인사항이 필요하게 되었다.

02 | 입체녹화의 수법 분류

입체 특히, 벽면녹화의 수법을 기반과 식재형태에 따라 분류하고(그림 6-1), 도표 속의 ①~⑧의 수법에 대응시켜 각각의 특징과 제약조건과의 관련성 및 유지관리성, 비용 등을 평가한 것이 표 6-1이다.

그림 6-1 입체녹화의 수법 분류[1]

표 6-1 입체녹화 수법의 특징과 유지관리

공법	근권 제한과 토양개량	보조재의 이용	유지관리의 작업성	유지관리 연간 횟수 기준	녹피 속도	하지재 비용	녹화 비용
①	근권 제한이 있는 경우에는 기반배수의 확보와 보수성 토양개량을 충분히 실시한다. 건물 외부의 경우에는 알칼리토양에 주의한다.	있음	높은 곳까지 생장한 경우 전정관리가 곤란하다.	전정1 소독3 시비1	느림	낮음	낮음
②	기반배수의 확보와 보수성 토양개량을 충분히 실시한다. 건물 외부의 경우에는 알칼리토양에 주의한다.	없음	전면에서 유지관리가 이루어지므로 생장한 경우 관리가 곤란하다.	전정1 소독3 시비1	느림	낮음	낮음
③	충분한 토양두께와 근권을 확보하고, 기반배수, 보수성, 양분성의 개량을 실시한다.	있음	전면에서 유지관리가 이루어진다. 높은 곳까지 생장한 경우 작업이 곤란하다. 과수가 주로 이용되므로 열매솎기 관리가 필요하다.	전정1 소독5 시비2	느림	낮음	낮음
④	근권 제한이 있다. 경량토양을 이용해 하중을 줄임과 동시에 보수성을 높인다.	있음	전면에서 유지관리가 이루어진다. 외부 곤도라 등을 이용하며, 유지관리용 설비계획이 필수.	전정3 소독3 시비2 정기순회4 관수조정4 (이용 수종에 따라 다름)	중간	높음	중간
⑤	근권 제한이 있다. 경량토양을 이용해 하중을 줄임과 동시에 보수성을 높인다.	있음	계획 때 뒷면에 대한 관리통로를 마련함으로써 유지관리 작업을 확보할 수 있다.	전정3 소독3 시비2 정기순회4 관수조정4 (이용 수종에 따라 다르다)	중간	높음	중간
⑥	상동	일체형으로 되어 있다	상동	상동	빠름	높음	높음
⑦	근권 제한이 있다. 높은 pF역에서의 균질한 보수능력, 장기적 성능유지가 가능한 기반일 것.	일부 있음	전면에서 유지관리가 이루어진다. 외부 곤도라 및 크레인 등을 이용하며, 유지관리용 설비계획이 필요.	전정3 소독3 시비5 정기순회6 관수조정6	빠름	높음	높음
⑧	상동	상동	상동	상동	상동	상동	상동

03 | 녹화 완성까지의 기간과 계획생산

(1) 조기녹화 방법과 유의점

조기녹화를 위해서는 식재밀도를 높일 것인지, 키가 큰 식물을 이용할 것인지의 두 가지 방법이 있다.

1 식재밀도를 높이는 녹화방법

플랜터 설치형, 기반 설치형 등에 의한 벽면녹화의 경우에는 식재밀도를 높이기 위해 근권이 되는 기반의 설치 수, 토양을 늘리는 등의 방법을 이용한다. 일반적으로 덩굴성 식물의 경우 시장 유통 규격품은 9㎝ 포트, 초장 30㎝, 맹아 3개가 일반적이지만, 토양의 양이 충분하며, 강풍이 부는 지역이 아니고 수분이 적당하다면 연간 생장량은 식재 첫 해에 1m 정도, 2년째 이후에는 연간 1.5~2m 정도의 신장률을 기대할 수 있다.

1년째부터 고밀도 · 균일한 녹피를 요구하는 경우에는 아래와 같은 방법을 사용하도록 한다.

a. 플랜터 설치형으로 간격(기반 간격)을 30~50㎝ 이내로 한다(그림 6-2).
b. 기반 패널형으로 사전에 녹화된 패널 모양의 녹화 블록(판)을 벽면에 설치한다(그림 6-3).

2 키가 큰 식물을 이용하는 녹화방법

입체녹화에 이용되는 덩굴성 식물은 보통 1~1.5m로 생장한 묘목이 유통되고 있는 경우가 많다. 벽면녹화를 목적으로 하는 길이가 긴 식물은 벽면녹화 실시 1~2년 전에 생산계획을 조정할 필요가 있다. 이러한 것들은 시공업자나 식물 생산자 사이에 조정이 필요하며, 필요 포트 수, 수종, 운송방법 등의 검토와 계약이 진행되어야 한다.

키가 큰 식물을 이용하는 녹화방법은 다음과 같이 두 종류의 공법이 있는데, 각각이 특징이나 상점을 고려해 계획하여야 한다.

c. 계획적으로 생산 의뢰를 한 키가 큰 식물을 녹지 계획지에 설치된 플랜터 또는 일반 지반에 옮겨 심어, 등반 또는 하수 보조재로 유인하여 감는 방법(그림 6-4).
d. 녹화면의 할당 형태에 맞춘 유인패널과 토양부분의 플랜터를 일체화시킨 유니트에 일반적으로 유통되고 있는 포트를 옮겨 심어 출하 전에 일정기간 생육 양생하여 미리 녹화시킨 유인패널을 현장에 설치하는 방법(그림 6-5).

3 조기녹화 공법의 유의점

앞에서 설명한 조기 녹화공법을 위의 a, b, c, d 네 분류에 준해 공법의 특징과 계획 · 시공 때 유의점 등을 정리하였다(그림 6-2~5).

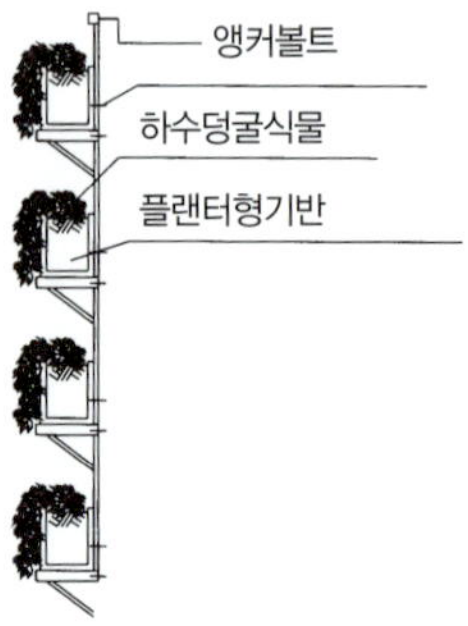

초기 디자인	플랜터 부분이 노출되기 쉬우며, 식물의 엽면 방향을 일정하게 하기 어렵기 때문에 균일성이 떨어지고, 녹화밀도도 낮아지게 된다.
장래성 관리성	고밀도로 식물이 설치되어 있기 때문에 생장하면 다른 것을 피압하기 쉽다. 관리에 의한 전정빈도를 늘리고, 유지 체형을 작게 하는 것이 영속성으로 이어진다.
녹화 난이도	설치 환경에 순화하기까지 근경 발달이 불충분하기 쉬워 초기에 고사하기 쉽다.
종합 평가	조정사항이 적어 실행 용이성은 높다. 마감의 균일성이 부족하고, 순화까지의 고사율은 높다. 초기비용은 설치 묘목 수에 따라 저감할 수 있다.

그림 6-2 고밀도 식재법(플랜터 설치형) (a)

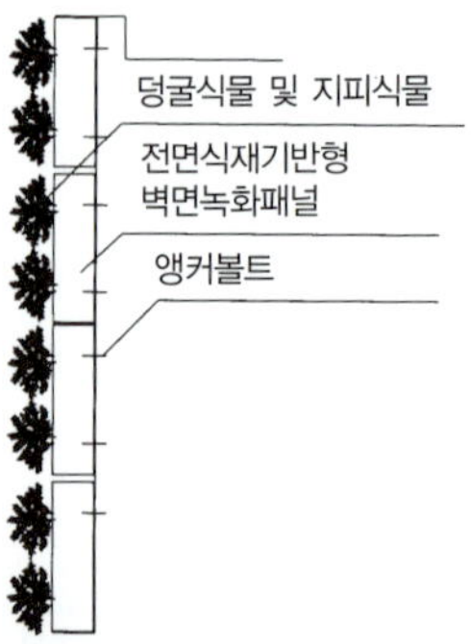

유니트샘플(500×500)

초기 디자인	설치 당시 균일성이 높은 녹화가 가능하다. 식물의 특성(형태, 색 등)을 이용한 벽면 디자인이 가능하다. 완성 때 녹화 밀도가 고밀도이다.
장래성 관리성	미리 밀식시켰기 때문에 초기 디자인을 유지하기 위해서는 세심한 전정관리가 필요하다.
녹화	난이도기반이 되는 매트(판)가 식물의 생육 가능한 환경을 충분히 갖추고 있으며, 사전에 평면에서 식재하여 발근 · 양생시켜 기반에 대한 생육 순화를 거친 경우라면 고사율은 낮아지며, 조기녹화가 가능하다.
종합 평가	녹화 완성(시공) 때까지의 준비 과정이 비교적 길어 실행 용이성은 낮다. 식물을 순화시키기 위한 발근 · 양생기간은 1년 중 한정된 시기가 되기 때문에 일정 관리가 중요하다.

그림 6-3 고밀도 식재법(녹화기반설치형) (b)

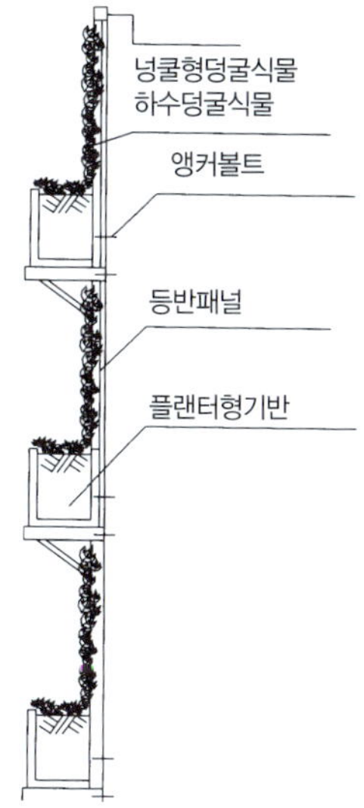

플랜터 설치 간격은 상하 2m 이내가 적당

초기 디자인	플랜터 일부가 노출되기 쉽다. 또한 2년생 정도의 키가 큰 묘목이면 줄기부가 목질화된 것이 많으며, 식재 초기 감아 유인할 때 하지(下地)에 대한 추종성이 빈약하고, 엽면의 방향이 불균일하여 엽량이 빈약해 녹화밀도는 떨어지기 쉽다. 균일하지 않아 엽량이 빈약해 녹화밀도는 낮아지기 쉽다.
장래성 관리성	녹화면적에 대한 토양의 양이 적어지는 계획이 되기 쉽다. 토양의 양적 · 질적 확보가 영속성을 높인다. 고밀도 식재에 비해 관리빈도가 낮아진다.
녹화 난이도	설치 환경에 순화되기까지 시간이 소요되기 때문에 고사하기 쉽다. 특히, 지상부의 증산량이 많은 경우 뿌리의 활착에도 시간이 걸린다. 또한 기근이 나오는 수종의 경우 키가 큰 묘목 생산 때 기근 부착근이 나오지 않도록 해야 한다. 기근 부착근이 나온 묘목을 이용할 경우에는 식재초기에 극도로 수세가 약해져 고사율도 높아지기 때문에 초기에는 차광치리 등이 필요하다. 초기의 안정성이 부족하다.
종합 평가	바람환경이 열악한 곳에 식물의 도입은 고사율이 높아진다. 주로 지상부 주변과 강풍 빈도가 적은 곳에 이용하는 공법이다. 사전 시장의 묘목 확보가 중요하다. 1~2m의 묘목을 생산할 경우 생산설비도 특수해지기 때문에 생산업자도 제한된다. 벽면녹화를 목적으로 한 질 높은 키가 큰 묘목의 생산기술 발전도 앞으로의 과제이다. 낮은 경비로 녹피를 확보할 수 있는 공법이다.

그림 6-4 키가 큰 묘목 식재법(플랜터 설치형) (c)

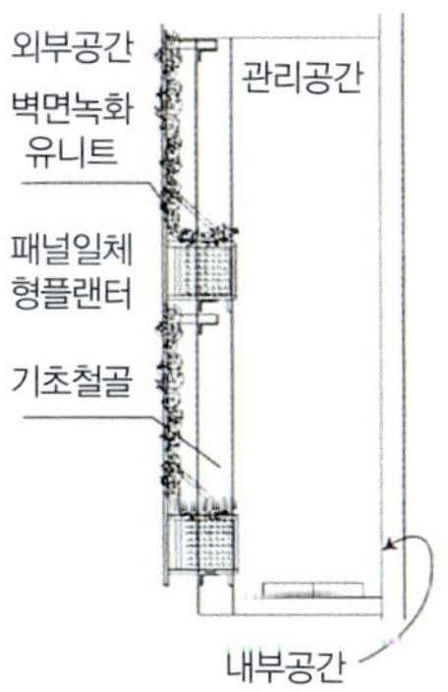

유니트샘플(1000×1000)

초기 디자인	지상부의 생육공간이 되는 지지재에 선재배시키기 때문에 출하시점에서는 잎의 방향이 균일하다. 또한 설비가 갖춰진 포장에서 양생관리가 이루어지기 때문에 엽량이 충실해 녹화밀도는 치밀하게 된다.
장래성 관리성	유니트의 형태를 가능한 한 작게 하여 하나의 유니트의 토량을 4~50ℓ 정도 확보함으로써 장기적인 녹화가 가능하다. 지하부에 대한 지상부의 녹피면적을 작게 제한하면서 관리하며, 지상부를 방치 · 도장시키지 않을 정도의 빈도로 전정관리를 실시한다 또한 상록 덩굴성 식물은 직사광선이 충분히 쬐이는 장소보다는 차폐물이 있는 음지에서 지상부가 양호하게 되기 쉽기 때문에 근권이 되는 토양의 양이 부족하기 쉽다. 일사 환경에 의해서도 관리빈도가 달라진다.
녹화 난이도	바람, 일사, 수분환경을 조사 관리하면서 천천히 식물을 지지재 감기로 유인해서 지상부를 양호하게 한다. 지하부를 충분히 양호하게 하는 시간과 시기, 지상부를 양호하게 하는 시기를 거친 생산관리계획을 실행할 수 있다면 환경압에 대한 내성이 높고, 조기에 고밀도의 녹화가 가능하다
종합 평가	조기녹화를 실현할 수 있고, 디자인적인 균일성, 녹화의 안정성에 관한 종합적인 평가는 높다. 그러나 계획으로부터 생산에 이르는 과정이 길며, 또한 건물형태에 맞춘 녹화 유니트의 제작이 필요하다. 생산개시까지 관리방법, 시공계획, 설치형태를 정하고, 건축 조정을 마친 다음에 생산을 시작해야만 한다. 식물의 순화를 위해 발근 · 양생기간은 1년 중 한정된 시기가 되기 때문에 프로세스 관리가 필요하다.

그림 6-5 키가 큰 묘목 식재법(유인패널일체형 유니트 설치형) (d)

(2) 사전 양생

특수 제약조건을 해결하기 위한 주요 과정에 사전 양생을 들 수 있다. 사전 양생이란 녹화 대상지에서 플랜터나 자연 지반에 식물을 심는 것이 아니다. 일체형 유니트와 판(매트) 형태 기반에 포트 묘목을 심거나 삽목하여 시공 현장 이외에서 식물의 식재작업을 실시하는 것을 말한다.

사전 양생의 목적은 다음과 같다.

- 생산환경과 식재지 환경의 차이에 의한 스트레스의 완화, 내후성의 향상
- 단위면적 내 엽면적 최대화에 의한 설치 때 디자인적 기여
- 엽면 방향의 균일화
- 식물 활착에 기여함으로써 박리방지

특히, 벽면이라는 공간에서는 식물에게 있어 바람과 수분환경이 열악한 경우가 많다. 일반적인 포트식재에서는 묘목의 생산지와 식재되어지는 벽면의 환경이 크게 다르기 때문에 순화할 때까지 지상부의 생장이 늦어져 고사되기 쉽다. 양생기간은 일반적으로 상록 덩굴성 식물을 사용할 경우에는 그림 6-6에 나타낸 것과 같은 일정이 된다.

일반적인 식물의 생육기는 봄 · 가을의 년 2회이다. 양생관리의 목적은 지하부와 지상부의 균형과 충실을 도모하는 데 있다. 일반적으로 식물은 지하부의 충실을 도모한 후에 지상부를 생장시켜 광합성을 활성화시킨다. 지하부의 충실이 불충분한 시기의 경우 지상부는 충실하지 않으며, 또한 지하부가 불충분한 상태에 있다면 환경변화에 의한 스트레스로 수세가 약해지거나 고사에 이르기 쉽다. 지하부의 충실 즉, 발근과 토양에 대한 순화에는 식재 후 2개월 정도가 소요된다. 즉, 연간 생장기의 전 · 후기 어느 쪽의 기간이든 필요로 한다. 조기녹화에는 지상부의 충실이 필요하기 때문에 연간 두 기간의 생장기를 확실하게 양생기간으로 활용할 수 있는 일정 관리가 필요하다고 할 수 있다.

식재적기를 3월~4월로 하는 것은 일조가 심해지기 전에 식재하여 생장기를 새로운 환경에 적응시키기 위해서이다. 또한 식재기반이 되는 판(매트) 형태 기반과 일체형 유니트는 이 시점에 맞춰 생산을 완료해 놓을 필요가 있다. 묘목은 가능한 한 1년생으로 하우스에서 재배된 것을 1월~2월경에 서리를 피해 외부 공기에 쐬여 저온순화의 기간

을 마련하는 게 바람직하다.

이와 같이 사전 양생은 각각의 적기에 초점을 맞춰 생산 일정을 관리하는 게 필요하다. 건물의 부대물이 되는 많은 벽면공간에 대한 녹화는 형태와 수량, 디자인을 좌우하는 수종 선택의 결정에 시간이 걸리기 때문에 충분한 생장과 양생시기가 주어지지 않는 경우가 있으니 주의할 필요가 있다. 여기에서 특수 제약조건을 받는 입체녹화는 사업주와 설계자 · 원청업자 · 시공자 · 생산자에 의한 프로세스 관리가 녹화를 성공적으로 이끄는 중요한 열쇠가 된다.

	1월	2월	3월	4월	5월	6월	7월	8월	9월	10월	11월	12월
식물상태	휴면기		활동 초기		성장기(전기)				성장기(후기)			
양생관리 일정	저온순화		식재		일사제한, 시비, 소독, 전정 유인 관리				출하준비 · 출하 · 시공			

그림 6-6 양생 관리 일정

04 | 입체녹화의 관리항목과 유의사항

입체녹화에서도 평면부 건물녹화와 같은 유지관리가 필요하다. 전정, 시비, 제초, 병충해방제, 관수라고 하는 일반적인 식재관리 항목을 실시해야 한다. 유의점과 빈도는 공간적 제약을 받는 특수 환경이기 때문에 옥상녹화를 포함한 일반적인 식재관리와는 다르다. 또한 태풍, 강풍의 대책과 기반의 성능유지는 방재적인 요소도 포함하고 있기 때문에 신중한 계획과 실시가 요구된다. 유지관리의 목적 및 유의사항을 표 6-2~7에 정리하였다.

(1) 전정

덩굴성 식물의 대부분은 지하부보다 지상부(줄기, 잎)의 비율이 높다. 벽면공간에서 기반 제약이 많은 곳에서는 지하부와 지상부의 균형을 인위적으로 관리할 필요가 있다. 전정작업은 벽면녹화의 영속성에 기여하는 중요한 유지관리 항목으로 목적과 효과, 유의점을 충분히 파악한 다음 관리를 실시해야 한다(표 6-2).

표 6-2 전정관리

작업빈도	최저 연간 1~3회
효과 · 목적	유의 사항
성장억제효과	근권이 제한된 벽면녹화 공법에서는 지상부를 억제함으로써 과도한 스트레스를 주지 않고, 양호한 녹화유지로 이어질 수 있다. 토량에 비해 지상부의 비율이 지나치게 크게 되면 뿌리로부터의 수분공급이 불안정하게 되어 낙엽과 잎이 시드는 일이 발생한다.
경관유지효과	녹화 대상공간 이외의 신장은 경관적 · 디자인적으로 흉해 문제가 되는 경우도 있다. 또한 배수부분과 건축 구조물의 틈으로 뿌리의 침입도 생각할 수 있기 때문에 정기적인 점검과 전정이 필요하다.
갱신효과	덩굴성 식물은 생장량이 커지게 되면 새싹을 내기 어려워지는 경우가 많다. 이 경우, 아래 가지 위치가 높아져 녹피의 균일성이 유지되지 않는 경우가 있으므로 갱신작업이 필요하다. 갱신에는 밑둥치기와 교체심기법이 있으며, 생장의 정도와 녹화의 목적을 고려하면서 관리 계획에 포함시킬 필요가 있다.
녹화전개효과	전정은 새싹의 발아와 가지의 분지를 촉진시켜 녹화의 전개속도를 빠르게 한다. 수종에 따라 분지형태는 다르지만, 일반적으로 새로운 가지가 낮은 위치에서 증가함으로써 가로 방향으로의 녹화전개가 이루어지기 쉬워진다.
병충해방제효과	경엽이 과밀하면 통풍의 저하와 내부 일사가 부족해져 병해가 발생하기 쉬운 환경이 된다. 전정을 실시함으로써 적절한 일사를 확보하고, 동시에 해충의 알과 유충도 제거함으로써 병충해도 예방할 수 있게 된다.
방재 · 건물 보전효과	경엽이 신장해 지상부 중량이 커지면, 지지 방법에 따라서는 박리와 낙하, 비산할 가능성이 커진다. 정기적인 전정에 의한 지상부 제어는 건물의 보전 및 주의의 교통 등에 장해를 방지하게 된다.

(2) 제초

한정된 토양기반은 항상 적절한 수분을 유지하고 있기 때문에 잡초종자가 발아하기 쉬운 환경이다. 또한 대부분의 잡초는 협소한 기반에서도 생육이 왕성해지는 경우가 많다. 발생초기에 제거하여 녹화식물의 피해를 막을 수 있도록 관리할 필요가 있다(표 6-3).

표 6-3 제초관리

작업빈도	연간 2~3회
효과 · 목적	유의 사항
입체녹화식물의 피압방지효과	특히, 벽면은 근권이 제한되어 있기 때문에 생육이 왕성한 잡초와의 공존은 곤란하며, 녹화식물이 피압될 우려가 있다. 제초작업은 협소한 공간에서 이루어지는 경우가 많기 때문에 식물을 손상하지 않게 신중하게 실시하여야 한다. 식물을 잡초로부터 보호하는 수단으로서는 방초(防草)시트 등에 의한 멀칭이 효과적이다. 또한, 제초작업 중 식물이 손상되지 않도록 보호울타리의 설치 등도 실시하기 바란다. 장기간에 걸쳐 생장한 지상부도 밑둥으로부터의 아주 작은 상처 하나로 고사할 가능성도 있다. 설계 및 작업 때 철저히 주의하기 바란다. 제초제는 사용할 수 없기 때문에 수작업으로 이루어져 비교적 시간을 요하는 작업이 된다.
경관유지효과	플랜터 설치법 및 녹화기반 설치법 등은 녹화면 전체가 보습공간이 되어 잡초가 무성해진다. 특히, 상록수로 입체녹화가 이루어진 경우 겨울철에 마른 잡초가 섞인 녹화면이 되어 미관을 현저하게 해친다. 일단 발아된 잡초는 생장이 빠르기 때문에 조기에 제거함으로써 경관을 유지하는 게 바람직하다.

(3) 충해

충해의 발생이 확인된 경우에는 해충의 종류에 맞게 대응하도록 한다. 봄부터 가을까지 새싹을 중심으로 해충(진딧물류, 깍지벌레류 등)이 빈번히 발생한다. 이들 해충은 새싹이나 잎에 기생하며, 양분을 흡수하거나 벌레혹을 형성하기도 한다. 그 결과 새싹이 주름지거나 변형되어 미관을 해친다. 해충은 양분을 흡수함과 동시에 배설물을 꽁무니에서 배설해 아래 가지와 잎 위에 퇴적시킨다. 배설물은 점액상태로 먼지와 탈피각 등이 부착하기 쉬워 잿빛곰팡이병 등을 유발하는 원인이 된다. 그러나 급격히 수세를 약화시키는 피해는 적기 때문에 대처 긴급 정도는 낮지만, 일단 발생하게 되면 방제가 곤란한 경우가 많으므로 세밀한 살충과 피해부위의 세거 등의 관리가 필요하다. 긴급을 요하는 충해로는 등나무 등에 발생하는 미국흰불나방과 사철나무류 등에 발생하는 버드나무얼룩가지나방 등, 경엽에 피해를 주는 해충(주로 나방의 유충)과 풍뎅이의 유충에 의한 뿌리 피해, 하늘소에 의한 피해 등이 우려된다. 조기에 발견할 수 있는 작업 프로그램과 작업구조의 확보가 필요하다(표 6-4).

표 6-4 충해관리

작업빈도	연간 0~3회(발생할 때마다 대응하는 게 바람직하다)
효과 · 목적	유의 사항
고사예방(미관보호)	정기순회로 해충을 조기에 발견할 수 있는 일정을 계획해 둔다. 녹화식물에 발생하기 쉬운 해충 리스트를 미리 작성해 두고, 발생이 확인되면 조기에 피해 상황을 살펴 긴급정도를 확인한다. 식해(食害) 해충의 경우 발생부위가 국부적이라면 발생부위(잎 또는 가지)별로 제거하든지, 분무식 소독을 실시한다. 이후 전체 점검을 실시하여 전면적인 예방 살충의 실시를 협의한다. 식해 해충의 피해는 녹화의 미관을 빠르게 해치는 경우도 있기 때문에 대응속도가 포인트가 된다. 또한 발견 후 즉시 작업할 수 있는 관리공간이 요구된다. 대부분의 해충은 잎의 뒷면에 모여 있는 경우가 많기 때문에 살충작업은 표면뿐만 아니라 뒷면과 줄기도 균일하게 실시하도록 주의한다. 풍뎅이류나 하늘소류는 순회 때 유인 포획기를 설치한다.
방재 효과	식해 해충 중에는 독이 있는 것도 있다(노랑쐐기나방류 등). 이들 해충이 바람에 의해 떨어져 사람에 닿는 경우 2~3일간 고통을 느끼게 된다. 최근의 살충제는 인체와 환경에 대한 배려에서 독성이 낮고, 잔효성도 짧은 것이 많다. 예방을 목적으로 한 살충제의 살포는 해충구제효과를 기대할 수 없고, 환경에 대한 악영향이 염려되기 때문에 실시하지 않는 게 바람직하다. 조기발견, 국소대응, 전체점검, 대응협의라고 하는 발생에서 대처에 이르기까지의 흐름을 명확히 해서 불필요한 약제를 살포하지 않도록 노력한다. 단일 수종으로의 녹화를 피하고, 복수의 수종을 사용함으로써 수종 특성에 따른 해충에 의한 피해 위험을 분산시킬 수 있다.

(4) 병해

병해가 발생한 경우에는 즉시 발생된 병해의 특징을 파악하고 그에 따른 적절한 처리(살균소독 및 제거)를 해야 한다. 또한 해충발생과 마찬가지로 긴급성을 확인한 후 응급처치와 대처를 결정한다. 대부분의 병해는 발병부위가 치료되는 게 아니므로 대처는 피해의 최소화가 목적이 된다. 따라서 응급처리를 하여 피해부위가 갱신되었다 하더라도 근본적인 발생 원인을 규명해 놓을 필요가 있다. 수종 특성의 경우와 환경(습도, 통기성, 일조 등)의 개선이 가능한 것을 종합적으로 검토해서 예방대책을 실시한다(표 6-5).

표 6-5 병해관리

작업빈도	연간 2~5회
효과 · 목적	유의 사항
고사예방(미관보호)	정기순회로 병해를 조기에 발견할 수 있는 일정을 계획해 둔다. 또한 사전에 식물에 발생하기 쉬운 병해 리스트를 작성해 식물상태가 이상을 보일 경우 그것이 병해인지의 여부를 확인 가능한 체제로 준비해 둘 필요가 있다. 병해에는 발병 후 잎을 떨어뜨리는 것, 줄기가 고사하는 것 등이 있으며, 피해가 전면으로 미치면 경관은 현저하게 훼손된다. 조기대처와 동시에 발생 원인을 규명해 예방책을 실시한다(예방 소독의 빈도 · 종류를 개선, 수종의 개선, 전정횟수 및 시기의 개선, 수분조건의 개선, 일사나 수분환경의 개선 등). 단일수종으로의 녹화를 피하고, 복수의 수종을 사용함으로써 수종 특성에 따른 피해 위험을 분산시킬 수 있다.

(5) 시비

벽면녹화에 있어 덩굴성 식물에는 충분한 양분이 공급되는 게 바람직하다. 환경의 내성(내한성, 내풍성 등)을 높이기 위해서라도 안정된 양분이 공급될 필요가 있다. 잎의 위조 · 황화 및 담색화, 생장량 감소 등은 시비부족의 증상이 많으므로 흡수성이 좋은 시비를 적절한 시기에 실시할 필요가 있다. 토양이 제한된 경우(플랜터와 기반 설치형 등 독립된 기반)에는 지속적인 효과가 있는 완효성 비료를 정기적으로 시비하든지, 흡수성이 높은 액비를 적당히 희석하여 정기적으로 살포함으로써 양분을 공급한다(표 6-6).

표 6-6 시비관리

작업빈도	연간 1~4회
효과 · 목적	효과 · 목적
수세의 유지와 미관보전효과	시비가 필요한 시기를 사전에 계획해 두고 정기작업 속에 포함시켜 두는 것이 중요하다. 작업은 직접 기반에 시비하는 것이 곤란한 경우가 많으므로 일반적으로는 관수와 같은 방법으로 실시하는 경우가 많다. 또한, 식재 초기부터 완효성 비료를 넣어두면 수고를 줄여줄 수 있기 때문에 검토하기 바란다.

(6) 관수

입체녹화 공간에서는 빗물이 근원에 유입되기 어려운 경우가 많다. 더욱이 제한된 토양구조와 시공현장의 공정관계에서 토양의 수분공급이 부족하기 쉽다. 이와 같은 녹화에는 반드시 자동관수를 설치하고, 현장 식재의 경우에는 초기활착, 플랜터 설치형과 독립 기반형에서는 균일하고 안정된 수분의 공급이 가능한 상태가 되도록 하는 게 필요하다.

또한 수분의 조절이 가장 중요한 유지관리 항목이므로 관수의 방법과 유의점, 빈도는 녹화공법에 따라 달라지지만, 설계 때 필요한 설비를 준비해 둘 필요가 있다.

강우시기 이외에도 관수를 정기적인 빈도로 실시하기 때문에 배수가 그때마다 발생하게 된다. 녹화공간 아래로 사람과 차량이 통행하는 경우가 많다. 따라서 배수를 흘려보낼 수 없기 때문에 배수할 수 있는 구조를 설치하는 것도 중요하다.

제어방법은 전자판을 타이머식으로 제어 조절해서 개폐시키는 방법이 일반적이다. 단, 플랜터형과 수직기반형에서는 옥상녹화와 달리 강우 때에도 관수를 실시하기 때문에 강수센서를 사용하는 경우는 적다.

녹화방법	단면 · 입면 이미지	유의점	관수빈도의 기준
지상부 식재 [상정된 장소] 건물 외부 도로 고가 아래	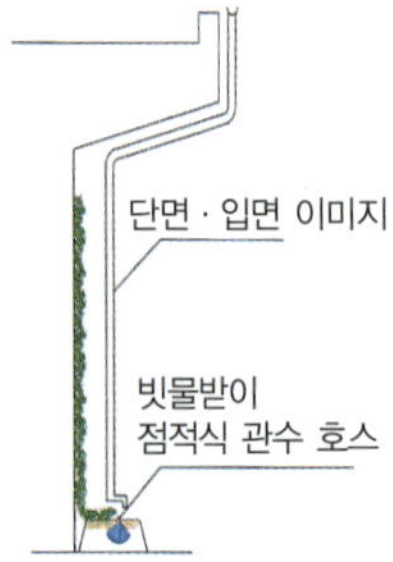	초기의 활착과 향후 수분부족에 대비한 관수 설비이다. 관리가 용이한 위치이기 때문에 반자동식 또는 간이 타이머에 의한 제어방법으로 비용을 줄인다. 정기적인 관수에 의한 수분공급과 동시에 불필요해진 수분은 빨리 배수해야 한다. 배수기반을 반드시 정비해서 물에 의한 뿌리 썩음을 방지한다.	초년도의 기준 겨울철 2회/주 우기 2회/주 갈수기 3회/주 관수량은 토양과 기반구조에 따라 달라지기 때문에 설치 후 확인 조정을 실시하는 것이 바람직하다. 따라서 관수설비는 균일한 관수가 행해지도록 해두는 것이 중요하다.
플랜터 설치형 일체형 유니트형	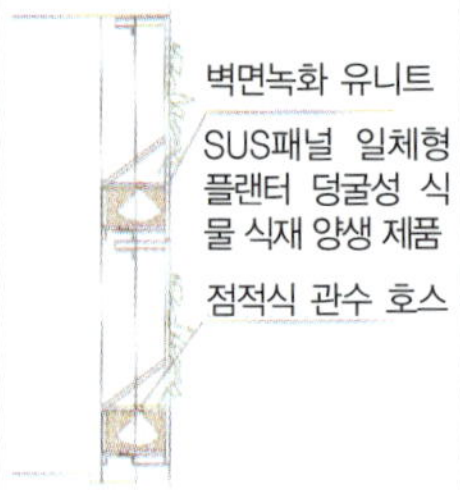 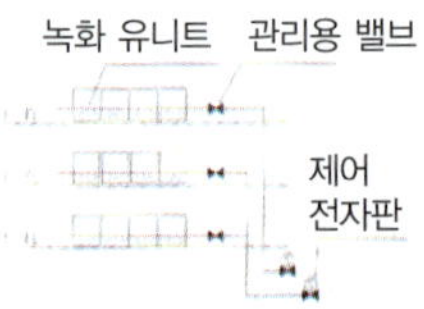 각 층에서 수량 조절이 가능하도록 계획한다.	옥상 등에서는 빗물이 플랜터 내에 유입하는 경우도 있지만, 식물이 많고 무성한 상태에서는 거의 토양까지 침투되지 않고, 엽면을 따라 유출된다. 따라서 토양에 확실하게 수분을 공급하도록 하는 계획이 중요하다. 또한 다른 층에 플랜터가 설치된 경우에는 단일계통 관수의 경우 아래층으로 넘치는 양이 많아진다. 균일한 녹화를 위해서는 각 층에서 공급수분량을 제어할 수 있는 제어밸브를 설치한다.	초년도의 기준 겨울철 2회/주 우기 3회/주 갈수기 7회/주 [참고 급수량] 1ℓ/유니트 · 회 토양 1ℓ에 대해 0.025ℓ/회의 관수를 실시하였다 *참고 사례 토양 40ℓ의 일체형 유니트에 대하여 알제리아 아이비를 7개 포트 식재 H980 · W980 범위를 녹화한 벽면녹화의 실시 사례. 사용 토양은 습성 다공질 경량 인공토양 골재. (도쿄도 치요다구 내)
기반설치형	 점적식 호스의 토수구(吐水口)를 2개소/유니트 이상 설치하고 있다. 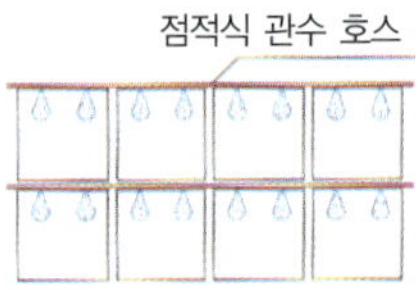 관수 모식도 유니트 규격 300×300 (수압에 의해 일정하게 관수함)	기반은 잡초 유입과 수분 증발을 방지하기 위해 부직포나 케이스로 보호되어 있는 상태가 많기 때문에 빗물이 거의 기반에 도달하지 않는다. 더욱이 공급된 수분은 가로 방향으로의 확산보다 중력에 의해 아래 방향으로의 이동이 증가한다. 또한, 수분의 통로가 형성되기 쉬워 균일한 보습상태를 유지하는 것이 곤란하다. 기반설치형 공법에서는 소량의 수분을 고밀도로 자주 관수할 수 있는 설비를 마련하는 것이 필요하다. 왼쪽 그림은 그 한 사례로 기반이 되는 블록마다 관수구멍이 설치되도록 계획되어 있다. 따라서 제어판에서 넘치는 양이 많아지는 경향이 있으므로 주의한다. 수량은 소량을 자주 줌으로써 균일성을 유지시킨다. 또한, 수직기반의 경우에도 중력에 의해 상부와 하부에서의 수분의 불균일이 생기기 쉽기 때문에 높이 방향으로 복수의 계통에 의한 제어가 바람직하다.	초년도 기준 겨울철 2회/주 우기 3회/주 갈수기 5회/주 [참고 급수량] 0.6ℓ/유니트 · 회 기반 1ℓ에 대해 0.07ℓ/회의 관수를 실시한 경우. *참고 사례 토양 7.6ℓ의 녹화블록에 대해 미국줄사철나무 9개 포트를 심고, H300 · W300 범위를 녹화한 벽면녹화의 사례. 사용 기반은 장섬유초탄블록. (도쿄도 치요다구 내)

*관수는 주로 점적식 관수호스를 이용하여, 관수량의 조정과 균일화를 가능하게 하는 방식을 택하는 것이 바람직하다.

그림 6-7 관수관리

현재는 관수가 되지 않는 부분이 있지만 앞으로 토양수분상태의 감지에 의한 관수 제어기술이 향상되어지면 더욱 더 균일한 관수가 이루어지게 될 것이다.

수분부족은 식물의 수세를 악화시키는 최대 원인이 되기 때문에 제어시스템도 관리가 필요하다. 관수가 계획적으로 실시되지 않을 경우(설정시간이 되어도 관수가 되지 않는 경우)에 이상을 알려주는 기능을 갖춘 것을 이용해 만일의 경우에 대비하는 경우도 있다. 정기적인 점검이 어려운 장소에서의 경보장치는 녹화유지에 효과적이다.

(7) 기타 정비사항

1 토양의 정비

입체벽면의 녹화 근권토양에 요구되는 성능은 매우 중요하다. 보수성, 배수성을 동시에 높이는 것과 함께 경량화 및 형태가 잘 변하지 않는 물성을 지닌 기반재가 요구되어지며, 또한 식물이 잘 활착할 수 있어야 한다.

<table>
<tr><th>녹화방법</th><th>단면</th><th>유의점</th></tr>
<tr><td>지상부 식재
[상정된 장소]
건물 외부
도로 고가 아래</td><td>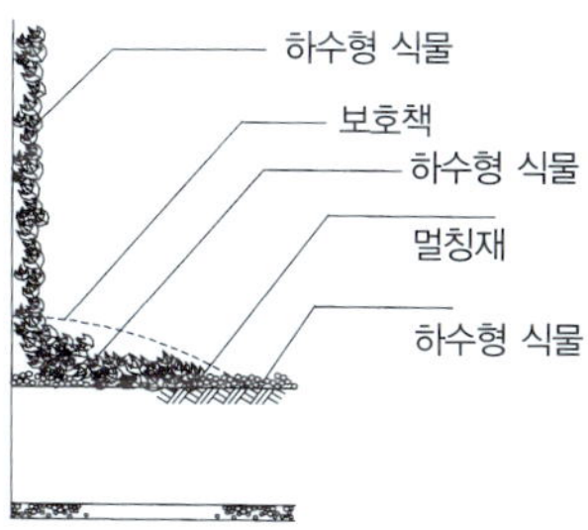
</td><td>건축 구조물의 주변은 배수불량이 되는 경우가 많다. 또한 알칼리 장해가 발생하기 쉬워 토양의 사전조사가 필요하다. 기반정비는 다음과 같은 항목을 목표로 한다.
• 보수와 통기성을 확보한다.
• 배수기반을 정비한다.
• 답압을 방지한다.
• 잡초를 방제한다.

■ 개량층 500㎜ 이상</td></tr>
<tr><td>플랜터 설치형
일체형 유니트형</td><td>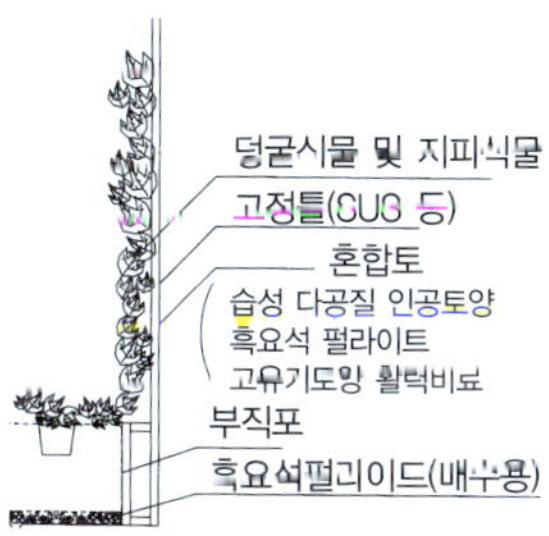
</td><td>근권 제한이 있어 토량의 부족으로 수분이 부족되기 쉽다.
기반정비는 다음과 같은 항목을 목표로 한다.
• 보수성이 높은 인공경량토양을 사용하여, 경량성을 유지하면서 토량을 확보한다.
• 배수구는 반드시 설치한다
• 멀칭에 의한 잡초를 방제한다.

■ 토량 표준 : 녹화면 1m²에 대해 토량 50ℓ/유니트</td></tr>
<tr><td>기반설치형</td><td>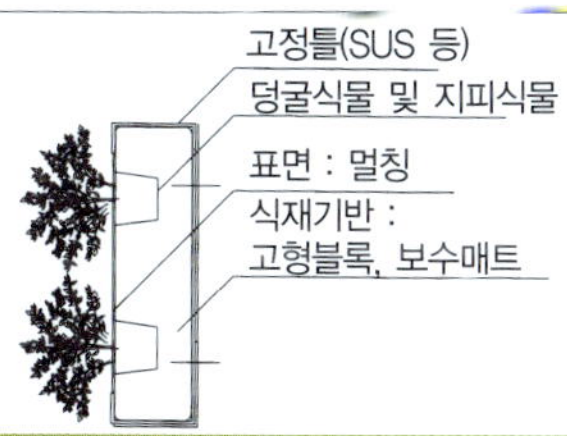
</td><td>수직으로 설치한 기반에서는 수분의 유지 균형이 성공의 열쇠가 된다. 기반의 선택은
• 높은 pF영역에서의 보수능력이 높은 것
• 형태변화, 성질의 변화가 장기적으로 일어나지 않는 것
• 입자 또는 섬유집합체로 근경에 대한 성형성 또는 추종성이 좋은 것이 좋다.</td></tr>
</table>

그림 6-8 각종 녹화 공법과 토양 · 기반정비

<table>
<tr>
<td rowspan="2">[코너부분의 바람]
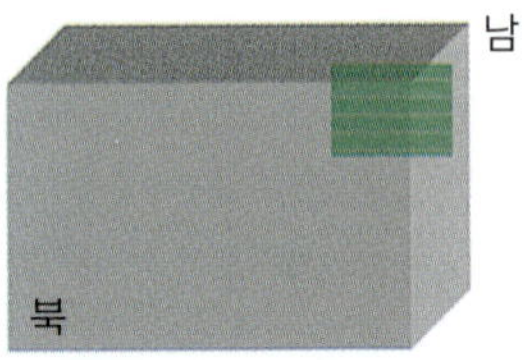

(모델 사례)
높이 약 15m 벽면의 북서 코너부분</td>
<td colspan="2">
북쪽면의 상태
왼쪽 패널에 비해 잎의 크기 및 밀도가 적다.</td>
</tr>
<tr>
<td colspan="2">[대응책]
건물의 코너부분은 바람의 영향을 받기 쉬우므로 뒷면에 방풍대책(네트 및 패널)이 필요하다.</td>
</tr>
<tr>
<td rowspan="3">[옥상부, 개구부의 바람]
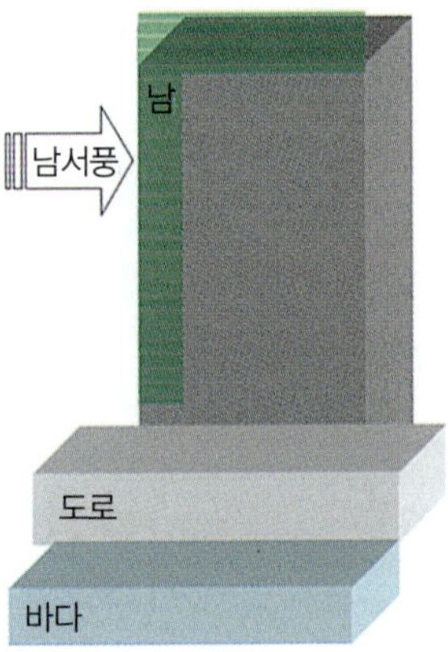

(모델 사례)
높이 25m 벽면녹화
남쪽면
자동관수설비 있음.</td>
<td>

남서풍
녹화 측면이 개방되어, 특히 남서풍이 녹화 뒤쪽에서 불어 들어오는 부분.</td>
<td>
측면이 건물 형태에 따라 폐쇄되어, 바람이 녹화 뒤쪽으로 불어 들어오기 힘들게 되어 있는 부분.</td>
</tr>
<tr>
<td colspan="2">[대응책]
같은 건물에서 동일 층, 동일 면에서 서로 다른 바람환경에서는 식물생육의 차이가 나타나므로 바람의 침입 방향 제한이 요구된다.</td>
</tr>
<tr>
<td>
최상단은 뒤쪽에 바람을 차단하는 역할의 건물이 없어 바람이 4방향에서 통과한다.</td>
<td>
잉글리쉬 아이비. 'Pittsburgh'가 플랜터에서 바깥으로는 생장할 수 없다.</td>
</tr>
<tr>
<td>[태풍에 의한 피해]</td>
<td colspan="2">충분히 활착해서 건강한 상태로 생육하고 있는 식물은 강풍에 의한 훼손은 적은 편이다. 부착등반식의 경우 식물의 부착강도와 보조자재가 잘 맞지 않아 박리될 가능성이 있다. 적절한 소재의 선택과 박리방지대책이 필요하다. 또한 높은 밀도로 생장된 녹화면은 바람의 영향을 받기 쉬우므로 태풍이 오기 전에 강전정하는 것이 바람직하다.</td>
</tr>
</table>

그림 6-9 풍해대책정비

특히, 보수성은 장기간 수분을 보유하며, 수평방향으로 수분을 공급할 수 있는 성능으로 높은 pF(3.0 이상)영역에서 수분의 보유능력이 높은 성능을 가진 기반이 적당하다.

배수성과 통기 · 투수성을 유지시키기 위해서는 토양에 펄라이트 등의 통기성 개량재의 혼입이 효과적이다. 흑요석 펄라이트는 보수성은 낮지만 입자가 커서 토양의 통기성능의 유지에 매우 효과적이다. 근권이 좁은 장소로 기반 배수가 좋지 않은 장소에서는 식물의 신장이 부족해서 생장불량 및 뿌리가 썩는 원인이 된다. 기반에서의 배수(배수구 등)는 반드시 설치함과 동시에 배수층을 설치할 필요가 있다. 그림 6-8에 녹화공법별 토양, 기반구조 및 유의점에 대해 정리하였다.

2 풍해대책 정비

덩굴성 식물을 이용한 입체면의 녹화를 장기적으로 안정되게 유지하기 위해서는 방풍대책이 이루어져야 한다. 그림 6-9에 나타낸 각 부위의 장소에서는 특히, 바람이 좌우로 통과하므로 잎의 위조화, 새싹의 고사 · 변형, 생장량의 감소 등이 확인되었다.

05 | 입체녹화 계획을 위한 체크리스트

지금까지 입체녹화의 구체적인 유지관리 방법을 살펴보았다. 입체녹화를 성공시켜 지속적으로 건강하고, 아름다운 경관을 유지하기 위해서는 사전 계획과 설계 단계에서부터 유지 · 관리를 충분히 고려하는 것이 매우 중요하다. 이 때 참고가 될 체크리스트를 다음에 나타냈다.

– 주즈 타카시(珠数 孝), 키다 유키오(木田幸男)

인용 · 참고문헌

1) 日本造園学会 (2005) : 造園報告集No.3, 108.
2) (社)道路緑化保全協会関東支部自主調査委員会 (1983) : 実務者のためのつる植物による環境緑化の手引き1983, (社)道路緑化保全協会関東支部.
3) 都市緑化技術開発共同研究会 (2004) : 新 · 緑空間デザイン技術マニュアル, 誠文堂新光社.
4) 植田直樹 (2005) : 人工植栽基盤による壁面緑化ユニットの開発と実用化について, 社団法人日本造園学会, 造園技術報告集 3, 108–109.

입체녹화 계획을 위한 체크리스트

확인 사항		내 용	유의사항
유지관리 방향과 자세에 관한 사항	□ □ □	안쪽에 관리통로를 설치한다. 앞쪽에서 작업 사다리 · 작업차 설치 가능 작업 불가능	녹화방법에 따라 관리빈도가 다르기 때문에 사전에 녹화방법과 유지관리 용이성을 검증해 둔다.
교통과의 관계	□ □ □	녹화 아래에 통행 있음. 한정되지만 통행 있음. 통행 없음.	배수계획, 유지관리 작업 공간 등에 영향을 준다.
외부 · 내부	□ □ □	실내 실외이지만 커텐월 등으로 직접 바람에 맞지 않음. 외부	온도, 바람환경의 계절 변화가 클 경우에 녹화방법이 제한되어진다. 또한, 유지관리 용이성과도 관련된다.
녹화 높이	□	m	식물종의 검토 및 토양기반 설치 밀도, 장소 수의 검토, 유지관리 방향 등 프레임의 강도 검토에 영향을 미친다.
방위 · 일조	□ □ □	방위 ( ) 직사광선의 유, 무 광도 (LUX)	녹화 가능성 및 수종 선정에 중요한 요소가 된다.
기후	□	녹화 지역	이용 식물의 적합성을 확인한다.
관수 방법	□ □ □	점적식 자동관수 무관수 반자동(인력 관수)	일반 지반에 대한 녹화 이외에는 무관수 식재는 곤란하다. 관수설비의 계획은 반드시 검토하고, 필요한 급수설비(필요 수량, 필요 수압, 전력량)의 위치 및 용량을 확인한다.
하중 허용	□ □	중량 ( ) /m² 풍하중 ( ) /m²	기초 구조물의 검토에 필요하다. 풍하중에 관해서는 풍동실험 등에 의한 사전 검증이 필요한 경우도 있다.
녹피까지의 목표기간	□ □ □	준공시까지 완성 준공 후 2~3년 준공 후 5년 이상	녹화수법, 식물생산 등 전체 일정관리에 중요한 요소가 된다.
디자인	□ □	근경으로 다품종에 의한 고밀도 녹화 원경으로 단품종 녹화	비용 대비 효과를 검토하여 적합한 녹화방법을 선정하기 위해서도 중요한 요소가 된다.
건축 공기	□ □	착공 년 월 녹화 시공 예정 년 월	양생 기간이 마련되었는지의 여부를 확인한다.
시공 방법	□ □	녹화면의 전면에서 시공 녹화면의 후면에서 시공	녹화패널의 형태, 하역 · 운반능력의 제한에 영향을 미친다.
가설 계획	□ □ □	가설 급수의 준비 작업 발판의 준비 기중 설비의 준비	식재 후(녹화패널 설치 후) 급수환경이 정비되어 있는지 준공 때까지의 관리에 필요한 작업 공을 확보할 수 있는지 등을 확인한 다음에 시공한다.
유지 관리 체제	□	녹화수법에 적합한 유지관리 운영여부	설계 의도가 준공 후의 운영체제에 연결되도록 계획적으로 필요한 체제를 협의한다.

7 Part 입체녹화의 사례와 실증적 연구 사례

7.1 도쿄도의 벽면녹화 조사 결과

옥상녹화 현황은 위성사진이나 항공사진을 통해 비교적 쉽게 파악할 수 있다. 그러나 벽면녹화는 이와 같은 방법으로 파악하는 것이 곤란하기 때문에 지역 레벨의 조사 사례는 적은 편이며, 나고야(名古屋)나 교토(京都) 등의 사례가 있을 뿐이다.

도쿄도(東京都)에서는 2003년 중점사업인 「집중적 열섬대책 모델사업」을 실시하여, 도쿄의 벽면녹화 현황을 파악하였다. 여기에서는 도쿄도가 2003년 실시한 「벽면녹화의 현황 조사」의 개요를 소개한다.

01 | 조사 내용

(1) 조사 항목

「조사 지역」, 「소재지」, 「건물의 용도」, 「벽의 면적」, 「녹화 면적」, 「피복률」, 「방위」, 「수종」, 「재배 형태」, 「엽수」, 「엽밀도」, 「건강 상태」, 「관리 상태」 등.

(2) 조사 대상

조사 대상 지역은 1지역당 대개 1km²의 규모로, 상업, 주택, 공장 등 지역별 특성에 따라 총10개 지역에 걸쳐 조사를 실시하였다(표 7-1-1).

표 7-1-1 조사 범위

지역명	대상 범위	지역 면적 (km^2)	지역 특성
신주쿠구 가부키지역	신주쿠구 가부키 1~2丁目 신주쿠구 신주쿠 1~5丁目	0.922	상업지역
츄오구 긴자지역	츄오구 긴자 1~8丁目	0.928	상업지역
네리마구 헤이와다이지역	네리마구 헤이와다이 1~4丁目 나가카와다이 2, 4丁目	1.158	주택지역
기타구 도시마지역	기타구 도시마 1~8丁目	0.908	주택지역
가츠시카구 호리키리지역	가츠시카구 호리키리 5~8丁目 히가시호리키리 1~3丁目	1.097	주택지역
스기나미구 나리타히가시지역	스기나미구 나리타히가시 1~3丁目 마츠노키 1~3丁目	0.923	주택지역
고토구 기타스나지역	고토구 기타스나 3~7丁目	1.054	주택지역
세타가야구 히가시타마가와지역	세타카야구 히가시타마가와 1~3丁目 오쿠사와 1丁目, 덴엔초후 1~2丁目	0.927	주택지역
분쿄구 센다기지역	분쿄구 센다기 1~5 丁目 홍코마고메 1, 3丁目 무코가오카 2丁目	1.008	주택지역
오타구 니시로쿄지역	오타구 니시로쿄 2~4丁目 나카로쿄 2~4丁目	1.079	공장지역

■ 조사의 지점 선정 이유

상업지역, 주택지역, 공장지역의 지점 선정에 있어서는 「도쿄의 토지이용(도쿄도 도시계획국)」을 참조하였다. 벽면녹화가 가능한 택지 중에서 공공용지 및 농업용지를 제외한 비율은 상업용지 : 주택용지 : 공업용지가 대략 20 : 65 : 15(1996년 8월 현재)였기 때문에 상업지역을 2개소, 주택지역을 7개소, 공장지역을 1개소로 하였다. 또한 장소는 구 전역에 분산되도록 배려하였다(그림 7-1-1).

(3) 조사 방법 등

조사는 해당 지역에서 눈으로 직접 확인하는 방법으로 실시하였다. 현지 조사에서는 건물 등의 소유자 판단이나 부지 내에서의 확인이 곤란한 것은 조사 대상에서 제외하였다.

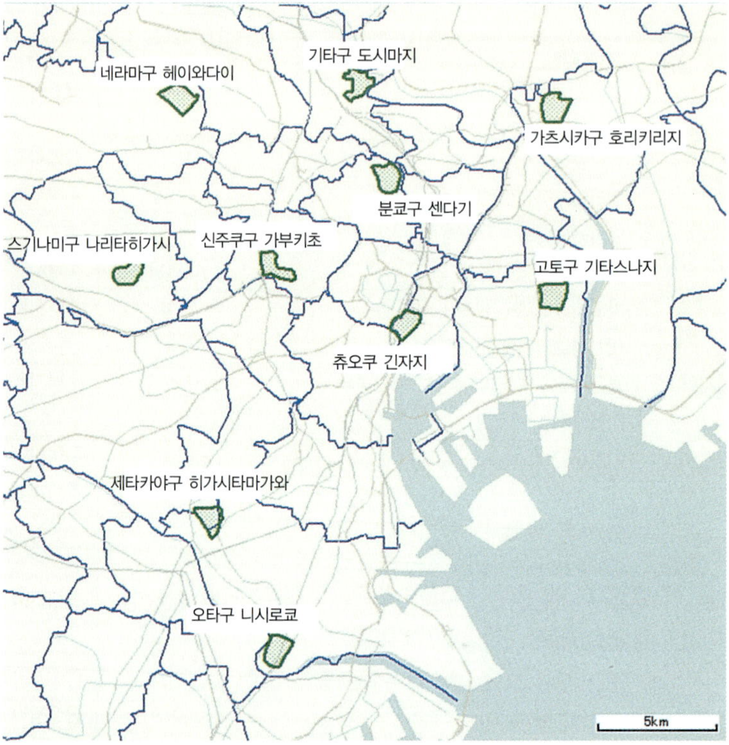

그림 7-1-1 조사 대상 지역의 위치도

「벽면녹화 조사」에 사용된 벽면녹화의 정의

● 벽면이란?

본 조사에서는 빌딩이나 주택, 공장, 학교 등의 건물, 교량, 육교, 옹벽 외 모든 구조물의 수직면 또는 수직에 준하는 각도의 면을 벽면이라고 한다. 그러나 토양 등이 노출된 경사면은 제외한다.

● 벽면녹화란?

벽면녹화의 정의에 관해서는 다양한 의견이 있지만 본 조사에 따르면 이하 두 가지를 기본 조건으로 하여 어느 쪽이든지 해당되는 것을 벽면녹화라고 한다.

(A) : 벽면을 녹화해야 한다는 분명한 의사가 느껴지는 곳.

(B) : 높이 1m 이상, 연속적으로 $1m^2$ 이상 동일한 식물로 피복되어 있는 곳.

여기에서 (A)의 '분명한 의사'라는 것은 네트나 지주, 지선(支線), 격자틀로 된 보조자재를 이용하고 것, 에스페리어 등과 같이 식물체를 벽면으로 유도하는 것을 말하며, (B)는 덩굴식물 등이 인위적이지는 않지만 벽면을 피복하는 경우를 말한다.

● 녹화 형태의 정의

본 조사에서는 벽면녹화의 형태에 대한 조사이지만 각각 아래와 같이 정의한다.

벽면 등반 : 벽면을 등반해서 피복하는 형태. 원칙적으로 벽면에 직접 부착시킨다.

격자 등반 : 네트나 지주 등의 보조자재를 설치하여 식물을 유도시켜 벽면을 피복하는 형대. 원칙적으로 벽면에 직접 부착하지 않는다.

벽면 하수 : 벽면 하부 또는 옥상에 플랜터 등을 설치하고, 식물을 하수시켜 벽면을 피복하는 형태. 벽면에 대한 부착은 식물에 따라 다르지만 대부분은 직접 부착하지는 않는다.

플랜터 : 벽면에 직접 또는 벽면 앞에 설치한 격자 등에 플랜터 등을 설치하고, 식물을 등반 또는 하수시켜 벽면을 피복시키는 형태.

유니트 식재 : 벽면에 직접 또는 벽면 앞에 설치한 격자 등에 식재기반을 설치하고, 식물을 생육시키는 형태. 원칙적으로 식재기반이 녹화 예정면적을 나타낸다.

벽전 식재 : 벽 주변(벽면에서 거의 30cm 정도)에 목본류(관목류 제외)를 심어 벽면을 피복시키는 형태. 동일 수종이 여러 그루 식재된다는 것과 창이나 베란다 등의 가리지 않고 벽면을 피복하는 것이 조건이 된다.

02 | 조사 결과

(1) 총괄

벽면녹화가 확인된 건물은 조사대상 10개 지역에서 합계 382건, 벽면녹화된 벽면의 수는 454건으로 지역 내 건물 수에 대한 벽면녹화 비율은 0.88%였다. 지역별로 살펴보면 벽면녹화 비율이 가장 높은 곳은 「세타가야구 히가시타마가와지역」으로 2.32%, 다음으로 「스기나미구 나리타히가시지역」이 1.76%, 가장 낮은 곳은 「츄오구 긴자지역」으로 0.07%였다(표 7-1-2 및 그림 7-1-2).

표 7-1-2 조사결과 총괄표

지역명	지역 내 건물 (건)	벽면녹화 건물의 수 (벽면녹화된 건물의 건수)	벽면녹화 벽면의 수 (벽면녹화된 벽면의 건수)	벽면녹화율 (벽면녹화된 건물수 / 지역 내 건물의 수)
신주쿠구 가부키지역	2,575	15	21	0.58%
츄오구 긴자지역	2,696	2	2	0.07%
네리마구 헤이와다이지역	3,638	21	24	0.58%
기타구 도시마지역	4,687	55	68	1.17%
가츠시카구 호리키리지역	5,299	37	42	0.70%
스기나미구 나리타히가시지역	4,153	73	88	1.76%
고토구 기타스나지역	6,463	54	62	0.84%
세타가야구 히가시타마가와지역	4,131	96	109	2.32%
분쿄구 센다기지역	5,315	14	18	0.26%
오타구 니시로쿄지역	4,441	15	20	0.34%
전체	43,398	382	454	0.88%

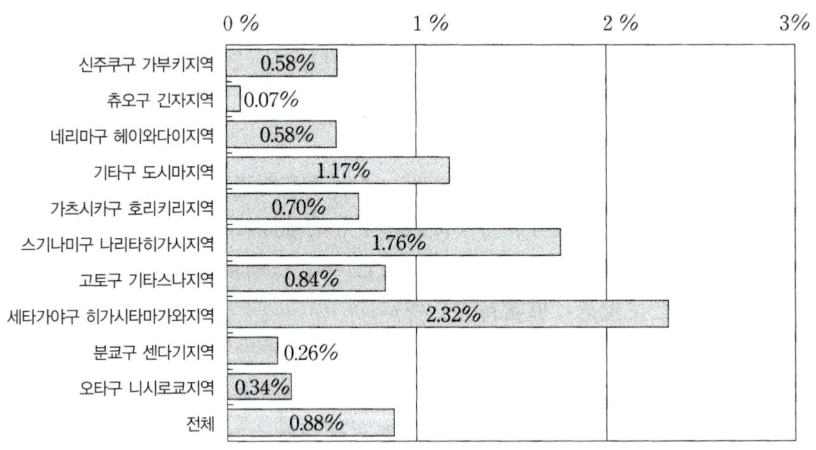

그림 7-1-2 지역별 벽면녹화율

(2) 사용 수종

벽면녹화에 사용된 수종은 사용 건수(혼식이나 동일 벽면에 복수로 사용된 경우는 각각 별개로 계산) 472건에 대해서 54종으로 확인되었다. 가장 많은 수종은 「담쟁이덩굴」의 160건으로, 이용률은 34.0%였다. 이외에 이용률이 많은 것으로는 「알제리아 아이비」가 41건(8.7%), 「잉글리쉬 아이비」가 39건(8.3%), 「크로베속」이 28건(5.9%) 등이었다. 사용 건수가 많은 수종별 피복률을 살펴보면 「휘커스 퓨밀라」가 84.2%로 가장 높았고, 이용률이 1위였던 「담쟁이덩굴」은 57.3%였다(표 7-1-3).

표 7-1-3 이용률 상위 수종과 피복률 현황

순위	수종	사용 건수	이용률	녹화 대상 벽면적 (㎡)	녹화 면적 (㎡)	피복률
1위	담쟁이덩굴	160	34.0%	6,822.1	3,907.3	57.3%
2위	알제리아 아이비	41	8.7%	1,052.7	496.2	47.1%
3위	잉글리쉬 아이비	39	8.3%	796.3	234.1	29.4%
4위	크로베속	28	5.9%	1,100.5	306.2	27.8%
5위	박신	27	5.7%	1,611.4	339.0	21.0%
6위	휘커스 퓨밀라	18	3.8%	481.2	405.0	84.2%
7위	동백나무	16	3.4%	1,052.5	434.3	41.3%
8위	능소화	11	2.3%	198.0	79.2	40.0%
9위	회양목	8	1.7%	516.2	65.6	12.7%
10위	판야	7	1.5%	289.6	31.6	10.9%
10위	사이프레스속	7	1.5%	276.4	49.7	18.0%
10위	참외류	7	1.5%	387.0	60.6	15.7%

표 7-1-4 벽면녹화 형태별 현황

	벽면 등반	격자 등반	벽면 하수	플랜터	유니트 시재	벽전 식재
신주쿠구 가부키지역	38.1%	9.5%	19.0%	0.0%	0.0%	33.4%
츄오구 긴자지역	50.0%	50.0%	0.0%	0.0%	0.0%	0.0%
네리마구 헤이와다이지역	76.0%	0.0%	20.0%	0.0%	0.0%	4.0%
기타구 도시마지역	37.7%	1.4%	0.0%	0.0%	0.0%	34.8%
가츠시카구 호리키리지역	58.7%	26.1%	4.3%	0.0%	0.0%	10.9%
스기나미구 나리타히가시지역	68.1%	7.7%	0.9%	0.0%	0.0%	13.3%
고토구 기타스나지역	31.3%	7.8%	0.0%	0.0%	0.0%	60.9%
세타가야구 히가시타마가와지역	37.5%	1.7%	10.8%	0.0%	0.0%	50.0%
분쿄구 센다기지역	66.7%	19.0%	14.3%	0.0%	0.0%	0.0%
오타구 니시로쿄지역	73.9%	13.0%	0.0%	8.7%	4.3%	0.0%
전체	49.6%	7.7%	7.5%	0.4%	0.2%	34.7%

(3) 벽면녹화의 형태

벽면녹화의 형태는 「벽면 등반」이 가장 많은 49.6%, 다음으로 「벽전 식재」가 34.7%, 「격자 등반」이 7.7%, 「벽면 하수」가 7.5%였다. 한편 「플랜터」, 「유니트 식재」에 의한 벽면녹화는 적었다(표 7-1-4).

(4) 벽면녹화의 평가

벽면녹화를 밀도, 건강, 관리상태에 따라 5단계로 평가하고, 각각의 평가점수를 종합하여 평가하였다.

밀도, 건강, 관리상태의 평가기준

● **밀도**

식물이 벽면을 피복한 정도를 나타낸다. 벽면을 피복한 식물이 무성한 부위(가지와 잎이 신장하여 벽면을 피복할 수 있는 부위)에서의 벽면을 피복한 정도를 나타낸다.

5 – 높음	벽이 보이지 않는 상태
3 – 중간	
1 – 낮음	거의 벽면을 피복하고 있지 않은 상태

● **건강**

벽면을 피복한 식물의 건강상태를 나타낸다. 수세, 엽색, 병 · 해충 등으로 판단한다.

5 – 양호	병충해 등에 의한 피해가 없으며, 엽색, 수세 등이 좋은 상태
3 – 중간	
1 – 불량	병충해 등에 의한 피해가 많아 엽색, 수세 등이 좋지 않은 상태

● **관리**

벽면을 피복한 식물의 관리상태를 나타낸다. 전정, 유도 등의 상태로 판단한다.

5 – 양호	전정, 유도 등의 관리가 철저한 상태
3 – 중간	
1 – 불량	전정, 유도 등의 관리가 거의 이루어지지 않은 상태

종합평가의 판단기준

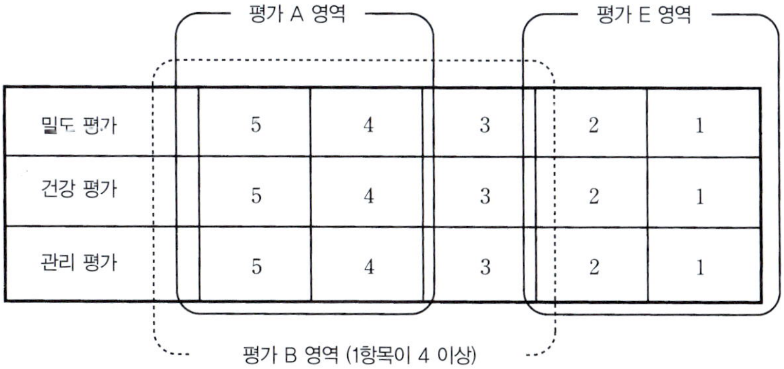

*평가 C, D 영역은 전체 (평가 포인트 합계로 판정)

종합 A	3항목 모두 평가 4 또는 5
종합 B	평가 1 및 2가 없이 , 1항목이 4 이상
종합 C	평가 A, B 이외에서 합계점이 9점 이상
종합 D	평가 A, B, C, E 이외
종합 E	항목 모두 평가 1 또는 2

● 밀도 평가

전체적으로 [3]이 47.8%로 가장 많았고, 다음으로 [4]가 32.8%였다. [4]와 [5]의 벽면녹화가 차지하는 비율이 높은 지역은 「네리마구 헤이와다이지역」으로 62.5%였다. 또한 [2]와 [1]의 벽면녹화가 차지하는 비율이 높은 지역은 「고토구 기타스나지역」으로 27.5%였다(표 7-1-5).

표 7-1-5 벽면녹화의 밀도 평가

지구명	밀도 평가				
	[5]	[4]	[3]	[2]	[1]
신주쿠구 가부키지역	4.8%	42.9%	52.4%	0.0%	0.0%
츄오구 긴자지역	0.0%	50.0%	0.0%	50.0%	0.0%
네리마구 헤이와다이지역	8.3%	54.2%	29.2%	8.3%	0.0%
기타구 도시마지역	1.5%	42.6%	47.1%	8.8%	0.0%
가츠시카구 호리키리지역	0.0%	26.2%	54.8%	19.0%	0.0%
스기나미구 나리타히가시지역	13.6%	28.4%	45.5%	11.4%	1.1%
고토구 기타스나지역	6.5%	27.4%	38.7%	24.2%	3.2%
세타가야구 히가시타마가와지역	5.5%	28.4%	54.1%	11.0%	0.9%
분쿄구 센다기지역	0.0%	44.4%	55.6%	0.0%	0.0%
오타구 니시로쿄지역	0.0%	25.0%	55.0%	20.0%	0.0%
합계	5.7%	32.8%	47.8%	12.8%	0.9%

● 건강상태 평가

전체적으로 [3]이 71.1%로 가장 높았다.

전체적인 건강상태는 보통이었으나, 「네리마구 헤이와다이지역」에서는 [4]의 비율이 높았고, 「오오타쿠 니시로쿄지역」에서는 [2]의 비율이 높았다(표 7-1-6).

표 7-1-6 벽면녹화의 건강상태 평가

대상명	건강 평가				
	[5]	[4]	[3]	[2]	[1]
신주쿠구 가부키지역	0.0%	14.3%	81.0%	4.8%	0.0%
츄오구 긴자지역	0.0%	50.0%	0.0%	50.0%	0.0%
네리마구 헤이와다이지역	0.0%	41.7%	58.3%	0.0%	0.0%
기타구 도시마지역	4.4%	11.8%	67.6%	16.2%	0.0%
가츠시카구 호리키리지역	0.0%	11.9%	61.9%	23.8%	2.4%
스기나미구 나리타히가시지역	2.3%	10.2%	72.7%	14.8%	0.0%
고토구 기타스나지역	3.2%	14.5%	75.8%	6.5%	0.0%
세타가야구 히가시타마가와지역	0.0%	15.6%	76.1%	8.3%	0.0%
분쿄구 센다기지역	0.0%	11.1%	83.3%	5.6%	0.0%
오타구 니시로쿄지역	0.0%	0.0%	55.0%	45.0%	0.0%
합계	1.5%	14.1%	71.1%	13.0%	0.2%

● 관리상태 평가

전체적으로는 [2]가 35.9%로 가장 많았고, [1]과 합하면 50.4%였으며, 관리상태가 보통 정도에 미치지 못하는 경우가 약 반수였다.

[5]와 [4]가 많은 지구는 「분쿄쿠 센다키지역」, 「세타카야구 히가시타마가와지역」로

표 7-1-7 벽면녹화의 관리상태 평가

대상명	관리 평가				
	[5]	[4]	[3]	[2]	[1]
신주쿠구 가부키지역	4.8%	9.5%	47.6%	38.1%	0.0%
츄오구 긴자지역	0.0%	0.0%	0.0%	50.0%	50.0%
네리마구 헤이와다이지역	0.0%	8.3%	45.8%	33.3%	12.5%
기타구 도시마지역	2.9%	16.2%	22.1%	44.1%	14.7%
가츠시카구 호리키리지역	0.0%	2.4%	23.8%	40.5%	33.3%
스기나미구 나리타히가시지역	8.0%	14.8%	27.3%	30.7%	19.3%
고토구 기타스나지역	0.0%	21.0%	29.0%	37.1%	12.9%
세타가야구 히가시타마가와지역	1.8%	29.4%	37.6%	26.6%	4.6%
분쿄구 센다기지역	16.7%	16.7%	5.6%	55.6%	5.6%
오타구 니시로쿄지역	0.0%	10.0%	5.0%	50.0%	35.0%
합계	3.3%	17.4%	28.9%	35.9%	14.5%

[5]와 [4]의 합계가 30%를 넘었다. 그러나 「분쿄쿠 센다키 지구」에서는 [2]와 [1]의 비율이 60.1%였다(표 7-1-7).

● 종합 평가

밀도, 건강상태, 관리상태의 각 평가를 토대로 [A]에서 [E]까지의 5단계로 구분하였다. [A]에 해당하는 벽면녹화가 5.3%, [B] 29.3%, [C] 20.9%, [D] 41.9%, [E] 2.6%였다(표 7-1-8).

표 7-1-8 벽면녹화의 종합 평가

지구명	종합 평가				
	[A]	[B]	[C]	[D]	[E]
신주쿠구 가부키지역	0.0%	42.9%	28.6%	28.6%	0.0%
츄오구 긴자지역	0.0%	0.0%	0.0%	50.0%	50.0%
네리마구 헤이와다이지역	4.2%	41.7%	29.2%	25.0%	0.0%
기타구 도시마지역	2.9%	25.0%	30.9%	39.7%	1.5%
가츠시카구 호리키리지역	0.0%	9.5%	26.2%	59.5%	4.8%
스기나미구 나리타히가시지역	10.2%	20.5%	20.5%	45.5%	3.4%
고토구 기타스나지역	4.8%	29.0%	19.4%	45.2%	1.6%
세타가야구 히가시타마가와지역	6.4%	45.9%	13.8%	32.1%	1.8%
분쿄구 센다기지역	11.1%	27.8%	16.7%	44.4%	0.0%
오타구 니시로쿄지역	0.0%	10.0%	10.0%	70.0%	10.0%
합계	5.3%	29.3%	20.9%	41.9%	2.6%

(5) 정리

도시 내 10개 지역(각 1㎢, 합계 10㎢)을 조사한 결과 약 0.88%의 건물에서 벽면녹화가 확인되었다. 녹화의 형태는 벽면 등반과 전면(前面) 식재가 80%를 차지하였다. 벽면 등반에서는 여름담쟁이덩굴의 이용이 압도적으로 많았고, 관리상태가 낮은 곳이 많은 것으로 보아 자연 발생적이라고 밖에 할 수 없는 벽면녹화가 많았던 것으로 생각된다. 향후 기술의 발진으로 아름다운 벽면녹화가 도쿄(東京)에서 자주 볼 수 있었으면 한다.

– 시부야 케스케(渋谷 圭助)

인용・참고문헌

1) 渡邊慎一 (2003) : 名古屋市における壁面緑化建物の分布特性に関する研究, 日本建築学会大会学術講演０００ : 697–698.

7.2 일본의 우수사례

01 | 일본의 사례

나고야시(名古屋市) 치쿠사(千種) 문화 소극장(치쿠사좌)

사진 7-2-1 치쿠사좌 전경(上)과 출입구(左)와 식물 등반 상태

| 건축물 데이터 |

- 소재지 : 아이치현(愛知県) 나고야시(名古屋市) 치쿠사구(千種区) 치쿠사(千種) 3-6-10
- 주용도 : 소극장
- 구조 : 철근 콘크리트(일부 철골)
- 층수 : 지상 2층(높이 13m)
- 부지 면적 : 1,328.91m² 건축 면적 : 905.55m²
- 연면적 : 1,522.32m²
- 건축주 : 나고야시(名古屋市)
- 설계자 : 나고야시(名古屋市) 주택도시국 영선부 영선과
- 주식회사 : 이토(伊藤)건축설계사무소
- 시공자 ; 주식회사 닛토(日東)건설
- 하중 조건 : 앵커(전단 강도) : 1,704kgf/m²
- 벽면녹화와 자재 중량 : 20.5kg/m²(식재부)

| 식물 데이터 |

- 알제리아 아이비
- 알제리아 아이비 변종
- 잉글리쉬 아이비
- 미국능소화
- 시계꽃, 휘커스 퓨밀라, 담쟁이덩굴

| 식물환경 데이터 |

- 지상부 식재틀 : 폭 750mm, 깊이 300mm만 인공경량토양, 자연지반과 연속하고 있다.
- 덩굴식물과 더불어 진달래 등의 관목이 식재되어 있다.
- 건축물 위의 식재틀 : 폭 600mm, 깊이 400mm, 출입구의 차양 및 옥상 부분
- 인공경량토양 : 비중 약 0.8, 유기질 포함.
- 관수 방법 : 자동점적관수
- 시스템 : 헤데라 등반 시스템(다이토테크노그린 주식회사 제품)

나고야시 치쿠사구 문화 소극장(치쿠사좌)은 나고야시의 12번째 소극장으로 2002년 6월에 완성되었다. 외벽이 전부 녹화로 된 이곳은 교통량이 많은 간선도로에 면한 저층 빌딩으로 둘러싸인 관계로 열악한 일조조건을 나타내는 곳이다.

현재 볼 수 있는 벽면녹화 중에서 가장 수려한 건물 가운데 하나가 이곳 치쿠사좌인 것은 이 건물이 많은 상을 받은 것으로도 알 수 있다. 주요 수상경력으로는 재단법인 도시녹화 기술개발기구에 의한 제3회 옥상, 벽면, 특수녹화기술 콩쿠르의 벽면 특수녹화부문의 국토교통부 장관상(부문최고상), 2003년도 나고야시 도시경관상, 제35회 중부건축상 입상 등을 들 수 있다. 치쿠사좌는 건물의 동쪽과 남쪽이 8종류 393개의 덩굴성 식물로 피복되어 있다. 수종의 선정에 있어서는 생육속도와 개화시기, 상록, 낙엽 등을 고려해서 실제로 정교하게 사용되었다.

설계 · 시공자는 시설 완공 때부터 수 년간은 생육이 빠른 미국능소화, 시계꽃이 우점종이 되어 시설 벽면의 대부분을 피복할 것으로 내다봤으며, 다음으로 유지관리비가 적게 소요되는 헤데라류가 우점종이 됨으로써 향후 유지관리비 부담을 줄일 수 있을 것으로 판단하였다. 필자의 관찰에 따르면 2004년 5월에는 능소화의 피복면적이 가장 컸으며, 다음으로 알제리아 아이비였다.

개화 시기는 비그노니아가 4~5월, 시계꽃이 6~7월, 능소화가 7~9월로 봄부터 가을까지가 관상 기간이다. 또한 가을에는 담쟁이덩굴의 단풍이, 겨울에는 헤데라류와 휘커스 퓨밀라 등이 중량감 있는 녹(綠)으로 시설 벽면을 덮고 있다. 알제리아 아이비 변종의 흰 반점도 겨울에는 매우 중요한 포인트가 된다.

치쿠사좌에 사용된 「헤데라 등반시스템」은 야자 섬유를 가공한 흡수 보습성이 뛰어난 등반 매트와 입체구조를 지닌 와이어로 형성된 벽면녹화용 시스템이다.

등반 매트는 헤데라류, 비그노니아 등 지지근(支持根)을 지닌 덩굴식물의 생육을 촉진시키며, 입체구조 와이어는 시계꽃과 미국능소화 등을 감아주는 역할로 신장을 보조해준다. 치쿠사좌에 사용된 식물의 대부분은 이 시스템의 도움으로 매우 잘 자라고 있다. 그러나 굳이 단점을 든다면 색의 변화가 적어 전체적으로는 다소 무거운 느낌이 든다. 헤데라류는 매우 다양한 품종이 있으며, 능소화도 최근에는 황화나 적화, 반점무늬 등 다양한 품종이 유통되고 있다. 이들을 활용해서 앞으로는 다양한 변화의 전개를 기대해본다.

릿쿄(立教)대학 이케부쿠로(池袋) 캠퍼스

사진 7-2-2 릿쿄 대학(본관 모리스관)

| 건축물 데이터 |

- 소재지 : 도쿄도 토시마구 니시이케부쿠로 3-34-1
- 주용도 : 학교
- 구조 : 철근 콘크리트 벽돌(고딕 리바이벌 양식)
- 층수 : 지상 2층
- 기본 설계 : J.M. 가디너
- 설계 감리 : 마피 앤 다나 건축사무소
- 시공 : 清水組(현 시미즈(清水)건설)

릿쿄대학의 건물들은 도쿄도의 역사적 건물로 지정되어 있어 도쿄역과 함께 일본의 대규모 벽돌 건물을 대표한다. 이들 건물은 고딕 리바이벌 양식을 따르고 있어 붉은 벽돌과 덩굴식물의 녹이 낭만적인 분위기를 연출하고 있다.

릿쿄대학 본관(모리스관)의 벽면녹화는 오랜 역사를 자랑한다. 1924년 원래 신학원에 있던 것을 오카다나나유(岡田七雄, 1923년 상학부 경영학과 졸업생)씨가 이식한 것으로 추정되고 있다. 약 80년 전에 이식한 것이므로 당연히 「도시열섬대책」 등의 목적은 아니었다. 오카다(岡田)씨가 이식한 이유는 그해 농구부가 제1회 리그전에서 우승한 것을 축하하는 의미였던 것으로 전해지고 있다.

본관(모리스관) 이외에도 채플회관이나 도서관 본관, 진료소 등에도 여름담쟁이덩굴의 벽면녹화를 볼 수 있지만 이것들은 자연적으로 발생된 결과라고 생각된다. 도입은 개인적인 기념식수였지만 이들 벽면녹화는 오늘날 릿쿄대학의 상징과도 같은 존재가 되었다. 어느 해 건물 개수공사 때 건물에 덮개를 씌우게 되어 식물에 빛이 들지 않은 관계로 탈색되어 당시 대학의 교수, OB, 재학생의 부모들로부터 항의가 대학 당국에 쇄도했다는 일화가 있다. 이후 대학의 관리자에게는 무슨 일이 있어도 담쟁이덩굴을 시들게 해서는 안 된다는 확고한 방침이 확립되어 이처럼 아름다운 벽면녹화가 유지되고 있다.

릿쿄대학의 벽면녹화에서 볼 수 있는 식물로는 담쟁이덩굴, 송악, 마삭줄 등이다. 담쟁이덩굴의 겨울 상황은 찬반양론이 있기는 하지만 봄의 맹아나 여름의 신록 그리고 단풍 등으로 계절감이 적은 도심에 있어서 매우 귀중한 존재이다. 특히 이 벽면녹화는 규모가 커서 아름다운 건물과도 잘 어울리며, 가을부터 겨울까지 담쟁이덩굴이 보여주는 단풍이 점차 드는 모습은 장관이다.

동 대학은 연간 2회 정도(6월과 10월) 전문업자를 통해 전정관리를 하고 있다. 이외에도 식물이 생육하는 시기에는 대학 직원들이 매일 점검작업을 하고 있다고 한다. 특히 상징적인 건물인 시계탑의 경우에는 시계 내부에 담쟁이덩굴이 들어가 고장의 원인이 되기 때문에 매일같이 점검을 해야 한다고 한다. 또한 도쿄도의 역사적인 건물로 지정되어 있기 때문에 개수공사가 불가능해 목재 창틀이 많이 남아 있다. 이곳에도 담쟁이덩굴이 침입하기 때문에 매일 점검을 해야 한다. 대학 측은 건물의 내진보강 개수공사에 있어서도 덩굴식물을 포함한 외관을 제외하고, 내부 개수만 진행할 예정이라고 한다. 특히 1990년에 신자(新座) 캠퍼스를 열었을 때에도 대학의 상징인 담쟁이덩굴을 식재하여 벽면녹화를 조성했다고 한다. 대학관계자들의 노력이 이런 훌륭한 벽면녹화를 유지하고 있는 것에 경의를 표한다.

릿쿄대학 벽돌 건물의 격조 높고, 양호한 보존 상태는 다른 것에서는 찾아볼 수 없을 정도로 우수하다고 할 수 있다. 이것도 벽면녹화에 따른 효과 중 하나일지 모른다.

도쿄(東京) 빅사이트(Big sight)

사진 7-2-3 도쿄 빅사이트 히가시(東) 전시장 캐롤라이나 자스민

| 건축물 데이터 |

- 소재지 : 도쿄도 고토구 아리아케 3-21-1
- 주용도 : 전시장
- 구조 : RC조
- 시공 : 시미즈(清水)건설
- 준공 : 2003년 10월(벽면녹화 부분)

| 식물 데이터 |

- 클레마티스 알만디
- 캐롤라이나 자스민
- 마삭줄
- 멀꿀
- 남오미자, 비그노니아

도쿄 빅사이트는 사단법인 도쿄 국제견본시협회에 의해 설립되어 1997년 3월 도쿄 빅사이트의 개업 당시부터 환경과 녹화에 집중적으로 힘을 기울였다. 안개가 발생하는 중정, 메타세코이야 숲, 옥상녹화, 벽면녹화 등 방문객은 충분한 녹량을 즐겼을 것이

다. 2003년 4월 주식회사 도쿄 빅사이트가 되어서는 녹화에 대한 적극적인 자세가 유지되고 있다는 것이 벽면녹화 설치만 보더라도 충분히 알 수 있다.

히가시(東)전시관의 벽면녹화는 주차장의 증설로 기존 녹지를 부득이하게 제거했기 때문에 제거된 녹화면적 대신에 설치되었다. 넓은 부지의 전시장이라고 하더라도 녹화해야 할 토지가 한정되어 있기 때문에 벽면녹화를 택한 것이었다. 이 벽면녹화는 건물의 남쪽과 북쪽에 각각 길이 132m, 높이 6m, 면적 약 800m^2로 된 것이다. 단일 시설로 약 1,600m^2(남쪽과 북쪽의 합)의 인공 벽면녹화는 국내는 물론 세계 최대 규모라고 할 수 있을 것이다.

사용된 수종은 상록인 것, 계절감을 지닌(꽃이 피는) 것, 등반성인 것 또한 해당 시설이 바다에 인접해 있다는 특성 때문에 그에 따른 강한 특성을 지니고 있는 것을 택하였다. 식재 본수는 포트 2,640개로 이들 덩굴식물은 준공 때 충분한 녹화량 확보를 위해 녹화식물 생산자에서 위탁 생산시켰다. 도내 생산자에 의해 대부분의 식물이 2m 이상의 상태로 납품되었다. 이와 같이 키가 큰 덩굴식물에 의한 벽면녹화 시공은 완공 때 녹화량의 확보는 물론 적은 주수라도 유인 자재로 인한 안정적인 감기와 조기피복 등을 기대할 수 있다. 그러나 한편으로는 단가가 높고, 잎이 많기 때문에 충분한 양의 관수를 필요로 하며, 고사된 경우 그 피해가 매우 크다는 단점도 지니고 있다. 이들 키가 큰 덩굴식물은 식재 직후 고사목 발생이 거의 없었다. 2004년 9월 미타마조원업협동조합(三玉造園業協同組合)이 실시한 조사에서는 다음과 같이 보고하였다.

- 멀꿀 : 생육은 순조로우며, 가장 빠르다. 일부는 펜스를 완전히 피복한 상태(식재 당시 2m)
- 캐롤라이나 자스민 : 생육은 순조로우며, 일부는 펜스를 완전히 피복한 상태(식재 당시 2m)
- 마사줄 : 생육은 순조롭지만, 잎이 작기 때문에 펜스를 완전히 피복하지 못했다. 빠른 것은 5m에 달한다(식재 당시 2m).
- 비그노니아 : 생육은 순조롭다. 등반 생장은 느리지만 부분적으로 펜스를 완전히 피복한 상태(식재 당시 1.8m)
- 남오미자 : 생장이 느려 2~3m 정도로 무성하다. 일부는 펜스를 완전히 피복한 상

태이며, 생육은 순조로운 편이다. 북쪽 일부에 해충에 의한 피해를 입었다(식재 당시 1.5m).

- 클레마티스 알만디 : 시기별로 상황은 다르지만 고사 흔적을 많이 볼 수 있다. 생장이 빠른 것은 6m 정도이지만 늦은 것은 3m 정도(식재 당시 2m).

이후 고사한 클레마티스 알만디는 제거되었고, 마삭줄로 보식되었다. 식재 이듬해인 2004년 폭염이 클레마티스 알만디의 생육 상태를 불량하게 한 원인일지 모르겠다. 그러나 식재 후 1년 이상이 경과한 단계에서 기대한 대로 순조로운 생육을 보였기 때문에 수종 선택은 타당한 선택이었다고 할 수 있겠다.

식재기반은 폭 560mm, 상층 300mm 인공경량토양, 배수층 100mm, 그 아래 자연토양이었다. 관수는 자동관수방식을 택하였다. 또한 조풍해(潮風害)대책으로 식물을 향해 스프링클러를 설치하였다.

유도자재로서 「가든그럽 · 에스페리어월」(YKK AP엑스테리아 주식회사)이 사용되었다. 이 자재는 부식에 강한 알루미늄 합금선(5mm)을 입체적인 트레스 구조로 패널화한 것으로 경량이며, 또한 강한 강도를 지니고 있으므로 등반성 덩굴식물의 입체녹화에 있어서는 우수한 자재라고 할 수 있다.

오가닉(Organick) 빌딩

사진 7-2-4 오가닉 빌딩 오사카

| 건축물 데이터 |

- 소재지 : 오사카시 츄오구 미나미후나바 4-7-21
- 주용도 : 사무실 · 점포
- 구조 : SRC조
- 층수 : 지하 1층, 지상 9층, 옥탑 1층
- 건축 면적 : 675.79m²
- 연면적 : 7,052.86m²
- 건축주 : (주)오쿠라야 야마모토(小倉屋山本)
- 설계자 : 가에타노 · 펫세
- 실시 설계 : UD컨설턴트
- 시공 : 코난건설(주)
- 준공 : 1993년 2월

| 식물 데이터 |

• 알로에	• 영춘화	• 올리브	• 캐롤라이나 자스민	
• 겨울 동백꽃(寒椿)	• 키위	• 철쭉	• 금귤	
• 크리스마스홀리	• 월계수	• 벚꽃	• 자두	
• 소철	• 덩굴 장미	• 만천성	• 장미	
• 엽란	• 빈카마줄	• 포도	• 단풍	
• 유칼리	• 유자나무	• 유카	• 류우젠란	• 사과

브랜드 샵이나 개성 만점의 카페가 즐비한 오사카의 미나미후나바(南舟場) 지역의 랜드마크로서 친근한 것이 오가닉 빌딩이다.

이 빌딩의 건축주는 오사카에서 대대로 다시마를 취급하는 가게의 주인으로 자연과의 공생을 기업이념의 하나로 삼고 있다. 이러한 기업이념이 설계의 개념이 되어 있기 때문에 이와 같은 건물이 탄생된 것이다. 외벽이 크기나 형태가 다른 식물로 피복된 Vertical Garden(수직 정원)은 단번에 시선을 집중시킨다. 뛰어난 예술성과 독창성을 보이는 이 건물은 1994년 통산성(通産省)의 Good Design상에 선정되기도 하였다(시설부문). 오가닉 빌딩 창문의 형태와 배치는 「자연스러운 대나무 숲」을 연상시키는 느낌을 준다.

식재틀은 132개로 모두 형태가 다르다. 식물은 준공 당시 영춘화, 알제리아 아이비 등 51종이 사용되었다. 2001년 1월 위의 표에 제시한 식물이 식재되었다.

토양은 인공경량토양이 사용되었고, 관수는 빗물을 이용한 것과 자동관수장치(점적식 관수 호스)가 이용되었다. 오가닉 빌딩에는 주인은 물론 관리회사가 상주하고 있기 때문에 식물의 관리는 잘 이루어지고 있다.

Caretta 시오도메(汐留)

사진 7-2-5 Caretta 시오도메(汐留)

| 건축물 데이터 |

- 소재지 : 도쿄도 미나토구 히가시신바시 1-8-2
- 주용도 : 도로 구조물
- 구조 : RC조
- 설계 : Jon Jerde
- 시공 : 오바야시구미(大林組)
- 준공 : 2002년 8월

| 식물 데이터 |

- 잉글리쉬 아이비
- 멀굴, 마삭줄

Caretta 시오도메는 2001년 8월 시행된 도시녹지보전법 적용 제1호 시설이다. Caretta 시오도메는 계획 전역에 대하여 환경에 대한 「Low impact」를 설계의 개념으로 삼았다. 그러나 설치된 벽면녹화는 도시열섬현상의 관점보다는 디자인에 중점을 둔 것이다. Caretta 시오도메의 Base floor에 설치된 도로하부 옹벽의 중압감이 매우 컸기 때문이다.

녹화 패널은 스테인리스제의 특수 제품을 택하였다. 플랜터에 펜스를 붙인 것 같은 구조로 식재된 식물이 등반 또는 하수하면서 벽면을 피복하였다. 설치 장소는 남쪽을 향하고 있지만 남쪽에는 전기통신회사 빌딩이 있기 때문에 일조조건은 양호하다고는 할 수 없다. 따라서 해당 시설은 녹화 설치 · 유지관리에 주력하고 있다. 수종의 결정에 있어서는 설치 1년 이상 전부터 10종류의 후보 식물을 이용해서 검토해 왔으며, 완성

후에도 상세한 관리데이터를 수집하고 있다. 따라서 생육은 양호한 편이지만 교각에 따라 뚜렷한 일조환경 불량, 고르지 못한 일조환경으로 생육상태가 일정하지 않으며, 대규모 개발 특유의 바람 영향, 제초 작업 등 Caretta 시오도메의 벽면녹화에는 도시녹화 특유의 문제점이 급격히 나타나고 있다.

새로운 시도 : 도우준카이(同潤會) 아오야마(青山) 재개발 현장 가설 벽면녹화 사업

사진 7-2-6 진구 앞 시가지 재개발 현장 가설 벽면녹화 사업과 벽면의 광고이용

| 식물 데이터 |

- 헤데라
- 로즈마리 헤데라
- 헤데라(세엽)
- 잔디
- 레인보우판
- 빈카마줄
- 무늬가 들어간 퓨미라
- 프렉트랜섬
- 와이어프란츠
- 퓨미라

무미건조한 공사장 가설 벽에도 입체녹화가 이루어졌다. 여기에서는 구(旧) 도우준카이(同潤會) 아오야마(青山) 아파트 재개발로 진구(神宮) 앞 시가지 재개발 조합이 계획한 「벽면녹화 사업」을 소개한다.

동조합은 오모테산도(表参道) 보도에 설치된 가설 벽(높이 4m, 길이 270m)의 내부 출입구를 제외한 벽면 전체 면적의 약 50%(약 450m²)에 녹화를 실시하였다. 동조합은 도시열섬현상을 의식해서 순진히 주변 지역 주민이나 이곳을 지나는 사람들에게 즐거움을 선사하기 위해 벽면녹화를 계획한 것이다.

이러한 시도는 도쿄도의 옥외광고물 조례 7조의 특례가 적용되어 벽면녹화 사업에 협찬할 스폰서를 찾아 사진에 나타낸 바와 같이 기업의 광고 공간(1~2개월마다 교체)으로 활용되어 비용을 절감하였다. 이것은 큰 화제를 불러일으켜 각종 매스컴에 소개되기도 하였다.

벽면녹화 사업을 실시하는 데 있어 주의해야 할 것이나 문제점으로 동조합은 덩굴 식물의 생장이나 관수방법을 들었다. 공공 도로이므로 덩굴식물이 보행자의 보행에 장애를 줄 수 있다는 점과 관수가 보도로 유출되어 벽면을 동결시킬 수 있다는 점 등 보행자의 배려가 우선시 되어야 한다는 것이다. 또한 가설 벽은 공사 관계상 빈번히 이동시켜주어야 한다는 점도 어려운 상황 가운데 하나로 지적하였다.

이곳의 시공은 주식회사 오바야시구미(大林組)에서, 관리 등은 주식회사 도코(Doko)가 실시하였다.

– 시부야 케스케(渋谷 圭助)

7.3 열대도시 · 오키나와의 입체녹화 수법

열대지역의 환경을 도시환경 수준에서 조절하는 방법으로 녹화에 의한 피복이 있다. 특히 건물의 지붕이나 외벽 등에 덩굴식물류로 녹화하는 것에 대해서는 벽면녹화, 건축녹화 또는 수직녹화 등으로 불리고 있지만 여기에서는 이 책의 취지에 맞게 입체녹화로 한다. 직접 녹화를 실시하는 입체녹화 수법은 시각적인 디자인 효과와 더불어 건축 외벽의 복사열을 저감하는 에너지 절약효과가 클 것으로 기대된다. 녹화를 공공사업인 공원이나 녹지정책에만 맡기는 것이 아니라 주민측이 자주적으로 택할 수 있는 방법으로, 일반적인 파급 효과가 높은 녹화정책이 될 것으로 판단된다. 여기에서는 열대지역의 북쪽에 위치한 오키나와에서의 입체녹화 수법에 대해 형태 분류 및 특징을 비롯해서 열대도시에 있어서 환경조절기능으로의 역할과 적용 가능성, 그리고 녹화정책적인 과제에 대해서 고찰해보도록 한다.

01 | 열대도시 · 오키나와의 입체녹화 유형과 사례

동남아시아의 주요 도시 및 주변 지역의 녹화 종류는 크게 가로와 관련된 것과 건물과 관련된 것, 기타의 것으로 구분할 수 있다. 건물과 관련된 입체녹화에 한해 분류해 보면 건물의 「지붕」, 「외벽」, 「발코니」, 「접근로」와 구조물의 「담」, 「파고라」, 「기타」 등 7가지 유형이 있다. 그 가운데 주된 것에 대해 디자인적 특징을 소개한다.

(1) 지붕녹화

건물의 옥상, 지붕에 녹화하는 「지붕녹화」는 동남아시아에서 볼 수 있는 빌딩의 옥

사진 7-3-1 지붕녹화에 의한 환경공생

상에 식재한 것이고, 오키나와의 지붕녹화(덩굴식물류)는 주택의 에너지 절약차원에서 가장 발달된 예이다(사진 7-3-1).

또한 나하시(那覇市)에서는 시가지 경관 향상을 목표로 옥상녹화를 보급하기 위해 지원제도가 시행되고 있으나 아직 시작 단계로 앞으로의 진행이 기대된다.

(2) 외벽녹화

건물의 외벽에 녹을 입히는 외벽녹화 유형의 경우 동남아시아에서는 아직 많은 편은 아니다. 예를 들어 싱가포르의 초고층 아파트에서 실험 중인 것 외에는 부분적인 것에 불과하며, 오히려 오키나와의 주택에서 쉽게 볼 수 있다. 외벽에 직접 덩굴식물을 입히는 오키나와의 유형은 석양을 차단하는 역할을 하는 경우도 많으며, 환경조절기능도 가능하므로 열대지역 북쪽 끝에 위치한 오키나와에서 가장 보급 가능한 녹화수법이라고 할 수 있다(사진 7-3-2, 3). 한편, 오키나와 벽면녹화에서 사용되고 있는 덩굴성식물의 생육의 경우 생장속도가 빠르므로 관리에 있어 상당한 노력이 필요하며, 또한 진딧물류 등의 해충도 있기 때문에 주변 환경에 대한 배려와 이웃 거주자와의 협력 체제도 필요하다.

사진 7-3-2 외벽녹화에 의한 석양 차단

사진 7-3-3 주택의 외벽녹화

(3) 발코니 식재

건물의 테라스 등을 이용해서 녹화를 조성하는 「발코니」 유형은 동남아시아의 각 도시 및 오키나와에서 공통적으로 각종 건물에서 볼 수 있다. 특히 호텔의 발코니를 부겐빌레아로 장식하는 방법은 오키나와의 특징을 잘 보여주고 있다. 이 경우 외관상 연출 효과도 있지만, 내부의 프라이버시 보호차원의 차폐 역할도 한다(사진 7-3-4, 5).

사진 7-3-4 호텔 발코니 녹화

사진 7-3-5 주택 발코니 녹화

(4) 담, 돌 울타리의 녹화

구조물에 대해서는 동남아시아, 오키나와 모두 담장을 녹화하는 「피복형 담」의 유형이 많으며, 담장의 소재는 동남아시아(벽돌, 석재, 목재)와 오키나와(콘크리트블럭, 돌울타리)가 서로 다르지만 녹화의 형태는 거의 같다고 할 수 있다.

오키나와의 풍경을 잘 나타내고 있는 담장녹화는 마을과 일체화되어 있다. 일례로 들 수 있는 기타나카구스쿠 마을(北中城村) 오기도(荻道)지역은 각 주택이나 담장, 돌울타리 그리고 광장에 주민 전체가 모여 덩굴류와 꽃으로 환경정비를 조직적으로 해나가는 데 성공한 지역이다. 식재의 유지관리는 공공이 아닌 관계 주민의 자주적인 관리가 필요하다. 여기에서는 지역주민의 녹화환경에 대한 애착과 노력이 아름다운 풍경으로 결실을 맺고 있다(사진 7-3-6, 7, 8, 9).

한편, 동남아시아에서 많이 볼 수 있는 「Spot형」(담에 틈 등을 만들어 식물을 식재한 것)이 오키나와에서는 거의 사례가 없어 이에 대한 검토가 필요하다.

사진 7-3-6 이웃 지역과 연속된 옹벽녹화

사진 7-3-7 주거지의 담장녹화

사진 7-3-8 주택의 담장녹화

사진 7-3-9 주택의 담장녹화

사진 7-3-10 모노레일 교각녹화

(5) 기둥 · 교각의 녹화

최근 오키나와의 사례를 보면 모노레일 기둥을 덩굴식물로 피복하고, 또한 하부에 식재하는 경향을 보인다. 이것은 싱가포르의 도로 교각이나 육교에서 많이 볼 수 있는 Green socks를 참고한 것으로, 아직 흔하지는 않다. 향후 생육 등으로 확대될 가능성은 있지만, 종종 하부 식재가 난잡하다는 점과 교각의 덩굴식물에 대한 관리를 어떻게 할 것인지, 일본 건설행정에 있어 적게 책정된 식재관리비로 어떻게 운영할 것인지, 주민 및 NPO를 비롯한 제3자와의 관계가 어떻게 이루어질 수 있는지 등이 고려되어야 할 것이다(사진 7-3-10).

(6) 파고라

등나무 시렁 등의 「파고라」 유형에 대해서는 공원 내 뿐만 아니라 여러 곳에서 활용되고 있는 것이 동남아시아의 특색 중 하나로, 특히 싱가포르의 주차장 파고라는 열대지역에서 활용효과가 높다고 생각된다. 오키나와의 주차장은 퍼걸러를 활용한 유형의 보급이 바람직하다.

02 | 오키나와의 입체녹화를 위한 과제

이제까지 살펴본 오키나와를 중심으로 한 열대도시의 입체녹화 사례에서 이러한 것들의 보급과 실현을 위한 제도적 대응 과제에 대해 생각해보도록 한다.

(1) 지역 조성, 마을 조성의 녹화운동

오키나와와 같이 지역의 거주지가 명확하고, 지연 · 혈연을 통한 지역 커뮤니티가 강한 곳에서는 마을이 지역 환경 형성에 커다란 영향력을 행사하는 경우가 많다. 특히 녹화에 대한 이해는 남녀노소를 불문하고 많은 주민이 참가할 수 있기 때문에 사례에서 본 것과 같이 지역 조성이 녹화운동이 성립되기 쉽다. 필요한 것은 지역주민의 관심이나 의욕에 대한 입체녹화 등의 기술적이고, 제도적인 지원이며, 지역 지도자 만들기와 함께 행정, 전문가의 역할이 높다.

(2) 주민, 그룹 활동으로의 전개

한편 마을 단위와 같이 지연이나 혈연과 달리 주민의 모임이나 임의 그룹에 의한 녹화활동도 성행하고 있다. 그러면서도 각 그룹에 따른 꽃밭가꾸기 등 취미활동이 많아 건물 등의 입체녹화에 대해서는 개인적인 경합을 초래한다. 인접 건물로 이어지는 경우도 있지만 아주 드문 일이다. 지자체에 의한 녹화 표창제도로 수상, 보급된 모델이라

하더라도 개인이 거의 대부분이다. 또한 기업에 의한 건물의 입체녹화도 많이 있기는 하지만 개인 차원에서의 사례를 보급하기 위해서는 개개인의 노력을 모은 모델 사례집으로서의 매뉴얼적 소개와 지원이 필요하다.

(3) 공공사업과 입체녹화의 바람직한 모습

공공사업의 경우 규모나 범위의 크기로부터 볼 때 지역에 미치는 효과는 크다고 할 수 있다. 특히 시각적으로도 입체적인 녹화는 지역 경관에 미치는 영향이 크기 때문에 그에 대한 시책 결정에 있어서는 신중한 배려가 필요하다. 토목 구조물의 이미지를 완화시키기 위해 입체면을 녹화하는 것은 목적에서 벗어나므로 자연환경과의 공생 관점에서 입체녹화를 결부시킬 필요가 있다. 건물에 대한 입체녹화에 대해서는 휴먼스케일로부터 받아들이기 쉬운 면이 있지만 토목 구조물에 있어서의 입체녹화가 이루어지는 것에 대해서는 향후 기술적인 대응까지 포함해서 논의의 여지가 있다고 생각된다.

(4) 도시경관 형성 조례 등의 제도적 대응

오키나와현 경관형성 조례, 나하시(那覇市) 경관형성 조례 등에는 대규모 구조물이나 모델 지역의 건물에 대해 주변 환경 경관형성에 대한 배려 사항으로 부지나 건물녹화를 지도하고 있으며, 건물주나 설계자의 의도에 따라 다양한 식재가 설치되는 사례가 많다. 그러나 그것은 단체의 건물에 한정되거나 인접 건물이나 주변 지역으로의 파급효과가 적으므로 지역 단위로 건물녹화 특히 경관효과가 높은 입체녹화의 지도나 유도가 필요하다.

이와 같은 경우라도 녹화 협정이나 지역 계획 등의 제도적 대응과 모델 지역에 대한 조언이나 보조제도의 보완이 필요하다. 물론 주민에 의한(기업도 포함) 지역 그린환경 조성을 위한 합의 형성이 이루어져야 하는 것은 말할 것도 없다.

(5) 파트너쉽(협동)에 의한 추진 방법

열대도시에 있어서 향후 입체녹화를 진행하기 위해서는 주민, 기업, 지역커뮤니티, 전문가, 계획가, 행정 등에 의한 협동적인 관계가 필요하다. 아열대와 같은 열악한 환경에서 환경생태계의 순환을 고려한 녹화의 역할은 빼놓을 수 없다. 녹지의 보전과 확보는 물론 열대환경의 조절기능으로서도, 더 나아가 리조트나 관광지역의 경관조성으로서의 시각적 효과나 풍토(風土)로서의 역할은 크다. 특히 그 중 코디네이터적인 역할을 담당하는 것이 계획가이므로 전문가 집단으로서 NPO의 역할도 크다. 지역 지도자를 육성하고, 협동의 고리를 넓혀 입체녹화와 관련된 기술이나 제도적 대책을 조언하고 지원하는 환경을 구축할 필요가 있다.

사사 | 여기에서의 사례 수집에 있어서는 崎山正美(風水舍), 宋揚楽(琉球大学 大学院生)씨에게 협력을 얻었다. 진심으로 감사한다.

– 이케다 타카유키(池田 孝之)

인용・참고문헌

1) 森本幸裕 (1982)：壁面緑化に有望なつる植物の生育特性に関する一考察, 斜面緑化研究 No.4.
2) 池田孝之・小場京子・平良博紀 (1983)：都市のセミパブリック・グリーンに関する研究, 琉球大学工学部紀要, 第26号, pp.47-66.
3) 池田孝之・小場京子 (1985)：亜熱帯都市における壁面緑化の型とその評価に関する研究, 日本大学建築学会大会学術講演, pp.217-218.
4) 下村孝 (1985)：日本産つる性クワ科植物の分類と壁面緑化への利用の実態, 造園雑誌第48号第5号, pp.127-132.
5) 池田孝之・崎山正美・小場京子・平良博紀 (1986)：亜熱帯地域における壁面緑化の省エネ効果に関する研究, 文部科学省学研究費特別研究環境科学研究広報, 第34, pp.145-147.
6) 池田孝之・崎山正美・小場京子・平良博紀 (1987)：壁面緑化の省エネ効果の研究, 文部科学省学研究費特別研究環境科学研究広報, 第37, pp.145-147.
7) 池田孝之 (1989)：亜熱帯都市の緑化と景観づくり-地域からの発想-, pp.297-345, ひるぎ社.
8) 安里直美, 池田孝之 (2001)：沖縄における参加型環境保全活動の実態と支援の可能性, 日本造園学会九州支部研究発表会, pp.39-40.
9) 安里直美, 池田孝之 (2001)：沖縄県における参加型環境保全活動の実態と支援方策上の課題, 日本造園学会誌ランドスケープ研究, Vol.64, pp.849-854.
10) 安里直美, 池田孝之 (2001)：身近な環境づくりにおける住民主体の活動と支援に関する実態と課題, 沖縄県浦添市まちづくりプラン賞を事例にして, 日本建築学会計画系論文集 第566号, pp.89-95.

7.4 싱가포르의 도시녹화 구상 -Garden city의 지향점-

싱가포르는 최근에 경이적인 도시녹화 형성을 위한 실천과 성공이 주목받게 되었다. 이 작은 실험 도시국가의 「Garden city 구상」은 단순한 녹화의 범주를 넘어 입체적인 도시 구조를 전체적으로 재구성하는 획기적인 것이다. 이 싱가포르의 녹화 구상에 대한 개요는 다음과 같다.

싱가포르는 북위 1°09′~29′, 동경 103°38′~104°06′에 위치하며, 적도에서 북쪽으로 불과 136.8km 떨어져 있다. 인구는 약 400만의 복합민족국가로, 국토는 633.0km²(동남 42km, 남북 23km)이며, 기후는 열대몬순기후(평균기온 20℃~34℃, 연강우량은 약 2,400mm)이다.

01 | Garden city의 지향점

지금부터 약 40년 정도 전인 1965년 싱가포르는 말레이지아 연방에서 독립하였다. 당시 세계의 언론은 무모한 판단이기 때문에 머지 않아 파탄할 될 것으로 예상하였다.

독립 6년 전인 1959년 경 이미 Garden city의 구상이 전 수상인 리콴유에 의해 논의되었다. 그 당시의 사회 · 경제상황은 언제 이 나라가 붕괴될지 모르는 상황이었지만 「Garden city」라는 이상을 목표로 삼았던 것이다. 극히 힘든 상황에서 이러한 정치적 판단은 현재의 이 나라를 있게 했다.

싱가포르는 근대국가로 발전하기 위해 두 가지 기본적인 문제가 있었다. 그 하나는 싱가포르의 경우 천연자원이 거의 없으며, 좁고 한정된 국토에서 다만 「인적자원」만이 국가의 유일한 자원이라는 점과 두 번째로는 생활하는데 있어 적도 부근의 고온다습 열대성 몬순기후는 매우 불량한 환경이라는 점이었다. 이 두 가지의 문제를 극복하는 것이 다양한 사회 · 경제정책을 실현하기 위한 가장 기본적으로 해결되어야 과제였으므로 이를 위해 「Garden city의 구상」이 선택된 것이다. 이러한 구상에 따라 「국가를 지키려는 사람들의 생활공간」인 미기후(환경)의 개선을 도모하였으며, 미래 국가를 위한 활력을 보장했던 것이다.

어쨌든 「녹화」에 대해서는 시각적인 측면만 강조되기 쉽지만, 싱가포르에서는 도시녹화의 의의를 재인식하고, 미래 도시가 지닐 중요성과 방향성을 제시함에 의미가 있다고 할 수 있다.

이러한 구상의 실현을 위한 구제적인 사례를 가능한 한 많은 관점에서 입체적인 도시녹화의 형태를 각각의 카테고리로 나눠 다음 사진 1~44을 통해 다양하게 소개한다.

- Garden city 싱가포르
- 공항 주변 녹화
- 도로 및 시설녹화
- 벽면녹화
- 호텔이나 상업건물의 외부 구조와 내부 공간
- 복합도시시설 : 마리너 시티
- 주택과 공원
- 학교와 주차장
- 잔디밭과 유지관리
- 매립지 등의 Interim Use계획 수법에 의한 선행녹화

● Garden city 싱가포르

①

②

③

● 공항 주변 녹화

④

⑤

- 도로 및 시설(육교, Green socks 등)

⑥

⑦

⑧

⑨

⑩

⑪

⑫

⑬

⑭

⑮

⑯

⑰

● 벽면녹화

⑱

⑲

● 호텔이나 상업건물의 외부와 내부 공간(아트리움)

⑳

㉑

㉒

㉓

㉔

● 복합도시시설 : 마리너 시티

㉕

㉖

㉗

㉘

● 주택과 공원

㉙

㉚

㉛

㉜

● 학교와 주차장

㉝

㉞

㉟

㊱

● 잔디밭과 유지관리

㊲

㊳

㊴

㊵

● 매립지 등의 Interim Use계획(잠정이용) 수법에 의한 선

㊶

㊷

㊸

㊹

싱가포르 도시녹화 구상의 구체적인 사례 : 사진 설명

① 싱가포르 전국토 Green & Blue plan(싱가포르 URA : 재개발국 자료)

② Garden city · 싱가포르 국토조성의 전형인 비산파크(Bishan Park)와 집합주택(싱가포르 주택공단 자료)

③ 중심가 센트웨이와 오픈 스페이스

④ 창이 국제공항 출입구와 주차장

⑤ 창이 국제공항 진입로 조명등 기둥 입체녹화

⑥ 이스트코스트이 파크웨이와 매립지 녹화

⑦ 그린 회랑으로서의 도로녹화

⑧ 초기의 육교 입체녹화

⑨ 육교 녹화 식재틀과 관수 파이프

⑩ 육교 관수 파이프 및 배수 파이프

⑪ 관수 파이프에 물탱크차 호스를 연결하는 금속 노즐
⑫ 육교 교각의 입체녹화
⑬ 교각 녹화 식재
⑭ 육교 입체녹화
⑮ ⑯ ⑰ 고속도로 교각 입체녹화(Green socks)
⑱ 수로 벽면 입체녹화
⑲ 도로변 벽면 입체녹화
⑳ 샹그릴라 호텔 아트리움
㉑ 샹그릴라 호텔 베란다
㉒ 샹그릴라 호텔 아트리움
㉓ 마리너 만다린 호텔 아트리움
㉔ 마리너 센터 실내 입체녹화
㉕ 마리너 센터 오리엔탈 호텔 입체녹화
㉖ 인공지반 경계부 입체녹화
㉗ 인공지반 포장 내 교목 식재틀
㉘ 인공지반 트렐리스 입체녹화
㉙ 개인주택의 팜야자나무에 의한 입체녹화
㉚ 맨션 베란다 입체녹화
㉛ 민간 집합주택의 조경공간
㉜ 공공 집합주택의 잔디밭 녹화
㉝ 교정의 잔디운동장 녹화
㉞ 창이 국제공항의 주차장
㉟ 주차장의 잔디블록포장
㊱ 트렐리스에 의한 주차장 입체녹화
㊲ 마리너사우스 매립지, Interium Use계획 수법에 의한 다목적 잔디밭 광장
㊳ 국토 전체의 지면에 잔디밭 조성과 관리
㊴ 공원의 잔디밭 관리
㊵ 완숙하수오니의 잔디밭 및 식재공사에 이용

㊶ 마리너사우스 매립지 , Interim Use계획 수법에 의한 선행녹화
㊷ 선행녹화 후 인프라 정비공사
㊸ 마리너사우스 매립지, 선행 녹화 후 Interim Use의 상태
㊹ 마리너 시티 파크(마리너 사우스 매립지 내)의 도시건설에 앞장선 선행개발 후 상태

02 | Garden city 싱가포르의 녹화 수법

Garden city 구상의 목적에 대해 살펴보았는데 구상을 실현하기 위해 싱가포르 나름대로 40년 이상의 시행착오를 거치면서 제도, 설계, 디자인, 유지관리의 노하우가 확립되었다.

Garden city 실현을 위한 제도, 수법에 대해서는 일본과는 다른 국민 정서적 차이도 있겠지만 특히 중요하다고 생각되는 점에 대해 소개하고자 한다.

(1) 토지이용계획

토지이용법(Planing Act)에 따라 전국토의 마스터플랜을 작성하여 5년에 한 번씩 수정 · 보완되고 있다.

(2) 토지수용

토지수용법(Land Acquisition Act)에 따라 시행되고 있다. 기본적으로 토지는 국가에 귀속되어 있으며, 마스터플랜에 따라 토지는 수용된다.

(3) 개발계획 신청

싱가포르에서도 개발계획, 건축계획 신청은 이루어지고 있으나 특기할 만한 사항은 국가개발성의 공원 레크리에이션국 내 계획조정분과(Planning control section)가 있어 이들 계획신청 도면이 관계부서에 회람되는 과정에서 계획조정분과에도 회람되어 조경측면의 코멘트가 이루어지고 있다. 즉, 기본적으로는 계획조정분과의 승인을 얻지 못하면 신청이 허가되지 않는다. 이 과정에서 민관 불문하고 전국토의 조경 조정이 이

루어지고 있다. 결국 신청도면에 조경계획도면의 첨부가 의무로 되어 있다.

(4) Garden city 행동위원회

국가개발성 중 Garden city를 실현시키기 위해 조정과 체크를 하는 위원회가 설정되었다. 이 위원회(Garden city 행동위원회)에 의해 행정 각 분과의 벽을 넘어 각 사업에 대한 Garden city 실현을 위한 조정이 반드시 이루어진다. 즉, 도시행정에 있어서 가장 중요한 조정을 하는 조직이 확립된 것이다.

(5) 유지관리

유지관리는 Garden city의 행정상 어떤 의미에서는 가장 중요한 부분이다. 싱가포르 공원 레크리에이션국 예산의 약 60%가 유지관리 작업에 쓰인다. 식물을 이용하는 한 당연한 일이므로 유지관리 작업, 유지관리 예산 없이는 녹화가 이루어질 수 없다. 토양개량, 시비도 철저히 이루어지고 있다.

(6) 전국토의 잔디화

전국토의 잔디화가 철저히 시행되고 있다. 유지관리도 철저히 이루어지고 있어 조금만 잡초가 있더라도 제거함으로써 전체적으로 아름다운 녹 위에 건물이 배치된 듯하다.

(7) 학교 운동장의 잔디화

나라의 학교 교정은 모두 잔디로 되어 있다. 따라서 비가 온 후에도 곧바로 사용할 수 있으며, 부상방지 측면에서도 효과적이고, 아이들의 정서면에 있어서도 양호하다.

(8) 완숙하수오니의 이용

완숙오니를 식재토양에 25%정도 섞는다. 그러면 도시폐기물을 재활용할 수 있게 되어 오니도 도시녹화의 자원이 된다.

(9) 표토(Top-Soil)의 사용

식재토양에는 반드시 표토가 사용된다. 기반인 심토(Sub-Soil)와는 분명히 구별된다. 「흙」에 대한 배려가 확립되어 있다.

(10) 콘크리트 구조물에 대한 녹화

구조물보다 복사열 경감, 시각적인 거부감의 완화를 위해 콘크리트 구조물은 디자인 단계에서 경관적인 검토가 이루어졌다. 동시에 관수와 배수의 설비도 함께 구조에 포함되어 디자인 단계에서 유지관리에 대한 배려도 이루어졌다.

예를 들어 도로의 콘크리트 구조물에는 전체적으로 녹화가 이루어지고, 콘크리트 옹벽의 전면에는 반드시 폭 30cm 이상의 녹화를 위한 식재지반이 설치되어 덩굴류 등으로 벽면을 녹화한다.

(11) Inter Use과 선행녹화

80년대 후반 세계경제 변동의 시기에 Inter Use계획 수법이 실제로 개발계획에 도입되었다. 마리너사우스 매립지는 당초 도시 시설의 수용지로 계획되었으나 경제적 변동에 의해 건설은 동결되었다. 이 기간 동안 매립지는 미사용지가 되었다. 건설 동결 중 토지의 유효 이용 수법으로 Inter Use를 생각하게 되었다.

당초 신도심의 부지는 우선 잔디밭으로 조성되어 다목적 광장으로 시민에게 유용하게 이용되고 있다. 이용계획이 보류되어 있는 일본의 많은 매립지나 미사용 토지도 이와 같은 Inter Use계획을 도입하여 유용하게 이용해야 할 것이다.

– 이나다 준이치(稲田 純一)

인용・참고문헌

1) 稲田純一 (1993) : 都市緑化技術, Summser No. 10, p.24-27.
2) 稲田純一 (1990, 1991) : クリーン&グリーン政策の街角, 園芸新知識 Vol. 1, 2, 3.
3) 稲田純一 (1991) : シンガポールのランドスケープデザイン, ジャパンランドスケープ, No.17.
4) 稲田純一 (1995) : 実験都市国家の「ガーデンシティ構想」シンガポール, ジャパンランドスケープ, No.33.

7.5 입체녹화에 의한 경관조성 효과와 온난화 완화효과의 실험 사례

01 | 벽면녹화에 의한 환경완화 효과 측정 조사(도쿄도)

2003년 도쿄도는 분야를 한정시켜 중점적, 집중적으로 다뤄야 할 문제를 「중점사업」으로 채택하였다 그 중 하나인 「집중적인 도시열섬대책 모델사업」에서는 옥상녹화와 가로수 재생, 보수성포장, 물 재활용 등의 대책을 집중적으로 실시함과 동시에 벽면녹화에 의한 환경완화 효과의 검증을 실시하였다. 여기에서는 그 개요에 대해 소개한다.

(1) 목적

이론상으로는 유용한 건축외벽녹화의 「실제적 효과와 구체적인 효능」을 밝히고, 도시열섬대책으로서 「식물에 의한 벽면녹화의 유용성을 입증」하여 향후 시책전개의 기반자료로 한다. 또한 「녹화 벽이 존재함으로써 느낄 수 있는 환경완화효과의 가능성」을 밝혀 벽면녹화의 보급을 위한 기반자료로 삼는다.

(2) 실험의 개요

도쿄도 관련시설에서 시공된 녹화 벽면을 활용하여 「녹화구①」, 「녹화구②」, 「대조구」별로 환경의 비교계측을 실시하였다(사진 7-5-1).

- 녹화구① : 벽면 상부에 설치한 플랜터에서 알제리아 아이비를 하수시켜 벽면을 피복하였다.
- 녹화구② : 식물이 활착 · 생육된 식재기반(피트모스블록)을 대조 벽면의 전면에 설치하여 벽면을 피복하였다.

• 대조구 : 식물 등에 의한 피복이 아닌 콘크리트 벽면

측정은 벽면온도(벽의 앞 · 뒤), 엽온, 복사열(열반사) 등을 기간 중 1분 간격으로 측정하여 변화를 확인하였다. 녹화 유니트로부터의 증발산량 측정은 특정 하루를 1시간 간격으로 실시하였다. 또한 벽면의 표면 온도의 일변화를 면적, 시각적으로 밝히기 위해 적외선계측장치(열화상장치)를 이용해서 측정하였다.

사진 7-5-1 시험구 전경

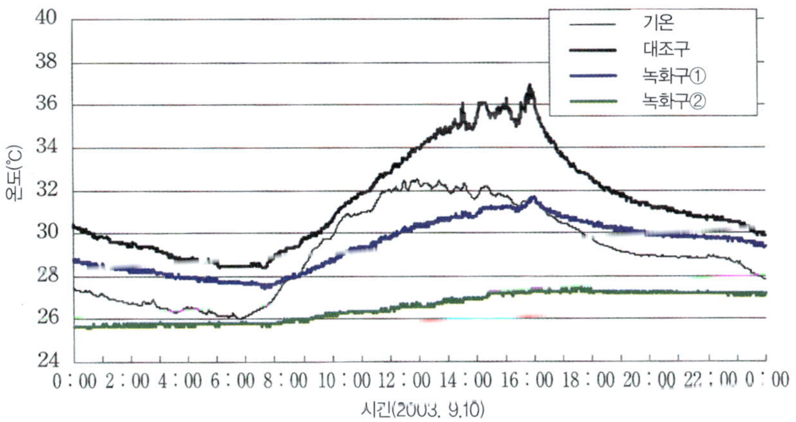

그림 7-5-1 벽 표면 온도의 경시적 변화와 벽 표면의 온도특성

	기온	대조구	녹화구①	녹화구②
최대치	32.5	36.9	31.7	27.5
평균치	29.1	31.5	29.4	26.6
최소치	26.0	28.4	27.4	25.6
대조구와 각 구 온도의 최대폭 (시간)			5.3 (15 : 55)	9.6 (15 : 51)

(3) 실험 결과

1 벽 표면 온도(그림 7-5-1)

벽 표면 온도는 일출과 함께 상승하여 각 처리구 모두 16시경에 최고를 기록하였다. 조사한 벽면은 서쪽이었기 때문에 최고 기온과 벽 최고 표면 온도는 시간차가 있었다.

대조구의 벽 표면 온도는 일출과 함께 급격히 상승했으며 하루 종일 대기온도보다 높게 나타났다. 녹화구②의 벽 표면 온도는 하루 동안 큰 변동이 없었으며, 낮은 값을 나타냈다. 녹화구①의 벽 표면 온도는 대조구와 녹화구②의 중간적인 경향을 나타냈으며, 하루 종일 대기온도보다 낮았다. 대조구와 녹화구와의 벽 표면 온도의 차이는 16시경에 최대가 되어 녹화구①에서 5.3℃, 녹화구②에서 9.6℃였다.

2 벽 뒷면 온도(그림 7-5-2)

벽 뒷면 온도는 모든 처리구에서 커다란 일변화를 보이지 않았다.

대조구가 가장 높은 경향을 보여 모든 시간대에서 다른 처리구에 비해 높았다. 녹화구②의 벽 뒷면 온도는 가장 낮았고, 녹화구①의 벽 뒷면 온도는 대조구와 녹화구②의 중간적인 경향을 나타냈다. 대조구와 녹화구와의 벽 뒷면 온도 차이는 밤 0시경에 최대가 되어 녹화구①에서 1.6℃, 녹화구②에서 3.7℃였다.

3 잎 표면 온도(그림 7-5-3)

잎 표면 온도는 정오 전후에 최대를 나타내 대기온도와 비슷한 경향을 보였다.

녹화구①, ② 모두 대조구 벽 표면 온도보다 낮은 경향을 보였으며, 녹화구②는 대부분의 시간대에서 녹화구①보다 낮은 경향을 나타냈다.

대조구 벽 표면 온도와 잎 표면 온도의 차이는 16시경 최대가 되어 녹화구①에서 4.9℃, 녹화구②에서 5.7℃였다.

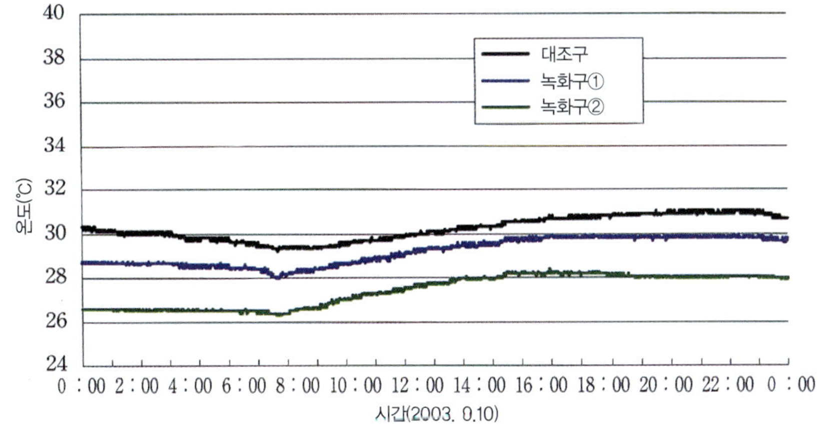

그림 7-5-2 벽 뒷면 온도의 경시적 변화와 벽 뒷면의 온도특성

	대조구	녹화구①	녹화구②
최대치	31.0	30.0	28.4
평균치	30.2	29.2	27.4
최소치	29.2	28.0	26.3
대조구와 각 구 온도의 최대폭 (시간)		1.6 (0 : 06)	3.7 (0 : 06)

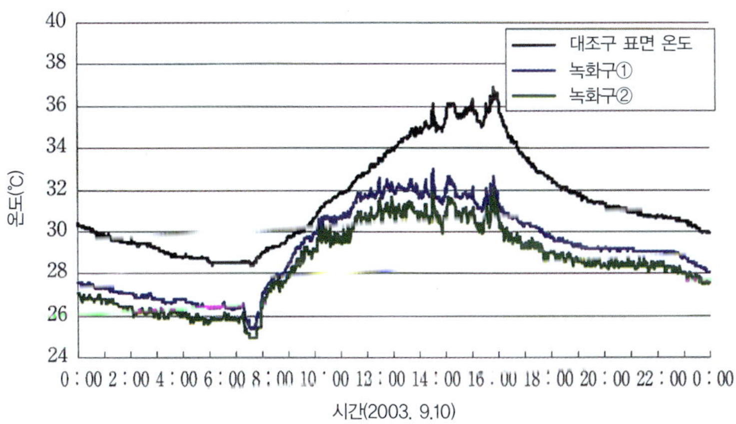

그림 7-5-3 잎 표면 온도의 경시적 변화와 엽면의 온도특성

	대조구 벽면온도	녹화구①	녹화구②
최대치	36.9	33.0	32.1
평균치	31.5	29.2	28.5
최소치	28.4	25.4	25.0
벽면온도와 각 구 온도의 최대폭 (시간)		4.9 (16 : 01)	5.7 (16 : 03)

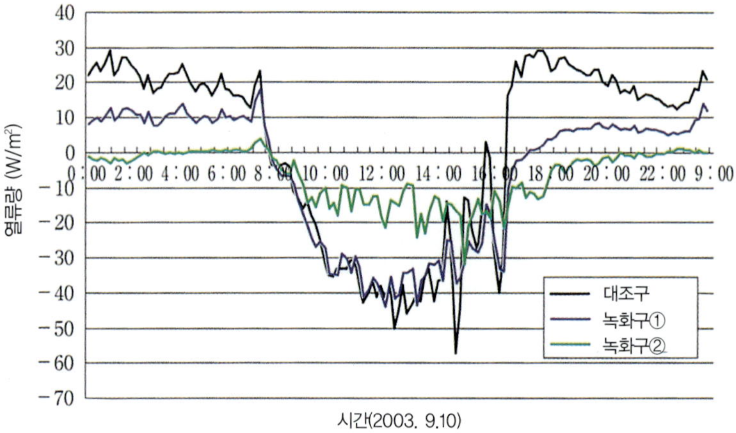

그림 7-5-4 열류량의 경시적 변화

4 열류량

그림 7-5-4는 양(+)의 경우 벽의 바깥방향으로, 음(-)의 경우 벽의 안쪽방향으로 열이 이동하고 있다는 것을 나타내고 있다.

대조구는 낮 동안 큰 음의 값을 나타냈으나, 일몰과 동시에 양의 값이 되었다. 야간에는 큰 양의 값이 나타냈다. 녹화구②는 낮 동안 큰 음의 값이 아니였으며, 야간에는 거의 0에 가까웠다. 녹화구①은 낮 동안 큰 음의 값을 나타냈으나, 야간에는 녹화구②와 대조구 사이의 값을 나타냈다.

5 적외선 카메라에 의한 관찰

적외선 카메라에 의한 관찰로 벽면의 온도분포를 확인할 수 있었다. 대조구 및 녹화구②에서는 벽면이 비교적 균일한 온도분포를 나타냈다. 그러나 녹화구①은 식물에 의한 피복이 균일하지 않은 관계로 피복되어 있는 부분과 피복되지 않은 부분 사이에 온도 차를 나타냈다(그림 7-5-5).

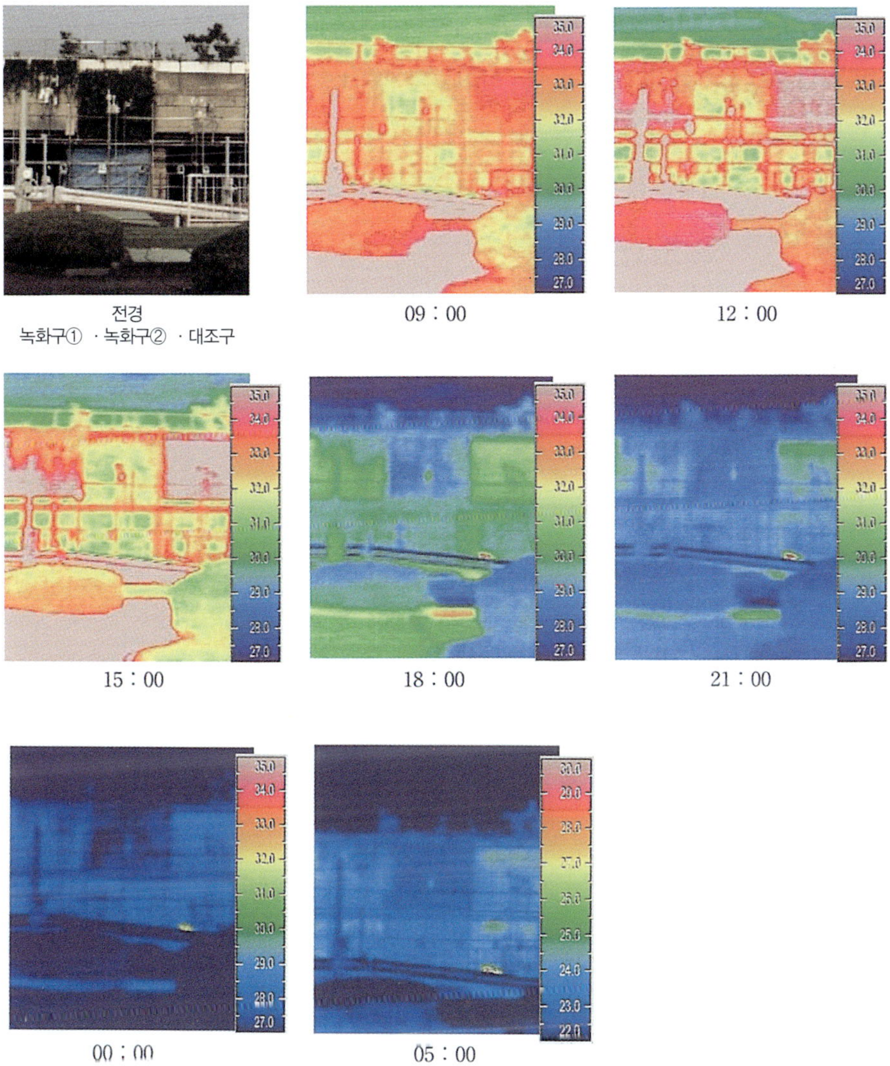

그림 7-5-5 적외선 카메라에 의한 관찰

(4) 결론

이번 조사로 다음과 같은 것들이 확인되었다.

- 벽면녹화는 건축 벽면에 의한 「축열」 「야간 방열」을 현저히 억제하는 효과가 있다는 것을 확인할 수 있었다.
- 벽면녹화의 효과는 공법, 피복도, 식물의 종류 등에 따라 크게 다르다는 것이 시사되었다.

- 벽면녹화의 보급으로 도시열섬현상의 경감을 기대할 수 있다.
- 벽면녹화의 유무와 복사의 관계는 확인되지 않았다.
- 벽면 바로 앞의 온도는 뚜렷한 차이를 보이는 데이터를 얻을 수 없었다.
- 이번 조사는 「여름철에 한정된」 것이므로 겨울철의 온난화에 대한 데이터의 수집도 필요하다(겨울철의 보온효과가 있는지, 아닌지. 어떤 경우에는 생활 에너지 경감에 대한 효과도 생각할 필요가 있다).
- 이번 조사결과 외에 복수의 데이터와의 검증을 통한 구체적인 시책 목표설정을 행할 필요가 있다(장기간의 연속적인 기본 데이터가 적다).

향후에는 보다 많은 연구기관으로부터의 다양한 접근으로 벽면녹화의 효과 검증, 벽면녹화의 보급과 확대에 기여할 수 있는 연구가 이루어지기를 기대한다.

– 시부야 케스케(渋谷 圭助)

02 | 옹벽이나 교량 등 도로 수직벽면 녹화에 의한 경관조성 효과 실험

도시의 경우 폭을 넓히는 도로의 새로운 정비는 사실상 어려우며, 고가나 반지하, 차단벽에 둘러싸인 도로가 늘고 있다. 그렇지만 원활한 소통, 도로환경이나 주변 환경 개선을 위해 도로의 정비는 필요하며, 덧붙여 경관적인 측면에서도 질 좋은 도로구조가 요구되고 있다.

옹벽이나 방음벽, 교각 등 많은 수직벽면을 지닌 도시 내 도로에 대해 경관적인 배려를 도모할 수 있는 녹화에 의한 효과에 기대가 모아지고 있다.

도로 구조물, 특히 수직벽면에 대한 녹화는 기술적인 개발이 선행되는데 비해 경관이나 환경효과라는 관점에서의 검토는 뒤쳐져 있다. 따라서 국토교통성 칸토우 지방정비국 칸토우 기술사무소는 실제 도로에 대해 기술 공모로 수집한 공법을 시험적으로 시공하여 식물의 생육이나 유지관리, 환경개선효과 등에 관한 조사를 계획하였다. 벽면녹화 효과의 검증, 적용에 관한 과제의 정리 등을 목적으로 2003년부터 3년간 실시된 성과의 일부를 여기에서 소개한다. 이 실험은 각 녹화기술 사이에 생육환경조건 등의 여러 조건이 다르므로 각 기술의 우열을 비교 검토한 것이 아니라 현재의 벽면녹화 기술수준이 어느 정도인지, 또한 그것을 실제 현장에서 적용하게 되면 어떤 과제가 발생하는지를 실제 확인하는데 있었다.

도쿄 국도사무소 관내 국도 15호선 히가시로쿠고(東六鄕) 고가교(高架橋) 옹벽 및 그 상부에 설치된 방음벽과 국도 246호선 타마가와(玉川) 고가교 교각에서 실시했던 것이다. 측정결과의 개요는 다음과 같다.

(1) 실증실험의 개요

1 실승실험의 개요

이 실증실험은 도로 공간의 수직벽면(옹벽, 방음벽, 교각 등) 녹화에 의한 경관조성 효과나 온도변화의 완화효과 등의 효과 검증을 목적으로 수행되었다.

2 실증실험의 실시장소

① 도쿄도 오타구 히가시로쿠고(이하 「히가시로쿠고」라 한다) (사진 7-5-2) 국도 15호선 히가시로쿠고 고가교 옹벽 및 그 상부에 설치된 방음벽(상행 및 하행)

② 도쿄도 세타가야구 타마가와(이하 「타마가와」라 한다) (사진 7-5-3) 국도 246호선 타마가와 고가교 교각(구립은 나미즈키 광장 내)

사진 7-5-2

사진 7-5-3

3 실증실험에 적용한 기술

실제로 적용된 17가지 기술은 다음의 1~17과 같다.

「히가시로쿠고」에서 사용한 6가지 기술을 (A), 「타마가와」에서 사용한 11가지 기술을 (B)로 나타내었다(17개 기술에 대해 저자에게 자문 구함).

1. 세덤류를 이용한 벽면녹화시스템(네오세덤 벽면녹화공법) A
2. 식생콘크리트(헤지크리트) A
3. 콘크리트 구조물의 유지관리를 고려한 벽면녹화시스템 A
4. 콘크리트 구조물의 벽면녹화공법 B
5. TU등반메쉬 벽면녹화시스템 A
6. 월포켓 공법 A
7. 수직의 숲ECO A 및 B
8. 수직의 숲WALL 타운 B
9. 헤데라 등반시스템(벽면녹화패널) B
10. 휴식의 벽(앵커 고정) B
11. 휴식의 벽(앵커 없이 고정) B
12. 숏드피트 벽면녹화시스템 B
13. 그린벨에 의한 벽면녹화시스템 B
14. 녹화판 B
15. 녹화 방음벽「윈터그린」 B
16. 수직벽면 녹화공법「아트그린」 B
17. 녹화패널「그린스퀘어」 B

4 실증실험의 기간

2003년 9월~ 2004년 12월(16개월)

5 유지관리 상황

벽면녹화 기술의 보급을 위해서는 종래 도로녹화와 같은 정도의 관리를 하는 게 바람직하므로 실험기간 중 전정이나 간벌 · 제초, 시비 등은 하지 않았다.

관수에 대해 타마가와는 고가교 아래로 빗물이 떨어지지 않기 때문에 자동관수장치를 설치하였다. 히가시로쿠고는 관수장치를 설치하지 않고 자연강우만을 이용하였다.

6 실증실험기간 중 기상

실증실험기간 중 특히 2004년 여름은 관측 이래 1, 2위가 될 정도의 폭염과 적은 강우량을 보였다. 실증실험기간 중 기온과 강우량의 실적치(實積値)와 평년치는 다음과 같다.

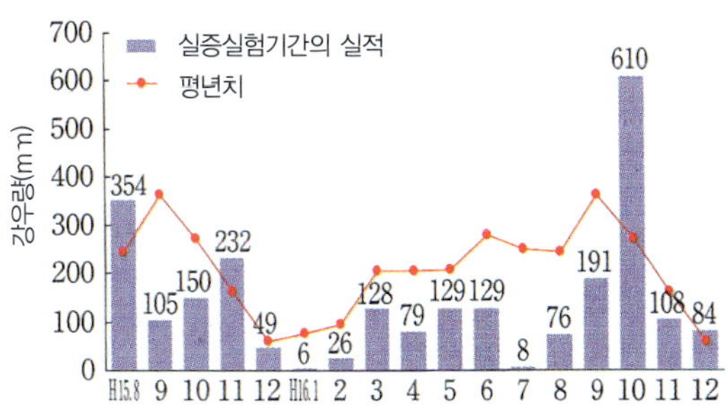

강우량(도쿄 항공지방기상대/오오타구 하네다)

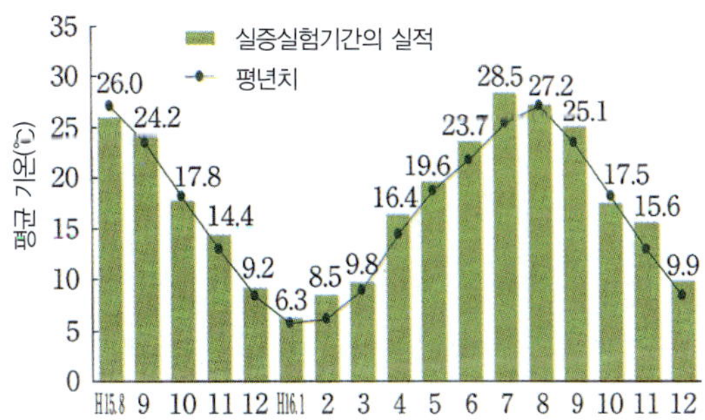

기온(도쿄 항공지방기상대/오오타구 하네다)

(2) 각 기술의 생육 상황

실증실험기간 중 17가지 녹화기술의 녹피율, 생장량 추이를 435페이지 등에 나타내었다.

[히가시로쿠고]

관수장치를 설치하지 않고, 자연강우만으로 생육시켰기 때문에 세덤류 등 비교적 건조에 강하다고 알려진 식물을 이용한 기술이 많았다. 다만, 이들 세덤류를 이용한 기술의 대부분이 최종적으로는 고사하였다. 강수 부족이나 폭염 등에 의한 극한 건조가 고사원인의 하나라고 판단되었다.

2003년 9월 실험 개시 후, 이듬 해 봄이 되어 왕성한 생장을 보였던 기술도 있었지만 2004년 여름철 폭염, 적은 강우로 8월경에는 나머지 대부분도 고사하였다.

[타마가와]

자동관수장치를 설치하여 정기적으로 관수하였다. 따라서 2004년 여름철 적은 강우로 히가시로쿠고의 대부분이 고사된 반면 타마가와의 기술 대부분은 순조롭게 생육하였다.

(3) 고찰과 응용

도로 공간의 수직벽면녹화는 도심 도로처럼 보행자나 주변 주민들에게 보이는 곳에서는 디자인이나 관리가 우수한 집약적(intensive) 녹화가 요구되는 데에 비해 전원·자연지역의 도로처럼 오직 운전자에게만 보이는 곳에서는 조방적(extensive) 녹화가 요구된다. 물론 그 중간적인 변화형도 있다. 특히 집약적(intensive) 녹화에서는 녹의 양과 질(식물의 생육상태나 식물의 종류와 조합)에 있어 높은 수준이 요구된다.

도로 공간처럼 식물생육에 있어 열악한 조건의 장소에서 풍부한 녹을 조성하려 한다면 식물의 종류는 생장이 왕성하며, 더불어 선에서부터 면에 이르는 녹의 질에 변화를 주는 게 바람직하다. 옹벽이나 구조면이 기울어져 있다면 빗물을 받는 면이 생겨 녹화식물에게는 생존을 보장하는 물을 제공받을 수 있다. 그러나 수직면에서는 대지와 연결되지 않은 식재기반의 경우 물 부족에 따른 스트레스가 커져, 기상조건에 따라서는 생존할 수 없는 경우도 있다.

이 실험 규모보다 더 큰 규모의 녹화에서는 지역에 더욱 적합하고, 경관적으로도 잘 어울리는 녹의 질이 요구된다. 또한 녹피율의 증대 속도가 빨라 생장이 왕성한 것은 물론 식물의 형태나 잎의 크기에 따라 표현되는 질감이 구조물이나 주변 경관과 조화를 이루는 식물을 선택해야 한다.

이 실험결과를 보면 토목 구조물과 어울리는 디자인이 되도록 식물의 생육기반을 만드는 것이 중요하다는 것을 알 수 있었다. 이에 대해 다음 페이지의 그림 등을 통해 확인할 수 있다.

– 고시미즈 하지메(輿水 肇)

그림 7-5-6 국도 15호선 히가시로쿠고 고가교 (1)

〈북서 (상행선)〉

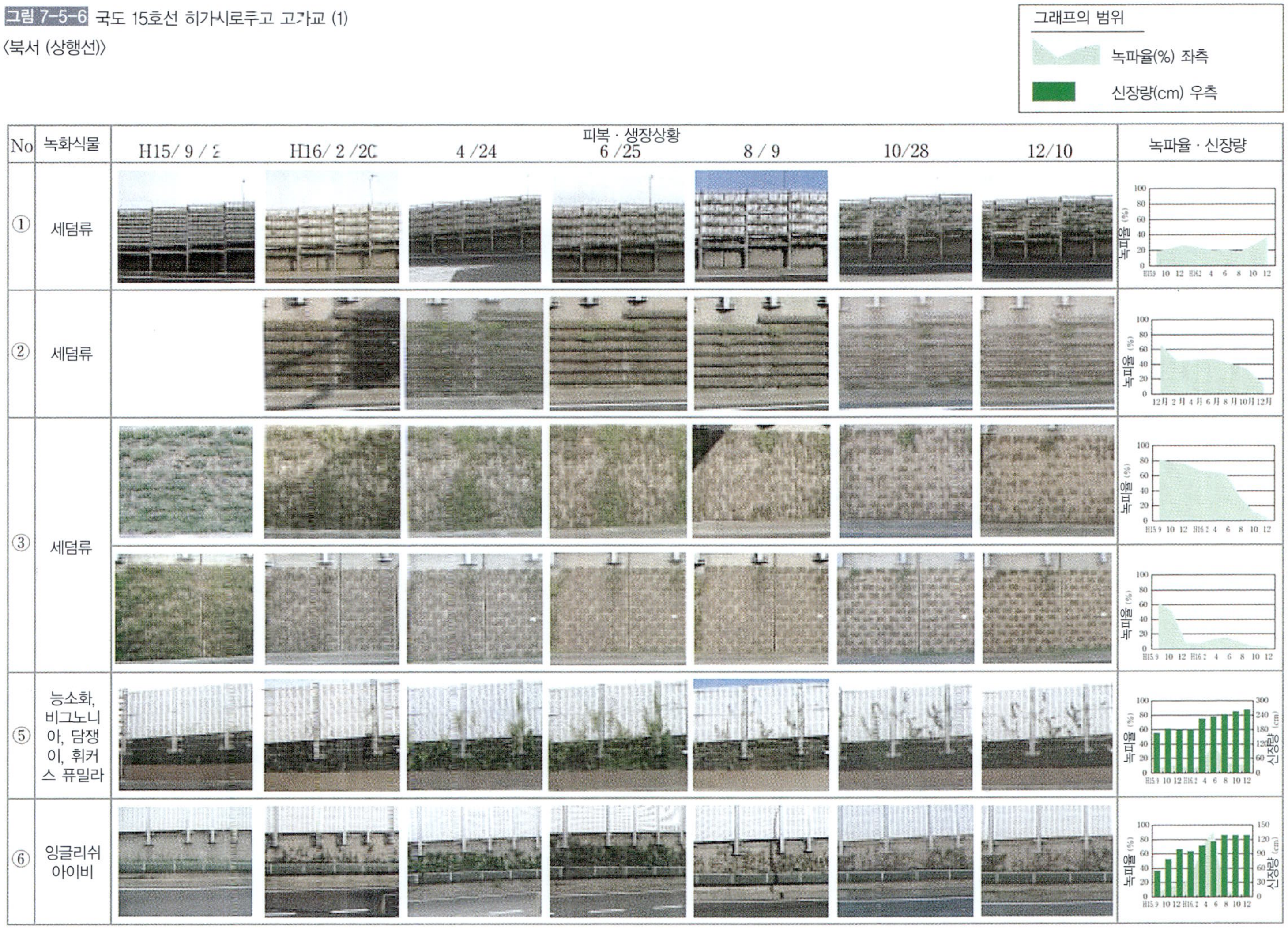

그림 7-5-7 국도 15호선 히가시로쿠고 고가교 (2)

〈남동 (하행선)〉

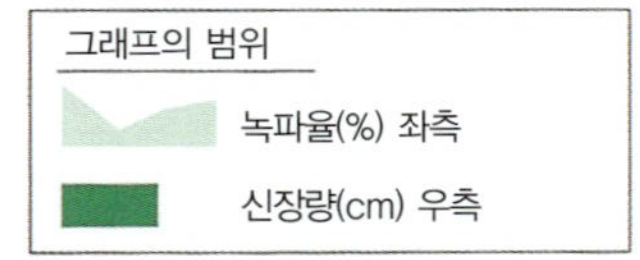

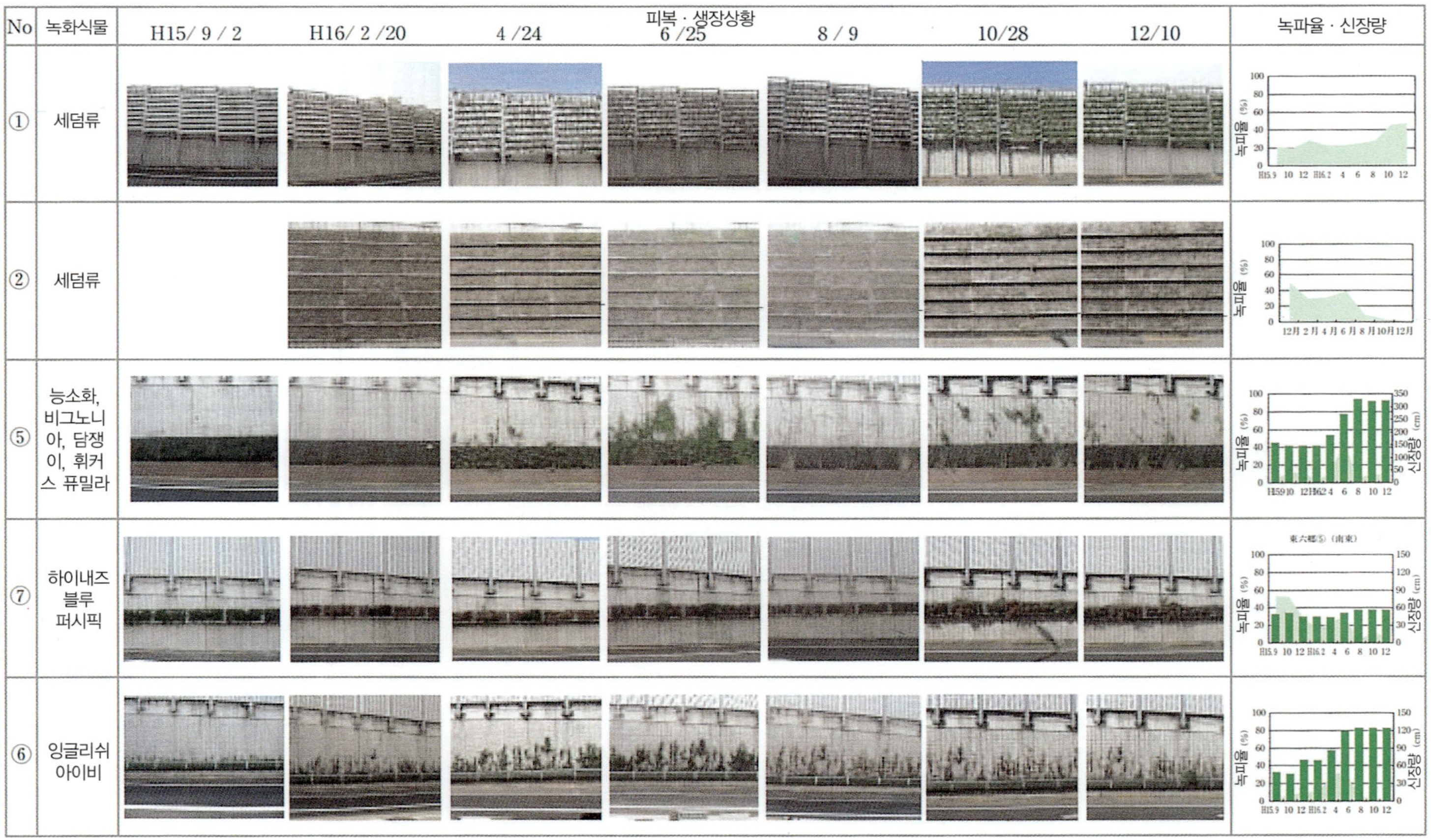

그림 7-5-8 국도 216호선 타마가와 고가교 (1)

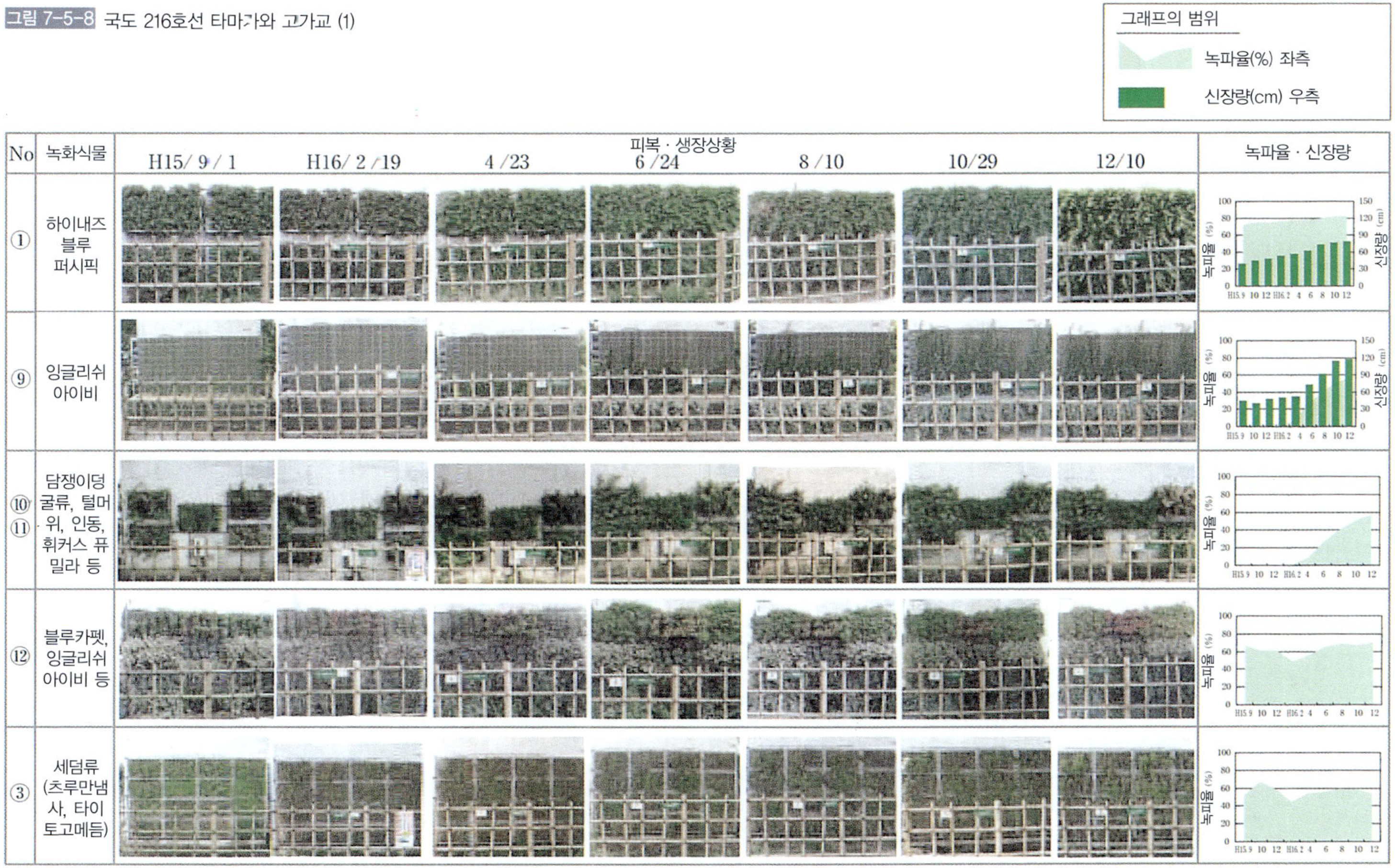

그림 7-5-9 국도 216호선 타마가와 고가교 (2)

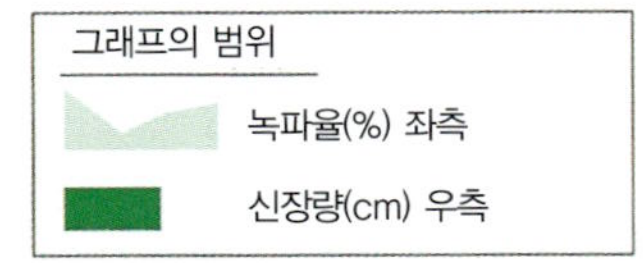

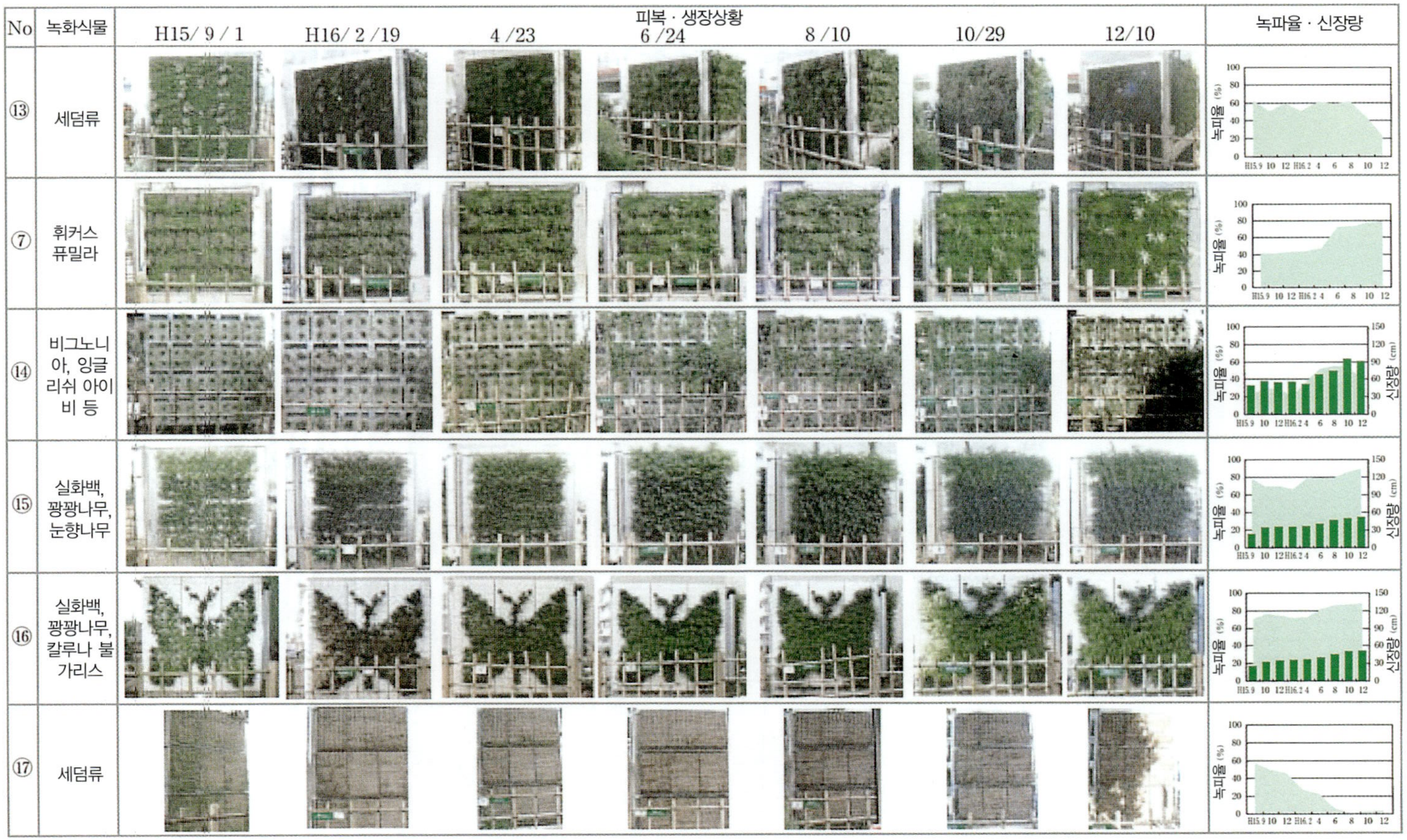

8 Part 입체녹화의 미래와 과제

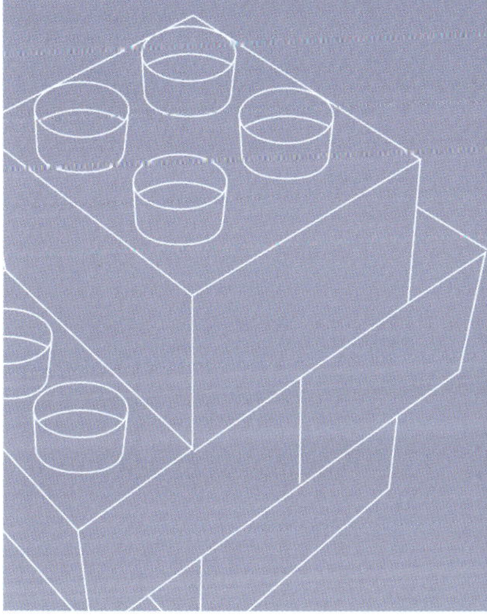

Green Architecture and Environmental Symbiosis

8.1 Passive solar*로서의 입체녹화, 전통적 발자취

일본 녹화문화의 정수라고 할 수 있는 일본 정원의 특징은 불역(不易)과 유행(流行)에 있다. 즉, 구획이나 연못 · 냇물과 함께 석조 · 교량 등 정원 조형물 · 건물 등 공간에 불변의 개성을 미적으로 창조하는 「불역」. 이렇게 창조된 불변의 공간적 개성을 식재를 매개로 배치와 형태에 따라 변함이 없도록 하면서도 대부분은 자연의 흐름에 맡기는 「유행」. 예전 사람들은 일본의 자연을 잘 인식하고, 인위와 자연을 적절히 조합시켜 일부를 자연의 순환에 맡김으로써 정원 공간에 독특한 미와 영속성을 살려내는 성과를 얻어냈다.

이와 같이 자연의 힘을 적절히 빌리면서 자연에게도, 사람들에게도 미적으로 합리적인 생활권을 구축하는 지혜가 일본의 전통이며, 오늘날에 이르고 있다.

특히 지방에서는 독특한 풍경을 형상화한 흔적을 많이 볼 수 있다. 토나미(砺波)평야의 산쿄(散居)마을에서 볼 수 있는 「울타리」나 이즈모(出雲)평야의 「츠이지 소나무(築地松)」(사진 8-1)처럼 미기후 조절기능을 지역 전체가 갖고 있는 경우도 가끔 볼 수 있다. 또한 민가로 눈을 돌려보면 볏짚 등의 지붕에 백합과 식물을 심어 강풍에 대한 내구성을 보강하며, 더불어 내열성이 높은 볏짚 지붕인 「시바무네(芝棟)」의 전통 공법이 있다. 또한 여름철 서쪽이나 남쪽의 개구부에 일년생 수세미와 나팔꽃, 다년생 덩굴식물을 심어 응달을 만들었으며, 더불어 식물 사이로 바람을 통하게 하여 시원한 바람을 얻는 등의 방법이 일본의 전통적 생활에 일상적으로 적용되었다.

지방뿐만 아니라 인구가 과밀한 대도시 외곽에서는 화분을 골목에 울타리 모양으로 늘어놓아 꽃이나 녹(綠)을 즐겼을 뿐만 아니라, 관수 등을 통해 기온저감효과도 얻었다. 예전 사람들은 식물의 힘을 빌려 오늘날 Passive solar의 생활공간을 평면뿐만 아니

* 역자주 : Passive solar란 동력을 이용한 팬, 펌프 또는 다른 복합 제어장치 등의 사용없이 태양에너지를 모으고, 저장하고, 재분배하는 시스템이다.

라 입체적으로 만들어내서 인간과 자연 모두에게 합리적인 수법을 확립해서 그 효과를 얻었던 것이다. 또한 복사 휘도를 높이는 인공면은 얼마 안 되고, 논이나 밭, 수림대, 초지 등 오픈 스페이스, 습지나 연못, 수로 등의 개방 수면에 의해 구성된 「자연면」이 확보되어 일조를 완화시켜 대기온도를 떨어뜨렸다. 이것은 농촌뿐만 아니라 도시 역시 마찬가지였다. 왜냐하면 일본의 도시는 농촌이 도시 내부에 잠입하는 구조로 되어 있었기 때문이다. 따라서 인공열의 발생도 적었으며, 또한 태양 빛에 의한 대기열도 자연면에 의해 차갑게 되었다.

이미 다이쇼(大正, 1912~1926) 초기에는 도쿄(東京)뿐만 아니라 도시화가 두드러진 지방도시에서도 적극적으로 옥상녹화에 몰두하였다. 그러나 반드시 악화된 도시환경에 대응한 것은 아니고, 옥상에 쾌직함을 추구한 일종의 낭만수의 연장이었는지도 모른다. 예를 들어 「옥상정원」이라고 명명되었던 문학 동인지가 메이지(明治, 1868~1912) 시대에 발간되었다. 또한 다이쇼 때 완성된 야마구치현(山口県) 시모노세키(下関) 「아키타(秋田) 상회(商會) 빌딩」의 4층 옥상에는 다실을 포함해 연못까지 꾸며진 옥상정원이 조성되었다. 그 외에도 야마다(山田)[1]에 의한 보고에 상세히 기술되어 있으나 아이치현(愛知県) 니시오시(西尾市)에는 다이쇼 때 건축된 「이게다야(井桁屋) 백화점」이 옥상정원을 내세워 개업하게 되었다.

사진 8-1 이즈모(出雲)평야 츠이지(築地) 소나무

더욱이 기록이 남아 있지 않은 관계로 아쉽긴 하지만, 미국 유학파 조경가이며, 이후 도쿄(東京) 농대 교수를 역임한 토노타쿠마(戶野琢磨)씨가 쇼와(昭和, 1926~1989) 초기 백화점 옥상에 골프장 등 옥상녹화 시설을 조성했다고 작고하기 10년 전에 들려주었다. 옥상녹화가 제도화되기 전에도 옥상이라는 공간까지 정원을 사랑하는 일본인 특유의 정서가 살아있었다는 사실을 잊을 수 없다.

그리고 지금 입체녹화가 이제까지 볼 수 없었던 주목을 끌고 있다. 약 10년 전부터 도시에 자연을 회복시키고자 생물다양성을 담보로, 물과 푸르름을 평면과 입체적으로 창조하려는, 소위 「에코 업(Eco-up)」이 독일의 사례를 포함해 다양하게 소개되었다. 바로 이러한 계몽이 열섬 현상의 심각화와 더불어 옥상녹화를 주류로 한 입체녹화의 효용을 중시하는 경향을 낳게 되었고, 점차 입체녹화가 이해되기에 이르렀다.

그러나 진정한 녹화는 이제부터다. 제도나 계획, 그리고 소재 개발이나 공법 · 비용을 불문하고 입체녹화의 효용을 밝힐 수 있는 자료를 어떻게 얻을 것인지가 중요할 것이다.

한편, 입체녹화를 단지 도시환경 개선을 위한 기술 가운데 하나로서 연구 개발하는 것뿐만 아니라, 그곳에 뿌리내린 선조의 자연과 공생하는 지혜나 문화의 관점도 항상 고려할 필요가 있다고 생각된다.

8.2 아이치 지구박람회(愛 · 地球博)에 실현된 바이오링

01 | 아이치 지구박람회(愛 · 地球博)

박람회장은 세토(瀨戶)와 나가쿠테(長久手) 두 곳이었다(그림 8-1). 그 중 세토(瀨戶) 박람회장의 경우 해상의 숲을 순회하며, 슈이세만(周伊勢湾) 빈영양(貧榮養)지역이라고 명명된 독특한 식생과 사람들과의 관련성에 초점을 맞춰 설치된 것이다. 나가쿠테(長久手)는 본회장이기 때문에 국내외 전시장이 주된 역할이었지만, 약 50% 정도는 세토(瀨戶) 박람회장과 마찬가지로 숲이었다.

본래 박람회 계획지인 나고야(名古屋) 동부 구릉지역은 모두 민둥산이었다(사진 8-2). 그 원인은 도자기용 흙의 채취와 도자기를 굽는 데 사용할 땔나무의 채취 장소였기 때문이다.

그림 8-1 아이치 지구박람회장(愛?地球博) 배치도

사진 8-2 동부 구릉지의 과거와 현재

거의 100년 전 오스트리아의 사방기술자인 어메리고 호프만은 잘라낸 가지를 이용하여 사방을 설치하였는데 현재에 이르러 독자적인 식생회복을 보이고 있는 지역이다.

박람회 계획은 당초부터 혼란스러웠다. 소위 해상의 숲을 순회하는 개최 여부는 이러한 인위적 자연 수탈 이후 자율적으로 형성된 숲의 형성과정에 초점을 맞춰 역사가 초래한 토지의 질을 평가할 것인지 또는 단순한 공간량, 예를 들어 미활용지 등의 관점에서 이 지역을 평가할 것인지 등 물리적 토지이용인지, 자연적 토지이용으로 토지를 바라볼 것인지 라는 현저한 관점의 차이로부터 생겨난 것이라 할 수 있다.

그 결과 박람회 본회장은 해상 주변에 메이지 100년을 기념한 공립공원을 아이치현(愛知県)에서 개설하며, 30년간 9,000만 명의 이용자를 예상한 「청소년 공원」으로 결정되었다.

따라서 아이치 지구박람회(愛 · 地球博)에 있어서는 5년간 환경영향평가를 거듭하는 등 회장 계획 및 운영 측면 모두 환경부하 저감대책이 검토되어 입장객 수나 건설 중 부하저감 등 많은 목표치를 설정해 회장 건설이 추진되었다.

한편 종전의 전시형 박람회로부터 환경문제를 알리는 전시회가 되기 위해 체험형, 즉 체험을 중시하는 박람회가 되도록 계획하였다.

02 | 바이오렁(Bio lung)의 탄생

이와 같은 본 박람회의 특징은 '자연의 이해' 라는 테마를 생명체 활용 기술을 통해 방문객이 생명체의 힘을 느낄 수 있는 체험형 시설에다가 박람회의 진수라고 할 수 있는 신기술을 도입한 입체녹화시설을 설치해야 한다고 필자는 주장해왔다.

이러한 것들이 입체녹화 기술의 향상과 일반인들에게 입체녹화에 대한 이해를 촉구하고, 이 기회를 통해 보급에 대해서도 외부에 알려야 한다고 생각한 것이다. 아이치 · 지구박람회의 '바이오렁' 이라는 명칭은 오노(小野)가 소개한 1873년 미국의 공중위생 국장인 존 라우치가 '공원은 도시의 허파' 라고 언급한 바 있는데 이 일화에 의해 만들어진 말이다.

대기오염이 심각했던 당시의 도시와는 달리 현재는 열환경의 악화나 CO_2의 증대 등의 물리적 환경 악화, 고밀한 도시가 스트레스의 원인이 된 인류생리학적인 건강환경의 악화에 도시민은 골머리를 앓고 있다.

이제 우리들은 새로운 도시의 폐를 원하고 있다. 무엇보다도 공원이나 녹지의 확대를 요구하고 있으므로 옥상이나 벽면 등의 입체녹화를 적극적으로 추진해야 한다고 생각한다.

사진 8-3 독립 구조형 바이오렁

따라서 입체녹화가 특화된 시설만이 아니라 관수시스템이나 조명, 미디어 장치를 통합한 독립구조형 입체녹화시설을 구상하였다(사진 8-3).

이러한 실험적인 시설을 박람회라는 절호의 기회를 통해 전세계 참가자 1,500만 명의 평가를 받았고, 185일에 걸친 다양한 측정 데이터를 얻어낸 의미있는 행사였다고 할 수 있다.

03 | 바이오렁

바이오렁은 높이 25m, 폭 158m의 3중 병풍 배치로 총면적은 3,800m²에 이른다. 구체는 D32 이형철근 등을 사용하여 패널의 중량에 견디도록 계획되었다(그림 8-2).

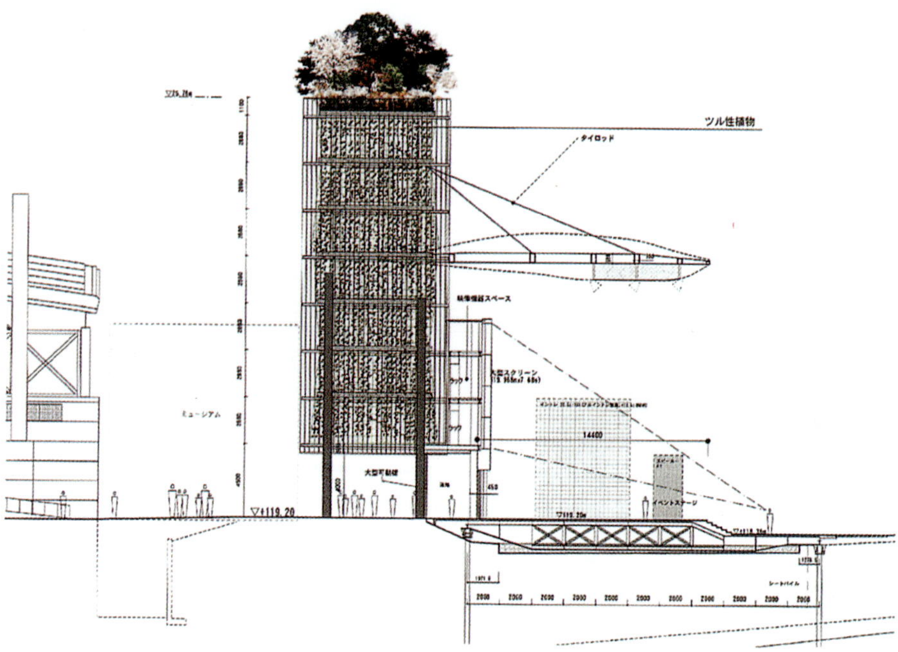

그림 8-2 바이오렁 구체의 구조(전체 입면도)

중심에는 숲을 조성하였으며, 높이 25m, 폭 9.2m의 타워가 세계 최대 높이 19.968m×폭 7.6m의 스크린과 무대지붕을 로프로 지탱하고 있다.

또한 1,500×1,500mm, 중량 200kg의 모듈 패널이 구조를 이루고 있다(그림 8-3). 이 모듈화시킨 녹화패널 방식이야말로 향후 바이오렁의 범용화를 추진시킬 수 있는 결정적인 요소라고 생각한다.

다음으로 구체의 각 교차점에는 LED가 배치되었다. 도시의 야경을 미적으로 창조시키면서 식물에 스트레스를 주지 않는 발광체를 지닌 조명장치로서 바이오렁이 도시의 야경을 미적으로 창조해낼 효과를 지니고 있다.

관수는 각 패널에 재활용된 순환수를 점적형으로 보내는 한편 1,500개의 노즐을 구체의 정상부에 설치하여 정기적으로 분무하므로써 관수와 대기의 냉각효과 그리고 축제공간으로서의 연출효과 향상을 도모하였다.

순환은 빗물과 점적관수 및 미스트로부터의 낙수를 모아 다시 관수로 활용하는 시스템을 택하였다.

녹화 패널에는 200종, 10만 그루가 식재되었으며, 패널에 채용된 방식은 플랜터형과 패널형, 매트형, 포켓형, 시트형 등 20종에 이른다.

또한 이 바이오렁은 북향이므로 그다지 식재환경으로서는 좋은 조건은 아니다. 이러한 입지환경의 열악함이나 패널의 다양성에 대한 비판은 큰 문제가 되지 않았다. 우선 이 바이오렁은 미적인 요소와 더불어 다양한 녹화 패널 유형이 각 브랜드별로 시행착오를 지니고 있는 실태를 방문객에게 보여줌으로써 일반적인 개발을 도모하고, 각각의 유형에 따른 생장 상황과 효과 측정을 끌어낼 수 있기 때문이다. 이러한 효과 측정 항목은 다음과 같다

① 미기후

② 온도(표면, 접촉, 28군데)

③ 열환경(WBG, 2군데)

④ 열화상(적외선, 1군데)

⑤ 소음 감쇄(레벨 측정, 기간 중 1회)

⑥ 생물 유인(조류, 곤충, 기간 중 2회)

⑦ 설문 조사(2회, N=100인)

이미 일부 조사는 성과를 얻어냈으며, 열환경에 대해서는 매일 실시간으로 측정결과를 방문객에게 제공하였다(그림 8-4).

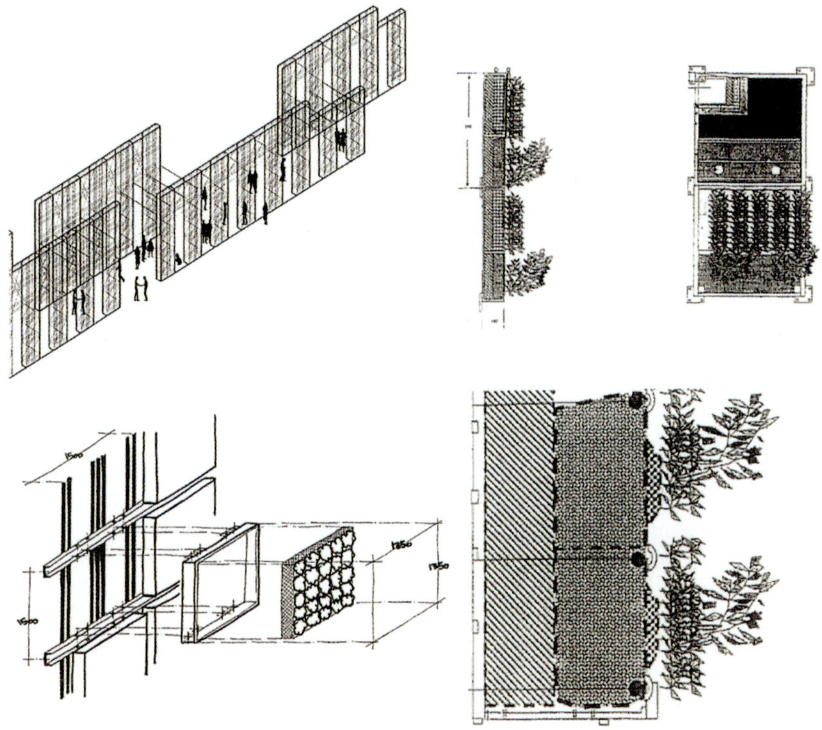

그림 8-3 녹화패널의 배치 구조와 상세

이와 같은 측정 성과는 다음 세대의 녹화 패널의 개발에 유용한 데이터가 될 것이며, 입체녹화의 시스템의 향상에 다양한 기초적 자료를 제공하게 될 것이다.

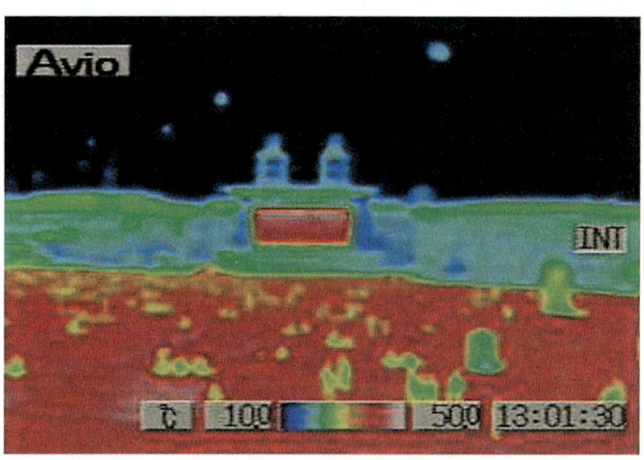

그림 8-4 바이오렁의 열화상

8.3 입체녹화의 전망과 과제

01 | 입체녹화의 전망

최근 도시환경을 살펴보면 두가지 배경의 심각화와 그에 따른 내책으로 두가지 조류가 나타났다.

환경 악화의 배경은 말할 것도 없이 온실효과가스에 따른 온난화 등의 지구규모의 환경 문제 심각화이고, 그것과는 다른 차원의 도시 열섬 현상 등의 도시 독자적인 환경 문제의 심각화이다.

이에 대한 대책의 첫 번째는 컴팩트시티(Compact City)를 추구하는 움직임이다. 도시의 팽창을 강력히 억제하고, 도시 기능을 집약시켜 도시가 나타내는 환경 부하를 합리적으로 저감시킨다는 것이다.

한 가지는 독일에서 시작한 Baubiologie, 즉 건축생물학의 태동이다.

그러나 일본에 있어서 콤팩트시티의 실현을 도모하기 위해서는 곤란함이 있다. 서양의 여러 도시에서는 성벽에 따라 도시와 근교를 구분하고 도시를 필연적으로 고도화시켜온 역사가 있다. 이에 비해 일본에서는 도시와 근교를 구분지을 수 없으며, 농지 등의 녹지가 도심까지 들어와, 이에 따른 생물 생산력에 의해 도시의 폐기물이 원활히 순환되는 우수한 시스템을 유지시켜온 독특한 역사가 있었다. 그런 이러한 순환을 유지시켜온 녹지가 시가시 확대의 죄적지가 되어버렸다. 이로 인해 순환의 기능은 없어지고 다만 시가지의 팽창을 허락하게 된 것이다.

서양의 여러 나라는 앞서 언급한 바와 같이 도시의 성립에서부터 이미 시가지의 거주 인구가 100만 명을 넘는 경우가 없어 컴팩트시티를 실현시키기 쉽다. 하지만 일본의 도시는 전통적으로 시가지의 팽창을 허용해왔다. 따라서 중심시가지의 재개발을 조금이라도 콤팩트시티에 맞추기 위해서는 시간이 필요하며, 결국 콤팩트시티의 효용을 도시에 실현시키는 것 이외에는 없다.

한편 건축생물학적인 접근은 일본 실정상 실현 가능성이 용이하므로 조속히 수용할 필요가 있다. 본래 일본의 전통적 건축이나 토목 구조법은 건축생물학의 선진국인 독일에서 보더라고 모델적 연구 대상이 될 정도로 건축생물학의 개념 자체를 두드러지게 해왔다. 따라서 실현은 더욱 쉽다고 할 수 있다.

바이오령과 같이 일본에서 발생한 생물생산에 따른 순환 시스템의 전통이 재평가되고 있는 것은 합리적인 환경부하저감 수법으로서의 위치만이 아니다. 국제적 도시간 경쟁의 시대에 맞서기 위해서는 쾌적성 뿐만이 아니라 경관상의 개성을 겸비한 도시상이 불가결한 조건이 되기 때문이다.

더욱이 입체녹화는 이러한 조건을 충분히 충족할 수 있는 수법이다. 경관법의 성립과 시행에 따라 녹지에 의한 도시경관의 미적 재구축을 위해 입체녹화를 촉진시시킬 수 있는 제도의 정비 등이 필요하다. 사람들에게 호감을 주는 식물을 활용한 전통적 환경부하저감의 지혜를 활용할 수 있는 계기가 찾아왔다고 말할 수 있다.

02 | 입체녹화의 과제

이제까지 서술한 바와 같이 입체녹화가 도시환경을 미적으로 또한 심리적으로 개선하고, 경관을 정리하는 중요한 요인이라는 것은 거론할 것도 없다.

그러나 입체녹화가 도시나 건축물의 열환경을 개선할 수 있다는 것은 경험적으로 확인되고, 이해되는 것이므로 그 상세한 기작의 구명과 개개 식물종의 효용이나 식재방식에 대한 조사연구는 아직 충분하다고는 말할 수 없다. 경험적 지표의 평가와 야외실험에 의한 열환경 지표의 적합성이나 효용이 경제적으로 다른 수법, 예를 들어 인공적 소재 개발 등과 비교하여 분명히 우위를 높인다는 등의 검증이 필요하다.

또한 입체녹화에 도입되는 식물종의 선정을 추진할 필요가 있다. 어떤 식물이 생리적인 중력 스트레스에 잘 견디는지 등을 일정한 시간을 두고, 실험을 거듭해서 명확하게 할 필요가 있다. 더불어 도입종이 외래종인 경우 이에 대한 유전자 확산의 영향도 분명하게 해야 한다.

따라서 무엇보다도 도시환경 개선을 위한 구체적인 행동계획안에 열환경의 물리적 개선 뿐만 아니라 도시 특유의 고밀화가 초래하는 스트레스를 적어도 낮출 수 있는 유효한 대책으로서 입체녹화의 효용에 중점을 둘 필요가 있다고 생각한다. 입체녹화의 새로운 효용, 즉 '치유' 의 효용이다.

이제 국민의 의료비는 고령화와 더불어 확대되어 가고 있으며, 국민의 부담도 증가하고 있다. 건강한 사람이 질병에 걸렸을 경우에 유전성이나 외상, 감염성의 원인을 제외한 상당 부분이 스트레스로 인한 질환이라고 한다. 또한 이러한 스트레스가 정신성 질환을 초래하거나 또는 이것이 원인이 되어 범죄가 증가하는 등의 사회문제가 심각해지고 있다.

이것을 방치할 것이 아니라 모든 대책을 동원하여 정신 심리에 양순환을 도모할 수 있는 도시의 설치를 새로운 공공정책으로서 하루속히 모색하고, 확립할 필요가 있다.

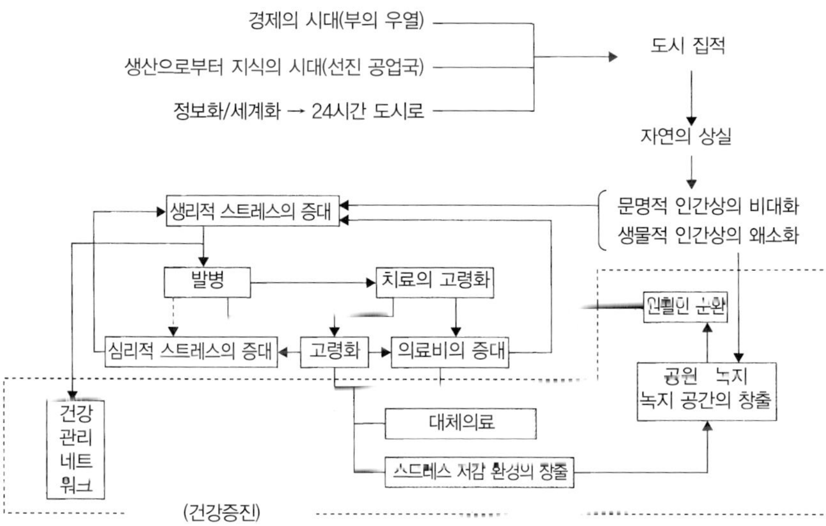

그림 8-5 건강증진 시대에 있어 녹화공간의 역할

열환경의 개선뿐만 아니라 2006년 IPCC(정부간 기후변화위원회)에서 결정된 추가적 흡수원 활동의 일부로 도시녹화가 식생회복의 핵심을 담당한다는 것, 그리고 도시에 만연한 간접 의료비를 절감할 가능성 등 입체녹화에 대한 기대는 매우 높다(그림 8-5).

이러한 기대에 대해서 연구개발 현장에서 효과검증을 구체적으로 쌓아가며, 단독 효과뿐 아니라 복합적인 효과와 효용까지도 검증되어 가는 입체녹화의 추진을 일회성이 아닌 꾸준한 공공정책으로 반영되는 것이 중요하다고 할 수 있다.

– 와쿠이 시로(涌井 史郎)

인용·참고문헌

1) 山田宏之 (2004) : 屋上緑化今昔, インタラクション, 環境緑化新聞.
2) 小野良平 (2003) : 公園の誕生, 吉川弘文館.
3) 加藤順子 (2005) : 都市緑化技術, (財) 都市緑化技術開発機構.

찾아보기

(주)한설그린
부설 조경생태디자인 연구소

http://www.hgreen.com
e-mail : hg@handsel.co.kr

한 승 호 서울대학교 조경학과
서울대학교 대학원 생태조경학(석사)
서울대학교 환경대학원 환경조경학 협동과정(박사)
자연환경관리기술사
U Eco-City 기획위원회 자문위원
(사)한국조경학회 부회장
(사)한국인공지반녹화협회 수석부회장
(사)한국환경복원녹화기술학회 부회장
(사)한국생태환경건축학회 이사

김 원 태 성균관대학교 조경학과
일본 지바대학교 대학원 환경계획학(석사)
일본 지바대학교 대학원 인간 · 지구환경과학(박사)
건국대학교 산림과학과 겸임교수

김 선 혜 상명대학교 환경녹지학과
고려대학교 대학원 조경학(석사)
상명대학교 대학원 환경조경학(박사)
상명대학교 환경조경학과 겸임교수

강 진 형 단국대학교 대학원 조경학(석사)

송 규 성 전북대학교 대학원 조경학(석사)

이 성 웅 일본 동경농업대학교 조원학과(학사)

김 현 지 전남대학교 대학원 조경학(석사)

자문위원 구아미, 권오준, 김광두, 김기성, 김남춘, 김윤제, 맹치형, 문석기, 박인규, 박인재, 변우일, 성백진, 윤세형, 이대성, 이동근, 이석래, 이춘희, 임재홍, 최광빈(가나다순)